普通高等教育系列教材

计算机网络

第2版

主　编　王新良
副主编　叶小涛　邹家宁　桂伟峰　刘志平
参　编　王立国　王科平　张锦华

机械工业出版社

本书共7章，系统地介绍了计算机网络的发展和工作原理，包括网络体系结构、物理层、数据链路层、网络层、传输层、应用层和网络安全等内容。各章均附有练习题，并在重点章节提供了内容丰富的实验。本书的特点是概念准确、内容简洁、难度适中、理论与实践相结合，突出基本原理和基本概念的阐述，同时力图反映计算机网络的一些新发展。

本书可供电气类、信息类和计算机类专业的大学本科生使用，对从事计算机网络工作的工程技术人员也有学习参考价值。

本书免费提供电子课件，欢迎使用本书作为教材的教师登录 www.cmpedu.com 免费注册、审核后下载，或联系编辑索取（QQ：1157122010，电话：01088379753）。

图书在版编目（CIP）数据

计算机网络／王新良主编．—2版．—北京：机械工业出版社，2020.5
（2025.1重印）
普通高等教育系列教材
ISBN 978-7-111-65138-3

Ⅰ.①计… Ⅱ.①王… Ⅲ.①计算机网络-高等学校-教材 Ⅳ.①TP393

中国版本图书馆CIP数据核字（2020）第047246号

机械工业出版社（北京市百万庄大街22号 邮政编码 100037）
策划编辑：李馨馨 责任编辑：李馨馨
责任校对：张艳霞 责任印制：张 博

北京建宏印刷有限公司印刷

2025年1月第2版·第3次印刷
184mm×260mm·19.5印张·480千字
标准书号：ISBN 978-7-111-65138-3
定价：59.00元

电话服务
客服电话：010-88361066
010-88379833
010-68326294

网络服务
机 工 官 网：www.cmpbook.com
机 工 官 博：weibo.com/cmp1952
金 书 网：www.golden-book.com
机工教育服务网：www.cmpedu.com

前　　言

“计算机网络”作为计算机专业的专业课程一直受到教师和学生的重视；同时，随着因特网的快速发展，一些非计算机专业的学生和研究人员也迫切需要掌握更多的计算机网络知识。根据网络技术发展和应用的现实情况，编者编写了本书。本书选取主流技术，从应用角度介绍基本概念和基本方法，并提供相应实验，使读者加深对相关知识的理解。

本书以计算机网络体系结构为主线，详细阐述物理层、数据链路层、网络层、传输层和应用层的具体功能。本书在详细讲述各章涉及的具体功能及协议的过程中，也添加了针对现有网络协议安全漏洞方面的描述。在数据链路层部分详细阐述了共享信道网络中存在的安全隐患；在网络层 ARP 部分详细阐述了 ARP 攻击对局域网网络通信的危害；在传输层讲述 UDP 和 TCP 工作原理的同时，详细阐述了 UDP 和 TCP 泛洪攻击的工作原理。将协议功能和协议漏洞攻击原理对比讲解，能够在很大程度上提高读者阅读的兴趣，满足读者的好奇心；同时，也能够使读者从正反两个方面更加透彻地理解计算机网络各种协议。

全书共 7 章，内容如下：

第 1 章介绍了计算机网络的基本概念，读者可以从中了解互联网的发展过程和计算机网络的体系结构。

第 2 章讲述了物理层的基本概念，并对数据通信的基础知识和各种传输媒体的主要特点进行了详细的介绍，最后对复用技术及宽带接入技术进行了讲解。

第 3 章详细介绍了数据链路层的基本内容，包括 PPP、以太网、共享信道通信协议 CSMA/CD 以及以太网的扩展方式等。

第 4 章讨论了网络层的基本概念，深入讲解了 IP 的设计思想及工作原理，并对 IPv6 技术、移动 IP 技术的主要特点进行了讲述，最后提供了多组实验增加读者的阅读兴趣。

第 5 章详细讲述了传输层的基本概念，讨论了 TCP 和 UDP 两种协议的工作原理，并对 TCP 的连接管理和流量控制技术进行了深入分析。

第 6 章详细介绍了应用层的基本概念，并对常见应用的工作原理进行了分析，包括万维网、电子邮件、动态主机配置协议及音频/视频服务。

第 7 章详细介绍了网络安全方面的基本概念和密码学的基本原理，并对数字签名技术的工作原理进行了深入分析，最后对当前主流的网络安全检测技术进行了详细的讲解。

本书由河南理工大学物理与电子信息学院的教师共同编写，具体分工如下：第 1 章由刘志平编写，第 2 章由桂伟峰编写，第 3 章第 3.1、3.4.8、3.6~3.8 节由叶小涛编写，第 3 章其余部分由王立国编写，第 4 章第 4.7 和 4.8 节由叶小涛编写，第 4 章其余部分由王新良编写，第 5 章由王科平编写，第 6 章第 6.5、6.7.3 和 6.8 节由叶小涛编写，第 6 章其余部分由邹家宁编写，第 7 章第 7.4 节由张锦华编写，第 7 章其余部分由刘志平编写。王新良负责全书的统稿工作。此外，本书能够顺利出版，得到了河南理工大学教务处以及物理与电子信息学院各级领导的帮助与支持，在此表示感谢。

编　者

2020 年 3 月

目　　录

第1章　计算机网络概述

1.1　计算机网络的基本概念

计算机网络是将若干台独立的计算机通过传输介质相互物理地连接，并通过网络软件相互逻辑地联系到一起，从而实现信息交换、资源共享、协同工作和在线处理等功能的计算机系统。计算机网络给人们的生活带来了极大的方便，如办公自动化、网上银行、网上订票、网上查询、网上购物等。计算机网络不仅可以传输数据，更可以传输图像、声音、视频等多种媒体形式的信息，在人们的日常生活和各行各业中发挥着越来越重要的作用。目前，计算机网络已广泛应用于政治、经济、军事、科学以及社会生活的方方面面。

"网络"主要包含连接对象（即元件）、连接介质、连接控制机制（如约定、协议、软件）和连接方式与结构四个方面。

计算机网络连接的对象是各种类型的计算机（如大型计算机、工作站、微型计算机等）或其他数据终端设备（如各种计算机外部设备、终端服务器等）。计算机网络的连接介质是通信线路（如光纤、同轴电缆、双绞线、地面微波、卫星等）和通信设备（网关、网桥、路由器、Modem等），其控制机制是各层的网络协议和各类网络软件。所以计算机网络是利用通信线路和通信设备，把地理上分散的、具有独立功能的多个计算机系统互相连接起来，按照网络协议进行数据通信，用功能完善的网络软件实现资源共享的计算机系统的集合。它是指以实现远程通信和资源共享为目的，大量分散但又互连的计算机的集合。互连的含义是两台计算机能互相通信。

两台计算机通过通信线路（包括有线和无线通信线路）连接起来就组成了一个最简单的计算机网络。全世界成千上万台计算机通过双绞线、电缆、光纤和无线电等连接起来构成了世界上最大的Internet网络。网络中的计算机可以是在一间办公室内，也可以分布在地球的不同区域。这些计算机相互独立，即所谓自治的计算机系统，脱离了网络它们也能作为单机正常工作。在网络中，需要有相应的软件或网络协议对自治的计算机系统进行管理。组成计算机网络的目的是资源共享和互相通信。

计算机网络的主要功能有如下几个方面。

1. 数据通信

现代社会信息量激增，信息交换也日益增多，因此计算机网络的一个最主要的功能就是数据传输。例如，人们经常使用文件传输协议（FTP）进行文件上传和下载，就是一种最典型的数据传输。另外，利用计算机网络传递信件是一种全新的通信方式。电子邮件比现有的通信工具有更多的优点，它不像电话需要通话双方同时在场，也不像广播系统只是单向传递信息，速度也比传统邮件快得多；另外电子邮件还可以携带声音、图像和视频，实现多媒体通信。如果计算机网络覆盖的地域足够大，则可使各种信息通过电子邮件在全国乃至全球范围内快速传递和处理。

在日常生活中，银行利用计算机网络数据传输功能可以进行业务处理，可使用户在异地实现通存通兑，还可以利用地理位置的差异加快资金的流通速度。例如，中国的银行晚上停止营业后将资金通过网络转借给美国的银行，而此刻美国正是白天，美国的银行就可以在白天利用这些资金，到晚上再归还给中国的银行，从而提高资金的利用率。

2. 软、硬件共享

计算机网络允许用户共享网络上各种类型的硬件设备。可共享的硬件资源有高性能计算机、大容量存储器、打印机、图形设备、通信线路、通信设备等。共享硬件的好处是提高了硬件资源的使用效率，节约开支。

现在已经有许多专供网络使用的软件，如数据库管理系统、各种 Internet 信息服务软件等。共享软件允许多个用户同时使用，并能保持数据的完整性和一致性。特别是客户机/服务器（Client/Server，C/S）和浏览器/服务器（Browser/Server，B/S）模式的出现，人们可以使用客户机来访问服务器，而服务器软件是共享的。在 B/S 模式下，软件版本的升级修改，只要在服务器上进行，全网用户都可立即更新。可共享的软件种类有很多，包括大型专用软件、各种网络应用软件、各种信息服务软件等。

3. 信息共享

信息也是一种资源，Internet 就是一个巨大的信息资源宝库，其上有极为丰富的信息，它就像是一个信息的海洋，有取之不尽，用之不竭的信息与数据。每一个接入 Internet 的用户都可以共享这些信息资源。可共享的信息资源有搜索与查询的信息、Web 服务器上的主页及各种链接、FTP 服务器中的软件、各种各样的电子出版物、网上消息、报告和广告、网上大学、网上图书馆等。

4. 负荷均衡与分布处理

负荷均衡是指将网络中的工作负荷均匀地分配给网络中的各计算机系统。当网络上某台主机的负载过重时，通过网络和一些应用程序的控制和管理，可以将任务交给网络上其他的计算机去处理，充分发挥网络系统上各主机的作用。分布处理将一个作业的处理分为三个阶段：提供作业文件；对作业进行加工处理；把处理结果输出。在单机环境下，上述三步都在本地计算机系统中进行。在网络环境下，根据分布处理的需求，可将作业分配给其他计算机系统进行处理，以提高系统的处理能力，高效地完成一些大型应用系统的程序计算以及大型数据库的访问等。

5. 系统的安全与可靠性

系统的可靠性对于军事、金融和工业过程控制等部门特别重要。计算机通过网络中的冗余部件可大大提高可靠性。例如在工作过程中，一台设备出了故障，可以使用网络中的另一台设备；网络中一条通信线路出了故障，可以取道另一条线路。这样就提高了网络整体系统的可靠性。

1.2　计算机网络的类别

计算机网络有各种各样的分类方法，可以按网络规模、距离远近分类；可以按网络连接方式分类；可以按交换技术分类等。

1.2.1　网络的拓扑结构

连接在网络上的计算机、大容量的磁盘、高速打印机等部件均可看作是网络上的一个结点。网络的拓扑结构是指各结点在网络上的连接形式。计算机网络中常见的拓扑结构有总线型、星形、环形、树形和混合型等。

拓扑结构的选择往往与传输媒体的选择和媒体访问控制方法的确定紧密相关。在选择网络拓扑结构时，应该考虑的主要因素有下列几点。

1）可靠性：尽可能提高可靠性，保证所有数据流能准确接收。还要考虑系统的维护，使故障检测和故障隔离较为方便。

2）低费用：建网时需考虑适合特定应用的信道费用和安装费用。

3）灵活性：需要考虑系统在今后扩展或改动时，能容易地重新配置网络拓扑结构，能方便地删除原有站点和加入新站点。

4）响应时间和吞吐量：要有尽可能短的响应时间和最大的吞吐量。

1. 总线型结构

总线型结构采用一条单根的通信线路（总线）作为公共的传输通道，所有的结点都通过相应的接口直接连接到总线上，并通过总线进行数据传输。例如，在一根电缆上连接了组成网络的计算机或其他共享设备（如打印机等），如图1-1所示。由于单根电缆仅支持一种信道，因此连接在电缆上的计算机和其他共享设备共享电缆的所有容量。连接在总线上的设备越多，网络发送和接收数据就越慢。

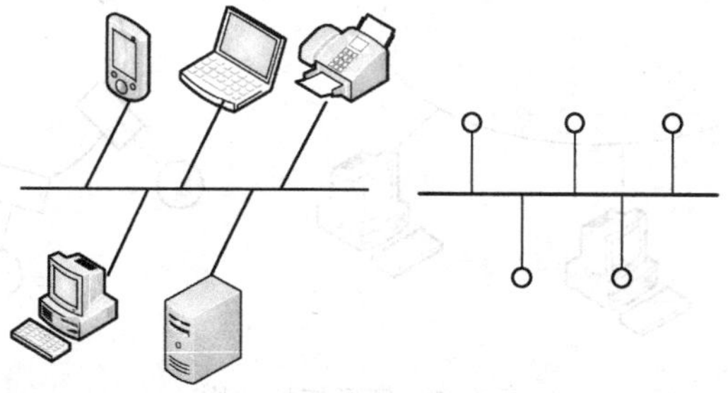

图1-1　总线型拓扑结构

总线型网络使用广播式传输技术，总线上的所有结点都可以发送数据到总线上，数据沿总线传播。但是，由于所有结点共享同一条公共通道，所以在任何时候只允许一个站点发送数据。当一个结点发送数据，并在总线上传播时，数据可以被总线上的其他所有结点接收。各站点在接收数据后，分析目的物理地址再决定是否接受该数据。粗、细同轴电缆以太网就是这种结构的典型代表。

总线型结构的优点如下：

1）总线型结构所需要的电缆数量少，因为结点都连接在一根总线上，共用一个数据通路。

2）总线型结构简单，又是无源工作，有较高可靠性。

3）易于扩充，增加或减少用户比较方便，不需停止网络的正常工作。

总线型结构的缺点如下：

1）系统范围受到限制。同轴电缆的工作长度一般在2 km以内，在总线的干线基础上扩展长度时，需使用中继器扩展一个附加段。

2）故障诊断和隔离较困难。因为总线型拓扑网络不是集中控制，故障检测需在网内各个结点进行，不易进行。如果故障发生在结点，只需将该结点从总线上去掉。如果故障发生在总线，则对系统是毁灭性的，必须将整个总线切除。

3）网络上信息的延迟时间是不确定的，因此不适合实时通信。

2. 环形结构

环形结构把各个网络结点通过环接口连在一条首尾相接的闭合环形通信线路中，如图1-2所示。每个结点设备只能与它相邻的一个或两个结点设备直接通信。如果要与网络中的其他结点通信，数据需要依次经过两个通信结点之间的每个设备。环形网络既可以是单向的也可以是双向的。单向环形网络的数据绕着一个方向环向发送，数据所到达的环中的每个设备都将接收数据，经再生放大后将其转发出去，直到数据到达目标结点为止。双向环形网络中的数据能在两个方向上进行传输，因此设备可以和两个邻近结点直接通信。如果一个方向的环中断了，数据还可以通过相反的方向在环中传输，最后到达其目标结点。

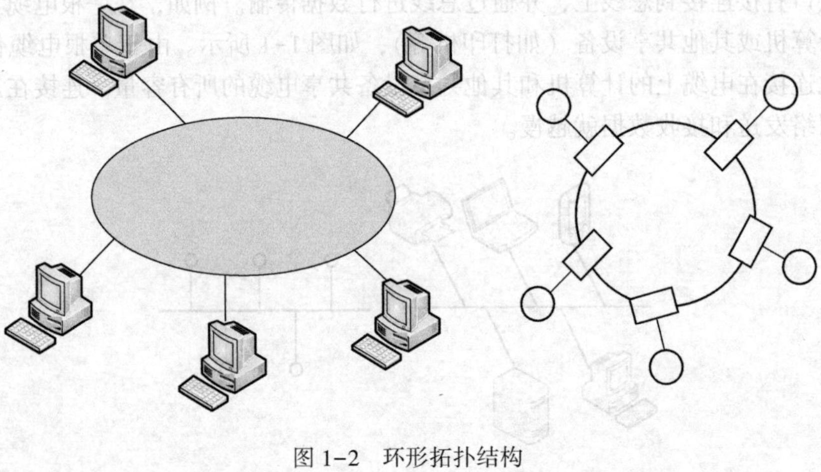

图1-2 环形拓扑结构

环形结构有两种类型，即单环结构和双环结构。令牌环（Token Ring）是单环结构的典型代表，光纤分布式数据接口（FDDI）是双环结构的典型代表。

环形结构的优点如下：

1）电缆长度短，其所需的电缆长度和总线拓扑网络相似，但比星形拓扑结构要短得多。

2）增加或减少工作站时，仅需简单地连接。

3）可使用光纤，它的传输速度很高，适用于环形拓扑的单向传输。

4）传输信息的时间是固定的，从而便于实时控制。

环形网络的缺点如下：

1）当结点发生故障时，整个网络将不能正常工作。这是因为在环上的数据传输必须通过接在环上的每一个结点，一旦环中某个结点发生故障就会引起全网的故障。

2）检测故障困难。因为不是集中控制，故障检测需在网内各个结点进行，故障的检测就不很容易。

3）环形拓扑结构的媒体访问控制协议都采用令牌传递的方式，因而在负载很轻时，其等待时间相对比较长。

3. 星形结构

星形结构的每个结点都由一条点对点链路与中心结点（公用中心交换设备，如交换机、集线器等）相连，如图 1-3 所示。星形网络中的一个结点如果向另一个结点发送数据，首先将数据发送到中央设备，然后由中央设备将数据转发到目标结点。信息的传输是通过中心结点的存储转发技术实现的，并且只能通过中心结点与其他结点通信。星形网络是局域网中最常用的拓扑结构。

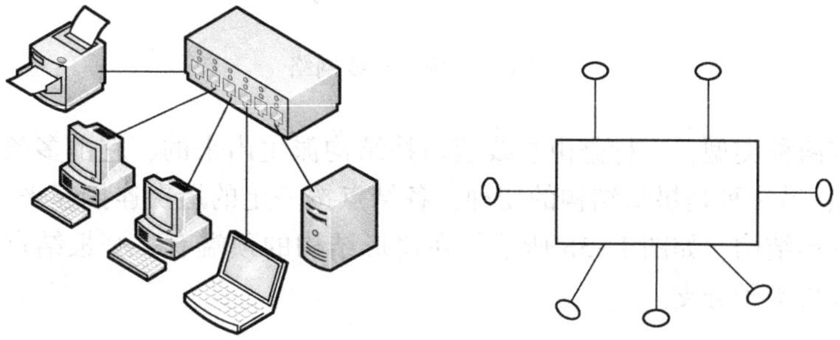

图 1-3　星形拓扑结构

星形结构的优点如下：

1）控制简单。在星形结构中，任何一个站点只和中央结点相连接，因而媒体访问控制的方法很简单，访问协议也十分简单。

2）容易做到故障诊断和隔离。在星形结构中，中央结点对连接线路可以一条一条地隔离出来进行故障检测和定位。单个连接点的故障只影响一个设备，不会影响全网。

3）方便服务。中央结点可方便地对各个站点提供服务和网络重新配置。

星形结构的缺点如下：

1）电缆长度和安装工作量大。因为每个站点都要和中央结点直接连接，需要耗费大量电缆。安装、维护的工作量也骤增。

2）中央结点的负担加重，形成瓶颈，一旦故障，则整个网络系统彻底崩溃，因而中央结点在可靠性和冗余度方面的要求很高。

3）各站点的分布处理能力较弱。

4. 树形结构

树形结构（也称星形总线拓扑结构）是从总线型和星形结构演变来的。网络中的结点设备都连接到一个中央设备（如集线器）上，但并不是所有的结点都直接连接到中央设备，而是大多数的结点首先连接到一个次级设备，次级设备再与中央设备连接。如图1-4所示是一个树形总线网络。

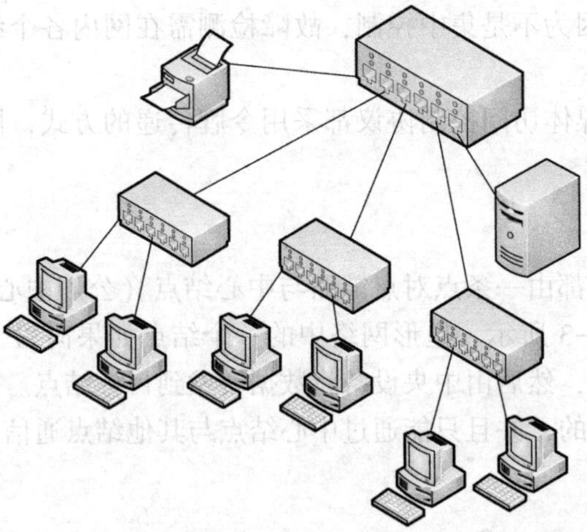

图1-4　树形总线网络

树形结构有两种类型，一种是由总线型拓扑结构派生出来的，它由多条总线连接而成，如图1-5a所示；另一种是星形结构的变种，各结点按一定的层次连接起来，形状像一棵倒置的树，故称树形结构，如图1-5b所示。在树形结构的顶端有一个根结点，它带有分支，每个分支还可以再带子分支。

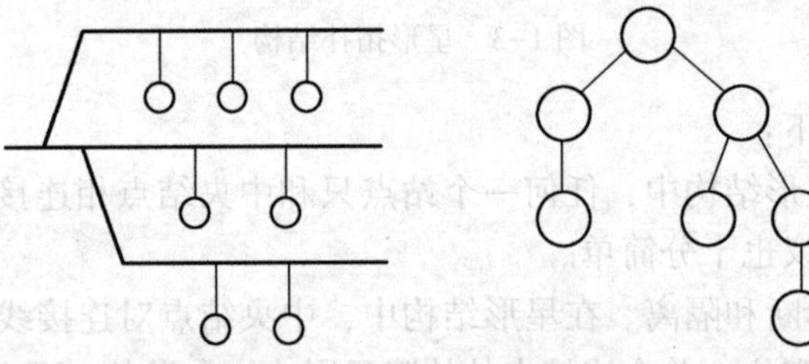

a)　　b)

图1-5　树形拓扑结构

a）由总线结构派生　b）树形结构

树形拓扑结构的主要优点为易于扩展、故障易隔离、可靠性高。但这种结构电缆成本高，而且对根结点的依赖性大，一旦根结点出现故障，将导致全网不能工作。

5. 网状结构与混合型结构

网状结构是指将各网络结点与通信线路连接成不规则的形状，每个结点至少与其他两个结点相连，或者说每个结点至少有两条链路与其他结点相连，如图1-6所示。大型互联网一般都采用这种结构，如我国的教育科研网CERNET（见图1-7）、Internet的主干网都采用网状结构。

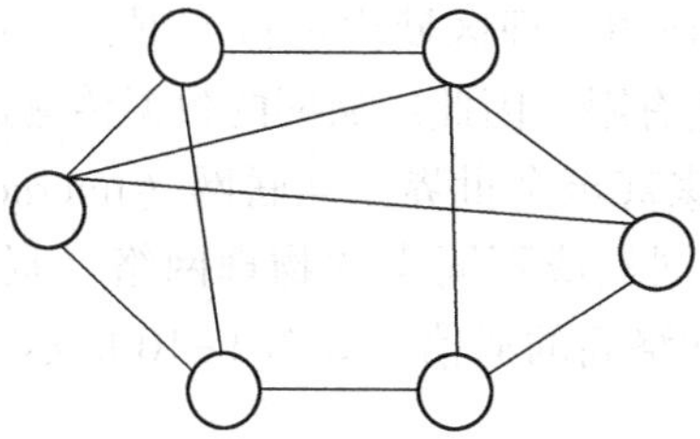

图 1-6 网状拓扑结构

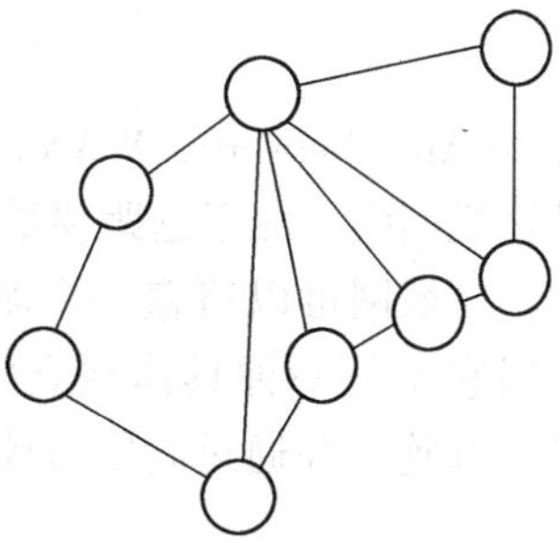

图 1-7 CERNET 主干网拓扑结构

网状拓扑结构有以下主要特点：

- 可靠性高，结构复杂，不易管理和维护，线路成本高，适用于大型广域网。
- 因为有多条路径，所以可以选择最佳路径，减少延时，改善流量分配，提高网络性能，但路径选择比较复杂。

混合型结构是由以上几种拓扑结构混合而成的，如环星形结构，它是令牌环网和 FDDI 网常用的结构。再如总线型和星形的混合结构等。

1.2.2 按覆盖范围分类

按照网络覆盖的地理范围的大小，可以将网络分为局域网、城域网和广域网三种类型。这也是网络最常用的分类方法。

1. 局域网

局域网（Local Area Network，LAN）是将较小地理区域内的计算机或数据终端设备连接在一起的通信网络。局域网覆盖的地理范围比较小，一般在几十米到几千米之间。它常用于组建一个办公室、一栋楼、一个楼群、一个校园或一个企业的计算机网络。局域网可以大到由一个建筑物内或相邻建筑物的几百台至上千台计算机组成，也可以小到由一个房间内的几台计算机、打印机和其他设备组成。局域网主要用于实现短距离的资源共享。如图 1-8 所示是一个由几台计算机和打印机组成的典型局域网。

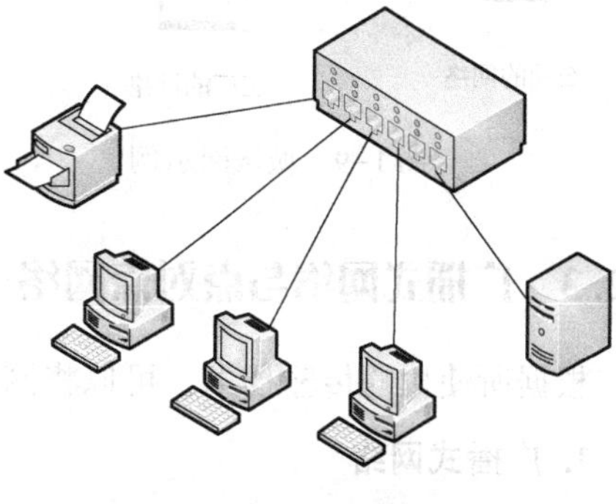

图 1-8 典型局域网示例

2. 城域网

城域网（Metropolitan Area Network，MAN）是一种大型的局域网，它的覆盖范围介于局域网和广域网之间，一般为几千米至几万米。城域网部署在一个城市内，将位于一个城市之内不同地点的多个计算机局域网连接起来以实现资源共享。城域网所使用的通信设备和网络设备的功能要求比局域网高，以便有效地覆盖整个城市的地理范围。城域网可以将多个学校、企事业单位、公司和医院的局域网连接起来共享资源。如图 1-9 所示是不同建筑物内的局域网组成的城域网。

3. 广域网

广域网（Wide Area Network，WAN）是在一个广阔的地理区域内进行数据、语音、图像信息传输的计算机网络。由于远距离数据传输的带宽有限，因此广域网的数据传输速率比局域网要慢得多。广域网可以覆盖一个城市、一个国家甚至全世界。互联网（Internet）是广域网的一种，但它不是一种具体独立的网络，它将同类或不同类的物理网络（局域网、广域网与城域网）互连，并通过高层协议实现不同类网络间的通信。如图 1-10 所示是一个简单的广域网。

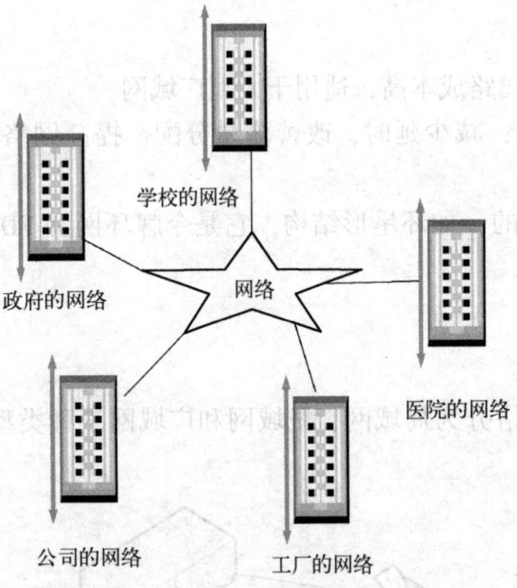

图1-9 城域网示例

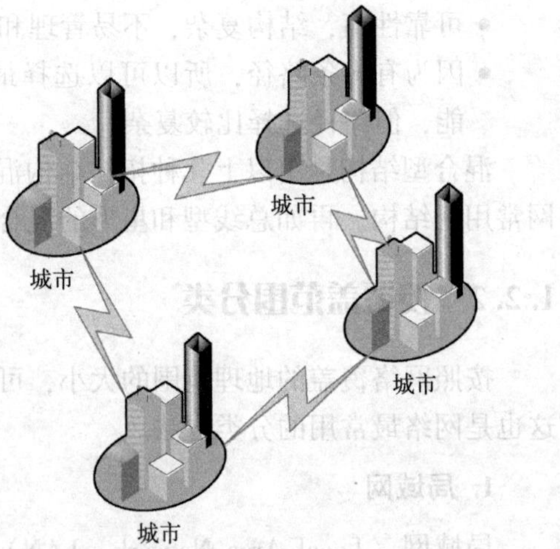

图 1-10 广域网示例

1.2.3 广播式网络与点对点网络

根据所使用的传输技术，可以将网络分为广播式网络和点对点网络。

1. 广播式网络

在广播式网络中仅使用一条通信信道，该信道由网络上的所有结点共享。在传输信息时，任何一个结点都可以发送数据分组，传到每台机器上，被其他所有结点接收。这些机器根据数据报中的目的地址进行判断，如果是发给自己的就接收，否则便丢弃。总线型以太网就是典型的广播式网络。

2. 点对点网络

与广播式网络相反，点对点网络由许多互相连接的结点构成，在每对机器之间都有一条专用的通信信道，因此在点对点的网络中，不存在信道共享与复用的情况。当一台计算机发送数据分组后，它会根据目的地址，经过一系列的中间设备的转发，直至到达目的结点，这种传输技术称为点对点传输技术，采用这种技术的网络称为点对点网络。

1.3　计算机网络发展简史

尽管电子计算机在 20 世纪 40 年代就已研制成功，但是到了 20 世纪 80 年代初期，计算机网络仍然被认为是一种昂贵而奢侈的技术。随着微电子技术、计算机技术和通信技术的迅速发展和相互渗透，近 20 年来，计算机网络技术取得了长足的发展，计算机网络已经成为当今最重要的技术之一。在 21 世纪，计算机网络尤其是互联网技术已经成为信息社会的命脉和知识经济发展的重要基础。网络对社会生活的各个方面以及对社会经济的发展已经产生了不可估量的影响。在今天，计算机网络技术已经和计算机技术本身一样精彩纷呈，普及到人们的生活和商业活动中，对社会各个领域产生了广泛而深远的影响。

随着计算机技术和通信技术的不断发展，计算机网络也经历了从简单到复杂，从单机到多机的发展过程，其演变过程主要可分为面向终端的计算机网络、计算机通信网络、计算机互联网络和高速互联网络四个阶段。

1.3.1　面向终端的计算机网络

第一代计算机网络是面向终端的计算机网络。面向终端的计算机网络又称为联机系统，建于 20 世纪 50 年代初，是第一代计算机网络。它由一台主机和若干个终端组成，较典型的是 1963 年美国空军建立的半自动化地面防空系统（SAGE），其结构如图 1-11 所示。在这种联机方式中，主机是网络的中心和控制者，终端（键盘和显示器）分布在各处并与主机相连，用户通过本地的终端使用远程的主机。

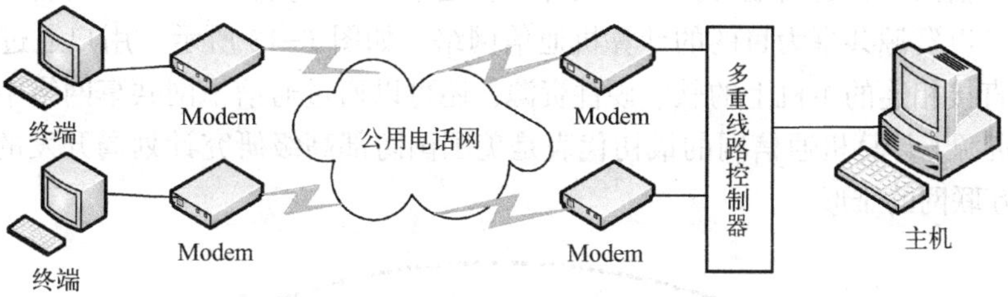

图 1-11　第一代计算机网络结构示意图

分布在不同办公室，甚至不同地理位置的本地终端或远程终端通过公共电话网络及相应的通信设备与一台计算机相连，登录到计算机上，使用该计算机上的资源，这就有了通信与计算机的结合。这种具有通信功能的单机系统（见图 1-12a）或多机系统（见图 1-12b）被称为第一代计算机网络——面向终端的计算机通信网，也是计算机网络的初级阶段。严格地讲，这不能算是网络，但它将计算机技术与通信技术相结合，可以让用户以终端方式与远程主机进行通信，所以人们视它为计算机网络的雏形。

这里的单机系统是一台主机与一个或多个终端连接，在每个终端和主机之间都有一条专用的通信线路，这种系统的线路利用率比较低。当这种简单的单机联机系统连接大量的终端时，存在两个明显的缺点：一是主机系统负担过重，二是线路利用率低。为了提高通信线路的利用率和减轻主机的负担，在具有通信功能的多机系统中使用了集中器和前端机（Front End Processor，FEP）。集中器用于连接多个终端，让多台终端共用同一条通信线路与主机通信。前端机放在主机的前端，承担通信处理功能，以减轻主机的负担。

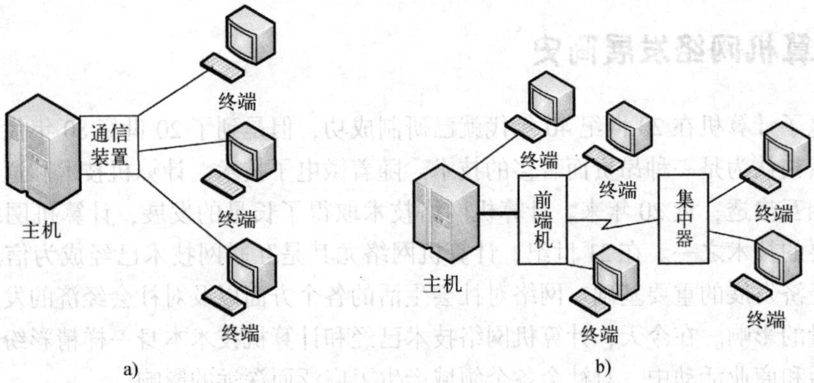

图 1-12 具有通信功能的单机系统
a）单机系统 b）多机系统

1.3.2 计算机通信网络

第二代计算机网络是以共享资源为目的的计算机通信网络。面向终端的计算机网络只能在终端和主机之间进行通信，不同的主机之间无法通信。从 20 世纪 60 年代中期开始，出现了多个主机互连的系统，可以实现计算机和计算机之间的通信。真正意义上的计算机网络应该是计算机与计算机的互连，即通过通信线路将若干个自主的计算机连接起来的系统，称为计算机—计算机网络，简称为计算机通信网络。

计算机通信网络在逻辑上可分为两大部分：通信子网和资源子网。二者合一构成以通信子网为核心，以资源共享为目的的计算机通信网络，如图 1-13 所示。用户通过终端不仅可以共享与其直接相连的主机上的软、硬件资源，还可以通过通信子网共享网络中其他主机上的软、硬件资源。计算机通信网的最初代表是美国国防部高级研究计划局开发的 ARPANET，它也是当今互联网的雏形。

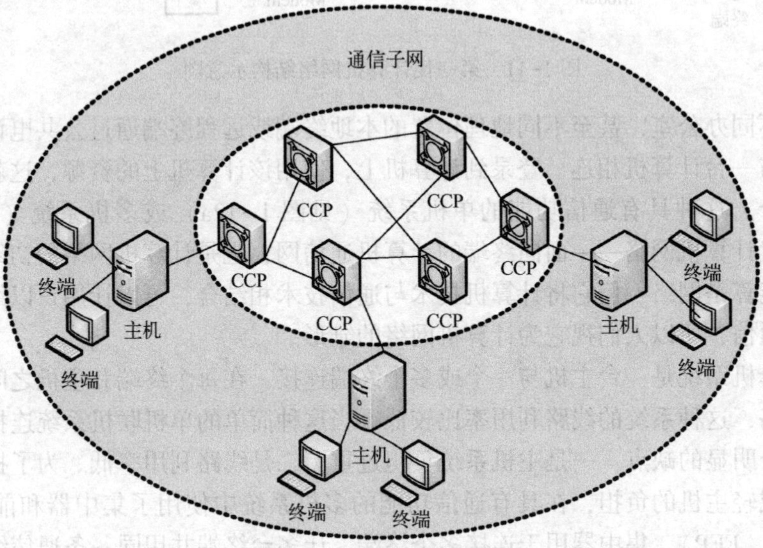

图 1-13 计算机通信网络图

1. 资源子网

资源子网由主计算机系统、终端、终端控制器、连网外设、各种软件资源与信息资源组成。资源子网负责全网的数据处理业务，向网络用户提供各种网络资源与网络服务。

主计算机系统简称为主机（Host），它可以是大型机、中型机或小型机。主机是资源子网的主要组成单元，它通过高速通信线路与通信子网的通信控制处理机相连。普通用户终端通过主机接入网内。主机要为本地用户访问网络的其他主机设备与资源提供服务，同时要为网中远程用户共享本地资源提供服务。

终端（Terminal）是用户访问网络的界面。终端可以是简单的输入输出终端，也可以是带有微处理机的智能终端。智能终端除具有输入输出信息的功能外，本身具有存储与处理信息的能力。终端可以通过主机连入网内，也可以通过终端控制器、报文分组组装与拆卸装置或通信控制处理机连入网内。

2. 通信子网

通信子网由通信控制处理机（Communication Control Processor，CCP）、通信线路和其他通信设备组成，完成网络数据传输和转发等通信处理任务。

通信控制处理机在网络拓扑结构中被称为网络结点。一方面，它作为与资源子网的主机、终端相连的接口，将主机和终端连入网内；另一方面，它又作为通信子网中的分组存储转发结点，完成分组的接收、校验、存储和转发等功能，实现将源主机报文准确发送到目的主机的功能。

通信线路为通信控制处理机与通信控制处理机、通信控制处理机与主机之间提供通信信道。计算机网络采用了多种通信线路，如双绞线、同轴电缆、光纤、无线通信信道等。

1.3.3 计算机互联网络

随着广域网与局域网的发展以及微型计算机的广泛应用，使用大型机与中型机的主机—终端系统的用户减少，网络结构发生了巨大的变化。大量的微型计算机通过局域网接入广域网，而局域网与广域网、广域网与广域网的互连是通过路由器实现的。用户计算机需要通过校园网、企业网或 Internet 服务提供商（Internet Services Provider，ISP）接入地区主干网，地区主干网通过国家主干网连入国家间的高速主干网，这样就形成一种由路由器互连的大型层次结构的现代计算机网络，即互联网络，它是第三代计算机网络，是第二代计算机网络的延伸。图 1-14 给出了计算机互联网络的简化结构示意图。

1. 广域网的发展

广域网的发展是从 ARPANET 的诞生开始的。ARPANET 是第一个分组交换网，它的出现标志着以资源共享为目的的计算机网络的诞生。这一时期美国许多计算机公司开始大力发展计算机网络，纷纷推出自己的产品和结构。如 1974 年 IBM 公司推出“系统网络体系结构”（SNA），1975 年 DEC 公司提出“分布式网络体系结构”（DNA）。

当时，网络应用也正在向各行各业甚至向个人普及和发展，发展网络的需求十分迫切，促进了计算机网络的发展，使许多国家加强了基础设施的建设，开始建设公用数据网。早期的公用数据网是模拟的公用交换电话网，通过 Modem，将计算机的数字信号调制为模拟信

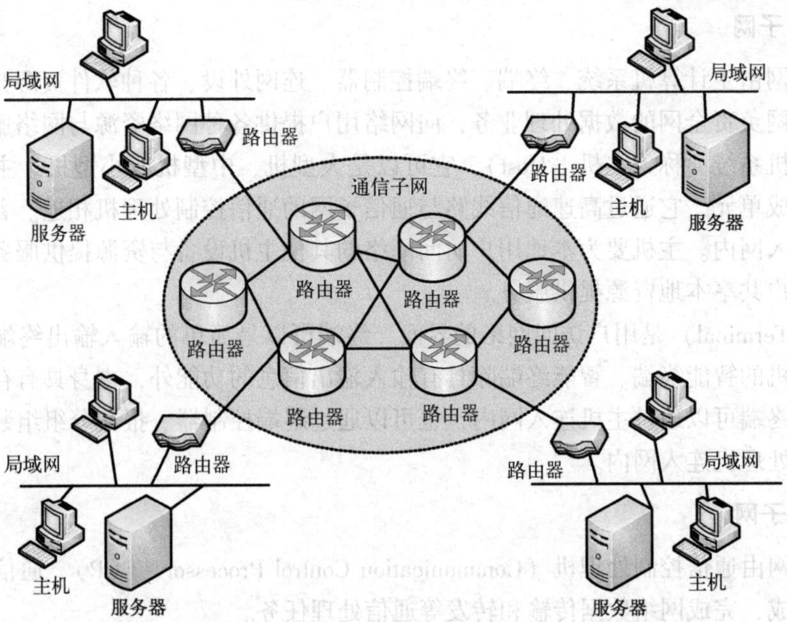

图 1-14 计算机互联网络结构示意图

号，经交换电话网传送给另一端的 Modem，经 Modem 的解调再将模拟信号恢复为数字信号被计算机接收，以完成通信。这种技术传输速率比较低。后来又发展为公用数据网。典型的公用数据网有美国的 Telenet、日本的 DDX、加拿大的 DATAPAC，以及我国于 1993 年和 1996 年分别开通的公用数据网 China PAC 和提供数字专线服务的 DDN，这些都为广域网的发展提供了通信基础。公用数据网在 20 世纪 70~80 年代得到很大的发展，并且随着计算机网络技术的发展和网络应用需求的增加，广域网又开发了诸如帧中继（Frame Relay）、综合业务数据网（ISDN）、交换多兆位数据服务（SMDS）等公用数据网。这些公用数据网的诞生与发展极大地促进了广域网的发展。当前，由于光纤介质的不断普及，直接在光纤介质上传输数据和波分多路复用（WDM）技术也开始投入使用，这使得广域网的发展进入了一个新的历史时期，大大提高了广域网的数据传输速率。

2. 局域网的发展

早期的计算机网络大多为广域网，局域网的出现与发展是在 20 世纪 70 年代出现了个人计算机（Personal Computer，PC）以后。20 世纪 80 年代，由于 PC 性能不断提高，价格不断降低，计算机从“专家”群里走入“大众”之中，应用从科学计算走入事务处理，使得 PC 大量进入各行各业的办公室，甚至家庭。这时，个人计算机得到了蓬勃发展。由于个人计算机的大量涌现和广泛分布，基于信息交换和资源共享的需求越来越迫切，人们要求一栋楼或一个部门的计算机能够互连，于是局域网（Local Area Network，LAN）应运而生。

1.3.4 高速互联网络

进入 20 世纪 90 年代，随着计算机网络技术的迅猛发展，特别是 1993 年美国宣布建立国家信息基础设施（National Information Infrastructure，NII）后，全世界许多国家都纷纷制定和建立本国的 NII，从而极大地推动了计算机网络技术的发展，使计算机网络的发展进入一个崭新的阶段，这就是第四代计算机网络，即高速互联网络阶段。

通常意义上的计算机互联网络是通过数据通信网络实现数据的通信和共享的，此时的计算机网络，基本上以电信网作为信息的载体，即计算机通过电信网络中的 X. 25 网、DDN 网、帧中继网等传输信息。

随着互联网的迅猛发展，人们对远程教学、远程医疗、视频会议等多媒体应用的需求大幅度增加。这样，以传统电信网络为信息载体的计算机互联网络不能满足人们对网络速度的要求，促使网络由低速向高速、由共享到交换、由窄带向宽带方向迅速发展，即由传统的计算机互联网络向高速互联网络发展。

如今，以 IP 技术为核心的计算机网络（信息网络，也称高速互联网络）将成为网络（计算机网络和电信网络）的主体。信息传输、数据传输将成为网络的主要业务，一些传统的电信业务也将在信息网络上开通，但其业务量只占信息业务的很小一部分。

目前，全球以 Internet 为核心的高速计算机互联网络已形成，Internet 已经成为人类最重要的、最大的知识宝库。与第三代计算机网络相比，第四代计算机网络的特点是网络的高速化和业务的综合化。网络高速化可以有两个特征：网络频带宽和传输时延低。使用光纤等高速传输介质和高速网络技术，可实现网络的高速率；快速交换技术可保证传输的低延时。网络业务综合化是指一个网中综合了多种媒体（如语音、视频、图像和数据等）的信息。业务综合化的实现依赖于多媒体技术。

1.3.5 计算机网络的发展趋势

计算机网络的发展方向是 IP 技术+光网络，光网络将会演进为全光网络。从网络的服务层面上看将是一个 IP 的世界，通信网络、计算机网络和有线电视网络将通过 IP 三网合一；从传送层面上看将是一个光的世界；从接入层面上看将是一个有线和无线的多元化世界。

1. 三网合一

目前广泛使用的网络有通信网络、计算机网络和有线电视网络。随着技术的不断发展，新的业务不断出现，新旧业务不断融合，作为其载体的各类网络也不断融合，使目前广泛使用的三类网络正逐渐向统一的 IP 网络发展，即所谓的“三网合一”。在 IP 网络中可将数据、语音、图像、视频均归结到 IP 数据报中，通过分组交换和路由技术，采用全球性寻址，使各种网络无缝连接，IP 将成为各种网络、各种业务的“共同语言”，实现所谓的“Everything over IP”。

实现“三网合一”并最终形成统一的 IP 网络后，传递数据、语音、视频只需要建造、维护一个网络，简化了管理，也会大大地节约开支，同时可提供集成服务，方便了用户。可以说“三网合一”是网络发展的一个最重要的趋势。

2. 光通信技术

光通信技术已有 30 年的历史。随着光器件、光复用技术和光网络协议的发展，光传输系统的容量已从 Mbit/s 级发展到 Tbit/s 级，提高了近 100 万倍。

光通信技术的发展主要有两个大的方向，一是主干传输向高速率、大容量的 OTN 光传送网发展，最终实现全光网络；二是接入向低成本、综合接入、宽带化光纤接入网发展，最终实现光纤到家庭和光纤到桌面。全光网络是指光信息流在网络中的传输及交换始终以光的形式实现，不再需要经过光/电、电/光变换，即信息从源结点到目的结点的传输过程中始终在光域内。

3. IPv6 协议

TCP/IP 协议族是互联网基石之一，而 IP 是 TCP/IP 协议族的核心协议，是 TCP/IP 协议族中网络层的协议。目前 IP 的版本为 IPv4。IPv4 的地址位数为 32 位，即理论上约有 42 亿个地址。随着互联网应用的日益广泛和网络技术的不断发展，IPv4 的问题逐渐显露出来，主要有地址资源枯竭、路由表急剧膨胀、对网络安全和多媒体应用的支持不够等。

IPv6 是下一版本的 IP，也可以说是下一代 IP。IPv6 采用 128 位地址长度，几乎可以不受限制地提供地址。理论上约有 3.4×10^{38} 个 IP 地址，而地球的表面积仅有 $5.1\times10^{18}\ cm^2$，即使按保守方法估算 IPv6 实际可分配的地址，每平方厘米面积上也可分配到若干亿个 IP 地址。IPv6 一劳永逸地解决了地址短缺的问题，同时也解决了 IPv4 中的其他缺陷，主要有端到端 IP 连接、服务质量（QoS）、安全性、多播、移动性、即插即用等。

4. 宽带接入技术

计算机网络必须有宽带接入技术的支持，各种宽带服务与应用才有可能开展。因为只有接入网的带宽瓶颈问题被解决，骨干网和城域网的容量潜力才能真正发挥出来。尽管当前宽带接入技术有很多种，但只要不是和光纤或光结合的技术，就很难在下一代网络中应用。目前光纤到户（Fiber To The Home，FTTH）的成本已下降至可以为用户接受的程度。这里涉及两个新技术，一个是基于以太网无源光网络（Ethernet Passive Optical Network，EPON）的光纤到户技术，一个是自由空间光系统（Free Space Optical，FSO）技术。

由 EPON 支持的光纤到户技术，正在异军突起，它能支持吉比特的数据传输速率，并且在不久的将来成本会降到与数字用户线路（Digital Subscriber Line，DSL）和光纤同轴电缆混合网（Hybrid Fiber Cable，HFC）相同的水平。

FSO 技术是通过大气而不是光纤传送光信号，它是光纤通信与无线电通信的结合。FSO 技术能提供接近光纤通信的速率，例如可达到 1 Gbit/s，它既在无线接入带宽上有了明显的突破，又因为不要许可证，所以不需要在稀有资源无线电频率上有很大的投资。FSO 和光纤线路比较，系统便于安装，而且成本也低很多。FSO 现已在企业和居民区得到应用，但是和固定无线接入一样，易受环境因素干扰。

5. 移动通信系统技术

第五代移动通信系统（5G）是继 4G 之后，为了满足智能终端的快速普及和移动互联网的高速发展而研发的下一代无线移动通信技术，是面向 2020 年以后人类信息社会需求的无线移动通信系统。根据移动通信的发展规律，5G 将具有超高的频谱利用率和能效，在传输速率和资源利用率等方面较 4G 移动通信提高一个量级或更高，其无线覆盖性能、传输时延、系统安全和用户体验也将得到显著的提高。5G 移动通信将与其他无线移动通信技术密切结合，构成新一代无所不在的移动信息网络，满足未来 10 年移动互联网流量增加 1000 倍的发展需求。5G 移动通信系统的应用领域也将进一步扩展，对海量传感设备及机器与机器（M2M）通信的支撑能力将成为系统设计的重要指标之一。未来 5G 系统还须具备充分的灵活性，具有网络自感知、自调整等智能化能力，以应对未来移动信息社会难以预计的快速变化。

1.4 计算机网络在我国的发展

中国科技界使用 Internet 是从 1986 年开始的。国内一些科研单位，通过长途电话拨号到欧洲的一些国家，进行连机数据库检索。并于 1988 年实现了与欧洲和北美地区的 E-mail 通信。1989 年，中国的 CHINAPAC（X.25）公用数据网基本开通。CHINAPAC 虽然规模不大，但与法国、德国等的公用数据网络（X.25）有国际连接（X.75）。1994 年 6 月，开通了国际 Internet 的 64 Kbit/s 专线连接，同时还设置了中国最高域名（CN）服务器。这时中国才算真正加入了国际 Internet 行列。此后又建成了中国教育和科研网（CERNET）。1996 年 6 月，中国电信的互联网络（CHINANet）也正式投入运营。到目前为止，中国共有九大计算机互联网络，它们分别是：

1）中国公用计算机互联网络（CHINANET）。

2）中国教育和科研计算机网（CERNET）。

3）中国科技网（CSTNET）。

4）中国联通互联网（UNINET）。

5）中国网通公用互联网（CNCNET）。

6）中国移动通信网（CMNET）。

7）中国国际经济贸易互联网（CIETNET）。

8）中国长城互联网（CGWNET）。

9）中国卫星集团互联网（CSNET）。

其中非营利单位有四家：中国科技网、中国教育和科研计算机网、中国国际经济贸易互联网、中国长城互联网。九大互联网络单位都拥有独立的国际出口。

1.5 网络交换

网络交换是指通过一定的设备，如交换机等，将不同的信号或者信号形式转换为对方可识别的信号类型，从而达到通信目的的一种交换形式，网络交换技术共经历了四个发展阶段，分别为电路交换技术、分组交换技术、报文交换技术和 ATM 技术。

1.5.1 电路交换技术

在数据通信网发展初期，人们根据电话交换原理，发展了电路交换方式。公众电话网（PSTN）和移动网（包括 GSM 网和 CDMA 网）采用的都是电路交换技术，它的基本特点是采用面向连接的方式，在双方进行通信之前，需要为通信双方分配一条具有固定带宽的通信电路，通信双方在通信过程中将一直占用所分配的资源，直到通信结束，并且在电路的建立和释放过程中都需要利用相关的信令协议。电路交换是建立一条临时的专用通路，使用完后拆除链接，适合大数据量的实时通信。这种方式的优点是在通信过程中可以保证为用户提供足够的带宽，并且实时性好，交换设备成本较低，但同时带来的缺点是网络的带宽利用率不高，一旦电路被建立，不管通信双方是否处于通话状态，分配的电路一直被占用，时延性强。

1.5.2 分组交换技术

电路交换技术主要适用于传送和语音相关的业务，这种网络交换方式对于数据业务而言，有着很大的局限性。首先，数据通信具有很强的突发性，峰值比特率和平均比特率相差较大，如果采用电路交换技术，若按峰值比特率分配电路带宽则会造成资源的极大浪费，若按平均比特率分配带宽，则会造成数据的大量丢失。其次，和语音业务比较起来，数据业务对时延没有严格的要求，但需要进行无差错的传输，而语音信号可以有一定程度的失真，但实时性一定要高。分组交换技术就是针对数据通信业务的特点而提出的一种交换方式，它的基本特点是面向无连接而采用存储转发的方式，将需要传送的数据按照一定的长度分割成许多小段数据，并在数据之前增加相应的用于对数据进行选路和校验等功能的头部字段，作为数据传送的基本单元即分组。采用分组交换技术，在通信之前不需要建立连接，每个结点首先将前一结点送来的分组收下并保存在缓冲区中，然后根据分组头部中的地址信息选择适当的链路将其发送至下一个结点，这样在通信过程中可以根据用户的要求和网络的能力来动态分配带宽。分组交换比电路交换的电路利用率高，但时延较大。

分组交换是以信息分发为目的，把从输入端进来的数据分组，根据其标志的地址域和控制域，把它们分发到各个目的地，而不是以电路为目的的交换方式。分组交换把信息分为一个个的数据分组，并且需要在每个信息分组中增加信息头及信息尾，表示该段信息的开始及结束，此外还要加上地址域和控制域，用以表示这段信息的类型和送往何处，加上错误校验码以检验传送中发生的错误。

可以说，电路交换只管电路而不管电路上传送的信息。分组交换则对传送的信息进行管理。电路交换的主要缺点是在通信传送过程中独占一条信道。分组交换中，交换机根据数据分组上的地址来确定送到的目的地，因而，可以有许多个通信过程共享一个信道，这是分组交换的一个主要优点。

然而，分组交换却具有信息传送随机时延的缺点。因为在电路交换中，如果电路忙，呼叫就被拒绝，电路一旦连通，就可以随时把信息传送过去。在分组交换中，其共享的电路有时可能很空，信息可以马上就传送过去，有时可能很忙，信息就要在分组交换机中排队等候，排队的长度和等候时间是由电路的忙闲来决定的，这就是不确定的随机时延。当然，在分组交换机中也采取了流量控制的措施，以便减少这种时延，即当在交换机中等待的数据分组过多时，交换机会向各个输入端发出命令，禁止它们继续发送信息，或者要求它们改用较低速率传送信息。此外，在分组交换中，对收到错误的分组数据要求马上重发的反馈重发机制也增加了随机时延。随机时延对于计算机通信（数据业务）问题不大，但对于语音业务来说，就不可容忍了。

分组交换提供的业务有：

- 交换虚电路——指在两个用户之间建立的临时逻辑连接。
- 永久虚电路——指在两个用户之间建立的永久性的逻辑连接。用户开机后，一条永久虚电路就自动建立起来了。

1.5.3　报文交换技术

报文交换技术和分组交换技术类似，也是采用存储转发机制。但报文交换是以报文作为传送单元，由于报文长度差异很大，长报文可能导致很大的时延，并且对每个结点来说缓冲区的分配也比较困难，为了满足各种长度报文的需要并且达到高效的目的，结点需要分配不同大小的缓冲区，否则就有可能造成数据传送的失败。在实际应用中报文交换主要用于传输报文较短、实时性要求较低的通信业务，如公用电报网。报文交换比分组交换出现早一些，分组交换是在报文交换的基础上，将报文分割成分组进行传输，在传输时延和传输效率上进行了平衡，从而得到广泛的应用。

报文交换方式不要求在两个通信结点之间建立专用通路。结点把要发送的信息组织成一个数据报——报文，该报文中含有目标结点的地址，完整的报文在网络中一站一站地向前传送。每一个结点接收整个报文，检查目标结点地址，然后根据网络中的交通情况在适当的时候转发到下一个结点。经过多次存储—转发，最后到达目标，因而这样的网络叫作存储—转发网络。其中的交换结点要有足够大的存储空间，用以缓冲收到的长报文。

交换结点对各个方向上收到的报文排队，查找下一个交换结点，然后再转发出去，这些都带来了排队等待延迟。报文交换的优点是不建立专用链路，线路利用率较高，这是由通信中的等待时延换来的。

电子邮件系统（E-mail）适合采用报文交换方式。

1.5.4　电路、分组、报文交换的特点和比较

1. 电路交换的优缺点

由于电路交换在通信之前要在通信双方之间建立一条被双方独占的物理通路（由通信双方之间的交换设备和链路逐段连接而成），因而有以下优缺点。

（1）电路交换的优点

1）通信线路为通信双方用户专用，数据直达，所以传输数据的时延非常小。

2）通信双方之间的物理通路一旦建立，双方可以随时通信，实时性强。

3）通信时按发送顺序传送数据，不存在失序问题。

4）电路交换既适用于传输模拟信号，也适用于传输数字信号。

5）信息传输时延非常小，实时性强。不存在失序问题，控制较简单。

6）信息以数字信号的形式在数据信道上进行“透明”传输，交换机对用户的数据信息不存储、不处理，交换机在处理方面的开销比较小，对用户的数据信息不用附加控制信息，使信息的传送效率提高。

7）信息编码方法、信息格式以及传输控制程序等都不受限制，与交换网络无关，即可向用户提供透明的通路。

8）电路交换的交换设备（交换机等）及控制均较简单。

（2）电路交换的缺点

1）电路交换的平均连接建立时间对计算机通信来说过长。

2）电路交换连接建立后，物理通路被通信双方独占，即使通信线路空闲，也不能供其

他用户使用，因而信道利用率低。

3）电路交换时，数据直达，不同类型、不同规格、不同速率的终端很难相互进行通信，也难以在通信过程中进行差错控制。

2. 分组交换的优缺点

分组交换仍采用存储转发传输方式，但将一个长报文先分割为若干个较短的分组，然后把这些分组（携带源、目的地址和编号信息）逐个发送出去。分组交换有以下优缺点。

（1）分组交换的优点

1）加速了数据在网络中的传输。因为分组是逐个传输，可以使后一个分组的存储操作与前一个分组的转发操作并行，这种流水线式的传输方式减少了报文的传输时间。此外，传输一个分组所需的缓冲区比传输一份报文所需的缓冲区小得多，这样因缓冲区不足而等待发送的机率及等待的时间也必然少得多。

2）简化了存储管理。因为分组的长度固定，相应的缓冲区的大小也固定，在交换结点中存储器的管理通常被简化为对缓冲区的管理，相对比较容易。

3）减小了出错率和重发数据量。因为分组较短，其出错率必然减小，每次重发的数据量也就大大减小，这样不仅提高了可靠性，也减小了传输时延。

4）由于分组短小，更适用于采用优先级策略，便于及时传送一些紧急数据，因此对于计算机之间的突发式的数据通信，分组交换显然更为合适。

（2）分组交换的缺点

1）尽管分组交换比报文交换的传输时延少，但仍存在存储转发时延，而且其结点交换机必须具有更强的处理能力。

2）分组交换与报文交换一样，每个分组都要加上源、目的地址和分组编号等信息，使传送的信息量增大5%~10%，一定程度上降低了通信效率，增加了处理时间，使控制复杂，时延增加。

3）当分组交换采用数据报服务时，可能出现失序、丢失或重复分组，分组到达目的结点时，要对分组按编号进行排序等工作，增加了工作量。若采用虚电路服务，虽无失序问题，但有呼叫建立、数据传输和虚电路释放三个过程。若要连续传送大量数据，且其传送时间远大于呼叫建立时间，则采用数据通信前预先分配传输带宽的电路交换较为合适。

3. 报文交换的优缺点

报文交换是以报文为数据交换的单位，报文携带有目标地址、源地址等信息，在交换结点采用存储转发的传输方式，因而有以下优缺点。

（1）报文交换的优点

1）报文交换不需要为通信双方预先建立一条专用的通信线路，不存在连接建立时延，用户可随时发送报文。

2）由于采用存储转发的传输方式，在报文交换中便于设置代码检验和数据重发设施，加之交换结点还具有路径选择功能，可以做到某条传输路径发生故障时，重新选择另一条路径传输数据，从而提高了传输的可靠性；在存储转发中容易实现代码转换和速率匹配，甚至收发双方可以不同时处于可用状态，这样就便于类型、规格和速度都不同的计算机之间进行通信；报文交换提供多目标服务，即一个报文可以同时发送到多个目的地址，这在电路交换中是很难实现的；报文交换允许建立数据传输的优先级，使优先级高的报文优先交换。

3）通信双方不是固定占有一条通信线路，而是在不同的时间一段一段地部分占有这条物理通路，因而大大提高了通信线路的利用率。

（2）报文交换的缺点

1）由于数据进入交换结点后要经过存储、转发这一过程，从而引起转发时延（包括接收报文、检验正确性、排队、发送时间等），而且网络的通信量越大，造成的时延就越大，因此报文交换的实时性差，不适合传送实时或交互式业务的数据。

2）报文交换只适用于数字信号。

3）由于报文长度没有限制，而每个中间结点都要完整地接收传来的整个报文，当输出线路不空闲时，可能需要存储几个完整报文等待转发，这就要求网络中每个结点有较大的缓冲区。为了降低成本，减少结点的缓冲存储器容量，有时要把等待转发的报文存在磁盘上，进一步增加了传送时延。

4）由于采用了“存储—转发”方式，所以要求交换系统有较高的处理速度和较强的存储能力。

图 1-15 给出了三种交换的比较。报文交换和分组交换不需要预先分配传输带宽，在传送实发数据时可提高整个网络的信道利用率。分组交换比报文交换的时延小，但其结点交换机必须具有更强的处理能力。在电路交换中，只要整个通路中有一段链路不能使用，通信就会中止，而分组交换可选择另一条路由转发分组。但是电路交换是完全透明的，发送方和接收方可以使用任何比特速率、格式或分帧方法，电信公司不知道也不用关心这些；而分组交换则需由电信公司决定基本参数。此外，电路交换基于时间和距离收费，而分组交换基于所传分组的字节数及连接时间收费。总之，若要传送的数据量很大，且其传送时间远大于呼叫时间，则采用电路交换较为合适；当端到端的通路由很多段的链路组成时，采用分组交换传送数据较为合适。从提高整个网络的信道利用率上看，报文交换和分组交换优于电路交换，其中分组交换比报文交换的时延小，尤其适合计算机之间的突发式数据通信。

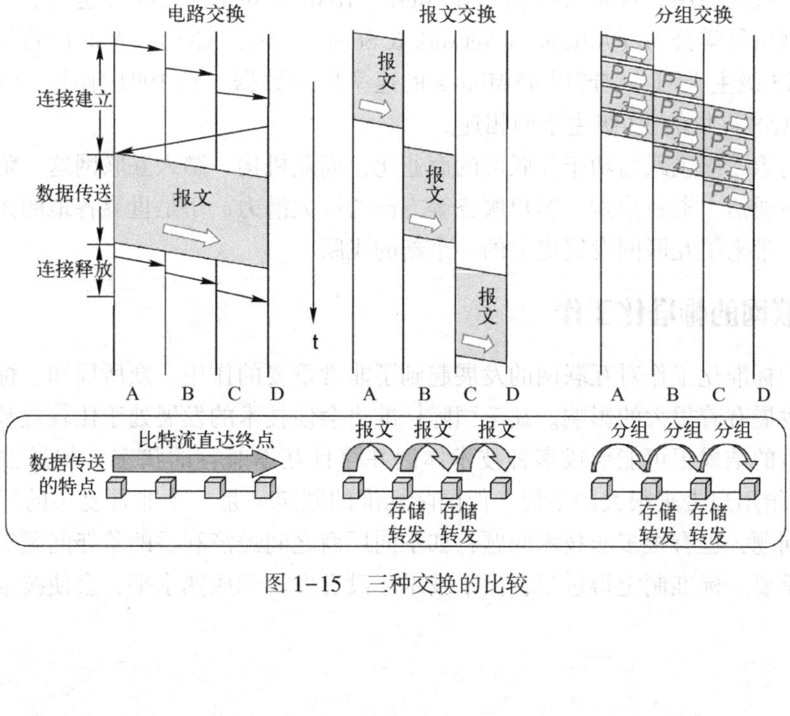

图 1-15 三种交换的比较

1.6 互联网概述

1.6.1 互联网的定义

互联网是计算机交互网络的简称，又称网间网。它是利用通信设备和线路将世界上不同地理位置的功能相对独立的数以亿计的计算机系统互连起来，以功能完善的网络软件（网络通信协议、网络操作系统等）实现网络资源共享和信息交换的数据通信网。

1.6.2 互联网发展简史

互联网最早起源于美国国防部高级研究计划署（Defence Advanced Research Projects Agency，DARPA）的前身ARPAnet，该网于1969年投入使用。由此，ARPAnet成为现代计算机网络诞生的标志。

最初，ARPAnet主要用于军事研究。它基于这样的指导思想：网络必须经受得住故障的考验而维持正常的工作，一旦发生战争，当网络的某一部分因遭受攻击而失去工作能力时，网络的其他部分应能维持正常的通信工作。ARPAnet在技术上的另一个重大贡献是TCP/IP协议族的开发和利用。作为互联网的早期骨干网，ARPAnet的试验奠定了互联网存在和发展的基础，较好地解决了异种机网络互连的一系列理论和技术问题。

1983年，ARPAnet分裂为两部分，ARPAnet和纯军事用的MILNet。同时，局域网和广域网的产生和蓬勃发展对互联网的进一步发展起了重要的作用。其中最引人注目的是美国国家科学基金会（National Science Foundation，NSF）建立的NSFnet。NSF在全美建立了按地区划分的计算机广域网并将这些地区网络和超级计算机中心互连起来。NFSnet于1990年6月彻底取代了ARPAnet而成为互联网的主干网。

NSFnet对互联网的最大贡献是使互联网向全社会开放，而不像以前那样仅供计算机研究人员和政府机构使用。1990年9月，由Merit、IBM和MCI公司联合建立了一个非营利组织——先进网络科学公司（Advanced Network & Science Inc.，ANS）。ANS的目的是建立一个全美范围的T3级主干网，它能以45 Mbit/s的速率传送数据。到1991年底，NSFnet的全部主干网都与ANS提供的T3级主干网相连。

互联网的第二次飞跃归功于互联网的商业化，商业机构一踏入互联网这一陌生世界，很快发现了它在通信、资料检索、客户服务等方面的巨大潜力。于是世界各地的无数企业纷纷涌入互联网，带来了互联网发展史上的一个新的飞跃。

1.6.3 互联网的标准化工作

互联网的标准化工作对互联网的发展起到了非常重要的作用。众所周知，标准化工作对一种技术的发展有着很大的影响。缺乏国际标准将会使技术的发展处于比较混乱的状态，而盲目自由竞争的结果很可能形成多种技术体制并存且互不兼容的状态（如过去形成的彩电三大制式），给用户带来很大的不便。但国际标准的制定又是一个非常复杂的问题，这里既有很多技术问题，也有很多非技术问题，如不同厂商之间经济利益的争夺问题等。标准制定的时机也很重要。标准制定得过早，由于技术还没有发展到成熟水平，会使技术比较陈旧的标准限制了产品的技术水平，其结果是以后不得不再次修订标准，造成浪费。反之，若标准制定得太迟，也会使技术的发展无章可循，造成产品的互不兼容，因而也会影响技术的发展。互联网标准的制定很有特色。一个很大的特点是面向公众，所有的 RFC 文档都可从互联网上免费下载，而且任何人都可以用电子邮件随时发表对某个文档的意见或建议。这种方式对互联网的迅速发展影响很大。

1992 年，由于互联网不再归美国政府管辖，因此成立了一个国际性组织——互联网协会（Internet Society，ISOC），以便对互联网进行全面管理以及在世界范围内促进其发展和使用。ISOC 下面有一个叫作互联网体系结构委员会（Internet Architecture Board，IAB）的技术组织，负责管理互联网有关协议的开发。IAB 下面又设有两个工程部，下面分别介绍。

1. 互联网工程部（Internet Engineering Task Force，IETF）

IETF 是由许多工作组（Working Group，WG）组成的论坛（forum），具体工作由互联网工程指导小组（Internet Engineering Steering Group，IESG）管理。这些工作组划分为若干个领域（area），每个领域集中研究某一特定的短期和中期的工程问题，主要是针对协议的开发和标准化。

2. 互联网研究部（Internet Research Task Force，IRTF）

IRTF 是由一些研究组（Research Group，RG）组成的论坛，具体工作由互联网研究指导小组（Internet Reseach Steering Group，IRSG）管理。IRTF 的任务是进行理论研究和发现一些会产生长期影响的问题。

所有的标准都是以 RFC 的形式在互联网上发表的。RFC（Request For Comments）的意思就是“请求评论”。所有的 RFC 文档都可免费下载。但应注意，并非所有的 RFC 文档都是互联网标准，只有一小部分 RFC 文档最后才能变成互联网标准。RFC 按收到时间的先后从小到大编上序号（即 RFC ××××，这里的××××是阿拉伯数字）。一个 RFC 文档更新后就使用一个新的编号，并在文档中指出原来编号的 RFC 文档已成为陈旧的。例如，2003 年 11 月公布了互联网正式协议标准 RFC 3600，此文档注明了以前的文档 RFC 3300 已变为陈旧的。但到了 2004 年 7 月，RFC 3600 文档又更新了，新文档的编号是 RFC 3700，此文档又注明 RFC 3600 已变为陈旧的。现有的 RFC 文档中有不少已变为陈旧的，在参考时应当注意。制定互联网的正式标准要经过以下四个阶段［RFC 2026］：

1）互联网草案（Internet Draft）——在这个阶段还不是 RFC 文档。
2）建议标准（Proposed Standard）——从这个阶段开始就成为 RFC 文档。
3）草案标准（Draft Standard）。
4）互联网标准（Internet Standard）。

互联网草案的有效期只有六个月。只有到了建议标准阶段才以 RFC 文档形式发表。除了以上三种 RFC 外（即建议标准、草案标准和互联网标准），还有三种 RFC，即历史的、实验的和提供信息的 RFC。历史的 RFC 或者是被后来的 RFC 所取代，或者是从未到达必要的成熟等级因而未变成互联网标准。实验的 RFC 表示其工作属于正在实验的情况。实验的 RFC 不能够在任何实用的互联网服务中实现。提供信息的 RFC 包括与互联网有关的一般的、历史的或指导的信息。互联网草案发展如图 1-16 所示。

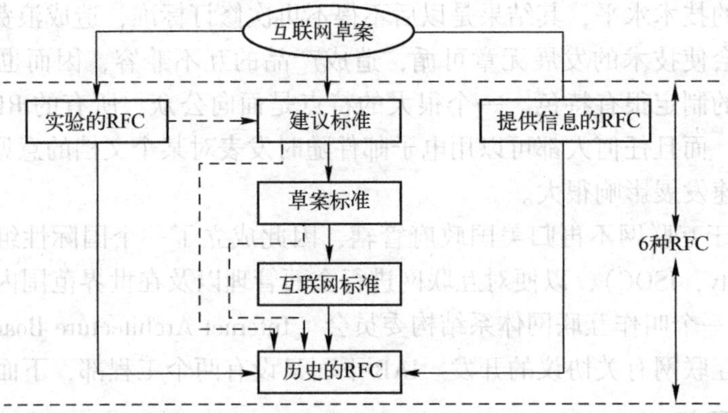

图 1-16 互联网草案的发展

1.6.4 互联网的组成

互联网的拓扑结构虽然非常复杂，并且在地理上覆盖了全球，但从其工作方式上看，可以划分为以下两大部分：

1）边缘部分由所有连接在互联网上的主机组成。这部分是用户直接使用的，用来进行通信（传送数据、音频或视频）和资源共享。

2）核心部分由大量网络和连接这些网络的路由器组成。这部分是为边缘部分提供服务的（提供连通性和交换）。

这两部分示意图如图 1-17 所示。

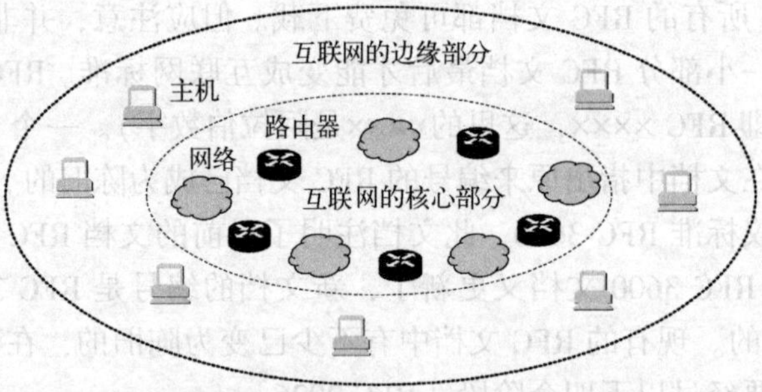

图 1-17 边缘部分和核心部分的示意图

1. 客户服务器方式

这种方式在互联网上是最常用的，也是传统的方式。人们在上网发送电子邮件或在网站上查找资料时，都是使用客户服务器方式（有时写为客户-服务器方式或客户/服务器方式）。

客户（client）和服务器（server）是指通信中所涉及的两个应用进程。客户服务器方式所描述的是进程之间服务和被服务的关系。在图 1-18 中，主机 A 运行客户程序而主机 B 运行服务器程序。在这种情况下，A 是客户，而 B 是服务器。客户 A 向服务器 B 发出请求服务，而服务器 B 向客户 A 提供服务。这里最主要的特征就是：客户是服务请求方，服务器是服务提供方；服务请求方和服务提供方都要使用网络核心部分所提供的服务。

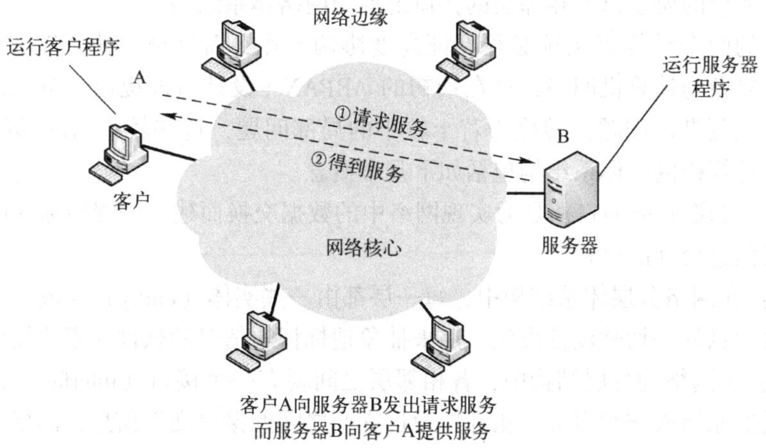

图 1-18 客户服务器连接方式

2. 对等连接方式

对等连接（Peer-to-Peer，P2P）是指两个主机在通信时并不区分是服务请求方还是服务提供方。只要两个主机都运行了对等连接软件（P2P 软件），它们就可以进行平等的连接通信。这时，双方都可以下载对方已经存储在硬盘中的共享文档。因此这种工作方式也称为 P2P 文件共享，对等连接方式如图 1-19 所示。

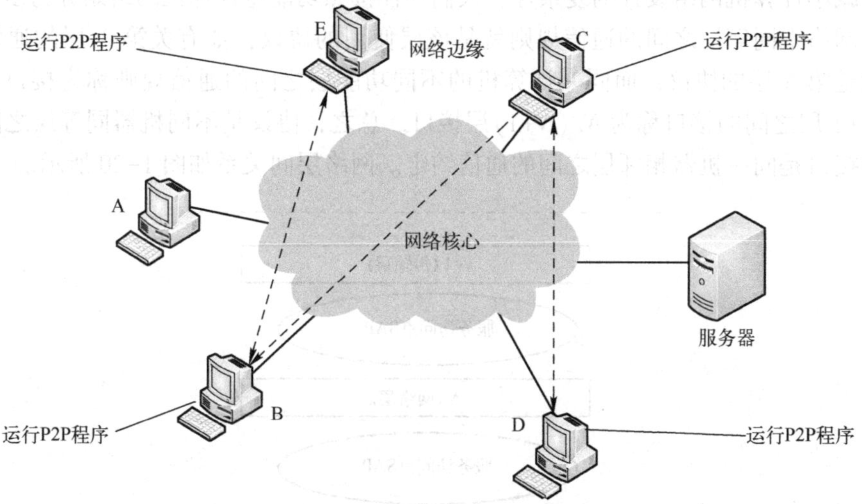

图 1-19 对等连接方式

1.7 计算机网络体系结构

1.7.1 网络体系结构的概念

计算机网络体系结构就是为了完成计算机间的通信合作，把每台计算机根据互连功能划分成有明确定义的层次，并规定同层次进程通信之间的协议及相邻层之间的接口和服务。这些同层的进程通信的协议以及相邻层的接口统称为网络体系结构。

相互通信的两个计算机系统必须保证高度协调工作，而这种“协调”是相当复杂的。为了设计这样复杂的计算机网络，早在最初的 ARPANet 设计时即提出了分层的方法。“分层”可将庞大而复杂的问题，转化为若干较小的局部问题，这些较小的局部问题比较易于研究和处理。计算机网络体系结构包括如下几个概念。

1）协议：协议（protocol）是为实现网络中的数据交换而建立的规则标准或约定，用来描述进程之间信息交互的过程。

2）实体：在网络分层体系结构中，每一层都由一些实体（entity）组成。实体是通信时能发送和接收信息的一切软硬件设施，用来抽象地标识通信时的软件元素或硬件元素。

3）接口：在网络的分层结构中，各相邻层之间要有一个接口（interface），它是较低层向较高层提供的原始操作和服务。相邻层通过它们之间的接口交换信息，高层不需要知道低层是如何实现的，只需要知道该层通过层间的接口所能提供的服务，这样使得两层之间保持功能的独立性。

1.7.2 分层和协议

所谓分层设计方法，就是按照信息的流动过程将网络的整体功能分解为多个功能层，不同主机或者网络结点上的同等功能层之间采用相同的协议，同一主机上的相邻功能层之间通过“接口”进行信息传递。

为了减小计算机网络设计的复杂性，人们往往按照功能将计算机网络划分为多个不同的功能层。网络中同等层之间的通信规则就是该层使用的协议，如有关第 N 层的通信规则的集合，就是第 N 层的协议；而同一计算机的不同功能层之间的通信规则称为接口，在第 N 层和第 $N+1$ 层之间的接口称为 $N/(N+1)$ 层接口。总之，协议是不同机器同等层之间的通信约定，而接口是同一机器相邻层之间的通信约定。网络层间关系如图 1-20 所示。

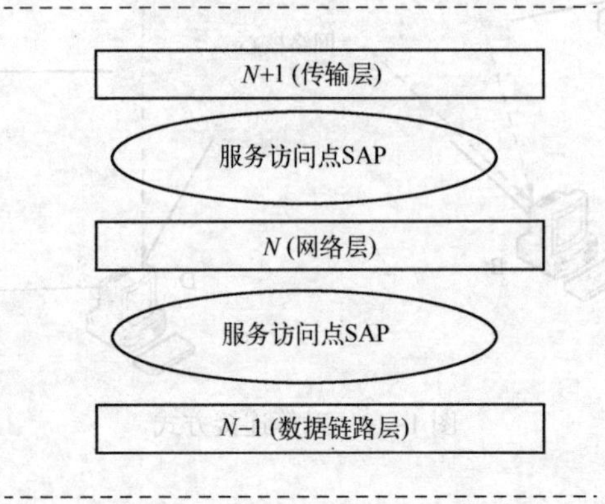

图 1-20 网络层间关系示意图

有了分层的概念和思想后，需要解决的问题是如何分层。分层太多将会提高整个网络设计的复杂性；分层太少，则每一层将会包含太多的功能，这样每一层的设计将会比较复杂，而且由于各层包含的功能太多，从而造成层内的修改和变换比较频繁。为了更好地设计网络模型，在进行模型设计之前必须确定分层的原则。

分层的原则如下：

1）各层之间是独立的。某一层并不需要知道它的下一层是如何实现的，而仅仅需要知道该层通过层间的接口（即界面）所提供的服务。由于每一层只实现一种相对独立的功能，因而可将一个难以处理的复杂问题分解为若干个较容易处理的小一些的问题。这样，整个问题的复杂程度就下降了。

2）灵活性好。当任何一层发生变化时（例如由于技术的变化），只要层间接口关系保持不变，则在这层以上或以下各层均不受影响。此外，对某一层提供的服务还可进行修改。当某层提供的服务不再需要时，甚至可以将这层取消。

3）结构上可分割开。各层都可以采用最合适的技术来实现。

4）易于实现和维护。这种结构使得实现和调试一个庞大而又复杂的系统变得易于处理，因为整个系统已被分解为若干个相对独立的子系统。

5）能促进标准化工作。因为每一层的功能及其所提供的服务都已有了准确的说明。分层时应注意使每一层的功能明确。若层数太少，就会使每一层的协议太复杂。但层数太多又会在描述和综合各层功能的系统工程任务时遇到较多的困难。

在计算机网络中要做到有条不紊地交换数据，就必须遵守一些事先约定好的规则。这些规则明确规定了所交换的数据的格式以及有关的同步问题。这里所说的同步不是狭义的（即同频或同频同相），而是广义的，即在一定的条件下应当发生什么事件（如发送一个应答信息），因而同步含有时序的意思。这些为进行网络中的数据交换而建立的规则、标准或约定称为网络协议（Network Protocol）。网络协议也可简称为协议。更进一步讲，网络协议主要由以下三个要素组成。

1）语法：确定协议元素的格式，即规定数据与控制信息的结构或格式。

2）语义：确定协议元素的类型，即规定通信双方要发出何种控制信息、完成何种动作以及做出何种响应。

3）同步：即事件实现顺序的详细说明。

由此可见，网络协议是计算机网络不可缺少的组成部分。实际上，只要想让连接在网络上的另一台计算机做点什么事情（例如，从网络上的某个主机下载文件），都需要有协议。但是当人们经常在自己的PC上进行文件存盘操作时，就不需要任何网络协议，除非这个用来存储文件的磁盘是网络上的某个文件服务器的磁盘。

1.7.3　开放系统互连参考模型

为了促进计算机网络的发展，国际标准化组织（ISO）于1977年成立了一个委员会，在已有网络的基础上，提出了不基于具体机型、操作系统或公司的网络体系结构，称为开放系统互连（Open System Interconnection，OSI）模型。

OSI模型的设计目的是成为一个所有销售商都能实现的开放网络模型，来克服使用众多私有网络模型所带来的困难和低效性。这个模型把网络通信的工作分为七层。

在参考模型中，对等层协议之间交换的信息单元统称为协议数据单元（Protocol Data Unit，PDU）。而传输层及以下各层的PDU另外还有各自特定的名称。

- 传输层——数据段（Segment）。
- 网络层——分组数据报（Packet）。

• 数据链路层——数据帧（Frame）。
• 物理层——比特（bit）。

OSI 的七层结构如图 1-21 所示。

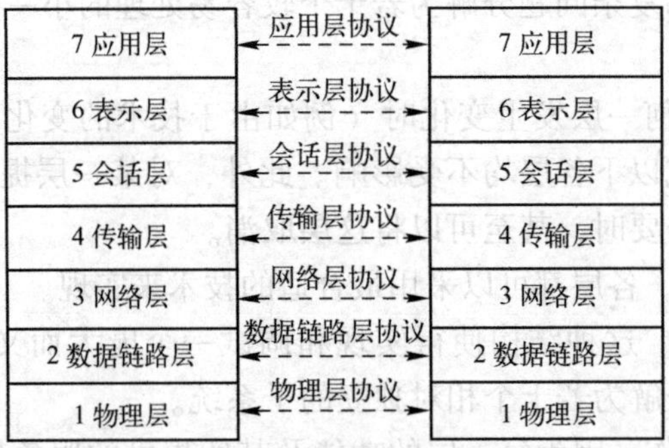

图 1-21 OSI 的七层结构

（1）物理层（Physical Layer）

物理层用于规定通信设备机械的、电气的、功能的和规程的特性，用以建立、维护和拆除物理链路连接。具体地讲，机械特性规定了网络连接时所需插件的规格尺寸、引脚数量和排列情况等；电气特性规定了在物理连接上传输比特流时线路上信号电平的大小、阻抗匹配、传输速率距离限制等；功能特性是指对各个信号先分配确切的信号含义，即定义了 DTE 和 DCE 之间各个线路的功能；规程特性定义了利用信号线进行比特流传输的一组操作规程，是指在物理连接的建立、维护、交换信息过程中，DTE 和 DCE 双方在各电路上的动作系列。在这一层，数据的单位称为比特（bit）。

属于物理层定义的典型规范代表包括：EIA/TIA RS-232、EIA/TIA RS-449、V.35、RJ-45 等。

物理层的主要功能：

1）为数据端设备提供传送数据的通路，数据通路可以是一个物理媒体，也可以是多个物理媒体连接而成。一次完整的数据传输，包括激活物理连接，传送数据，终止物理连接。所谓激活，就是不管有多少物理媒体参与，都要在通信的两个数据终端设备间连接起来，形成一条通路。

2）物理层要形成适合数据传输需要的实体，为数据传送服务。一是要保证数据能在其上正确通过，二是要提供足够的带宽（带宽是指每秒钟内能通过的比特数），以减少信道上的拥塞。传输数据的方式能满足点到点、一点到多点、串行或并行、半双工或全双工、同步或异步传输的需要。

物理层的主要设备：中继器、集线器。

（2）数据链路层（Data Link Layer）

在物理层提供比特流服务的基础上，建立相邻结点之间的数据链路，通过差错控制提供数据帧在信道上无差错的传输，并进行各电路上的动作系列。

数据链路层在不可靠的物理介质上提供可靠的传输。该层的作用包括物理地址寻址、数据的成帧、流量控制、数据的检错、重发等。在这一层，数据的单位称为帧（frame）。

数据链路层协议的代表包括 SDLC、HDLC、PPP、STP、帧中继等。

链路层的主要功能是为网络层提供数据传送服务，这种服务要依靠本层所具备的功能来实现。

数据链路层实际上由两个独立的部分组成：介质存取控制（Media Access Control，MAC）层和逻辑链路控制（Logical Link Control，LLC）层。MAC 描述在共享介质环境中如何进行调度、发送和接收数据。MAC 确保信息跨链路的可靠传输，对数据传输进行同步，识别错误和控制数据的流向。

MAC 地址是烧录在网卡（Network Interface Card，NIC）里的地址，也叫硬件地址，由 48 bit（6 B）长的十六进制数字组成。形象地说，MAC 地址就如同人们的身份证号码，具有全球唯一性。

数据链路层主要设备有交换机、网桥。

（3）网络层（Network layer）

在计算机网络中进行通信的两个计算机之间可能会经过很多个数据链路，也可能还要经过很多通信子网。网络层的任务就是选择合适的网间路由和交换结点，确保数据及时传送。网络层将数据链路层提供的帧组成数据报，报中封装有网络层包头，其中含有逻辑地址信息——源站点和目的站点地址的网络地址。

如果你在谈论一个 IP 地址，那么你是在处理第三层的问题，这是“数据报”问题，而不是第二层的“帧”。IP 是第三层的一部分，此外还有一些路由协议和地址解析协议（ARP）。有关路由的一切事情都在第三层处理。地址解析和路由是第三层的重要目的。网络层还可以实现拥塞控制、网际互连等功能。

在这一层，数据的单位称为数据报（packet）。网络层协议的代表包括 IP、IPX、RIP、OSPF 等。

网络层主要设备为路由器。

（4）传输层（Transport layer）

第 4 层的数据单元也称作数据报（packet）。但是，当人们谈论 TCP 等具体的协议时又有特殊的叫法，TCP 的数据单元称为段（segments），而 UDP 的数据单元称为数据报（datagrams）。这一层负责获取全部信息，因此，它必须跟踪数据单元碎片、乱序到达的数据报和其他在传输过程中可能发生的危险。第四层为上层提供端到端（最终用户到最终用户）的透明的、可靠的数据传输服务。所谓透明的传输是指在通信过程中传输层对上层屏蔽了通信传输系统的具体细节。

传输层协议的代表包括 TCP、UDP、SPX 等。

（5）会话层（Session layer）

这一层也可以称为会晤层或对话层，在会话层及以上的高层次中，数据传送的单位不再另外命名，统称为报文。会话层不参与具体的传输，它提供包括访问验证和会话管理在内的建立和维护应用之间通信的机制。如服务器验证用户登录便是由会话层完成的。会话层的主要标准有“DIS8236：会话服务定义”和“DIS8237：会话协议规范”。

（6）表示层（Presentation layer）

这一层主要解决用户信息的语法表示问题。它将欲交换的数据从适合某一用户的抽象语法，转换为适合 OSI 系统内部使用的传送语法。即提供格式化的表示和转换数据服务。数据的压缩/解压缩、加密/解密等工作都由表示层负责。例如图像格式的显示，就是由位于表示层的协议来支持。表示层协议一般不与特殊的协议栈关联，如 QuickTime 是 Apple 计算机的视频和音频的标准，MPEG 是 ISO 的视频压缩与编码标准。常见的图形图像格式如 PCX、GIF、JPEG，是不同的静态图像压缩和编码标准。

(7) 应用层（Application layer）

应用层为操作系统或网络应用程序提供访问网络服务的接口。应用层协议的代表包括 Telnet、FTP、HTTP、SNMP 等。

1.7.4 TCP/IP 参考模型

TCP/IP 于 1974 年问世以来，得到了很大的发展。目前，TCP/IP 这个概念，既指互联网所采用的分层模型，即 TCP/IP 体系结构，也指互联网中所用的一整套协议，即 TCP/IP 协议栈。

TCP/IP 体系结构已经成为当今网络协议的主流和事实上的工业标准，得到了广泛的应用和支持。TCP/IP 是为 ARPANET 设计的，目的是使不同厂家生产的计算机能在同一网络环境下运行，实现异构网间的无缝连接。TCP/IP 为互联网所采用，并成为事实上的标准。

TCP/IP 模型实际上是 OSI 模型的一个浓缩版本，将网络模型分为四层：应用层、传输层、网络层、网络接口层。图 1-22 给出了 TCP/IP 和 OSI 七层参考模型的对应关系。

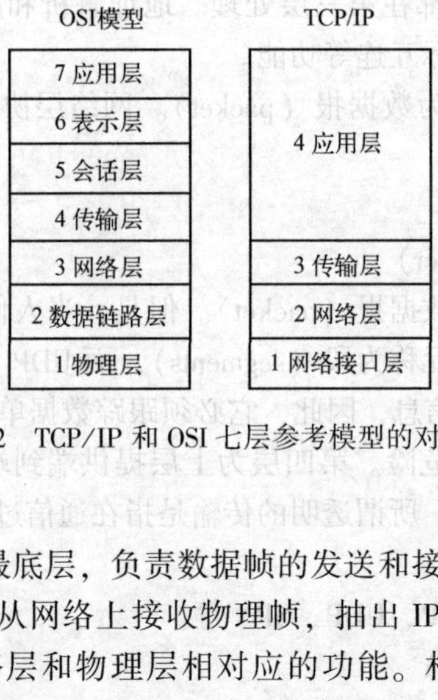

图 1-22 TCP/IP 和 OSI 七层参考模型的对应关系

(1) 网络接口层

这是 TCP/IP 网络模型的最底层，负责数据帧的发送和接收。这一层从 IP 层接收 IP 数据报并通过网络发送它，或者从网络上接收物理帧，抽出 IP 数据报，交给 IP 层。TCP/IP 标准并不定义与 ISO 数据链路层和物理层相对应的功能。相反，它定义像地址解析协议（Address Resolution Protocol，ARP）这样的协议，提供 TCP/IP 的数据结构和实际物理硬件之间的接口。

(2) 网络层

网络层将传输层数据报封装成 IP 分组，注入网络中，运行必要的路由算法使数据报独立到达目的地。本层的中心工作就是 IP 分组的路由选择，这是通过路由协议和路由器进行的。另外，本层也进行流量控制。

网络层主要由以下协议构成：

1）IP。IP 是一个面向无连接的协议，主要负责在主机和网络之间寻址并为 IP 分组设定路由。IP 不保证数据分组是否正确传递，在交换数据前它并不建立会话，数据在接收时，IP 不需要收到确认，因此 IP 是不可靠的传输。

2）地址解析协议（Address Resolution Protocol，ARP）。用于获得同一物理网络中主机的硬件地址。主机在网络层用 IP 地址来标识。但在网络上通信时，主机就必须知道对方主机的硬件地址（如网卡的 MAC 地址）。ARP 实现将主机 IP 地址映射为硬件地址的过程。

3）网际控制报文协议（Internet Control Message Protocol，ICMP）。用于报告错误，传递控制信息。

4）互联网组管理协议（Internet Group Management Protocol，IGMP）。使 IP 主机能够向本地多播路由器报告多播组成员，以实现多播。

（3）传输层

传输层在计算机之间提供端到端的通信。两种传输协议分别是传输控制协议（TCP）和用户数据报协议（UDP）。

1）TCP 是一种可靠的面向连接的传输服务。TCP 对下层服务没有多少要求，它假定下层只能提供不可靠的数据报服务。在 TCP 中进行差错控制和流量控制，以保证数据的正确传递。TCP 在进行通信时首先建立连接，将数据分成数据报，为其指定顺序号。在接收端接收到数据报之后进行错误检查，对正确发送的数据发送确认数据报，对于发生错误的数据报发送重传请求。TCP 可以根据 IP 提供的服务传送大小不等的数据，IP 负责对数据进行分段、重组，并在多种网络中传送。

2）UDP（User Datagram Protocol）提供的是非连接的、不可靠的数据传输。UDP 在数据传输之前不建立连接，而是由每个中间结点对数据报文独立进行路由。当一个 UDP 数据报在网络中移动时，发送过程中并不知道它是否到达了目的地，这由应用层的协议来控制。

（4）应用层

TCP/IP 的最高层是应用层，应用程序通过该层访问网络。应用层的协议多种多样，需要根据不同的任务来确定。下面列出几种经常遇到的协议：

1）文件传送协议（File Transfer Protocol，FTP）。这是计算机网络中最常见的应用之一，用于完成不同计算机之间文件传输的任务，同时 FTP 还有交互式访问、格式规定和认证管理等功能。

2）远程登录（Telnet）协议。该协议允许一个地点的用户与另一个地点的计算机上运行的应用程序进行交互对话，提供一个相对通用的、双向的、面向字节流的通信方法。Telnet 协议建立的基础是网络虚拟终端的概念、对话选项的方法和终端与处理的协调。

3）简单邮件传输协议（Simple Mail Transfer Protocol，SMTP）。该协议用于实现可靠高效地传送邮件。SMTP 能够提供通过一个或多个中继 SMTP 服务器传送邮件的机制。

4）简单网络管理协议（Simple Network Management Protocol，SNMP）。这是由互联网工程任务组（IETF）定义的一套网络管理协议。利用 SNMP，一个管理工作站可以远程管理所有支持这种协议的网络设备，包括监视网络状态、修改网络设备配置、接收网络事件告警等。

5）超文本传输协议（Hyper Text Transfer Protocol，HTTP）。这是互联网中使用最广泛的应用层协议。HTTP 不限于支持 WWW 服务，它同时允许用户在统一的界面下，采用不同的协议访问不同的服务。另外，HTTP 还可以用于域名服务器和分布式对象管理。

从 TCP/IP 的体系结构可以看出，IP 层在 TCP/IP 分层模型中处于中心地位，在其上可以承载各种各样的业务，在其下可以基于各种各样的物理接口，这就是所谓的“Everything over IP”和“IP over Everything”的概念，如图 1-23 所示。

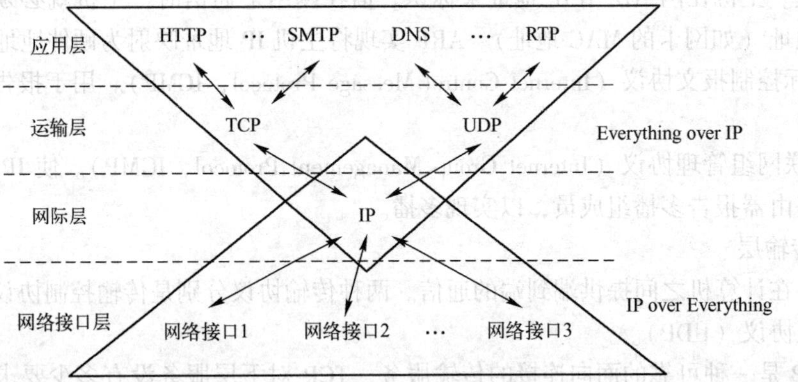

图 1-23 IP 在 TCP/IP 体系结构中的地位

1.7.5 本书使用的体系结构

OSI 的七层协议体系结构（见图 1-24a）的概念清楚，理论也较完整，但它既复杂又不实用。TCP/IP 体系结构则不同，它现在得到了非常广泛的应用。TCP/IP 是一个四层的体系结构（见图 1-24b)，它包含应用层、传输层、网际层和网络接口层（用网际层这个名字是强调这一层是为了解决不同网络的互连问题)。不过从实质上讲，TCP/IP 只有最上面的三层，因为最下面的网络接口层并没有什么具体内容。因此在学习计算机网络的原理时往往采取折中的办法，即综合 OSI 和 TCP/IP 的优点，采用一种只有五层协议的体系结构（见图 1-24c)。

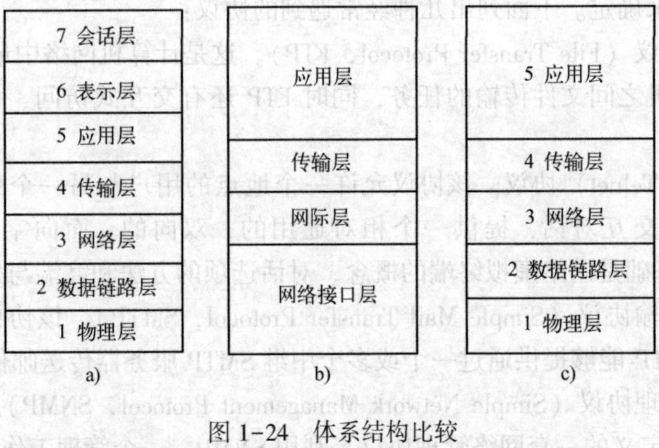

图 1-24 体系结构比较

a) OSI 体系结构 b) TCP/IP 结构 c) OSI 和 TCP/IP 综合结构

1.7.6 实体、协议、服务和服务访问点

当研究开放系统中的信息交换时，往往使用实体（entity）这一较为抽象的名词表示任何可发送或接收信息的硬件或软件进程。在许多情况下，实体就是一个特定的软件模块。

协议是控制两个对等实体（或多个实体）进行通信的规则的集合。协议的语法方面的规则定义了所交换的信息的格式，而协议的语义方面的规则定义了发送方或接收方所要完成的操作，例如，在何种条件下数据必须重传或丢弃。

在协议的控制下，两个对等实体间的通信使得本层能够向上一层提供服务。要实现本层协议，还需要使用下面一层所提供的服务。一定要弄清楚，协议和服务在概念上是完全不一样的。

首先，协议的实现保证了能够向上一层提供服务。使用本层服务的实体只能看见服务而无法看见下面的协议。下面的协议对上面的实体是透明的。其次，协议是“水平的”，即协议是控制对等实体之间通信的规则。但服务是“垂直的”，即服务是由下层向上层通过层间接口提供的。另外，并非在一个层内完成的全部功能都称为服务。只有那些能够被高一层实体“看得见”的功能才能称为“服务”。上层使用下层所提供的服务，必须通过与下层交换一些命令来实现，这些命令在 OSI 中称为服务原语。

在同一系统中相邻两层的实体进行交互（即交换信息）的地方，称为服务访问点（Service Access Point，SAP）。SAP 是一个抽象的概念，它实际上就是一个逻辑接口，有点像邮政信箱（可以把邮件放入信箱和从信箱中取走邮件），但这种层间接口和两个设备之间的硬件接口（并行的或串行的）并不一样。OSI 把层与层之间交换数据的单位称为服务数据单元（Service Data Unit，SDU），它与协议数据单元（Protocal Data Unit，PDU）不一样。例如，可以是多个 SDU 合成为一个 PDU，也可以是一个 SDU 划分为几个 PDU。

这样，在任何相邻两层之间的关系都可概括为图 1-25 所示的情形。这里要注意的是，第 n 层的两个“实体（n）”之间通过“协议（n）”进行通信，而第 $n+1$ 层的两个“实体（$n+1$）”之间则通过另外的“协议（$n+1$）”进行通信（每一层都使用不同的协议）。第 n 层向上面的第 $n+1$ 层所提供的服务实际上已包括了它向下各层所提供的服务。第 n 层的实体对第 $n+1$ 层的实体就相当于一个服务提供者。在服务提供者的上一层的实体又称为“服务用户”，因为它使用下层服务提供者所提供的服务。计算机网络的协议还有一个很重要的特点，就是协议必须把所有不利的条件事先都估计到，而不能假定一切都是正常的和非常理想的。

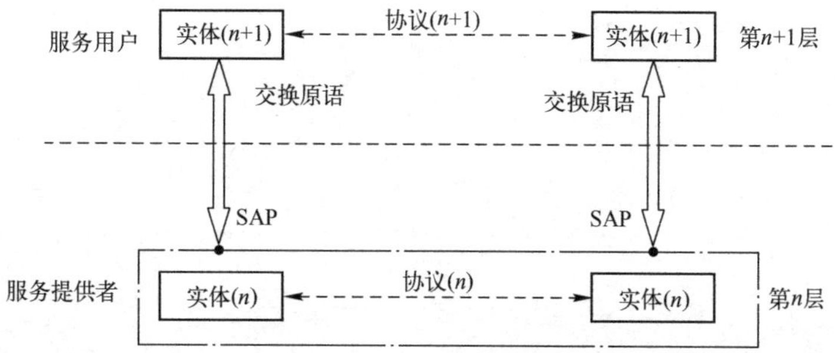

图 1-25　相邻两层的关系

1.8　习题

1-1　简述计算机网络技术的发展过程。

1-2 什么是网络的拓扑结构？它有哪几种？

1-3 简述计算机网络类型。

1-4 计算机网络由哪几部分组成？

1-5 试从多个方面比较电路交换、报文交换和分组交换的主要优缺点。

1-6 网络体系结构为什么采用分层次的结构？

1-7 协议和服务的区别与关系是什么？

1-8 网络协议的三个要素是什么？

1-9 试解释 Everything over IP 和 IP over Everything 的含义。

第2章 物 理 层

本章主要介绍物理层的相关内容。首先讨论物理层的基本概念，然后介绍数据通信的模型和基本概念等基础知识，并详细介绍目前的主要传输媒体。讨论在数据通信中采用的几种信道复用技术，并针对宽带接入技术进行阐述。

物理层（Physical Layer）是计算机网络OSI模型中最低的一层。物理层为设备之间的数据通信提供传输媒体及互连设备，为数据传输提供可靠的环境。简单地说，物理层确保原始的数据可在各种物理媒体上传输。局域网与广域网皆属第1、2层。

2.1 物理层的基础知识

如前所讲，在OSI（Open System Interconnect）参考模型中，物理层位于模型的最底层，物理层的上面依次是数据链路层、网络层、传输层、会话层、表示层和应用层。在计算机网络体系中，存在各种各样的硬件设备和性能差异很大的传输媒体以及种类繁多的通信技术，作为物理层的核心功能，主要考虑的是如何在传输媒体中传输不同类型数据的比特流，但物理层并不是指各种具体的硬件设备和传输媒体，它的目的是要屏蔽各种硬件设备、传输媒体和通信技术之间的差异，这就使得OSI模型中物理层的上一层——数据链路层只需要考虑本层的协议和服务，即感觉不到这些差异的存在，不需要考虑具体使用哪些硬件设备和传输媒体。换句话说，物理层就像一个封闭的“盒子”一样，它只为其上层（数据链路层）提供所需要的各种各样的服务，而隐藏了自身的差异性。可以这样说，物理层虽然处于整个参考模型的最底层，却是整个开放系统的基础。

简单而言，物理层设备之间的数据通信提供传输媒体及互联设备，为数据传输提供可靠的环境。因此，物理层主要规定了各种传输介质、接口与传输信号的一些特性，比如机械特性、电子特性、功能特性和规程特性，这些特性对信号类型、接口性能等方面做了详细的规定。

2.1.1 物理层的主要任务

在实际通信中，当两个对等的数据链路层实体请求建立物理连接进行数据传输时，物理层必须能够快速做出响应，建立相应的物理连接。在进行数据传输的过程中，物理层要维持这个链接，以保证正常比特流的传输。在数据传输结束时，物理层能够释放这个链接。

所以，物理层解决的主要问题可以归纳为：

（1）物理层要尽可能地屏蔽物理设备和传输媒体、通信手段的不同，使数据链路层感觉不到这些差异，只考虑完成本层的协议和服务。

（2）给其服务的上层用户（数据链路层）在一条物理的传输媒体上传送和接收比特流（一般为串行、按顺序传输的比特流）的能力，为此，物理层应该解决物理连接的建立、维持和释放的诸多问题。

（3）在两个相邻系统之间唯一地标识数据电路。

可以看出，物理层主要任务就是为数据端设备之间提供传送数据的通路并传输数据，总结起来有以下几个方面：

（1）建立数据通路。物理层为数据端设备提供传送数据的通路，数据通路可以是一个物理媒体，也可以是多个物理媒体连接而成。一次完整的数据传输，可以包括物理连接激活、数据传送、物理连接终止等。所谓激活，就是不管有多少物理媒体参与，都要在通信的两个数据终端设备间连接起来，形成一条通路。

（2）传输数据。物理层要形成适合数据传输需要的实体，为数据传送服务。一是要保证数据能在其上正确通过，二是要提供足够的带宽（带宽是指每秒钟内能通过的比特数），以减少信道上的拥塞。传输数据的方式能满足点到点、一点到多点、串行或并行、半双工或全双工、同步或异步传输的需要。

（3）完成物理层的一些管理工作，比如诸多物理层的网络互连设备、数据终端设备DTE、数据交换设备等等的运行、响应管理等。

物理连接可以分为点对点连接和多点连接，前者可以实现两个数据链路实体之间的连接，后者可以实现一个数据链路实体与多个数据链路实体的连接。点对点连接的两个数据链路实体进行数据传输时有三种通信方式，即单工通信、半双工通信和全双工通信。单工通信是指比特流只能单方向传输的工作方式；半双工通信是指通信双方都能发送或接收比特流，但不能同时收发的工作方式；全双工通信是指通信双方能够同时发送或接收比特流的工作方式。点对点连接的两个数据链路实体进行数据传输还可以分为两种方式：串行传输和并行传输。串行传输指一个码元接一个码元地在一条信道上传输，并行传输指码元序列以成组的方式在两条或两条以上的并行信道上同时传输。远距离数据通信考虑经济因素，为节约成本一般采用串行传输。

2.1.2 物理层的媒体

前面已经讲过，物理层是位于OSI参考模型的最底层，它直接面向的是实际承担数据传输的物理媒体（即通信通道），因此，实际的数据传输必须依赖于传输设备和物理媒体。需要明确的是，物理层是指在物理媒体之上并且为上一层（数据链路层）提供一个传输原始比特流的物理连接，而不是指具体的物理设备，也不是指信号传输的物理媒体。

一般情况下，物理层的媒体主要包括架空明线、平衡电缆、光纤（Optical Fiber）、无线信道以及数据终端设备（Data Terminal Device，DTE）和数据通信设备（Data Communicate Device，DCE）间的互连设备等。DTE又称物理设备，如计算机、终端等都包括在内。而DCE则是数据通信设备或电路连接设备，如调制解调器等。数据传输通常是经过DTE—DCE，再经过DCE—DTE的路径。互连设备指将DTE、DCE连接起来的装置，如各种插头、插座。LAN中的各种粗、细同轴电缆，T型接、插头，接收器，发送器，中继器等都属物理层的媒体和连接器。详细内容将在本章后续部分介绍。

2.1.3 物理层的接口特性

由于在OSI参考模型之前，许多物理规程或协议已经制定出来了，而且在数据通信领域中，这些物理规程已被许多商品化的设备所采用，此外，物理层协议涉及的范围广泛，所以至今并没有按 OSI 的抽象模型制定一套新的物理层协议，而是沿用已存在的物理规程，常用的物理规程见表 2-1。

表 2-1 比较通用的几种物理规程（协议）

协议名称	基本含义
RS-232-C	OSI 基本参考模型物理层部分的规格，它决定了连接器形状等物理特性、以 0 和 1 表示的电气特性及表示信号意义的逻辑特性
RS-449	是 1977 年由 EIA 发表的标准，它规定了 DTE 和 DCE 之间的机械特性和电气特性。RS-449 是想取代 RS-232-C 而开发的标准，但是几乎所有的数据通信设备厂家仍然采用原来的标准，所以 RS-232-C 仍然是最受欢迎的接口而被广泛采用
V. 35	V. 35 是对 60~108 kHz 群带宽线路进行 48 Kbps 同步数据传输的调制解调器的规定，其中一部分内容记述了终端接口的规定。V. 35 对机械特性即对连接器的形状并未规定。但由于 48~64 Kbps 的美国 Bell 规格调制解调器的普及，34 引脚的 ISO2593 被广泛采用。模拟传输用的音频调制解调器的电气条件使用 V. 28（不平衡电流环互连电路），而宽频带调制解调器则使用平衡电流环电路
X. 21	X. 21 在专用线连接时只使用物理层功能，而在线路交换数据网中，则使用物理层和网络层的两个功能。X. 21 接口用的连接器引脚也只用 15 引脚电气特性分别参照 V 系列接口电气条件的 V. 10 和 V. 11。数字网的同步都是从属于网络主时钟的从属

通俗而言，以上这些规程将物理层确定为描述与传输媒体接口的机械特性、电气特性、功能特性和规程特性四个方面。

（1）机械特性

机械特性（Machinery Characteristics），又叫物理特性，用于指明通信系统中各个实体间硬件连接接口的机械特点，如接口所用接线器的形状和尺寸、引线数目和排列、固定和锁定装置等。这很像平时常见的各种规格的电源插头，其尺寸都有严格的规定。

（2）电气特性

电气特性（Electrical Characteristics），主要用于规定在实际的物理连接上，传输的导线的电气连接及有关电路的特性，一般包括：接收器和发送器电路特性的说明、信号的识别、最大传输速率的说明、与互连电缆相关的规则、发送器的输出阻抗、接收器的输入阻抗等电气参数等等。

（3）功能特性

功能特性（Function Characteristics），主要指明各个物理器件的物理接口以及各条信号线的用途（或用法），主要包括接口信号线功能的规定方法，接口信号线的功能分类（包括数据信号线、控制信号线、定时信号线和接地线信号等四类）。

（4）规程特性

规程特性（Procedural Characteristics），主要用于指明数据传输过程中，利用接口传输比特流的全过程及各项用于传输的事件发生的合法顺序，包括事件的执行顺序和数据传输方式，即在物理连接建立、维持和交换信息时，DTE/DCE 双方在各自电路上的动作序列。

以上四个方面的特性，可以实现物理层在传输数据信息时，对信号类型、接口性能以及传输介质等方面的详细规定。

2.2 数据通信模型

通信的目的是交换信息（information），信息的载体可以是数字、文字、语音、图形或图像。计算机产生的信息一般是字母、数字、符号的组合。为了传送这些信息，首先要将每一个字母、数字或符号用二进制代码表示。数据通信是指在不同计算机之间传送表示字母、数字、符号的二进制代码0、1比特序列的过程。

数据通信是通信技术和计算机技术相结合而产生的一种新的通信方式，通俗来讲，是通过传输信道将数据终端与计算机联结起来，使不同地点的数据终端实现软、硬件和信息资源的共享。

按传输信息分类：电话通信系统、数据通信系统、有线电视系统。

按调制方式分类：基带传输方式、调制传输方式。

按传输信号分类：模拟通信系统、数字通信系统。

按传输手段（传输媒介）分类：电缆通信、微波中继通信、光纤通信、卫星通信、移动通信。

对数据通信来说，被传输的二进制代码称为“数据”（data）；数据是信息的载体。数据涉及对事物的表示形式，信息涉及对数据的所表示内容的解释。数据通信的任务是传输二进制代码的比特序列，而不是解释代码所表示的内容。在数据通信中，人们习惯将被传输的二进制代码的0、1称为码元。

随着计算机技术的发展，多媒体（multimedia）技术得到了广泛的应用。媒体（media）在计算机领域中有两种含义：一是指用以存储信息的实体，如磁盘、光盘等存储设备；二是指信息的载体，如数字、文字语音、图形与图像等。多媒体技术中的媒体就是指后者。利用数字通信系统来实现多媒体信息的传输，是通信技术研究的重要内容之一。

数据通信模型是指远端的数据终端设备DTE通过数据电路与计算机系统相连。数据电路由通信信道和数据通信设备DCE组成。如果通信信道是模拟信道，DCE的作用就是把DTE送来的数据信号变换成模拟信号再送往信道，信号到达目的结点后，把信道送来的模拟信号变换成数据信号再送到DTE；如果通信信道是数字信道，DCE的作用就是实现信号码型与电平的转换、信道特性的均衡、收发时钟的形成与供给以及线路接续控制等。

DTE，即数据终端设备，可以提供或接收数据，如连接到调制解调器上的计算机就是一种DTE。DTE提供或接收数据，连接到网络中的用户端机器，主要是计算机和终端设备。与此相对，在网络端的连接设备称为DCE。DTE与进行信令处理的DCE相连。它是用户—网络接口的用户端设备，可作为数据源、目的地或两者兼而有之。

数据通信和传统的电话通信的重要区别之一是，电话通信必须有人直接参加，摘机拨号，接通线路，双方都确认后才开始通话。通话过程中有听不清楚的地方还可要求对方再讲一遍。在数据通信中也必须解决类似的问题，才能进行有效的通信。但由于数据通信没有人直接参加，就必须对传输过程按一定的规程进行控制，以便使双方能协调可靠地工作，包括通信线路的链接、收发双方的同步、工作方式的选择、传输差错的检测与校正、数据流的控制、数据交换过程中可能出现的异常情况的检测和恢复，这些都是按双方事先约定的传输控制规程来完成的。

如前所述，从数据通信原理的角度而言，数据通信系统是通过数据电路将分布在异地的数据终端设备与计算机系统连接起来，实现数据传输、交换、存储和处理的系统。因此，典型的数据通信系统模型由数据终端设备、数据电路和计算机系统三部分组成。数据通信系统，从宏观的层面而言，可以分为三部分：源系统（源点、发送器）、目的系统（接收器、终点）和传输系统，数据通信基本模型如图 2-1 所示。而由发送器、传输系统和接收器组成的系统，一般被称为信息传输系统。

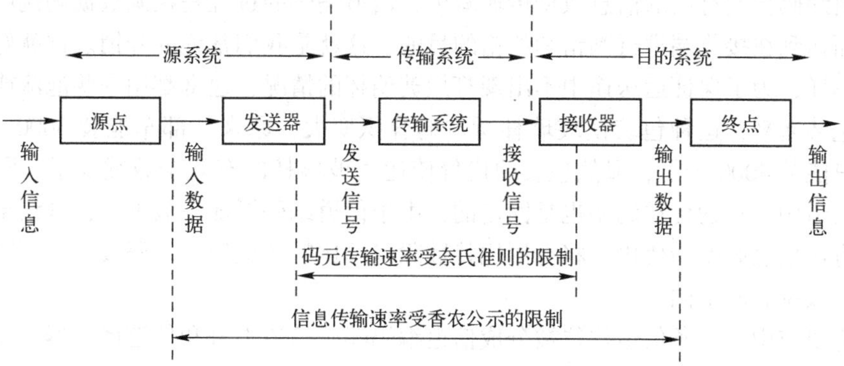

图 2-1　数据通信基本模型

（1）源系统：主要包括源点（source）、发送器（transmitter）两部分。

源点（source）：源点设备主要产生要传输的数据，例如从 PC 的键盘输入汉字，PC 产生的数据数字信息，源点又称信源。

发送器（transmitter）：通常是源点设备生成的数据数字信息要通过发送器编码后才能在传输系统中进行传输，典型的发送器就是调制器。

（2）目的系统：主要包括接收器（receiver）、终点（destination）两部分。

接收器（receiver）：主要负责接收传输系统传送过来的信号，并将其转换为能够被目的系统设备处理或识别的信息。典型的接收器就是解调器，它把来自传输线路上的模拟信号进行解调，提取出在发送端置入的消息，还原出发送端产生的数据数字信息。

终点（destination）：终点设备从接收器获取传送过来的数据数字信息，然后把信息输出（例如把汉字在 PC 屏幕上显示出来）。终点又称信宿。

（3）传输系统（传输网络）：承载数据数字信息的物理通道。在源系统和目的系统之间的传输系统可以是简单的传输线，也可以是连接在源系统和目的系统之间的复杂网络系统。

2.3　数据通信基本概念

下面主要介绍信道编码、信道带宽、信道容量、误码率和信道延迟等基本概念。

2.3.1　信道编码（Channel Coding）

所谓信道，可以理解为信息传输的媒介，因此信道是抽象的。例如二人对话，靠声波通过二人间的空气来传送，因而二人间的空气部分就是信道。邮政通信的信道是指运载工具及其经过的设施。无线电话的信道就是电波传播所通过的空间，有线电话的信道是电缆。每条信道都有特定的信源和信宿。

由于在通信过程中存在干扰和衰落，在信号传输过程中将出现差错，故对数字信号必须采用纠、检错技术，即纠、检错编码技术，以增强数据在信道中传输时抵御各种干扰的能力，提高系统的可靠性。对要在信道中传送的数字信号进行的纠、检错编码就是信道编码。

提高数据传输效率，降低误码率是信道编码的任务。信道编码的本质是增加通信的可靠性。但信道编码会使有用的信息数据传输减少，信道编码的过程是在源数据码流中加插一些码元，从而达到在接收端进行判错和纠错的目的，这就是我们常说的开销。这就好像运送一批玻璃杯一样，为了保证运送途中不出现打烂玻璃杯的情况，通常都用一些泡沫或海绵等物将玻璃杯包装起来，这种包装使玻璃杯所占的容积变大，原来一部车能装5000个玻璃杯，包装后就只能装4000个了，显然包装的代价使运送玻璃杯的有效个数减少了。同样，在带宽固定的信道中，总的传送码率也是固定的，由于信道编码增加了数据量，其结果只能是以降低传送有用信息码率为代价。将有用比特数除以总比特数就等于编码效率，不同的编码方式，其编码效率有所不同。

在理论研究中，一条信道往往被分成信道编码器、信道本身和信道译码器。人们可以变更编码器、译码器以获得最佳的通信效果，因此编码器、译码器往往是指易于变动和便于设计的部分，而信道就指那些比较固定的部分。但这种划分或多或少是随意的，可按具体情况规定。例如调制解调器和纠错编译码设备一般被认为是属于信道编码器、译码器的，但有时把含有调制解调器的信道称为调制信道；含有纠错编码器、译码器的信道称为编码信道。

信道中一般都有随机干扰和无法避免的噪声等影响因素，信道的输入和输出之间存在一定的概率关系，在做出唯一判决的情况下将无法避免差错，其差错概率完全取决于信道特性。因此，一个完整、实用的通信系统通常包括信道编译码模块。视频信号在传输前都会经过高度压缩以降低码率，传输错误会对最后的图像恢复产生极大的影响，因此信道编码尤为重要。

信道编码的实质是在信息码中增加一定数量的多余码元（称为监督码元或纠错码），使它们满足一定的约束关系，这样，由信息码元和监督码元共同组成一个由信道传输的码字（Code Word）。一旦传输过程中发生错误或干扰，信息码元和监督码元间的约束关系就会被破坏，在接收端按既定的规则校验这种约束关系，从而达到发现和纠正错误的目的。

常见的纠错码有RS编码、卷积码、Turbo码、伪随机序列扰码等。

信道编码的作用如下：一是确保码流的频谱特性适应通道的频谱特性，从而使传输过程中能量损失最小，提高信号能量与噪声能量的比例，减少发生差错的可能性。二是增强纠错能力，使得即便出现差错也能得到纠正。

2.3.2 信道带宽（Channel Bandwidth）

信道带宽，一般有两层含义，第一层含义是表示频带宽度：信号的带宽是指该信号所包含的各种不同频率成分所占据的频率范围，又称“频宽”。频宽对基本输出输入系统（BIOS）设备尤其重要，如快速磁盘驱动器的运行性能通常情况下会受到低频宽的总线所阻碍。第二层含义是表示通信线路所能传送数据的能力，即在单位时间内从网络中的某一点到另一点所能通过的“最高数据率”，常用的单位是比特每秒（bit/s）。通常所说的带宽是指网络可通过的最高数据率，即每秒多少比特。

我们知道，传输信道包括模拟信道和数字信道。在模拟信道中，信道带宽按照公式 $W=f_2-f_1$ 计算，即模拟信道的带宽：$W=f_2-f_1$，其中 f_1 是信道能够通过的最低频率，f_2 是信道能够通过的最高频率，两者都是由信道的物理特性决定的。当组成信道的传输电路确定后，传输信道的带宽也就决定了。为了使信号的传输失真小些，传输信道要有足够的带宽才行。

数字信道是一种离散信道，它只能传送离散值的数字信号，信道的带宽决定了信道中能不失真地传输脉序列的最高速率，也就是说，数字信道的带宽为信道能够达到的最大数据速率。

一个数字脉冲称为一个码元，用码元速率表示单位时间内信号波形的变换次数，即单位时间内通过信道传输的码元个数。若信号码元宽度为 T 秒，则码元速率 $B=1/T$。码元速率的单位叫波特（Baud），所以码元速率也叫波特率。在1924年，贝尔实验室的研究员亨利·奈奎斯特就推导出了有限带宽无噪声信道的极限波特率，称为奈奎斯特定理。若信道带宽为W，则奈奎斯特定理指出最大码元速率为 $B=2W$(Baud)，奈奎斯特定理指定的信道容量也叫奈奎斯特极限，这是由信道的物理特性决定的。超过奈奎斯特极限传送脉冲信号是不可能的，所以要进一步提高波特率必须改善信道带宽。

码元携带的信息量由码元取的离散值个数决定。若码元取两种离散值，则一个码元携带1比特（bit）信息。若码元可取四种离散值，则一个码元携带2比特信息。即一个码元携带的信息量 n(bit) 与码元的种类数 N 有如下关系：$n=\log_2 N$。

单位时间内在信道上传送的信息量（比特数）称为数据速率。在一定的波特率下提高速率的途径是用一个码元表示更多的比特数。如果把两比特编码为一个码元，则数据速率可成倍提高。

对此，我们有公式：

$$R=B\log_2 N=2W\log_2 N \tag{2-1}$$

其中 R 表示数据速率，单位是每秒比特，简写为 bps 或 bit/s。

数据速率和波特率是两个不同的概念。仅当码元取两个离散值时两者才相等。对于普通电话线路，带宽为3000 Hz，最高波特率为6000 Baud。而最高数据速率可随编码方式的不同而取不同的值。这些都是在无噪声的理想情况下的极限值。实际信道会受到各种噪声的干扰，因而远远达不到按奈奎斯特定理计算出的数据传送速率。香农（Shannon）的研究表明，有噪声的极限数据速率可由下面的公式计算：

$$C=W\log_2(1+S/N) \tag{2-2}$$

这个公式叫作香农定理，其中 W 为信道带宽，S 为信号的平均功率，N 为噪声的平均功率，S/N 叫作信噪比。由于在实际使用中 S 与 N 的比值太大，故常取其分贝数（dB）。分贝与信噪比的关系为：$\mathrm{dB}=10\lg S/N$。

例如当 S/N 为1000，信噪比为30 dB。这个公式与信号取的离散值无关，也就是说无论用什么方式调制，只要给定了信噪比，则单位时间内最大的信息传输量就确定了。例如信道带宽为3000 Hz，信噪比为30 dB，则最大数据速率为

$$C=3000\log_2(1+1000)\approx 3000\times 9.97\approx 30000\ \mathrm{bit/s}$$

这是极限值，只有理论上的意义。实际上在3000 Hz带宽的电话线上数据速率能达到9600 bit/s就很不错了。

综上所述，我们有两种带宽的概念，在模拟信道，带宽按照公式 W=f2-f1 计算，例如 CATV 电缆的带宽为 600 Hz 或 1000 Hz；数字信道的带宽为信道能够达到的最大数据速率，例如以太网的带宽为 10 MB/s 或 100 MB/s，两者可通过香农定理互相转换。

2.3.3 信道容量（Channel Capacity）

信道容量是信道的一个重要参数，反映了信道所能传输的最大信息量。信道容量的大小与信源无关。在不同的情况下，对不同的输入概率分布而言，互信息一定存在最大值，这个最大值即为信道的容量，简言之，就是信道能无错误传送的最大信息率。在实际传输过程中，一旦转移概率矩阵确定以后，信道容量也完全确定了。我们将不同的输入概率分布称为试验信源，对不同的试验信源，互信息也不同。其中必有一个试验信源使互信息达到最大。这个最大值就是信道容量。

实际的信道总是有噪声的，噪声的存在限制了信道的信息传输速率。香农定理指出在有随机热噪声的信道中传输数据信号时，信道容量 C 与信道带宽 W、信噪比（S/N）的关系为：

$$C=W\log_2(1+S/N) \tag{2-3}$$

香农公式表明信道的带宽越大或信道中的信噪比越大，则信道容量就越大，只要实际的信息传输速率低于信道的极限数据传输速率（信道容量），就一定可以找到某种方法实现无差错传输。信号在实际的信道中传输时还存在其他的损失，比如码间串扰及其他失真，香农公式并没有考虑这些因素。因此，实际信道所能够达到的信息传输速率比香农公式的极限数据传输速率要低得多。

2.3.4 误码率和误比特率

误码率和误比特率是衡量计算机网络和数据通信系统可靠性的指标。

（1）误码率（SER：Symbol Error Rate）

误码率是衡量数据在规定时间内数据传输精确性的指标。误码率 P_e 的定义为二进制码元在传输系统中传输错误的概率，当传输的码元总数很大时，误码率 P_e 近似等于错误接收的码元数与传输的总码元数的比值，误码率可以用下式表示：

$$P_e=\frac{\text{错误接收的码元数}}{\text{传输的总码元数}}=\frac{N_e}{N} \tag{2-4}$$

（2）误比特率（Bit Error Ratio，BER）

误比特率 P_b 是传输信息的比特传输错误的概率，当传输的比特总数很大时，误比特率 P_b 近似等于错误接收的比特数与传输的总比特数的比值，误比特率可以用下式表示：

$$P_b=\frac{\text{错误接收的比特数}}{\text{传输的总比特数}}=\frac{N_e}{N} \tag{2-5}$$

在二进制情况下，误码率和误比特率是相等的，在多进制情况下，二者不相等。

在数据通信中，不同业务对误码率的要求是不同的，比如电话系统的误码率一般在 10^{-4} ~ 10^{-6} 之间，广域网的误码率一般在 10^{-7} ~ 10^{-8} 之间，局域网的误码率一般在 10^{-9} ~ 10^{-11} 之间。

数据在传输过程中，必定会因为某些因素产生错误，因此传输错误是不可避免的，但要将误码率和误比特率控制在允许的和可接受的范围之内。误码率和误比特率并不是越低越好，而是要根据具体的实际情况，对二者提出一定的要求，一味降低误码率和误比特率，会增加通信设备的复杂程度，相应的成本也会增加。

2.3.5　信道延迟（Channel Delay）

信道延迟是指数据分组从进入信道到传输到目的结点所消耗的时间。这个时间延迟的影响因素有信道长度和信号传播速度。信道长度即信号源端和目标端的距离。信道延迟的计算公式为：

$$\text{信道延迟}=\frac{\text{信道长度}}{\text{信号在信道中的传播速度}} \tag{2-6}$$

例如，电信号在自由空间中一般以接近光速的速度（300 m/μs）传播，但随传输介质的不同而传输速度略有差别。例如在电缆中电信号的传播速度会降低到光速的77%，即200 m/μs左右。

一般来说，考虑信号从源端到达目标端的时间是没有意义的，但对于一种具体的网络，我们经常对该网络中相距最远的两个站点之间的传播延迟感兴趣。这时除了要计算信号传播速度外，还要知道网络通信线路的最大长度。例如500 m同轴电缆的时延大约是2.5 μs，而远离地面3.6万千米的卫星，上行和下行的信道延迟约为270 ms（包括电波在空间的来回传播时间和转发器的信号变换时间）。信道延迟的大小对有些网络应用（例如交互式应用）有很大影响。

2.3.6　调制及解调

调制就是用基带信号控制载波信号的某个或几个参量的变化，将信息荷载在其上形成已调信号传输，而解调是调制的反过程，通过具体的方法从已调信号的参量变化中恢复原始的基带信号。

在数据通信系统所传输的原始数字信号，如计算机输出的数字码流、各种文字、图像、视频、音频等媒体的二进制代码，其他DTE设备如传真机、打字机或其他数字设备输出的各种代码，由数字电话终端送出的PCM脉冲编码信号，这些都是数字基带信号。因此所谓数字基带信号指的是未经调制的数字信号，其频谱是从零频或很低频率开始的。在实际的数据通信系统中，多数信道（比如无线信道、光纤信道等）因具有带通特性而不能直接传输数字基带信号。要想使数字信号能在带通信道中传输，必须用数字基带信号对载波进行调制，进行频谱的搬移，使得调制后的信号的频谱与信道的特性能够匹配。用数字基带信号控制载波（通常为正弦载波）的参量，把数字基带信号变换为数字带通信号的过程称为数字调制。在发送端实现调制过程的设备称为调制器。在接收端，需要把数字带通信号还原为数字基带信号，这一过程称为数字解调，完成解调过程的设备称为解调器。

我们知道，正弦载波有三个参量：振幅、频率和相位。下式可以描述一个正弦载波：

$$c(t)=A\cos(\omega_c t+\varphi_0) \tag{2-7}$$

其中，A为载波幅度，ω_c为载波角频率，φ_0为载波初始相位。

所以可根据所控制的信号参量的不同，把调制分为三种方式：

调幅方式：使载波的幅度随着调制信号的大小变化而变化的调制方式。

调频方式：使载波的瞬时频率随着调制信号的大小而变，而幅度保持不变的调制方式。

调相方式：利用原始信号控制载波信号的相位。

数字调制的过程即为用数字基带信号控制载波的参量，相应的有三种基本调制技术：振幅键控（ASK）、频移键控（FSK）和相移键控（PSK）。

（1）二进制振幅键控（Binary Amplitude Shift Keying，2ASK）

振幅键控，也称为幅移键控，二进制振幅键控是用代表二进制数字信号的基带矩形脉冲去键控一个连续的载波，用载波的幅度变化来传递数字信息，载波的频率和初始相位不发生变化。在2ASK中，载波的幅度只有两种变化状态，分别对应二进制信息0或1。有载波输出时表示发送“1”，无载波输出时表示发送“0”。

通常，由一个幅值恒定的载波代表二进制信息1，而二进制信息0由载波的不存在来表示。2ASK信号可以表示为：

$$e_{2ASK}(t)=\begin{cases}A\cos(\omega_c t), & \text{二进制信息 1}\\ 0, & \text{二进制信息 0}\end{cases} \tag{2-8}$$

在接收端，解调器根据载波信号的幅值变化进行解调。2ASK是一种较早出现的数字调制方式，但是这种调制方式容易受到噪声的影响，在传输过程中会导致载波的幅值发生变化，从而在接收端导致错误判决，引起误码率。2ASK原理示意图如图2-2所示。

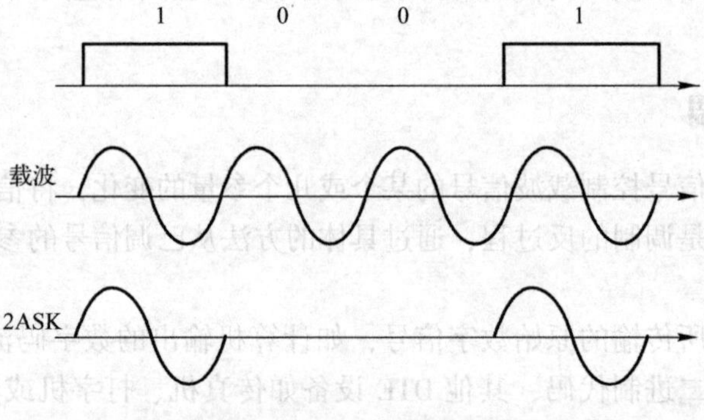

图2-2 2ASK原理示意图

（2）二进制频移键控（2FSK）

二进制频移键控（Binary Frequency Shift Keying，2FSK）是用数字基带信号对正弦载波的频率进行调制，是用两个不同频率的正弦载波分别表示二进制信息1或0，即符号“1”对应载频f_1，而符号“0”对应载频f_2（与f_1不同的另一载频），而且f_1与f_2之间的改变是瞬间完成的。2FSK信号可用下式表示：

$$e_{2FSK}(t)=\begin{cases}A\cos(\omega_1 t), & \text{二进制信息 1}\\ A\cos(\omega_2 t), & \text{二进制信息 0}\end{cases} \tag{2-9}$$

2FSK原理示意图如图2-3所示。

（3）二进制相移键控（2PSK）

二进制相移键控（Binary Phase Shift Keying，2PSK）是用数字基带信号调制正弦载波的相位，即利用载波的初始相位表示数字信息1或0，而振幅和频率保持不变。在2PSK中，

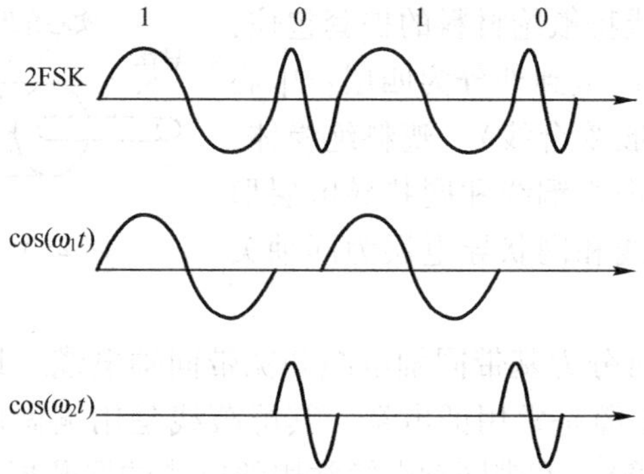

图 2-3　2FSK 原理示意图

通常用初始相位 0 和π分别表示二进制 “0” 和 “1”。因此，2PSK 信号的时域表达式为

$$e_{2PSK}(t)=A\cos(\omega_c t+\varphi_n) \tag{2-10}$$

式中，φ_n 表示第 n 个符号的初始相位：

$$\varphi_n=\begin{cases}0, & \text{数字信息 0}\\ \pi, & \text{数字信息 1}\end{cases} \tag{2-11}$$

因此，上式可以改写为

$$e_{2PSK}(t)=\begin{cases}A\cos(\omega_c t), & \text{数字信息 0}\\ -A\cos(\omega_c t), & \text{数字信息 1}\end{cases} \tag{2-12}$$

2PSK 原理示意图如图 2-4 所示。

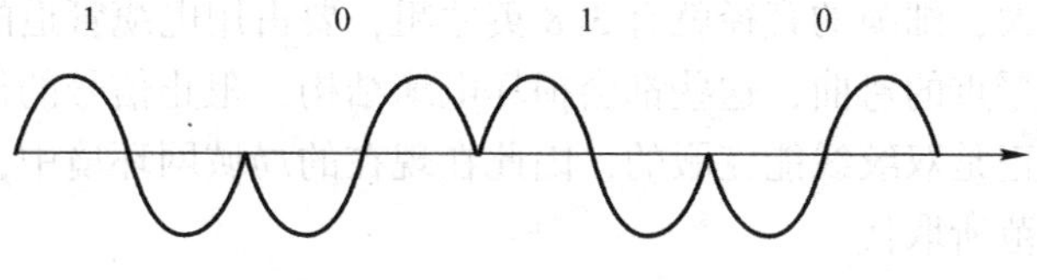

图 2-4　2PSK 原理示意图

2.4　导向型传输媒体

传输媒体（Transmission Medium），也称传输介质或传输媒介，就是数据传输系统中在发送器和接收器之间的物理通路，可分为两大类，即导向型传输媒体和非导向型传输媒体。在导向型传输媒体中，电磁波被导向沿着固体媒体（铜线或光纤）传播，可通俗理解为有线传输媒体；而非导向型传输媒体就是指自由空间，也可理解为无线传输，在非导向传输媒体中电磁波的传输常称为无线传播。双绞线、同轴电缆和光纤是三种常见的导向传输媒体。卫星通信、无线通信、红外通信、激光通信以及微波通信的信息载体都属于非导向传输媒体。网络传输媒介质量的好坏会影响数据传输的质量。

2.4.1　同轴电缆（Coaxial Cable）

同轴电缆是指有两个同心导体，而导体和屏蔽层又共用同一轴心的电缆。最常见的同轴电缆由绝缘材料隔离的铜线导体组成，在里层绝缘材料的外部是另一层网状导电层及其绝缘体，整个电缆由聚氯乙烯或特氟纶材料的护套包住，如图 2-5 所示。同轴电缆由里到外分为四层：中心铜线（单股的实心线或多股绞合线）、塑料绝缘体、网状导电层和电线外皮。中心铜线和网状导电层形成电流回路，因为中心铜线和网状导电层为同轴关系而得名。

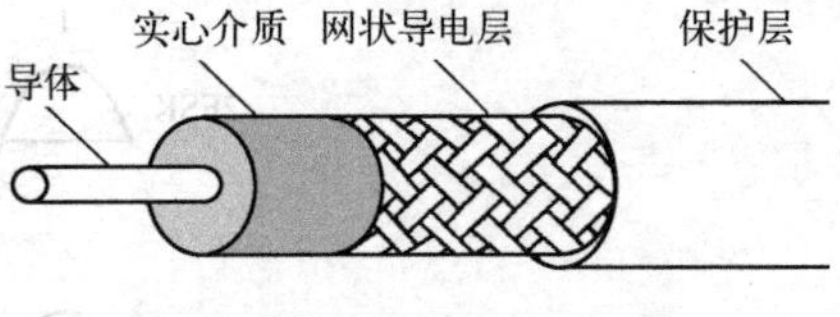

图 2-5　同轴电缆结构示意图

同轴电缆从用途上分可分为基带同轴电缆和宽带同轴电缆（即网络同轴电缆和视频同轴电缆）。目前基带同轴电缆是常用的电缆，其屏蔽线是用铜做成的，网状，特征阻抗为 50 Ω（如 RG-8、RG-58 等）；宽带同轴电缆常用的电缆的屏蔽层通常是用铝冲压成的，特征阻抗为 75 Ω（如 RG-59 等）。

同轴电缆根据其直径大小可以分为：粗同轴电缆与细同轴电缆。粗同轴电缆适用于比较大型的局部网络，它的标准距离长，可靠性高，由于安装时不需要切断电缆，因此可以根据需要灵活调整计算机的入网位置，但粗同轴电缆网络必须安装收发器电缆，安装难度大，所以总体造价高。相反，细同轴电缆安装则比较简单，造价低，但由于安装过程要切断电缆，两头须装上基本网络连接头（BNC），然后接在 T 型连接器两端，所以当接头多时容易产生接触不良的隐患，这是目前运行中的以太网所发生的最常见故障之一。

无论是粗缆还是细缆均为总线拓扑结构，即一根缆上接多部机器，这种拓扑适用于机器密集的环境，但是当一触点发生故障时，故障会串联影响到整根缆上的所有机器。故障的诊断和修复都很麻烦。

同轴电缆的优点是可以在相对长的无中继器的线路上支持高带宽通信，而其缺点也是显而易见的：一是体积大，细缆的直径就有 3/8 英寸粗，要占用电缆管道的大量空间；二是不能承受缠结、压力和严重的弯曲，这些都会损坏电缆结构，阻止信号的传输；最后就是成本高，而所有这些缺点正是双绞线能克服的，因此在现在的局域网环境中，基本已被基于双绞线的以太网物理层规范所取代。

2.4.2　双绞线（Twisted Pair Wire）

（1）双绞线的含义

双绞线由两根具有绝缘保护层的铜导线按照一定密度互相绞在一起组成。把两根绝缘的铜导线按一定密度互相绞在一起，可降低信号干扰的程度，每一根导线在传输中辐射的电波会被另一根线上发出的电波抵消。双绞线一般由两根 22～26 号绝缘铜导线相互缠绕而成。如果把一对或多对双绞线放在一个绝缘套管中便成了双绞线电缆。在双绞线电缆（也称双扭线电缆）内，不同线对具有不同的扭绞长度，一般地说，扭绞长度在 38.1 cm～14 cm 内，按逆时针方向扭绞，相邻线对的扭绞长度在 12.7 cm 以上。

双绞线既可以传输模拟信号也可以传输数字信号，模拟信号的通信距离一般为几千米到十几千米，而传输数字信号的距离较短。双绞线因为价格便宜而且性能不错，是结构化综合布线工程中最常用的传输媒体之一。

双绞线按照有无屏蔽层，可以分为屏蔽双绞线（Shielded Twisted Pair，STP）与非屏蔽双绞线（Unshielded Twisted Pair，UTP）两大类。

屏蔽双绞线的屏蔽层可以减少辐射，防止信息被窃听，也可以阻止外部电磁干扰的进入，比同类的非屏蔽双绞线具有更强的抗电磁干扰和抗无线电干扰的能力。在运营商网络中通常采用屏蔽双绞线传送信令和数据。当然，屏蔽双绞线的价格也比非屏蔽双绞线贵。

屏蔽双绞线由外部保护层、屏蔽层与双绞线对组成；无屏蔽双绞线由外部保护层和双绞线对组成，屏蔽层是一层金属编织网。二者的基本结构如图 2-6 所示。

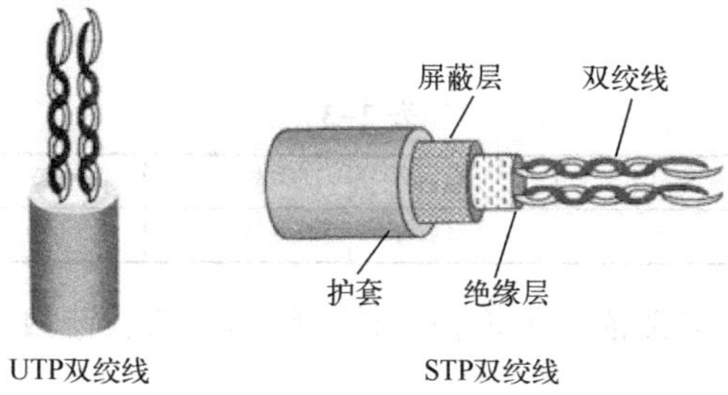

图 2-6　双绞线结构示意图

（2）国际序列标准

国际上最有影响力的 3 家综合布线组织是 ANSI（American National Standards Institute，美国国家标准协会）、TIA（Telecommunications Industry Association，美国通信工业协会）和 EIA（Electronic Industries Alliance，美国电子工业协会）。由于 TIA 和 ISO 两组织经常进行标准制定方面的协调，所以 TIA 和 ISO 颁布的标准的差别不是很大。在北美，乃至全球，在双绞线标准中应用最广的是 ANSI/EIA/TIA-568A 和 ANSI/EIA/TIA-568B（实际上应为 ANSI/EIA/TIA-568B.1，简称为 T568B）。

EIA 和 TIA 联合发布了双绞线的分类，如表 2-2 所示。

表 2-2　常用的双绞线类别、带宽和典型应用

双绞线类别	带　宽	线缆特点	典型应用
CAT5	100 MHz	较 CAT 4 增加了绕线密度，外套一种高质量的绝缘材料	最常用的以太网电缆，最高传输率 100 Mbit/s。主要用于 100BASE-T 和 1000BASE-T 网络，最长网段长为 100 m，采用 RJ 形式 的连接器
CAT 5E	125 MHz	与 CAT 5 相比，衰减更小，串扰更少，并且具有更高的衰减和串扰的比值和信噪比、更小的时延误差，性能得到很大提高	传输速率不超过 1 Gbit/s，主要用于千兆位以太网（1000 Mbit/s）
CAT 6	250 MHz	与 CAT 5E 相比改善了在串扰以及回拨损耗方面的性能，这对于新一代全双工高速网络应用而言非常重要	传输性能远远高于 CAT 5E 标准，最适用于传输速率高于 1 Gbit/s 的应用
CAT 7	600 MHz	使用了屏蔽双绞线	传输速率高于 10 Gbit/s 的应用

其中屏蔽双绞线分别有 3 类和 5 类两种，非屏蔽双绞线又分别有 3 类、4 类、5 类（CAT 5）、超 5 类（CAT 5E）、6 类等多种。5 类双绞线的速率可达 100 Mbit/s，超 5 类更可达 155 Mbit/s 以上，只有 5 类或超 5 类才能用于 100Base-TX。屏蔽双绞线因为电缆的外层有一层铝箔包裹用以减小辐射，制作比较麻烦，再加上较非屏蔽双绞线贵，所以在 10Base-T

或 100Base-TX 网络中常用的是非屏蔽 5 类和超 5 类双绞线。计算机网络中广泛使用的是非屏蔽双绞线。

（3）网线制作

在双绞线标准中应用最广的是 ANSI/EIA/TIA-568A 和 ANSI/EIA/TIA-568B（实际上应为 ANSI/EIA/TIA-568B.1，简称为 T568B）。这两个标准最主要的不同就是芯线序列的不同。

EIA/TIA 568A 的线序定义依次为绿白、绿、橙白、蓝、蓝白、橙、棕白、棕，其标号如表 2-3 所示。

表 2-3

绿白	绿	橙白	蓝	蓝白	橙	棕白	棕
1	2	3	4	5	6	7	8

EIA/TIA 568B 的线序定义依次为橙白、橙、绿白、蓝、蓝白、绿、棕白、棕，其标号如表 2-4 所示。

表 2-4

橙白	橙	绿白	蓝	蓝白	绿	棕白	棕
1	2	3	4	5	6	7	8

以上两种标准的区别见图 2-7。

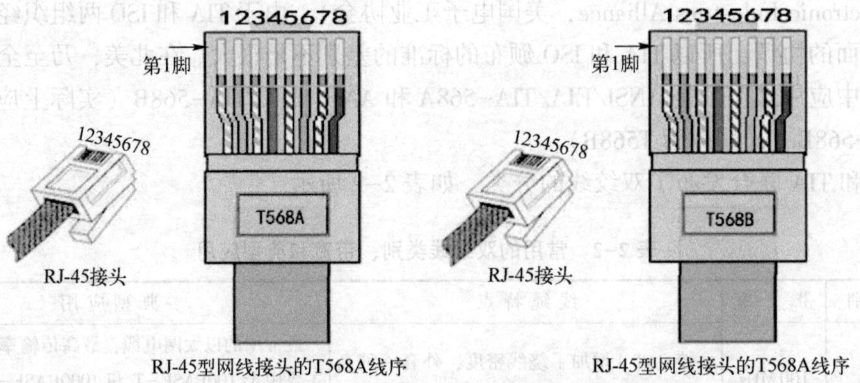

图 2-7　RJ-45 水晶头 EIA/TIA 568A 和 568B 线序

一般情况下，10/100M 以太网双绞线网线使用 1、2、3、6 编号的线芯传输数据，其他 4 根线芯可用作其他用途，如同时作为电话线使用，从而节约布线成本。

直通网线连接是指网线两边的 RJ-45 接头都按同一标准顺序（EIA/TIA 568A 或 EIA/TIA 568B）连接。交叉网线连接是指网线一边 RJ-45 接头按 EIA/TIA 568A 标准顺序连接，另一边 RJ-45 接头则按 EIA/TIA 568B 标准顺序连接。在使用过程中，直接互连可以将不同设备连接在一起。如：计算机与交换机，计算机与 modem，计算机与路由器等。而交叉互连的作用是将同种设备连接在一起。如：如计算机至计算机，交换机至交换机，这样可以保证两个同种设备（比如交换机）之间发送和接收数据对应起来（见图 2-8）。网线之所以分为交叉连接和直通连接，主要是因为以前的设备端口收发线序是固定的，不过，现在的各种设备基本上端口可以自动校正，通信设备的 RJ-45 接口都能自动适应。遇到网线不匹配的情况，可以自动翻转端口的接收和发射，所以交叉网线的接线方式基本上不再使用了。因此，现在的网线水晶接头，并没有之前那么复杂，只要记住一种线序就可以了。目前一般都是使用 EIA/TIA 568B 的线序标准。

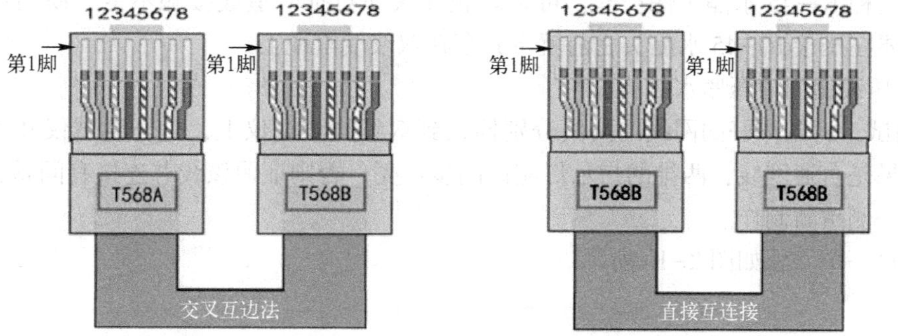

一、交叉互连
网线一端按T568A连接，另一端按T568B连接。
1. 电脑—电脑，即对等网络连接
2. 集线器—集线器
3. 交换机—交换机
4. 路由器—路由器

二、直接互连
网线的两端按T568B连接。
1. 电脑—ADSL猫
2. ADSL猫—ADSL路由器的WAN口
3. 电脑—ADSL路由器的WAN口
4. 电脑—集线器或交换机

图 2-8　网线的交叉互连与直接互连

EIA/TIA 568B 直通网线的制作步骤如下：

① 准备好需要的材料。取一条长度适当的双绞线、若干个 RJ-45 水晶头、双绞线压线钳和双绞线测试仪，如图 2-9 所示。

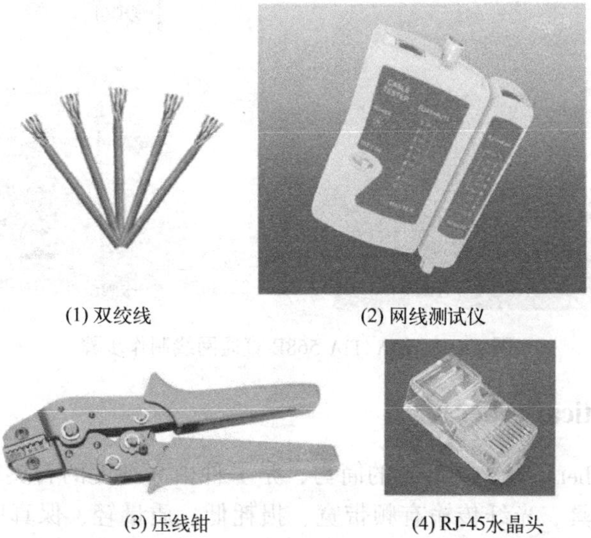

(1) 双绞线　(2) 网线测试仪　(3) 压线钳　(4) RJ-45水晶头

图 2-9　网线制作的材料

② 利用压线钳将双绞线一端的外皮剥去 2~3 cm（注意不要伤及铜线绝缘层），然后按照 EIA/TIA 568B 标准的顺序将线芯捋直并拢。

③ 将芯线放到压线钳切刀处，8 根线芯要在同一平面并拢，而且尽量直，留下一定的

线芯长度（约 14 mm）剪齐。

④ 将双绞线插入 RJ-45 水晶头中，插入过程力度均衡，直到插入尽头，并且检查 8 根线芯是否已经全部充分、整齐地排列在水晶头里面。

还有一种 RJ-45 水晶头保护套，可以防止接头在拉扯时造成接触不良，使用这种保护套时，需要在压接 RJ-45 水晶头之前就将其套在双绞线电缆上。

⑤ 用压线钳用力压紧水晶头即可。

⑥ 测试。将制作好的网线的两头分别插入到双绞线测试仪上，打开测试仪开关测试指示灯。如果是直通网线，两排的指示灯应该同步点亮，否则证明该线芯连接有问题，应该对有问题的一侧重新制作。

以上每一个步骤如图 2-10 所示。

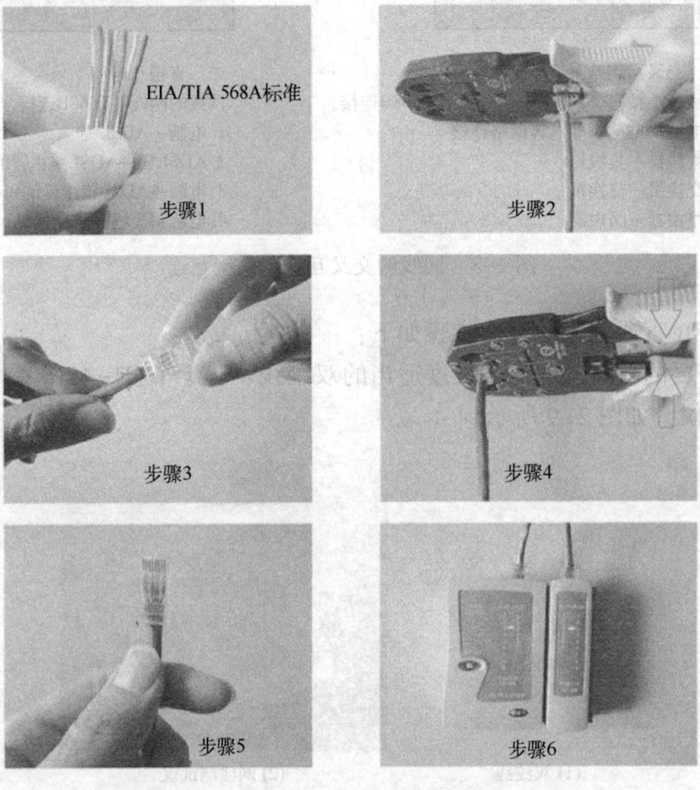

图 2-10 EIA/TIA 568B 直通网线制作步骤

2.4.3 光纤（Optical Fiber）

光纤（Optical Fiber）是光导纤维的简写，是一种由高纯度的石英玻璃或塑料制成的纤维，可作为光传导工具。光纤传输有频带宽、损耗低、质量轻、保真度高和性能可靠等优点。光纤通信是以光波为载波（有光脉冲相当于 1，没有光脉冲相当于 0），以光波为传输媒体的通信方式。电磁波通信的载波是电波，虽然光波和电波都是电磁波，但光纤通信用的是近红外光的频率，比电波的频率高出几个数量级，载波频率越高，意味着频带宽度越宽，信息传输速度越快。

光纤通信在发送端有光源，采用发光二极管或半导体激光器，它们在电脉冲的作用下能产生光脉冲。接收端以光电二极管为光检测器，在检测到光脉冲时可以还原出电脉冲。图 2-11 为光纤通信技术原理图。

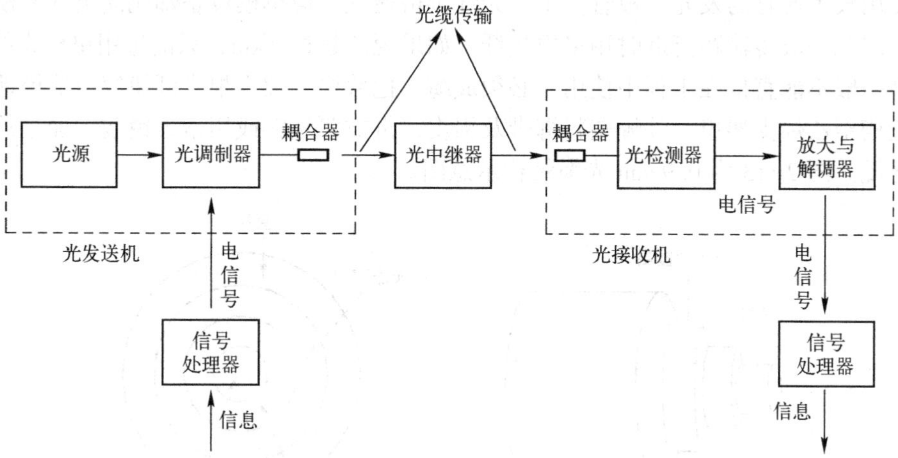

图 2-11　光纤通信技术原理图

光纤通常由非常透明的石英玻璃拉成细丝，由高折射率的纤芯和低折射率的屏蔽层组成，图 2-12 为光纤的组成及光波在纤芯中的传播示意图。

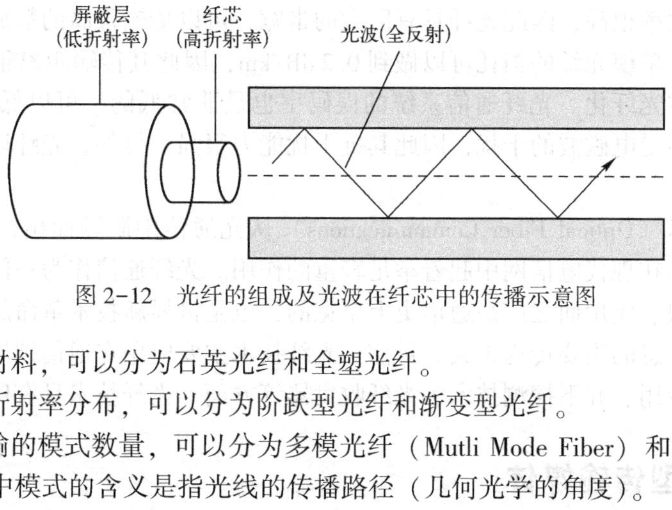

图 2-12　光纤的组成及光波在纤芯中的传播示意图

按照光纤的材料，可以分为石英光纤和全塑光纤。

按光纤剖面折射率分布，可以分为阶跃型光纤和渐变型光纤。

按照光纤传输的模式数量，可以分为多模光纤（Mutli Mode Fiber）和单模光纤（Single Mode Fiber）。其中模式的含义是指光线的传播路径（几何光学的角度）。

多模光纤的纤芯直径比较大（50~200 μm），这样从不同角度入射的光线在纤芯中就有不同的传播路径，即存在多个模式。在多模光纤中存在模式色散，指的是光线以不同的模式在光纤中传播，到达终点的时间就会不同，即各路径的传输时延不同。这样一个脉冲经过多模光纤传输后，由于存在模式色散，输出的脉冲就会展宽，即信号波形发生了失真，限制了传输带宽，而且随着距离的增加其模间色散会更加严重。因此多模光纤的传输距离就比较近，一般只有几千米，以发光二极管或激光器为光源。

单模光纤的线芯直径很小（一般只有 9~10 μm），接近光波长的数量级，纤芯内没有空间供光纤来回反射，光线会沿着纤芯的轴线方向传输，即只有一种模式，这样在单模光纤中，就不会存在模式色散。单模光纤不存在模间时延差，具有比多模光纤大得多的带宽，这对于高码速传输是非常重要的。单模光纤的模场直径仅几微米，其带宽一般比渐变型多模光纤的带宽高一两个数量级。因此适用于大容量、长距离通信，甚至可达 200 km 以上。但是单模光纤对光源要求很高，一般采用昂贵的半导体激光器 LD 或光谱较窄的 LED 作为光源，而不能使用较为便宜的发光二极管。单模光纤价格便宜，但单模设备却比同类的多模设备昂贵得多，因此一般传输距离近时用多模光纤，如果距离超过 2 km，只能选用单模光纤。

光纤一般不能直接在工程中使用，必须成缆。把数根、数十根光纤纽绞或疏松地置于特制的螺旋槽聚乙烯支架里，外缠塑料绑带及铝皮，再被覆塑料或用钢带铠装，加上外护套后即成为光缆。图 2-13 为 0.9 mm 光缆结构示意图。

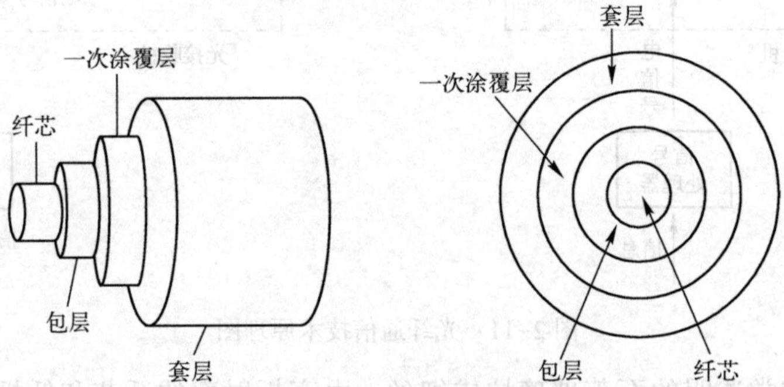

图 2-13　0.9 mm 光缆结构示意图

由于光波的频率很高，因此光纤具有巨大的带宽，可以传输很高的数据速率，另外光纤的损耗也非常小，单模光纤的损耗可以做到 0.2 dB/km，因此其传输距离很长，当前的长途骨干网络已经基本光纤化。光纤通信系统的误码率也是非常低的，可以低于 10^{-10}，光信号在光线中传输也不受电磁波的干扰，因此其抗干扰能力很强。另外，光纤通信也具有很高的保密性和安全性。

光纤通信技术（Optical Fiber Communications）从光通信中脱颖而出，已成为现代通信的主要支柱之一，在现代电信网中起着举足轻重的作用。光纤通信作为一门新兴技术，其近年来发展速度之快、应用面之广是通信史上罕见的，也是世界新技术革命的重要标志和未来信息社会中各种信息的主要传送工具。目前，光纤技术主要应用在通信领域、医学应用、传感器应用、艺术应用、井下探测技术、光纤收发器等方面。光纤技术具有广阔的应用前景。

2.5　非导向型传输媒体

前边介绍的双绞线、同轴电缆和光缆都属于导向传输媒体或称为有线信道。有线信道的成本很高而且设施建设很费时间（比如当遇到一些建筑物或特殊地形（高山、海洋等）时，施工就会变得更加困难）。随着通信技术的发展，有非常多的用户希望通过移动终端或计算机随时随地接入网络，此时就需要无线传输，即利用电磁波在空间中的传播来传输信号，这种传播方式称为非导向型传输媒体或无线信道。

非导向型传输媒体，具有不受建筑物或特殊地形（如高山等）的影响，省时省力高效的特点，而且能够满足移动设备随时随地接入网络的需要。

电磁波频谱如图 2-14 所示，一般情况下，可以用于无线电通信的电磁波的波段有：无线电波、微波、红外线和可见光，这些波段可以通过对其振幅、频率及相位进行调制来传输信息，紫外线、X 射线和伽马射线因为对人和其他生物有害并且难以产生和调制，而不能用于通信。图 2-14 中最下面是国际电信联盟依据波长给各波段的命名，波长与频率是相关的，在真空中，二者关系如下：

$$\lambda f=c \tag{2-13}$$

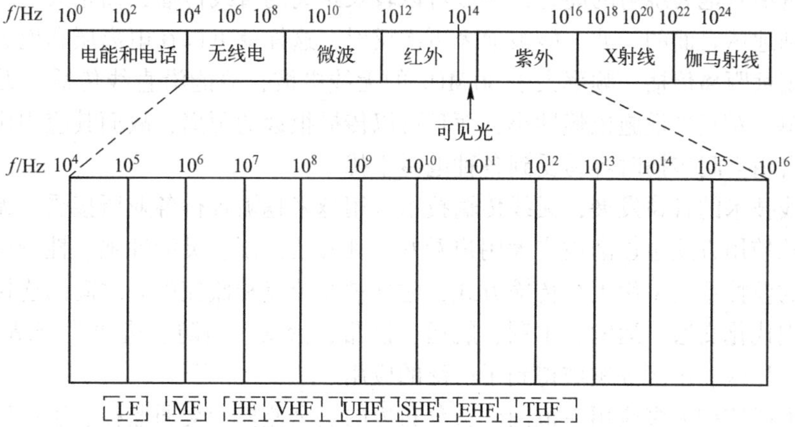

图 2-14 电磁波频谱示意图

在上图中，LF 翻译为低频（Low Frequency）、MF 翻译为中频（Middle Frequency）、HF 翻译为高频（High Frequency），VHF、UHF、SHF、EHF、THF 分别翻译为甚高频（Very High Frequency）、特高频（Ultra High Frequency）、超高频（Super High Frequency）、极高频（Extra High Frequency）、巨高频（Tremendously High Frequency）。

可以把电磁波的频谱总结为表 2-5。

表 2-5

频 段 名 称	频 率 范 围	波 段 名 称	波 长 范 围
甚低频（VLF）	3~30 kHz	万米波，甚长波	10~100 km
低频（LF）	30~300 kHz	千米波，长波	1~10 km
中频（MF）	300~3000 kHz	百米波，中波	100~1000 m
高频（HF）	3~30 MHz	十米波，短波	10~100 m
甚高频（VHF）	30~300 MHz	米波，超短波	1~10 m
特高频（UHF）	300~3000 MHz	分米波	10~100 cm
超高频（SHF）	3~30 GHz	厘米波	1~10 cm
极高频（EHF）	30~300 GHz	毫米波	1~10 mm
	300~3000 GHz	亚毫米波	0.1~1 mm

2.5.1 无线传输（Wireless transmission）

无线传输，又称无线电通信。通常情况下，把频率在 1 GHz 以下的电磁波称为无线电波。所以无线电波是指在自由空间（包括空气和真空）传播的射频频段的电磁波。无线电波的波长越短、频率越高，相同时间内传输的信息就越多。无线电波在空间中的传播方式有以下情况：直射、反射、折射、穿透、绕射（衍射）和散射。

无线电广播、无线电通信、卫星、雷达等都依靠无线电波的传播来实现。频率小于2 MHz的无线电波称为地波，地波由于有较长的波长，衍射能力强，所以能够沿着弯曲的地表传播，并且可以绕过障碍物，传播距离可以达到数千千米，但也存在着传输能量随着传播距离的增加而减小的缺点。频率在2 MHz到30 MHz的无线电波称为天波，天波由于波长较短，所以没有沿着地表绕射的能力，一般可以较长距离的直线传播，而且天波可以被电离层反射，反射到地球表面的天波，能被地表再次反射，这样就可以在电离层和地表之间来回反射，从而实现远距离传播。频率大于30 MHz的无线电波，只能沿直线传播。无线电波的优点是方法简单，对基础设施依赖性小，而且可以传播很远的距离，故而其应用比较广泛，但无线电波在自由空间传播时容易受到各种电磁干扰。

随着无线技术的日益发展，无线传输技术应用越来越被各行各业所接受。无线图像传输作为一个特殊使用方式也逐渐被广大用户看好。其安装方便、灵活性强、性价比高等特性使得更多行业的监控系统采用无线传输方式，建立被监控点和监控中心之间的连接。无线监控技术已经在现代化交通、运输、水利、航运、铁路、治安、消防、边防检查站、森林防火、公园、景区、厂区、小区等领域得到了广泛的应用。

目前，无线监控大多应用在范围广、分布散的安全监控、交通监控、工业监控、家庭监控等众多领域。比如：

- 取款机、银行柜员、超市、工厂等的无线监控。
- 看护所、幼儿园、学校提供远程无线监控服务。
- 电力电站、电信基站的无人值守系统。
- 石油、钻井、勘探等无线监控系统。
- 智能化大厦、智能小区无线监控系统。
- 流水线无线监控系统，仓库无线监控系统。
- 森林、水源、河流资源的远程无线监控。
- 户外设备无线监理。
- 桥梁、隧道、路口交通状况无线监控系统。
- 旅游景区、大型厂区、建筑工地无线视频传输系统。
- 森林防火无线视频传输系统。
- 港口、码头、边防检查站无线视频传输系统。

2.5.2 短波传输（Shortwave Communication）

在电磁波谱中，短波的定义是指波长为100~10 m（或频率为3~30 MHz）的电磁波。实用短波范围已被扩展为1.5~30 MHz。短波既可沿地球表面以地波形式传播，也能以天波的形式靠电离层反射传播。这两种传播形式都具有各自的频率范围和传播距离，只要选用合适的通信设备，就可以获得满意的收信效果。短波首次跨越海洋传播是1921年由业余无线电爱好者实现的。当短波通信以地波形式进行时，其工作频率范围为1.55 MHz。陆地对地波衰减很大，其衰减程度随频率升高而增大，一般只在离天线较近的范围内（100 km左右）才能获得比较有效的接受效果，保证可靠地收信。海水对地波衰减较小，沿海面传播的距离要比陆地传播距离远得多。因此，短波主要靠天波传播，借助于电离层的一次或多次反射，达到远距离（几千千米乃至上万千米）通信的目的。

常见的短波传播方式有以下几种。

1）地波（地表面波）传播：沿大地与空气的分界面传播的电波叫地表面波，简称地波。其传播途径主要取决于地面的电特性。地波在传播过程中，由于能量逐渐被大地吸收，很快减弱（波长越短，减弱越快），因而传播距离不远。但地波不受气候影响，可靠性高。超长波、长波、中波无线电信号，都是利用地波传播的。短波近距离通信也利用地波传播。

2）直射波传播：直射波又称为空间波，是由发射点从空间直线传播到接收点的无线电波。直射波传播距离一般限于视距范围。在传播过程中，它的强度衰减较慢，超短波和微波通信就是利用直射波传播的。在地面进行直射波通信，其接收点的场强由两路组成：一路由发射天线直达接收天线，另一路由地面反射后到达接收天线，如果天线高度和方向架设不当，容易造成相互干扰（例如电视的重影）。限制直射波通信距离的因素主要是地球表面弧度和山地、楼房等障碍物，因此超短波和微波天线要求尽量高架。

3）天波传播：天波是由天线向高空辐射的电磁波遇到大气电离层折射后返回地面的无线电波。电离层只对短波波段的电磁波产生反射作用，因此天波传播主要用于短波远距离通信。

4）散射传播：散射传播是由天线辐射出去的电磁波投射到低空大气层或电离层中不均匀介质时产生散射，其中一部分到达接收点。散射传播距离远，但是效率低，不易操作，使用并不广泛。

以上四种短波的传播方式如图 2-15 所示。

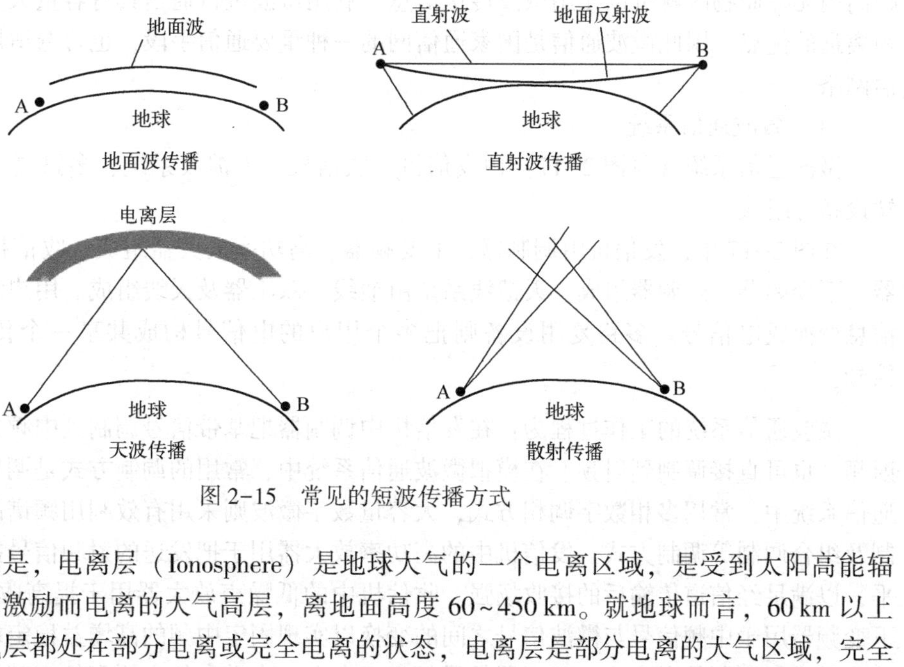

图 2-15　常见的短波传播方式

需要说明的是，电离层（Ionosphere）是地球大气的一个电离区域，是受到太阳高能辐射以及宇宙线的激励而电离的大气高层，离地面高度 60～450 km。就地球而言，60 km 以上的整个地球大气层都处在部分电离或完全电离的状态，电离层是部分电离的大气区域，完全电离的大气区域称磁层。也有一种说法是，把整个电离的大气称为电离层，这样就把磁层看作电离层的一部分。除地球外，金星、火星和木星都有电离层。电离层从离地面约60 km 开始一直伸展到约 1000 km 高度的地球高层大气空域，其中存在相当多的自由电子和离子，能使无线电波改变传播速度，发生折射、反射和散射，产生极化面的旋转并受到不同程度的吸收。

电离层的发现，不仅使人们对无线电波传播的各种机制有了更深入的认识，并且对地球大气层的结构及形成机制有了更清晰的了解。

因此，电离层是受太阳紫外线和X射线作用而存在的由离子、自由电子和中性分子、原子组成的一个区域。根据实际观测，电离层由环绕地球处于不同高度的4个导电层组成（D、E、F1、F2），这4个电离层对不同频率的无线电波的折射率不同，且对短波传输起到主要作用的是F层（图2-16）。为了保持昼夜短波传输正常，一般选用夜间的工作频率低于白天的工作频率，否则因电波穿透电离层，会引起通信中断。

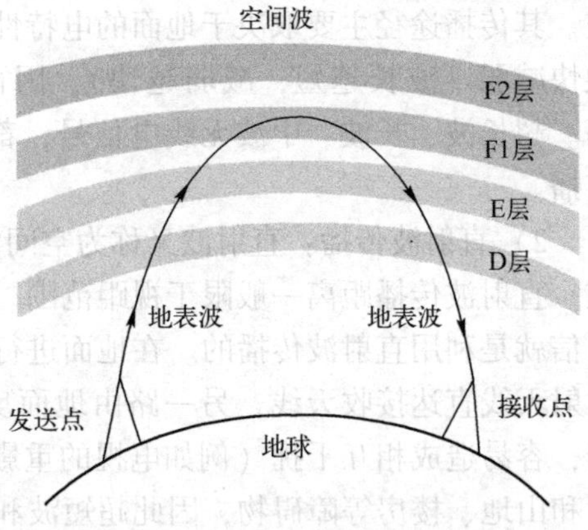

图2-16 利用电离层的无线电通信

2.5.3 微波通信（Microwave Communication）

在电磁波谱中，微波定义为频率在300 MHz～300 GHz范围内的电磁波。微波的波长范围在30 mm～3 m之间，与同轴电缆通信、光纤通信和卫星通信等现代通信网的传输方式不同的是，微波通信是直接使用微波作为介质进行的通信，不需要固体介质，当两点间的直线距离内无障碍物时就可以使用微波传送信息。利用微波进行通信具有容量大、质量好、传输距离远的优点，因此微波通信是国家通信网的一种重要通信手段，也普遍适用于各种专用通信网络。

（1）微波通信系统

微波通信系统（见图2-17）由发信机、收信机、天馈线系统、多路复用设备及用户终端设备等组成。

在图2-17中，发信机由调制器、上变频器、高功率放大器组成。收信机由低噪声放大器、下变频器、解调器组成。天馈线系统由馈线、双工器及天线组成。用户终端设备把各种信息变换成电信号。多路复用设备则把多个用户的电信号构成共享一个传输信道的基带信号。

微波通信系统的工作过程为：在发信机中调制器把基带信号调制到中频再经上变频变至射频，也可直接调制到射频。在模拟微波通信系统中，常用的调制方式是调频；在数字微波通信系统中，常用多相数字调相方式，大容量数字微波则采用有效利用频谱的多进制数字调制及组合调制等调制方式。发信机中的高功率放大器用于把发送的射频信号提高到足够的电平，以满足经信道传输后的接收场强。收信机中的低噪声放大器用于提高收信机的灵敏度；下变频器用于中频信号与微波信号之间的变换以实现固定中频的高增益稳定放大；解调器的功能是进行调制的逆变换。双工器是异频双工电台、中继台的主要配件，其作用是将发射和接收信号相隔离，保证接收和发射都能同时正常工作。它由两组不同频率的带阻滤波器组成，避免本机发射信号传输到接收机

微波只能进行直线传播，而没有绕射能力，因此要求发送天线和接收天线必须直达可

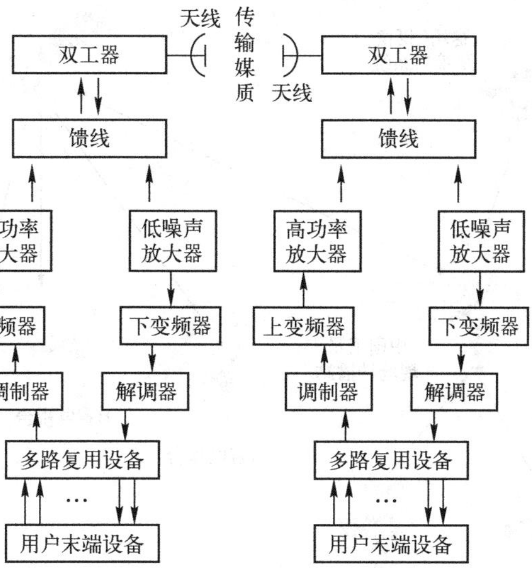

图 2-17　微波通信系统

视，因为在不可视的情况下，由于地球表面是曲面，地面就会挡住微波，使其不能正常传输。天线一般是抛物面状的，能把微波的能量集中在很小的波束内发射出去，一般在相距较远的收发天线之间，每隔一段距离放置一个中继站，一方面是因为地表面会挡住微波去路，另一方面是因为微波在空气中传播会有衰减。

微波通信天线一般为强方向性、高效率、高增益的反射面天线，常用的有抛物面天线、卡塞格伦天线等（见图 2-18），馈线主要采用波导或同轴电缆。

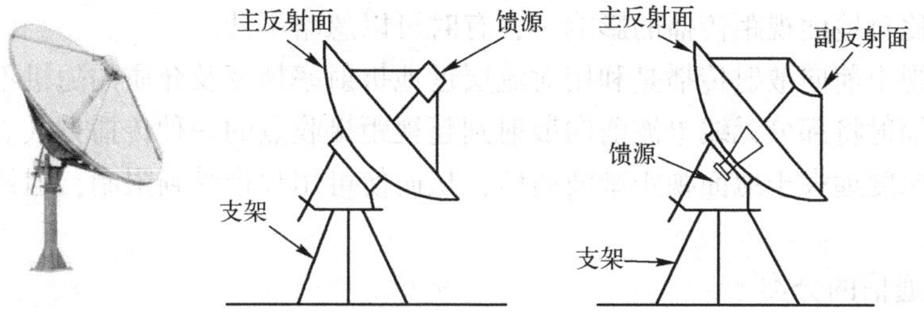

图 2-18　常见的抛物面天线及卡塞格伦天线

在地面接力和卫星通信系统中，大多数情况下，还需以卫星中继站或卫星转发器（见图 2-19）等作为中继转发装置。如图 2-19 所示，广播电视信号传播时，利用卫星作为中继转发，扩大广播电视信号的覆盖率。

（2）微波传播特点

微波通信中电波所涉及的媒质有地球表面、地球大气（对流层、电离层和地磁场等）及星际空间等。按媒质分布对传播的作用可分为：连续的（均匀的或不均匀的）介质体，如对流层，电离层等，及离散的散射体，如雨滴、冰雹、飞机及其他飞行物等。微波通信中的电波传播，可分为视距传播及超视距传播两大类。

视距传播时，发射点和接收点双方都在无线电视线范围内，利用视距传播的有地面微波接力通信、卫星通信、空间通信及微波移动通信。其特点是信号沿直线或视线路径传播，信

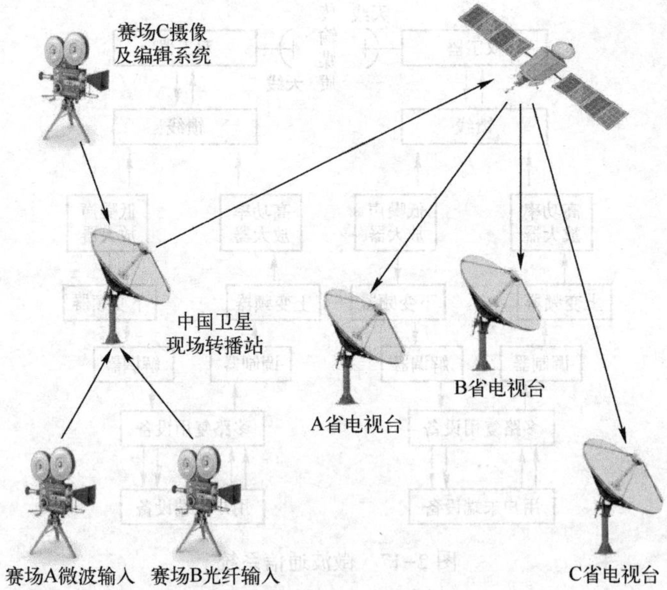

图 2-19 广播电视卫星转发示意图

号的传播过程中，受到自由空间的衰耗和媒质信道参数的影响。如地-地传播的影响包括地面、地物对电波的绕射、反射和折射、特别是近地对流层对电波的折射、吸收和散射；大气层中水气、凝结体和悬浮物对电波的吸收和散射。它们会引起信号幅度的衰落，多径时延，传波角度的起伏和去极化（即交叉极化率的降低）等效应。在地-空和空-空视距传播中，主要考虑大气和大气层中沉降物的影响，而地面、地物和近地对流层对地-空传播、空-空传播的影响则比对地面视距传播的影响小，有时可以忽略不计。

对流层超视距前向散射传播是利用对流层近地折射率梯度及介质的随机不连续性对入射无线电波的再辐射将部分无线电波前向散射到超视距接收点的一种传播方式。前向散射衰耗很大，且衰落深度远大于地面视距微波通信，从而使可用频带受到限制，但站距则可远大于地面视距通信。

（3）微波通信的分类

根据通信方式和确定信道主要性质的传输媒质的不同，微波通信可分为大气层视距地面微波通信、对流层超视距散射通信、穿过电离层和外层自由空间的卫星通信，以及主要在自由空间中传播的空间通信。按基带信号形式的不同，微波通信可分为主要用于传输多路载波电话、载波电报、电视节目等的模拟微波通信，以及主要用于传输多路数字电话、高速数据、数字电视、电视会议和其他新型电信业务的数字微波通信。

1）微波接力通信。利用微波视距传播通常情况下以接力站点的接力方式进行微波通信，也称微波中继通信。微波接力系统由两端的终端站及中间的若干接力站点组成，从而为地面视距提供点对点的通信。各站收发设备均衡配置，站距约 50 km，天线直径 1.5~4 m，半功率角 3~5°，发射机功率 1~10 W，接收机噪声系数 3~10 dB（相当噪声温度 290~261 K），必要时二重分集接收。模拟调频微波容量可达 1800~2700 路，数字多进制正交调幅微波容量可达 144 Mbit/s。设备投资和施工费用较少，维护方便；工程施工与设备安装周期较短，利用车载式微波站，可迅速抢修沟通电路。

2）对流层散射通信。利用对流层中媒质的不均匀体的不连续界面对微波的散射作用实现的超视距无线通信。常用频段为 0.2～5 GHz，为地面超视距点对点通信。跨距数百公里，大型广告牌（抛物面）天线等效直径可达 30～35 m，射束半功率角 1～2°，有孔径介质耦合损耗，发射机功率 5～50 kW，四重分集接收，容量数十话路至百余话路。对流层散射通信一般不受太阳活动及核爆炸的影响，可在山区、丘陵、沙漠、沼泽、海湾、岛屿等地域建立通信电路。

3）卫星通信。地面站之间利用人造地球卫星上的转发器转发信号的无线电通信，为地-空视距多址通信系统，卫星中继站受能源和散热条件的限制，故地-空设备偏重配置。同步卫星系统，空间段单程大于 3.6 万 km，地面站天线直径 15～32 m，增益 60 dB，射束半功率角 0.1～1°，需要自动跟踪，发射机功率 0.5～5 kW。卫星中继站，下行全球波束用喇叭天线，点波束用抛物面天线，可借助波束分隔进行频率再用。转发器功率数十瓦，带宽一般为 36 MHz，容量 5000～10000 话路。卫星通信覆盖面广，时延长，信号易被截获、窃听甚至干扰。一种容量较小的可适用于稀路由的甚小天线地面站（VSAT）适用于数据通信。

4）空间通信。利用微波在星体（包括人造卫星、宇宙飞船等航天器）之间进行的通信。它包括地面站与航天器、航天器与航天器之间的通信、以及地面站之间通过卫星间转发的卫星通信。地面站与航天器之间的通信包括近空通信与深空通信。在深空通信时，为了实现从高噪声背景中提取微弱信号，需采用特种编码和调制、相干接收和频带压缩等技术。

5）微波移动通信。通信双方或一方处于运动中的微波通信，分陆上、海上及航空三类移动通信。陆上移动通信多使用 150、450 或 900 MHz 的频段，并正向更高频段发展。海上、航空及陆上移动通信均可使用卫星通信。海事卫星可提供此种移动通信业务。低地球轨道（LEO）的轻卫星将广泛用于移动通信业务。

（4）微波通信的方式

地面上的较远距离的微波通信通常采用中继（接力）方式进行，原因如下：

微波波长短，具有视距传播特性。而地球表面是个曲面，电磁波长距离传输时，会受到地面的阻挡。为了延长通信距离，需要在两地之间设立若干中继站，进行电磁波转接。

微波传播有损耗，随着通信距离的增加信号衰减，有必要采用中继方式对信号逐段接收、放大后发送给下一段，延长通信距离。

A、B 两地间的远距离地面微波中继通信系统如图 2-20 所示。

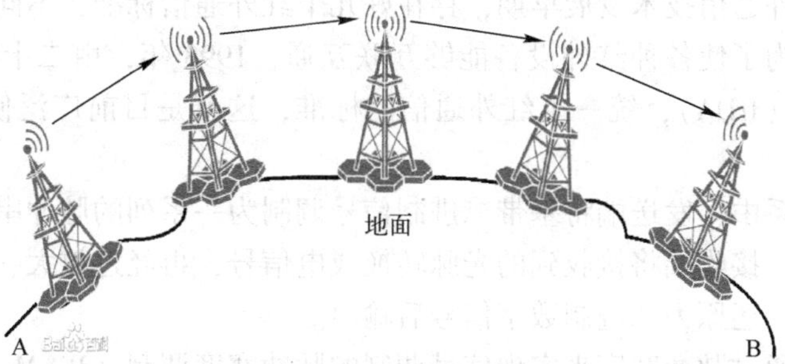

图 2-20　微波中继通信示意图

在微波传输过程中，往往有不同类型的微波站（中继站、分路站、枢纽站和终端站等），从而构成了各种各样的微波传输网络，如图 2-21 所示。

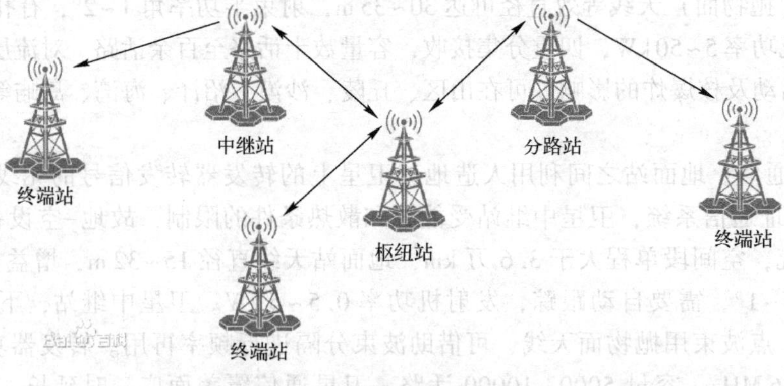

图 2-21 微波传输网络布局

可以看出，微波传输网络主要由终端站、中继站、枢纽站和分路站组成。

终端站：存在只有 1 个传输方向的微波站。

中继站：是指具有 2 个传输方向，为了解决微波可视距离通信的问题，需要增加的微波站，分为有源中继站和无源中继站两种。

枢纽站：是指具有 3 个或 3 个以上传输方向，对不同方向的传输通道进行转接的微波站，或称为 HUB 站。

分路站：具有 2 个传输方向，因传输业务的需要而设立的微波站。

卫星通信实际上就是一种微波接力通信方式，地面站之间通过人造同步卫星作为中继站进行微波通信。卫星位于地面上空 36000 km，与地球保持同步。3 颗与地球同步的卫星就可以发射出覆盖整个地球的微波信号，因为覆盖面广，卫星通信非常适合广播电视通信。

微波通信由于其频带宽、容量大，可以用于各种电信业务的传送，如电话、电报、数据、传真以及彩色电视等均可通过微波电路传输。

2.5.4 红外通信（Infrared Communication）

我们知道，红外线的定义为：波长在微波与可见光之间的电磁波，其波长范围在 760 nm 至 1 mm 之间。所以，红外通信是利用近红外波段的红外线作为传递信息的媒体（即通信信道）的通信技术。

实际上，在红外通信技术发展早期，存在好几个红外通信标准，不同标准的红外设备不能进行红外通信。为了使各种红外设备能够互联互通，1993 年，由二十多个大厂商发起成立了红外数据协会（IrDA），统一了红外通信的标准，这就是目前广泛使用的 IrDA 红外数据通信协议及规范。

在红外通信体系中，发送端将基带二进制信号调制为一系列的脉冲串信号，通过红外发射管发射红外信号。接收端将接收到的光脉转换成电信号，再经过放大、滤波等处理后送给解调电路进行解调，还原为二进制数字信号后输出。

比较常用的有通过脉冲宽度来实现信号调制的脉冲宽度调制（PWM，Pulse-Width Modulation）、通过脉冲信号的频率变化来实现信号调制的脉冲频率调制（PFM，Pulse-

Frequency Modulation)、通过脉冲串之间的时间间隔来实现信号调制的脉冲时间调制（PTM, Pulse-Time Modulation）等方法。

简而言之，红外通信的实质就是对二进制数字信号进行调制与解调，以便利用红外信道进行传输；红外通信接口就是针对红外信道的调制解调器。

（1）红外语音通信

随着个人移动通信和多媒体业务量的增加，通信技术朝着系统宽带化、灵活性的方向发展。无线光通信结合了光纤通信的高带宽和射频无线通信的灵活性优点，更适应现代通信技术的发展。红外语音通信属于室内无线光通信研究的范畴，由于其发射角度和传输距离的限制，能够更好地防止监听，具有更好的安全性，且系统结构简单，成本低，实际应用价值更高。红外线进行语音数据通信的原理如图2-22所示。

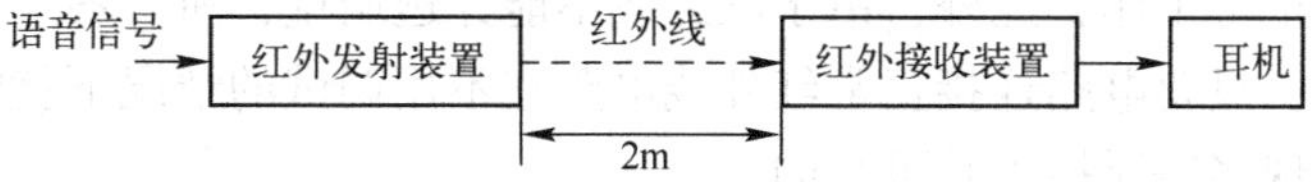

图2-22 红外语音传输系统

（2）红外遥控系统

红外遥控是一种广泛应用的通信和控制手段，由于其结构简单、功耗低、抗干扰能力强、可靠性高及成本低等优点而广泛应用于家用电器、工业控制和智能仪器系统中。通用红外遥控系统由发射和接收两大部分组成，应用编码/解码专用集成电路芯片来进行控制。常见的红外遥控系统有家用电器的遥控器等。

红外遥控系统一般原理框图如图2-23所示。

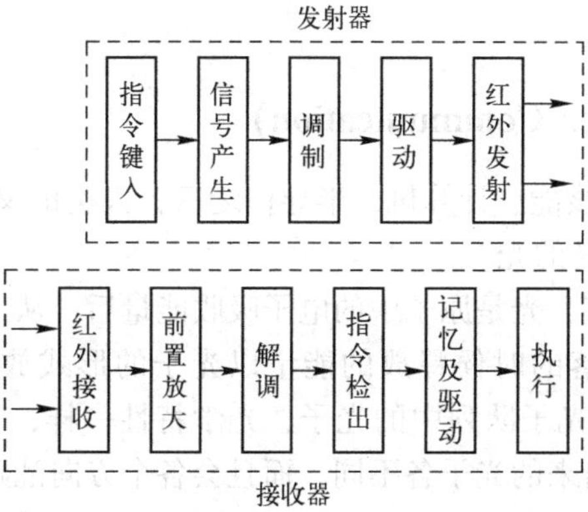

图2-23 红外遥控系统一般原理框图

从图中可以看出，红外遥控系统由发射器与接收器两部分构成。发射器由指令键、指令信号产生电路、调制电路、驱动电路及红外发射器件组成。当指令键被按下时，指令信号产生电路便产生所需要的控制指令信号。这里的控制指令信号是以某些不同的特征来区分的。常见的区分指令信号的特征是频率特征和码组特征，即用不同的频率或不同编码的电信号代表不同的指令。这些指令信号由调制电路进行调制后，最后由驱动电路驱动红外发射器件，发出红外遥控指令信号。

接收器由红外接收器件、前置放大电路、解调电路、指令信号检出电路、记忆及驱动电路、执行电路组成。当红外接收器件收到发射器的红外指令信号时，它将红外光信号变为电信号并送入前置放大器进行放大，再经解调器后，由指令信号检出电路将指令信号检出，最后由记忆及驱动电路驱动执行电路，实现各种操作。

相比而言，红外遥控系统的优势总结如下。

该技术对指定目标进行远程控制，其应用领域涉及工业、农业、海陆空以及家电产业等。该技术可以使得遥控实现无线化和非接触性，红外遥控的优势在于具备良好的抵御干扰能力、信息数据传输安全有效、消耗的能量较少，投入的成本相对较低而且应用范围广泛等。由于该技术的硬件接口构造简单且使用比较方便，软件系统的编程又灵活，其操作码可以根据需要设定，所以它能在生产和日常生活中得到广泛的采用，其中最为常见的应用就是家用电器。和无线电波相比，红外线的波长较短，所以在两种电波同时存在的环境下也不会影响其使用设备的正常工作；此外，由于红外线不能穿透墙壁，所以各个房间之间的遥控器工作时也互不干扰；只要电路连接正常红外线电路在不用调试的情况下就能工作，加之其编解码较为简单，实现多路遥控也是可行的

红外线主要用于短距离通信，一些家用电器（电视机、空调等）的遥控装置一般使用红外线来发射信号，另外计算机与无线打印机之间也通常使用红外线进行通信。红外线的传输具有很强的方向性，但其不能穿透坚固的物体，因此红外线通信不容易被窃听，具有很高的安全性。因为太阳光中有大量的红外线，所以为避免干扰，红外线通信一般在室内进行。比如，常见的利用红外线通信的场所有：商店店铺内、大型设施购物街、电影院、美术馆、博物馆、公共设施等。可以用来通信的信息有：移动终端广告、打折券、优惠信息、地图及店铺的楼层指南、新闻等。

红外通信还可用于沿海岛屿间的辅助通信、飞机内广播和航天飞机内宇航员间的通信等。

2.5.5 激光通信（Laser Communication）

激光是20世纪以来继核能、计算机、半导体之后，人类的又一重大发明，被称为“最快的刀”“最准的尺”“最亮的光”。

从物理光学的角度而言，光是原子中的电子吸收能量后，从低能级跃迁到高能级，再从高能级回落到低能级，回落的时候释放的能量以光子的形式放出。而激光，就是被诱发（激发）出来的光子队列，光子队列中的光子，光学特性一样，步调一致。打个比方就是，普通光源，比如电灯泡发出来的光子各不同，而且会各个方向乱跑，很不团结，但是激光中的光子则是心往一处想，劲往一处使，这导致它们所向披靡，威力很大。所以，激光是一种新型光源，具有亮度高、方向性强、单色性好、相干性强等特征。

激光应用很广泛，主要有激光打标、激光焊接、激光切割、激光通信、激光光谱、激光测距、激光雷达、激光武器、激光唱片、激光指示器、激光矫视、激光美容、激光扫描、激光灭蚊器等等。

激光通信是一种利用激光传输信息的通信方式。按传输媒质的不同，可分为大气激光通信和光纤通信。大气激光通信是利用大气作为传输媒质的激光通信。光纤通信是利用光纤来传输光信号的通信方式。

激光通信系统包括发送和接收两部分。发送部分主要有激光器、光调制器和光学发射天

线。接收部分主要包括光学接收天线、光学滤波器、光探测器。在发送端，将要传送的信息送到与激光器相连的光调制器中，光调制器将信息调制在激光上，通过光学发射天线发送出去。在接收端，光学接收天线将激光信号接收下来，送至光探测器，光探测器将激光信号变为电信号，经放大、解调后变为原来的信息。激光通信可传输语言、文字、数据、图像等信息。激光通信系统的原理图如图 2-24 所示。

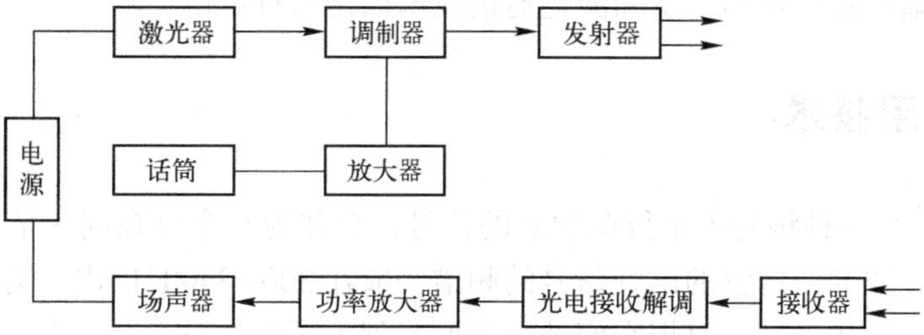

图 2-24　激光通信系统的原理图

所以，激光通信具有通信容量大、保密性强、结构轻便、设备经济等特点。

激光通信具有十分广阔的前景，目前空间激光通信技术中主要涉及的关键技术有以下五个方面。

1）高功率光源及高码率调制技术。信号光源则选择输出功率为几十毫瓦的半导体激光器，但要求输出光束质量好，工作频率高（可达到几十兆赫至几十 GHz）。具体选择视需要而定。据报道，贝尔实验室已研制出调制频率高达 10 GHz 的光源。

2）高灵敏度抗干扰的光信号接收技术。为快速、精确地捕获目标和接收信号，通常采取两方面的措施：一是提高接收端机的灵敏度，达到纳瓦甚至皮瓦量级；其次是对所接收信号进行处理，在光信道上采用光窄带滤波器（干涉滤光片或原子滤光器等），以抑制背景杂散光的干扰，在电信道上则采用微弱信号检测与处理技术。

3）精密、可靠、高增益的收、发天线。为完成系统的双向互逆跟踪，光通信系统均采用收、发合一天线，隔离度近 100%的精密光机组件（又称万向支架）。由于半导体激光器光束质量一般较差，要求天线增益要高，另外，为适应空间系统，天线（包括主副镜，合束、分束滤光片等光学元件）总体结构要紧凑、轻巧、稳定可靠。国际上现有系统的天线口径一般为几厘米至 25 厘米。

4）快速、精确的捕获、跟踪和瞄准技术。这是保证实现空间远距离光通信的必要核心技术。ATP（Acquisition Tracking Pointing）系统通常由两部分组成：捕获（粗跟踪）系统和跟踪、瞄准（精跟踪）系统。

5）大气信道的研究。在地-地、地-空的激光通信系统的信号传输中，涉及的大气信道是随机的。大气中的气体分子、水雾、雪、霾、气溶胶等粒子，其几何尺寸与半导体激光波长相近甚至更小，这就会引起光的吸收、散射，特别是在强湍流的情况下，光信号将受到严重干扰甚至脱靶。因此，如何保证随机信道条件下系统的正常工作，对大气信道的工程化研究是十分重要的。自适应光学技术可以较好地解决这一问题，并已逐渐走向实用化。此外，完整的卫星间光通信系统还包括相应的机械支撑结构、热控制、辅助电子学等部分及系统整体优化等技术。

这些技术的难度较大，但也是十分重要的。总之，空间光通信是包含多项工程的交叉科学研究课题，它不仅在空间要完成一系列重要的技术功能，还需要有步骤地从地—地、地—空、空—空获取许多试验数据。值得提出的是，空间光通信的发展是与高质量大功率半导体激光器、精密光学元件、高质量光滤波器件、高灵敏度光学探测器及快速、精密的光学、机械、电控制等多综合技术的研究和发展密不可分的。近几年来光电器件、激光技术、电子学技术的发展，为空间光通信奠定了物质基础，在人力、物力上也做了准备，更由于信息社会发展的需要，日渐成熟的空间卫星间激光通信技术已是指日可待了。

2.6 信道复用技术

“复用技术”是一种将若干个彼此独立的信号，合并为一个可在同一信道上同时传输的复合信号的方法。比如，传输的语音信号的频谱一般在300~3400 Hz内，为了使若干个这种信号能在同一信道上传输，可以把它们的频谱调制到不同的频段，合并在一起而不致相互影响，并能在接收端彼此分离开来。多路复用技术的目的是为了充分利用信道的频带或时间等资源，提高信道的利用率。通常，建设和运营一个通信系统，其中的传输线路要占成本的一半以上，多路复用技术充分利用了一条信道的带宽，这样就节省了通信线路的铺设数量，从而降低了成本。

信道复用技术分为频分复用、时分复用、统计复用、波分复用、码分复用、空分复用和极化波复用。

2.6.1 频分复用技术（Frequency Division Multiplexing）

频分复用技术（Frequency Division Multiplexing，FDM）就是将用于传输信道的总带宽划分成若干个子频带（或称子信道），每一个子信道传输一路信号。频分复用要求总频率宽度大于各个子信道频率之和，同时为了保证各子信道中所传输的信号互不干扰，应在各子信道之间设立隔离带，这样就保证了各路信号互不干扰。频分复用原理示意图如图2-25所示。

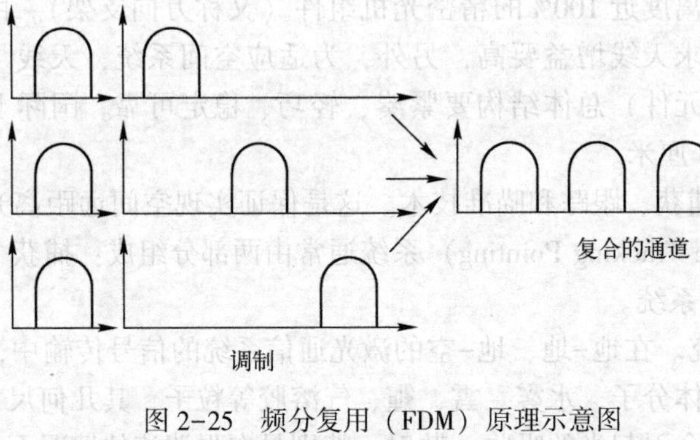

图2-25 频分复用（FDM）原理示意图

频分复用的基本思想是：要传送的信号带宽是有限的，而线路可使用的带宽则远远大于要传送的信号带宽，通过对多路信号采用不同频率进行调制的方法，使调制后的各路信号在频率位置上错开，以达到多路信号同时在一个信道内传输的目的。因此，频分复用的各路信号是在时间上重叠而在频谱上不重叠的信号。

频分复用技术的特点是所有子信道传输的信号以并行的方式工作，每一路信号传输时可不考虑传输时延，因而频分复用技术取得了非常广泛的应用。频分复用技术除传统意义上的频分复用（FDM）外，还有一种是正交频分复用（OFDM）。

频分复用技术的优点：频率复用系统的最大优点是信道复用率高，允许复用的路数多，同时它的分路也很方便。因此，它是目前模拟通信中最主要的一种复用方式，特别是在有线、微波通信系统及卫星通信系统内广泛应用。例如，在卫星通信系统中的频分多址（FDMA）方式，就是按照频率的不同，把各地面站发射的信号安排在卫星频带内的指定位置进行频分复用，然后，按照频率不同来区分地面站站址，进行多址复用。

- 有效减少多径及频率选择性信道造成接收端误码率上升的影响。
- 接收端可利用简单一阶均衡器补偿信道传输的失真。
- 频谱效率上升。

频分复用技术的缺点：频率复用系统的不足之处是收发两端需要大量载频，且相同载频必须同步，设备较复杂。另外，还需要大量的各种频带范围的边带滤波器。对它们的要求不仅是频带特性陡峭，而且对频率的准确性和元件的稳定性都要求很高。第三频率复用系统不可避免地产生路间干扰。其原因除了分路用的带通滤波器特性不够理想外，最主要是信道本身存在着非线性特性。例如，多路复用信号通过公用的放大器时，由于放大器的非线性失真会引起各路信号频谱交叉重叠，这样会带来路间干扰，通常在传输话音信号时称为路间串话。因此，为了提高传输质量，对信道的线性指标有严格的要求。

- 传送与接收端需要精确的同步。
- 对多普勒效应频率漂移敏感。
- 峰均比高。
- 循环前缀（Cyclic Prefix）造成的负荷大小适当。

2.6.2 时分复用技术（Time Division Multiplexing）

时分复用（Time Division Multiplexing，TDM）就是将提供给整个信道传输信息的时间划分成若干时间片（简称时隙），并将这些时隙分配给每一个信号源使用，每一路信号在自己的时隙内独占信道进行数据传输。时分复用原理图如图 2-26 所示。

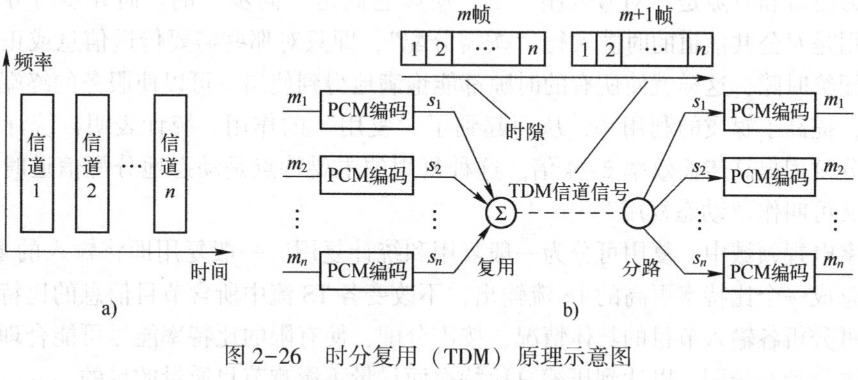

图 2-26　时分复用（TDM）原理示意图
a）TDM 信道划分　b）TDM 系统示意图

时分复用技术的特点是时隙事先规划分配好且固定不变，所以有时也叫同步时分复用。其优点是时隙分配固定，便于调节控制，适于数字信息的传输；缺点是当某信号源没有数据传输时，它所对应的信道会出现空闲，而其他繁忙的信道无法占用这个空闲的信道，因此会降低线路的利用率。时分复用技术与频分复用技术一样，有着非常广泛的应用，电话通信就是其中最经典的例子。此外时分复用技术在广播电视方面也同样取得了广泛应用，如 SDH，ATM，IP 和 HFC 网络中 CM 与 CMTS 的通信都利用了时分复用技术。

2.6.3 统计复用技术（Statistical Division Multiplexing）

统计复用技术（SDM，Statistical Division Multiplexing）亦称为标记复用、统计时分多路复用或智能时分多路复用。统计复用实际上就是所谓的带宽动态分配，从本质上讲是异步时分复用，它能动态地将时隙按需分配，而不采用时分复用使用的固定时隙分配的形式，根据信号源是否需要发送数据信号和信号本身对带宽的需求情况来分配时隙，从而完成信号传输。统计时分复用技术如图 2-27 所示。

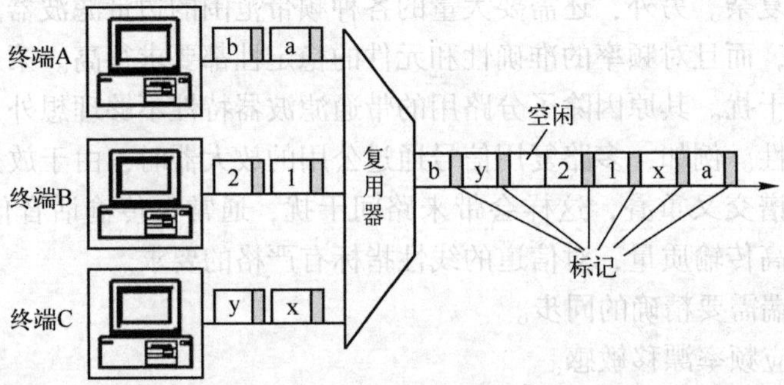

图 2-27 统计时分复用（SDM）原理示意图

那么，“统计复用”是一种什么样的复用方式呢？它实际上是时分复用的一种，全称“统计时分多路复用（statistical time division multiplexing，简称 STDM）”或称“异步时分多路复用”。所谓“异步”或是“统计”，是因为它利用公共信道“时隙”的方法与传统的时分复用方法不同，传统的时分复用接入的每个终端都固定地分配了一个公共信道的一个时隙，是对号入座的，不管这个终端是否正在工作都占用着这个时隙，这就使时隙常常被浪费掉了。因为终端和时隙是“对号入座”的，所以它们是“同步”的。而异步时分复用或统计时分复用是对公共信道的时隙实行“按需分配”，即只对那些需要传送信息或正在工作的终端才分配给时隙，这样就使所有的时隙都能饱满地得到使用，可以使服务的终端数大于时隙的个数，提高了媒质的利用率，从而起到了“复用”的作用。统计表明，统计复用可比传统的时分复用提高传输效率 2~4 倍。这种复用的主要特点是动态地分配信道时隙，所以统计复用又可叫作“动态复用”。

在数字电视领域中，复用可分为一般复用和统计复用。一般复用即将输入的多个 TS 流的信息汇总成一个比特率更高的 TS 流输出，不改变各 TS 流中所含节目信息的比特率。而统计复用则可分析各输入节目的具体情况，按需分配，使有限的比特率能尽可能合理地在所有的节目间进行动态分配，以达到压缩总比特率而尽量不影响节目质量的目的。

统计复用的主要应用场合有数字电视节目复用器和分组交换网等，它提高了信道传输效率。但是由于每个时隙不是固定地分配给每个用户，因此需要在每个时隙中要包含用户的地址信息，从而提高了额外的开销。

2.6.4 波分复用技术（Wavelength Division Multiplexing）

波分复用技术（WDM，Wavelength Division Multiplexing），是将两种或多种不同波长的光载波信号（携带各种信息）在发送端经复用器（亦称合波器，Multiplexer，如棱镜、光栅等）汇合在一起，并耦合到光线路的同一根光纤中进行传输的技术；在接收端，经解调复用器（亦称分波器或去复用器，Demultiplexer，如棱镜、光栅等）将各种波长的光载波分离，然后由光接收机做进一步处理以恢复原信号。这种在同一根光纤中同时传输两个或众多不同波长光信号的技术，称为波分复用。波分复用的原理如图 2-28 所示。

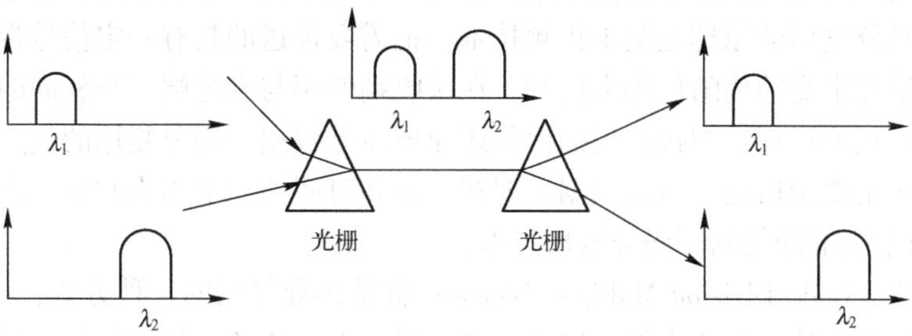

图 2-28 波分复用（WDM）原理示意图

WDM 是在 1 根光纤上承载多个波长（信道）系统，将 1 根光纤转换为多条“虚拟”纤，每条“虚拟”纤独立工作在不同波长上，因此极大地提高了光纤的传输容量。由于 WDM 系统技术的经济性与有效性，使之成为当前光纤通信网络扩容的主要手段。

波分复用技术通常有 3 种复用方式，即 1310～1550 nm 波长的波分复用、稀疏波分复用（Coarse Wavelength Division Multiplexing，CWDM）和密集波分复用（Dense Wavelength Division Multiplexing，DWDM）。

波分复用技术主要有以下特点：

1）充分利用光纤的低损耗波段，增加光纤的传输容量，使一根光纤传送信息的物理限度增加一倍至数倍。目前我们只是利用了光纤低损耗谱（1310～1550 nm）极少一部分，波分复用可以充分利用单模光纤的巨大带宽约 25THz，传输带宽充足。

2）具有在同一根光纤中，传送 2 个或数个非同步信号的能力，有利于数字信号和模拟信号的兼容，与数据速率和调制方式无关，在线路中间可以灵活取出或加入信道。

3）对已建光纤系统，尤其早期铺设的芯数不多的光缆，只要原系统有功率余量，可进一步增容，实现多个单向信号或双向信号的传送而不用对原系统作大改动，具有较强的灵活性。

4）由于大量减少了光纤的使用量，从而大大降低了建设成本。由于光纤数量少，当出现故障时，恢复起来也迅速方便。

5）有源光设备的共享性，对多个信号的传送或新业务的增加降低了成本。

6）系统中有源设备大幅减少，提高了系统的可靠性。

目前的情况下，由于多路载波的波分复用对光发射机、光接收机等设备要求较高，技术实施有一定难度，同时多纤芯光缆的应用对于传统广播电视传输业务未出现特别紧缺的局面，因而WDM的实际应用还不多。但是，随着有线电视综合业务的开展，对网络带宽需求的日益增长，各类选择性服务的实施、网络升级改造经济费用的考虑等等，WDM的特点和优势在CATV传输系统中逐渐显现出来，表现出广阔的应用前景，甚至将影响CATV网络的发展格局。一般的WDM复用设备具备至少两种或两种信号以上。可分为两波、四波、八波、十六波等。以两波为例下设带光/电模块的switch音频信号可配置PCM设备和转换接口设备。一般提供两路备份。

2.6.5 码分复用技术（Code Division Multiplexing）

码分复用（Code Division Multiplexing，CDM）是靠不同的编码来区分各路原始信号的一种复用方式。码分复用的原理是基于扩频技术，把需要传送的具有一定信号带宽的数据用一个带宽远大于信号带宽的伪随机码来代替，在接收端使用与发送端完全相同的伪随机码与接收到的信号进行相关运算，把接收到的信号还原成原始数据。码分复用的优点是所有用户在整个时间可以使用整个信道来传输数据，即在带宽和时间资源上均为共享，因此容量大、效率高。3G的技术标准即是基于码分复用技术。

联通CDMA（Code Division Multiple Access）就是码分复用的一种方式，称为码分多址，完全适合现代移动通信网所要求的大容量、高质量、综合业务、软切换等，受到运营商和用户的青睐。除此之外，还有频分多址（FDMA）、时分多址（TDMA）和同步码分多址（SC-DMA）。

2.6.6 空分复用技术（Space Division Multiplexing）

空分复用（Space Division Multiplexing，SDM）即多对电线或光纤共用1条缆的复用方式。比如5类线就是4对双绞线共用1条缆，还有市话电缆（几十对）也是如此。能够实现空分复用的前提条件是光纤或电线的直径很小，可以将多条光纤或多对电线做在一条缆内，既节省外护套的材料又便于使用。

在移动通信中，如果用空间的分割来区分同一个用户的不同数据，就称为MIMO，即空分复用。

2.6.7 极化波复用技术（Polarization Wavelength Division Multiplexing）

极化波复用（Polarization Wavelength Division Multiplexing，PWDM）是卫星系统中采用的复用技术，即一个馈源能同时接收两种极化方式的波束，如垂直极化和水平极化，左旋圆极化和右旋圆极化。卫星系统中通常采用两种办法来实现频率复用：一种是同一频带采用不同极化，如垂直极化和水平极化，左旋圆极化和右旋圆极化等；另一种是不同波束内重复使用同一频带，此办法广泛使用于多波束系统中。

2.7 宽带接入技术

宽带接入是相对于窄带接入而言的，一般把速率超过1 Mbit/s的接入称为宽带接入。宽带接入技术主要包括：铜线宽带接入技术、HFC技术、光接入技术和无线接入技术。就发展历史来看，电话线的宽带最多可以达到2 Mbit/s，光纤可以达到100 Mbit/s，针对特殊需求，如大学、科研机构等，如果走专用光缆，速率可以达到1000 Mbit/s，甚至更高，高速的网络传输速率为人们的生活、工作和学习带来了极大的方便。

2.7.1 铜线接入技术（xDSL）

DSL（Digital Subscriber Line，数字用户线）技术，是对在本地电话网线上所提供的数字数据传输的一整套技术的总称，是通过铜线或者本地电话网提供数字连接的一种技术。主要包括非对称用户数字环路（ADSL）、高速率用户数字线路（HDSL）和超高速率用户数字线路（VDSL）。

（1）ADSL 技术

ADSL（Asymmetrical Digital Subscriber Loop，非对称数字用户环路），ADSL 技术是运行在原有普通电话线上的一种新的高速宽带技术，它利用现有的一对电话铜线，为用户提供上、下行非对称的传输速率（带宽）。非对称主要体现在上行速率（用户到网络，最高640 Kbit/s）和下行速率（网络到用户，最高8 Mbit/s）的非对称性上。1989 年，美国 Bellcore 首先提出 ADSL 技术。美国国家标准协会（ANSI）的 TIE 研究组制订了第一个 ADSL 标准（即 T1.413），其单工下行最高传输速率为 6.144 Mbit/s。我国将 8.192 Mbit/s 速率作为 ADSL 最高传送等级速率。目前 ADSL 技术已基本退出了历史舞台。ADSL 结构示意图如图 2-29 所示。

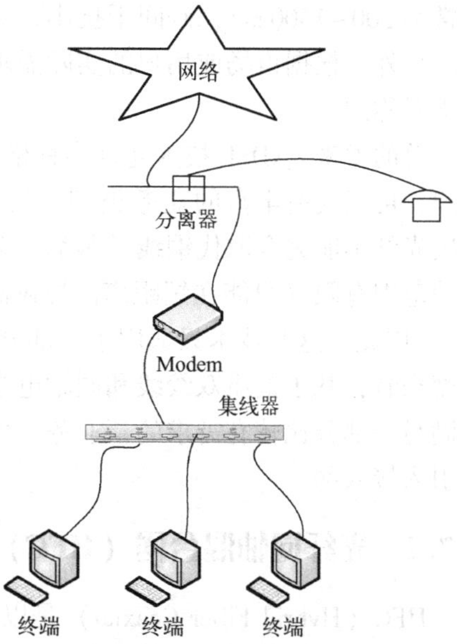

图 2-29 ADSL 结构示意图

（2）HDSL 技术

HDSL（High-speed Digital Subscriber Line，高速率数字用户线路）诞生于 20 世纪 80 年代末 90 年代初，是 XDSL 家族中开发比较早、应用比较广泛、基于铜缆用户线的一项重要技术。

HDSL 技术中，采用回波抑制、自适应滤波和高速数字处理技术，使用 2B1Q 编码，利用两对双绞线实现数据的双向对称传输，传输速率 2048 Kbit/s/1544 Kbit/s（E1/T1），每对电话线传输速率为 1168 Kbit/s，使用 24AWG（American Wire Gauge，美国线缆规程）双绞线（相当于 0.51mm）时传输距离可以达到 3.4 km，可以提供标准 E1/T1 接口和 V.35 接口。

HDSL 是各种 DSL 技术中较成熟的一种，互连性好，传输距离较远，设备价格较低，传输质量优异，误码率低，并且对其他线对的干扰小，线路无须改造，安装简便，易于维护与管理。

和广泛用于家用市场的 ADSL 技术相比，HDSL 技术广泛应用于数字交换机连接、高带宽视频会议、远程教学、移动电话基站连接、PBX 系统接入、数字回路载波系统、Internet 服务器、专用数据网等方面，更加适合商用环境下的各种服务对带宽和应用的要求。

（3）VDSL 技术

VDSL（Very High Speed Digital Subscriber Line，超高速数字用户线路）是一种在双绞线上能够提供最高传输速率达 55 Mbit/s，传输距离为 0.3~1.5 km 的技术。

和 ADSL 技术一样，VDSL 也使用双绞线进行语音和数据的传输。它利用现有电话线，只需在用户侧安装一台 VDSL modem。最重要的是，无须为宽带上网而重新布设或变动线路。

VDSL 技术采用频分复用原理，数据信号和电话音频信号使用不同的频段，互不干扰，上网的同时可以拨打或接听电话。

从技术角度而言，VDSL 实际上可视作 ADSL 的下一代技术，其平均传输速率可比 ADSL 高出 5~10 倍。VDSL 能提供更高的数据传输速率，可以满足更多的业务需求，包括传送高保真音乐和高清晰度电视、是真正的全业务接入手段。由于 VDSL 传输距离缩短（传输距离通常为 300~1500 m），码间干扰小，对数字信号处理要求大为简化，所以设备成本比 ADSL 低。另外，根据市场或用户的实际需求，VDSL 上下行速率可以设置成对称的，也可以设置成不对称的。

总的说来，xDSL 技术允许多种格式的数据、语音和视频信号通过铜线从局端传给远端用户，可以支持丰富的业务类型。其主要优点是能在现有 90% 铜线资源上传输高速业务，解决光纤不能完全取代铜线“最后一公里”的问题。但 xDSL 技术也有其不足之处：它们的覆盖范围有限（只能在短距离内提供高速数据传输），且一般是非对称的（通常下行带宽较高）。因此，这些技术只适用于一部分应用场景，可作为宽带接入的过渡技术——从发展的角度来看，基于铜质双绞线和同轴电缆的各种宽带接入技术都只是一种过渡性措施，可以暂时满足一部分比较有需求的新业务，但如果要真正解决宽带多媒体业务的接入，就必须将光纤引入接入网。

2.7.2 光纤同轴混合网（HFC）

HFC（Hybrid Fiber Coaxial）是以光纤作为传输骨干，采用模拟传输技术，以频分复用方式传输模拟和数字信息的网络。

HFC 通常由光纤干线、同轴电缆支线和用户配线网络三部分组成，从有线电视台出来的节目信号先变成光信号在干线上传输；到用户区域后把光信号转换成电信号，经分配器分配后通过同轴电缆送到用户。它与早期 CATV 同轴电缆网络的不同之处主要在于，在干线上用光纤传输光信号，在前端需完成电—光转换，进入用户区后要完成光—电转换。

HFC 网络的主要传输媒体是光纤和同轴电缆，HFC 网络是一种以模拟频分复用技术为基础，综合应用模拟和数字传输技术、光纤和同轴电缆技术及射频技术的高分布式智能宽带用户接入网络。HFC 网络的覆盖范围可达 100 km，传输信号的衰减小、噪声低，是理想的 CATV 网络传输技术。

HFC 的主要特点是：传输容量大，易实现双向传输，从理论上讲，一对光纤可同时传送 150 万路电话或 2000 套电视节目；频率特性好，在有线电视传输带宽内无须均衡；传输损耗小，可延长有线电视的传输距离，25 km 内无须中继放大；光纤间不会有串音现象，不怕电磁干扰，能确保信号的传输质量。同传统的 CATV 网络相比，其网络拓扑结构也有些不同：第一，光纤干线采用星形或环状结构；第二，支线和配线网络的同轴电缆部分采用树状或总线式结构；第三，整个网络按照光结点划分成一个服务区；这种网络结构可满足为用户提供多种业务服务的要求。随着数字通信技术的发展，特别是高速宽带通信时代的到来，HFC 已成为现在和未来一段时期内宽带接入的最佳选择，因而 HFC 又被赋予新的含义，特指利用混合光纤同轴来进行双向宽带通信的 CATV 网络。

HFC 接入网的典型结构如图 2-30 所示。

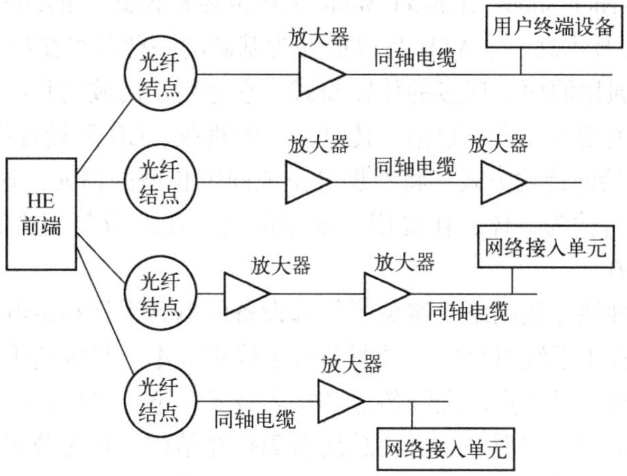

图 2-30　HFC 接入网典型结构

HFC 主要由模拟前端、数字前端、光纤传输网络、同轴电缆传输网络、光结点、网络接入单元和用户终端设备等组成。

2.7.3　光纤接入技术

光纤接入技术是以光纤作为传输媒体的技术。光纤接入具有通信容量大（可达到 T bit/s 量级）、质量高、性能稳定、防电磁干扰、保密性强等优点，目前骨干网都已实现光纤化。在光纤接入网中，各业务结点至用户所在地之间的部分或全部的传输任务是由光纤承担的。

光纤接入技术可以分为有源光网络（Active Optical Network，AON）和无源光网络（Passive Optical Network，PON）两类。

（1）点到点有源以太网系统（P2P）

FTTH（Fibre To The Home，光纤到家庭）网络中的点到点接入技术是将电信号转换成光信号进行长距离的传输，上下行带宽都可以达到 100 Mbit/s 甚至 1000 Mbit/s。目前采用点到点方式的技术实现 FTTH 具有产品成熟、结构简单、安全性较好的特点，已获得广泛应用。

其主要优点如下：

1）带宽有保证，每用户可以在配线段和引入线段独享 100 Mbit/s 乃至 1 Gbit/s 带宽。

2）集中在小区机房配线，易于放号、维护和管理。

3）设备端口利用率高，可以根据接入用户数的增加而逐步扩容，因而在低密度用户分布地区成本较低。

4）由于用户可独立享有一根光纤，因此信息安全性较好。

5）传输距离长，服务区域大。

但这种技术最大的缺点是需要铺设大量的光纤和光收发器，在大规模应用情况下网络设备铺设困难，设备成本也很难再下降，甚至会上升。另外，有源以太网并没有一个统一的标准，从而产生多种不兼容的解决方案。还有一个可能影响选择以太网技术的因素是传统视频业务的提供方式，因此被认为是实现 FTTH 的过渡技术。

（2）基于 ATM 的 PON 技术（APON，ATM Passive Optical Network）

ATM 技术，即 Asynchronous Transfer Mode（异步传输模式）的缩写。ATM 技术是实现 B-ISDN 的业务的核心技术之一。ATM 是以信元为基础的一种分组交换和复用技术，是一种为了多种业务设计的通用的面向连接的传输模式。它适用于局域网和广域网，具有高速数据传输率和支持许多种类型如声音、数据、传真、实时视频、CD 质量音频和图像的通信。

ATM 采用面向连接的传输方式，将数据分割成固定长度的信元，通过虚连接进行交换。ATM 集交换、复用、传输为一体，在复用上采用的是异步时分复用方式，通过信息的首部或标头来区分不同信道。

无源光网络是一种纯介质网络，避免了外部设备的电磁干扰和雷电影响，减少线路和外部设备的故障率，提高了系统可靠性，同时节省了维护成本，是电信维护部门期待的技术。

无源光网络是一种点对多点的光纤传输和接入技术，下行采用广播方式、上行采用时分多址方式，可以灵活地组成树形、星形、总线型等拓扑结构，在光分支点只需要安装一个简单的光分支器即可，因此具有节省光缆资源、带宽资源共享、节省机房投资、建网速度快、综合建网成本低等优点。

APON 是 20 世纪 90 年代中期由 FSAN 开发完成的，并提交给 ITU-T 形成了 G. 983. x 标准系列。BPON（Broadband Passive Optical Network，宽带无源光网络）是在 APON 上发展起来的，最早在日本兴起的标准。1998 年 NTT 就和南方贝尔共同制定了第一个 BPON 标准，并开始了 BPON 的商业运营。美国的运营商也因为历史的原因，倾向于使用 BPON 标准来构建 FTTH 网络。但 APON/BPON 的业务适配提供很复杂，业务提供能力有限，数据传送速率和效率不高，成本较高，其市场前景由于 ATM 的衰落而黯淡。

以 ATM-PON 为例，以对称方式工作时，上行速率和下行速率相同，均为 155 Mbit/s，以不对称方式工作时，上行速率为 155 Mbit/s，下行速率可以达到 622 Mbit/s。用户可以在具有统计多路复用能力的 1∶16 或 1∶32 光网络单元（ONU）之间共享访问，ONU 的数量最多能够达到 64 个，最远传输距离为 20 km。下行信号采用广播方式，各 ONU 选择相应的有用信号进行接收，上行信号传输采用时分多址方式，即每个 ONU 占据不同的时隙。ATM-PON 通常采用一根光纤以波分复用方式传输上行信号和下行信号，上行波长为 1310 nm，下行波长为 1550 nm。ATM-PON 结构如图 2-31 所示。

APON 的业务开发是分阶段实施的，初期主要是 VP 专线业务。相对普通专线业务，APON 提供的 VP 专线业务设备成本低，体积小，省电、系统可靠稳定、性能价格比有一定优势。第二步实现一次群和二次群电路仿真业务，提供企业内部网的连接和企业电话及数据业务。第三步实现以太网接口，提供互联网上网业务和 VLAN 业务。以后再逐步扩展至其他业务，成为名副其实的全业务接入网系统。

（3）以太网无源光网络（EPON）

以太网无源光网络（Ethernet PON，EPON）是基于以太网的无源光网络技术，它在物理层采用了无源光网络技术，在链路层使用以太网协议，利用无源光网络的拓扑结构实现了以太网的接入。因此，以太网无源光网络（EPON）融合了无源光网络技术和以太网技术的优点：低成本、高带宽、扩展性强、灵活快速的服务重组、与现有以太网的兼容性等。EPON 技术在数据吞吐量（上行速率和下行速率均为 1. 25 Gbit/s）、终端用户数量（光线路

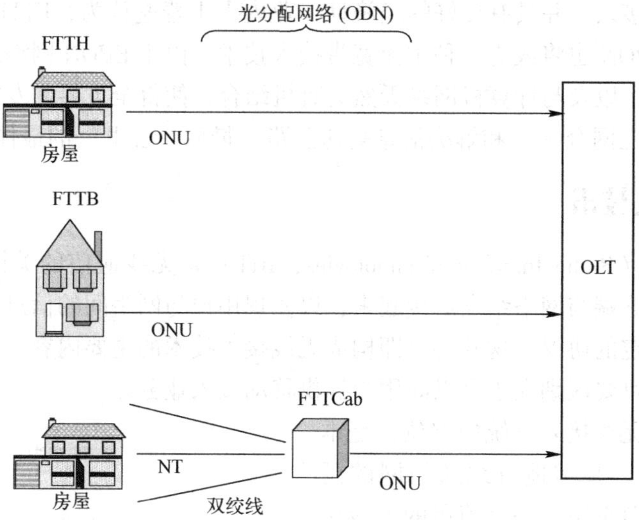

图 2-31 ATM-PON 结构示意图

终端（OLT）和光网络单元（ONU）的距离为 20 km 时，最多支持 32 个用户）等方面具有较大优势。

EPON 系统由局端设备 OLT（Optical Line Terminal，光线路终端）、用户端设备 ONU（Optical Network Unit，光网络单元）以及光分配网 ODN（Optical Distribution Network，光分配网）组成。EPON 系统原理如图 2-32 所示。

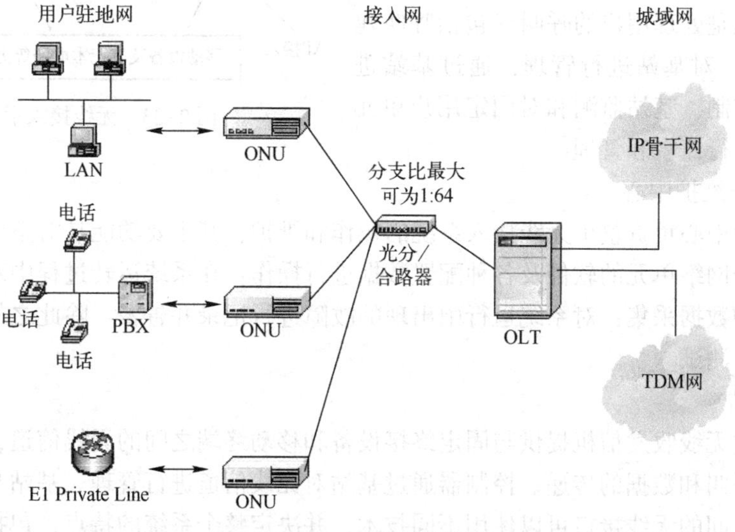

图 2-32 EPON 系统原理图

OLT 与 ONU 之间仅有光纤、光分路器等光无源器件，无须租用机房、无须配备电源、无需有源设备维护人员，因此，可有效节省建设和运营维护成本。

EPON 采用以太网的传输格式，同时也是用户局域网/驻地网的主流技术，二者具有天然的融合性，消除了复杂的传输协议转换带来的成本因素。

EPON 是一种新兴的宽带接入技术，它通过一个单一的光纤接入系统，实现数据、语音及视频的综合业务接入，并具有良好的经济性。业内人士普遍认为，FTTH 是宽带接入的最终解决方式，而 EPON 也将成为一种主流宽带接入技术。由于 EPON 网络结构的特点，宽带入户的特殊优越性，以及与计算机网络天然的有机结合，使得全世界的专家都一致认为，无源光网络是实现“三网合一”和解决信息高速公路“最后一公里”的最佳传输媒介。

2.7.4 无线接入技术

无线接入技术（Radio Interface Technologies，RIT）是无线通信的关键问题。它是指通过无线介质将用户终端与网络结点连接起来，以实现用户与网络间的信息传递。无线信道传输的信号应遵循一定的协议，这些协议即构成无线接入技术的主要内容。无线接入技术与有线接入技术的一个重要区别在于可以向用户提供移动接入业务。

在通信网中，无线接入系统的定位：是本地通信网的一部分，是本地有线通信网的延伸、补充和临时应急系统。一个简单的无线接入技术主要原理如图 2-33 所示。

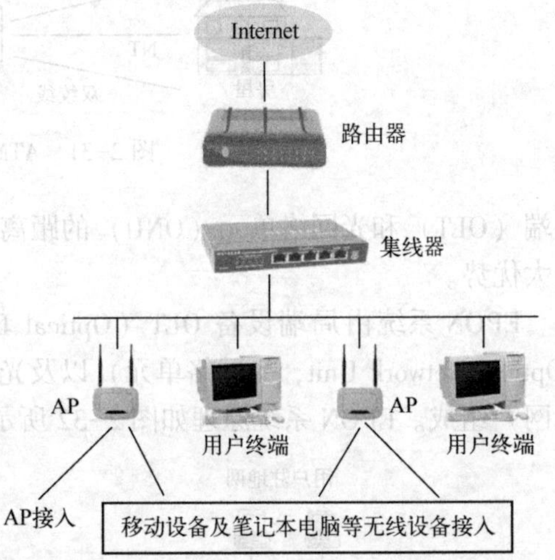

图 2-33 无线接入示意图

典型的无线接入系统主要由控制器、操作维护中心、基站、固定用户单元和移动终端等几个部分组成。

（1）控制器

控制器通过其提供的与交换机、基站和操作维护中心的接口与这些功能实体相连。控制器的主要功能是处理用户的呼叫（包括呼叫建立、拆线等）、对基站进行管理，通过基站进行无线信道控制、基站监测和对固定用户单元及移动终端进行监视和管理。

（2）操作维护中心

操作维护中心负责整个无线接入系统的操作和维护，其主要功能是对整个系统进行配置管理，对各个网络单元的软件及各种配置数据进行操作；在系统运转过程中对系统的各个部分进行监测和数据采集；对系统运行中出现的故障进行记录并告警。除此之外，还可以对系统的性能进行测试。

（3）基站

基站通过无线收发信机提供与固定终接设备和移动终端之间的无线信道，并通过无线信道完成话音呼叫和数据的传递。控制器通过基站对无线信道进行管理。基站与固定终接设备和移动终端之间的无线接口可以使用不同技术，并决定整个系统的特点，包括所使用的无线频率及一定的适用范围。

（4）固定终接设备

固定终接设备为用户提供电话、传真、数据调制解调器等用户终端的标准接口——Z 接口。它与基站通过无线接口相接。并向终端用户透明地传送交换机所能提供的业务和功能。固定终接设备可以采用定向天线或无方向性天线，采用定向天线直接指向基站方向可以提高无线接口中信号的传输质量、增加基站的覆盖范围。根据所能连接的用户终端数量的多少，固定终接设备可分为单用户单元和多用户单元。单用户单元（SSU）只能连接一个用户终端，适用于用户密度低、用户之间距离较远的情况；多用户单元则可以支持多个用户终端，较常见的有支持4个、8个、16个和32个用户的多用户单元，多用户单元在用户之间距离很近的情况下（比如一个楼里的用户）比较经济。

（5）移动终端

移动终端从功能上可以看作是将固定终接设备和用户终端合并构成的一个物理实体。由于它具备一定的移动性，因此支持移动终端的无线接入系统除了应具备固定无线接入系统所具有的功能外，还要具备一定的移动性管理等蜂窝移动通信系统所具有的功能。

小结： 本章主要从物理层的基本知识、接口特性、数据通信的基本概念入手，重点介绍了传输媒体的类型和特性，信道复用技术的原理及分类以及宽带接入技术的原理和应用情况，尤其结合目前的新技术发展情况，介绍了红外通信、激光通信、ATM-PON技术、EPON技术等。最后对无线接入技术进行了讲解和说明。

2.8 习题

2-1 物理层的主要任务是什么？

2-2 物理层的接口特性主要有哪几个方面的特性？各包括什么内容？

2-3 数据通信的基本模型是什么？

2-4 数据通信基本概念有哪些？分别有什么含义？

2-5 同轴电缆、双绞线、光纤等导向型传输介质各有什么特性？

2-6 无线传输、短波传输、微波通信、红外通信及激光通信等非导向型传输介质各有什么特性？

2-7 激光通信的关键技术有哪几个方面？

2-8 多路复用技术有什么实际意义？目前主要的复用技术有哪些？原理分别是什么？

2-9 宽带接入技术有哪些？选择一种技术对其原理进行阐述。

2-10 光纤接入技术中，AON技术与PON技术的区别是什么？

2-11 ATM-PON与EPON技术有什么区别和优势？

2-12 简述无线接入技术的应用前景。

第3章　数据链路层

数据链路层是OSI模型中的第二层，介于物理层和网络层之间，它在物理层提供服务的基础上向网络层提供服务。数据链路层的基本功能是在不可靠的物理链路上向网络层提供透明和可靠的数据传输服务。

本章从数据链路层的设计问题入手，介绍数据链路层的基本概念和服务功能，以及典型的数据链路层协议；详细介绍当今最重要的以太局域网，包括高速以太网的工作原理和特点，以及日益广泛应用的无线局域网和虚拟局域网的概念。

3.1　数据链路层的设计问题

物理层只负责比特流的接收和发送，而不考虑信息本身的意义，同时物理层也不能解决数据传输的控制。为了进行真正有效和可靠的数据传输，就需要对传输操作进行严格的控制和管理，这就是数据链路传输控制规程需要解决的问题，也就是数据链路层协议需要解决的问题。

3.1.1　数据链路层提供的服务

数据链路层最主要的目的就是通过数据链路层协议的作用，在一条不太可靠的通信链路上实现可靠的数据传输。其基本服务是将源主机中来自网络层的数据以帧为单位，透明、无差错地传输给目的主机的网络层。为实现这个目的，数据链路层必须实现链路管理、帧同步、流量控制、差错控制、寻址等功能。

在整个通信过程中，由于数据链路层的存在，网络层并不知道实际的物理层采用的传输介质与传输技术的差异。数据链路层为网络层提供的服务主要表现在：正确传输网络层的用户数据，为网络层屏蔽物理层采用的传输技术的差异性。

数据链路层提供的服务，在不同的系统中实际上是不一样的。对于传输质量较高的网络，由于其传输系统的误码率很低，几乎不出错，因此可以省去复杂的差错控制，将这样的工作交给高层处理；而对于那些不可靠的通信系统，如果能在数据链路层及早发现并纠正错误，将会极大提高其传输效率。

3.1.2　帧同步

在数据链路层，数据以帧为单位传送，这里的“帧”就是“数据链路协议数据单元”。帧是数据链路层的协议数据单元。

1. 帧的基本格式

帧的结构由链路层协议规定，一般包括帧头、数据部分和帧尾三部分，如图3-1所示。其中，帧头包括一些必要的控制信息，比如同步信息、地址信息等；数据部分包含网络层传下来的数据，比如 IP 数据报等；帧尾包含一些帧的校验序列等，用于对帧进行差错控制（部分书籍将帧尾和帧头合称为首部字段）。各种数据链路层协议都要对帧头和帧尾的格式进行明确规定。为了提高帧的传输效率，一般应当使帧数据部分的长度尽可能大于帧首部和帧尾部的长度。但是，每一种数据链路层协议都规定了帧数据部分长度的上限即最大传输单元（Maximum Transfer Unit，MTU）。

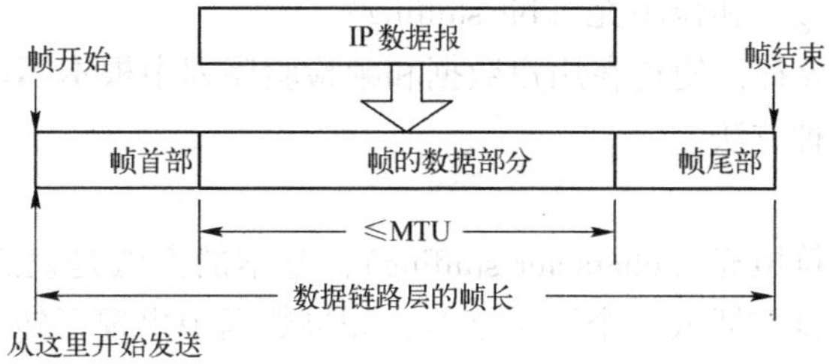

图 3-1　帧结构

2. 帧的封装

在互联网中，网络层协议数据单元就是 IP 数据报，也简称为数据报、分组或者包。网络层的 IP 数据报必须向下传送到数据链路层，成为帧的数据部分，同时在它的前后分别添加首部和尾部，这样就封装成了一个完整的帧。因此，帧的长度等于其数据部分的长度加上帧头和帧尾的长度。在发送帧时，是从帧头开始发送的。如果接收到的帧经检测后无差错，便去掉头部和尾部，将得到的数据报交给网络层处理，此过程称为“解封装”，与帧的封装是互逆的过程。

3. 帧同步

在常用的异步通信方式中必须实现帧同步。帧同步是指接收端应当能从收到的比特流中准确地区分出一帧的开始和结束，即接收端能正确地判断发送端发出的每一个帧的开始和结束的位置，以便正确地接收这些帧。

每个帧除了要传送的数据外，还包括校验码，以使接收端能发现传输中的差错。帧的组织结构必须设计成使接收端能够明确地从物理层收到的比特流中对其进行识别，即能从比特流中区分出帧的起始与终止，这就是帧同步要解决的问题。常用帧的定界方法有四种：

1）字节计数法：这种方法以一个特殊字符表示一帧的起始并以一个专门字段来标明帧内的字节数。

2）使用字符填充的首尾定界符法：该法用一些特定的字符来定界一帧的起始与终止，为了避免数据信息位中出现与特定字符相同的字符而被误判为帧的首尾定界符，可以在数据字符前填充一个转义控制字符以示区别，从而达到数据的透明性。

3）使用比特填充的首尾标志法：该法以一组特定的比特模式（如 01111110）来标志一帧的起始与终止。

4）违法编码法：该法在物理层采用特定的比特编码方法时采用。

3.1.3　透明传输

透明传输是指不管所传数据是什么样的比特组合，都应当能够在链路上传送。当所传数据中的比特组合恰巧与某一个控制信息完全一样时，就必须采取适当的措施，使接收端不会将这样的数据误认为是某种控制信息。这样才能保证数据链路层的传输是透明的。

要实现透明传输，可以用以下两种方法：

- 对用户数据中与帧定界符一样的字符或比特模式进行变换，使之与帧定界符不一样，然后再进行封装；接收端则进行逆变换。对字符和比特模式的变换方式分别称为字节填充（byte stuffing）和位填充（bit stuffing）。
- 采用特殊的帧定界符，使得在用户数据和帧检验序列中根本不可能出现它。

下面分别介绍这几种方法。

（1）字节填充

字节填充也称为字符填充（character stuffing），基本的方法是发送端数据链路层在数据中与帧定界符一样的字符前插入一个转义字符，如果数据中出现了转义字符，在其前面也插入一个转义字符，接收端数据链路层删除转义字符后上交网络层。

比如当点对点协议（PPP）用于主机通过 RS-232、调制解调器通过电话线连接 Internet 的场合时，即 PPP 使用异步链路时，数据块需要逐个字符进行传送，此时 PPP 使用字节填充。当 PPP 字节填充使用的转义字符是 0x7D（即 01111101），RFC1662 规定发送端 PPP 在发送首、尾帧定界符之间的部分时，进行如下的处理：

① 把信息字段中出现的与定界符相同的 0x7E 字节转变成为 2 字节序列（0x7D，0x5E）。

② 若信息字段中出现了和转义字符一样的比特组合，即出现 0x7D 的字节，则把 0x7D 转变成为 2 字节序列（0x7D，0x5D）。

③ 若信息字段中出现调制解调器使用的控制字符，即 ASCII 码值小于 0x20 的控制字符，则在该字符前面要加入一个 0x7D 字节，同时将该字符的编码加以改变。例如：出现 0x03（在控制字符中是“传输结束”ETX）就要把它转变为 2 字节序列（0x7D，0x23）。

由于在发送端进行了字节填充，因此在链路上传送的信息字节数就超过了原来的信息字节数。但接收端在收到数据后再进行与发送端字节填充相反的变换，就可以正确地恢复出原来的信息。

（2）比特填充

比特填充也称位填充，发送端在发送首、尾帧定界符之间的比特流时，对于帧定界符相同的比特模式进行变换，插入额外的比特，从而变成与帧定界符不同的形式。

比如 PPP 协议用在 SONET/SDH 链路时，是使用同步传输（一连串的比特连续传送）而不是异步传输。在这种情况下，PPP 协议采用零比特填充方法来实现透明传输。

PPP 沿用了与高级数据链路规程（HDLC）相同的比特模式 01111110 作为首、尾帧定界符，也沿用了 HDLC 的零比特填充。具体做法是：在发送端，先扫描整个信息字段，只要发现有 5 个连续 1，则立即填入一个 0。因此经过这种零比特填充后的数据，就可以保证在信息字段中不会出现 6 个连续 1。接收端在收到一个帧时，先找到标志字段 F 以确定一个帧的边界，接着再用硬件对其中的比特流进行扫描。每当发现 5 个连续 1 时，就把这 5 个连续 1 后的一个 0 删除，以还原成原来的信息比特流（图 3-2），这样就保证了透明传输：在所传送的数据比特流中可以传送任意组合的比特流，而不会引起对帧边界的判断错误。

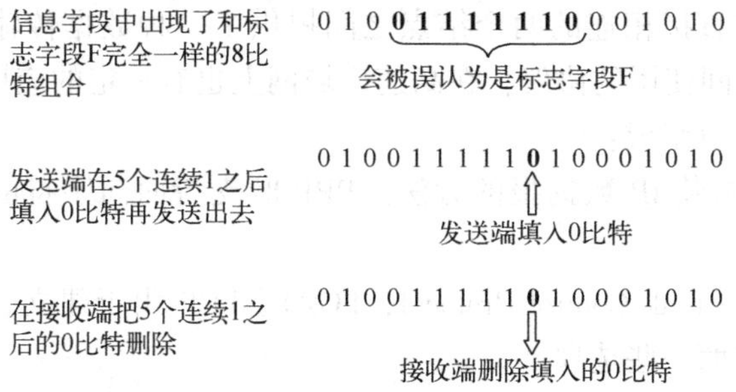
信息字段中出现了和标志字段F完全一样的8比特组合
0 1 0 0 1 1 1 1 1 1 0 0 0 1 0 1 0
会被误认为是标志字段F
发送端在5个连续1之后填入0比特再发送出去
0 1 0 0 1 1 1 1 1 0 1 0 0 0 1 0 1 0
发送端填入0比特
在接收端把5个连续1之后的0比特删除
0 1 0 0 1 1 1 1 1 0 1 0 0 0 1 0 1 0
接收端删除填入的0比特

图 3-2　比特填充与删除

（3）使用特殊的帧定界符

如果能够找到用户数据中根本不可能出现的编码作为特殊帧定界符，显然就非常简单直接地实现了透明传输。

比如 100 Mbit/s 的 100 BaseTX 以太网采用 4B/5B-MLT3 两级编码，用 5 个比特编码来传送 4 比特的数据。4B 码有 16 种组合，而 5B 码则有 32 种组合，选用其中 16 种组合作为数据码，而多余的 16 种可以选作控制码，包括特殊的帧定界符。IEEE802.3 以太网帧不使用帧结束定界符，当总线上传输信号（以太网中称为载波）消失，信道空闲，就判断一帧结束，此处载波消失也可视为特殊的帧定界符。

3.1.4　差错控制

由于信道本身和外界的干扰，在数据传输过程中不可避免地会出现差错或者丢失的现象，为了减少信息传输过程中误码的发生，让数据高效、可靠地传输到接收端，常采取一定的差错控制措施。差错控制采用的是检测和纠正传输错误的机制。

差错检测是差错控制的基础。发送端计算检错码并随同信息一起发送，接收端按同样的方式计算，若发现错误后反馈给发送端，发送端重发信息。目前，在数据链路层广泛使用了循环冗余校验（Cyclic Redundancy Check，CRC）的检错技术。循环冗余校验的基本思想是，给定一个 k bit 的帧或信息，发送装置产生一个 n bit 的校验位，称为帧校验序列（Frame Check Sequence，FCS），使得产生的这个由 $k+n$ bit 组成的码字可被双方事先商定的整数整除，然后接收装置将收到的码字除以同样的数，如果没有余数，则认为没有错误。

差错纠正错误采用的是反馈重发纠错机制，也称为自动请求重发（Automatic Repeat for reQuest，ARQ）。在 ARQ 方式中，发送端对原始数据进行差错控制编码，产生可以检测出错误的发送序列；接收端接收数据，如检测出有差错时，就设法通知发送端重发，直到正确的码字收到为止。ARQ 必须有双向信道才可能将差错信息反馈到发送端。同时，发送端要设置数据缓冲区，用以存放已发出的数据，以便重发出错的数据。

3.2　点对点协议（PPP）

3.2.1　PPP 的组成

点对点协议（Point to Point Protocol，PPP）是 Internet 中广泛使用的数据链路层通信协议，它为点对点链路上直接相连的两个结点之间提供了一种数据传输的方式。PPP 是大多数个人计算机和 ISP 之间使用的协议，在高速广域网上也有一定的应用。

PPP 由以下三个部分组成：

1）在串行链路上封装 IP 数据报的方法。PPP 既支持面向字符的异步链路，也支持面向比特的同步链路。

2）链路控制协议（Link Control Protocol，LCP）。LCP 用于建立、配置和测试数据链路连接，通信的双方可协商一些选项。

3）网络控制协议（Network Control Protocol，NCP）。LCP 用于建立、配置多种不同网络层协议，如 IP、OSI 的网络层、DECnet 以及 AppleTalk 等。每种网络层协议需要一个 NCP 来进行配置，在单个 PPP 链路上可支持同时运行多种网络协议。

3.2.2 PPP 的帧格式

PPP 的帧格式如图 3-3 所示。PPP 帧的首部和尾部分别为四个字段和两个字段。

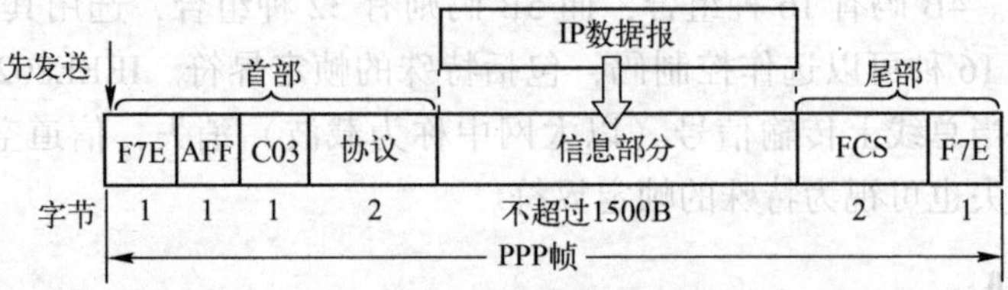

图 3-3 PPP 的帧格式

1）标志字段。首部的第一个字段和尾部的第二个字段都是标志字段 F，编码为 0x7E（即 01111110）。标志字段是 PPP 帧的定界符，用于表示一个帧的开始或结束。连续两帧之间只需要用一个标志字段。如果出现连续两个标志字段，就表示这是一个空帧，应当丢弃。

2）地址字段。首部中的地址字段 A 编码为 0xFF（即 11111111），这是标准的广播地址，使所有的站均可接收该帧，不指定单个工作站的地址。

3）控制字段。控制字段 C 编码为 0x03（即 00000011），是一个无编号帧，PPP 并没有使用序号和确认机制来保证数据帧的有序传输。

4）协议字段。PPP 首部的第 4 个字段是 2B 的协议字段，用于标识封装在 PPP 帧中的信息所用的协议类型。当协议字段为 0x0021 时，PPP 帧的信息字段就是 IP 数据报；当为 0xC021 时，信息字段是链路控制数据；当为 0x8021 时，表示信息字段是网络控制数据。

5）信息字段。信息字段的长度是可变的，包含零个或多个字节，是网络层协议数据报，默认最大长度为 1500B。

6）FCS 帧校验序列字段。PPP 尾部中的第一个字段是使用循环冗余校验的帧校验序列 FCS，通常长度为 2B。

3.2.3 LCP 和 NCP

链路控制协议（Link Control Protocol，LCP），用于建立、配置和测试数据链路连接，其工作过程主要分为以下 4 个阶段：

1）链路的建立和配置协调。在网络层数据报交换之前，LCP 首先打开连接，协调配置参数并完成一个配置确认帧的发送和接收。

2）链路质量检查。通过对链路的检测来决定链路是否满足网络层协议的要求，这一阶段是可选的。LCP 可以延迟网络层协议信息的传送，直到这一阶段结束。

3）网络层协议配置阶段。在 LCP 完成链路质量检测之后，网络层协议通过适当的 NCP 进行单独的配置，而且可以在任何时刻被激活或关闭。

4）关闭链路。LCP 可以在任何时刻关闭链路，但大多数关闭是因用户的要求或发送物理故障。

这种工作过程是通过交换 LCP 帧来实现的，LCP 定义了三种帧：链路建立帧，用于建立和配置 PPP 链路并确定与该链路相关的参数；链路终止帧，用于终止 PPP 链路；链路维护帧，用于管理和调试 PPP 链路。PPP 可以协商数据链路层的多个选项，用以配置数据链路连接。

网络控制协议（Network Control Protocol，NCP），用于建立、配置多种不同网络层协议。PPP 使用一组网络控制协议（NCP）配置不同的网络层，其中普遍使用的是用于配置 IP 层的 IP 控制协议，主要涉及 IP 压缩协议配置选项的协商及 IP 地址配置选项的协商，可以为 IP 主机动态地分配一个 IP 地址。

3.2.4　PPP 的工作过程

当用户拨号进入 ISP 时，路由器的调制解调器对拨号做出应答，这样就建立了一条从用户 PC 到 ISP 的物理连接。这时，用户 PC 向 ISP 发送一系列的 LCP 分组（封装成多个 PPP 帧），以便建立 LCP 连接。这些分组及其响应选择了将要使用的一些 PPP 参数。接着就进行网络层配置，NCP 给新接入的 PC 分配一个临时的 IP 地址。这样，用户 PC 就成为互联网上一个有 IP 的主机了。

当用户通信完毕时，NCP 释放网络层连接，收回原来分配出去的 IP 地址。接着，LCP 释放数据链路层连接，最后释放的是物理层连接。

PPP 链路的起始和终止状态永远是静止状态，并不存在物理层的连接。当检测到调制解调器的载波信号并建立物理层连接后，线路就进入建立状态。这时，LCP 开始协商一些配置选项，即发送 LCP 的配置请求帧。协商结束后就进入鉴别状态。若通信的双方鉴别身份成功，则进入网络状态。NCP 配置网络层，分配 IP 地址，然后链路就进入可进行数据通信的打开状态。数据传输结束后就转到终止状态。当载波停止后则回到静止状态。

上述过程可用图 3-4 来进行描述。

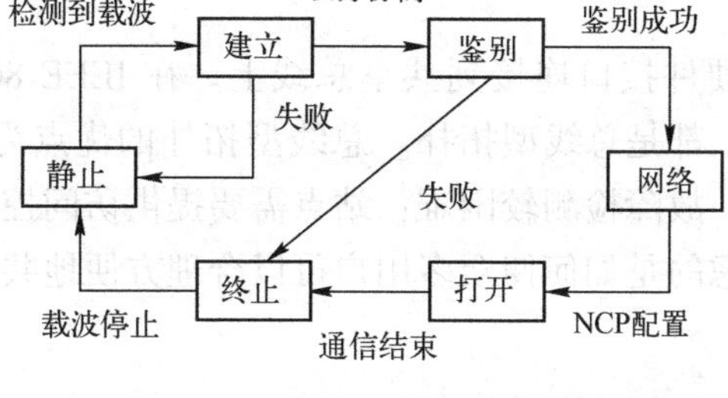

图 3-4　建立和释放 PPP 链路的状态转换图

3.3 共享信道的数据链路层

广播信道使用一对多的广播通信方式，可进行一对多通信。局域网在计算机网络中具有非常重要的地位，它使用的就是广播信道。局域网的主要特点有：网络为一个单位所有，地理范围小且站点数目有限，具有较高的数据传输率、较低的时延以及较小的误码率。局域网的主要优点有：从一个站点可以方便地访问全网，局域网上的主机可共享连接在局域网上的各种资源；便于系统扩展和演变，各设备的位置可灵活调整和改变；提高了系统的可靠性、可用性和生存性。

局域网的常见拓扑结构如图 3-5 所示，下面分别介绍。

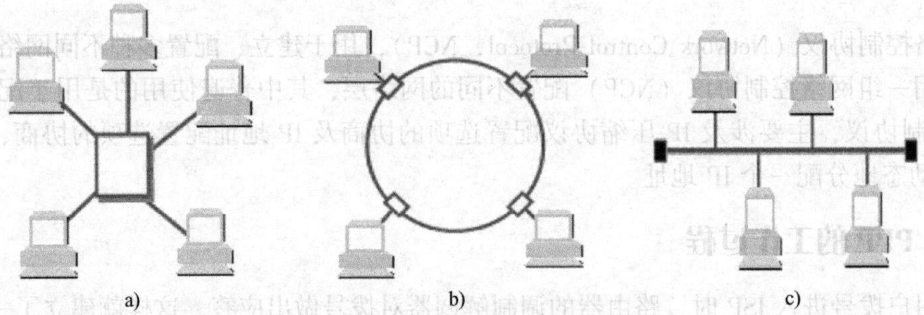

图 3-5 局域网的拓扑结构

a）星形拓扑 b）环形拓扑 c）总线型拓扑

（1）星形拓扑

每一个站点通过点到点链路连至中心结点，采用集中控制通信策略，所有通信都由中心结点控制，中心结点也可以有数据处理能力并提供共享资源。星形拓扑的优点为建网容易，配置方便；每个连接的故障容易排除，不影响全网；控制协议相对简单。星形拓扑的缺点为扩展不方便；对中心结点要求非常高，一旦中心结点出现故障，全网将不能工作。

（2）环形拓扑

它是由一些中继器通过点到点链路连成的一个闭合环。由于所有站点共享一个环，因此要对站点访问环进行控制，控制采用分布的方法，即每个站都有控制发送和接收的访问逻辑。环形拓扑的优点为，电线长度较短；适于采用光缆连接，从而提供高数据传输速率。缺点为，某段链路或某个中继器出现故障会使全网不能工作；站点入网、离网都比较困难。

（3）总线型拓扑

它是将所有站点通过硬件接口连接到共享总线上。在 IEEE 802 标准中，802.3（以太网）和 802.4（令牌总线）都是总线型拓扑。总线型拓扑的优点为，结构简单，可靠性高；扩充比较容易。其缺点为，故障检测较困难；站点需要提供访问控制功能。

共享信道需要着重考虑的是如何使众多用户可以合理方便地共享通信媒体资源。这在技术上有两种实现方法。

（1）静态划分信道

这种方法具体有频分复用、时分复用、波分复用、码分复用等，用户分配到信道后就不会和其他用户发生冲突。但这种划分信道的方法代价比较高，不适合局域网使用。

（2）动态媒体接入控制

这种方法又称多点接入，特点是信道并非在用户通信时固定分配给用户。它又可以分为以下两类：

1）随机接入。每个用户可随机地发送信息，若刚好多个用户同时发送时，共享媒体上产生冲突，这些用户发送都失败。因此，需要解决这种冲突问题。

2）受控接入。用户不能随机地发送信息而要服从一定的控制。如分散控制的令牌局域网和集中控制的多点线路轮询。

由于以太网采用的是随机接入，因此本章重点讨论随机接入的协议问题。

3.4　以太网

3.4.1　以太网的发展

局域网技术中最著名和应用最广泛的是以太网（Ethernet），它是局域网的主流网络技术。1975 年在美国施乐（Xerox）公司 Palo Alto 研究中心工作的 Robert Metcalfe 和他的同事 David Boggs 研制成功了以太网，它以共用的总线作为共享的信道来传输数据，当时的数据率为 2.94 Mbit/s。最初的以太网用无源电缆作为总线来传送数据。1980 年，DEC 公司、Intel 公司和施乐公司合作，共同提出了以太网规范，这就是著名的以太网蓝皮书，也称为 DIX（DIX 是这三个公司名称的首字母）1.0 版以太网规范。1982 年又修改为第二版规约，称为 DIX 以太网，即 DIX Ethernet V2。1983 年，在 DIX 以太网基础上，IEEE 802 委员会的 802.3 工作组制定了第一个 IEEE 的以太网标准 IEEE 802.3，数据率为 10 Mbit/s。DIX 以太网和 IEEE 802.3 以太网是以太网发展中的两个历史性的规范，有着非常重大的影响。

由于以太网的数据传输率已演进到每秒百兆比特、每秒吉比特，甚至每秒 10 吉比特，因此通常就用“传统以太网”来表示最早流行的每秒 10 兆比特（10 Mbit/s）速率的以太网。

3.4.2　以太网物理层

图 3-6 给出了 IEEE 802.3 10 Mbit/s 以太网的物理层结构，它包含了 3 个部分。

（1）媒体连接单元（MAU）

媒体连接单元（Medium Attachment Unit，MAU）一般称为收发器，包含了物理媒体连接（Physical Medium Attachment，PMA）子层和媒体相关接口（Medium Dependent Interface，MDI），它在计算机和传输媒体间提供机械和电气的接口。媒体连接单元的主要功能有：

1）连接传输媒体。媒体相关接口实际上是连接传输媒体的连接器。

2）信号发送和接收。发送时从物理层信号 PLS 部

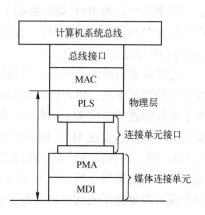

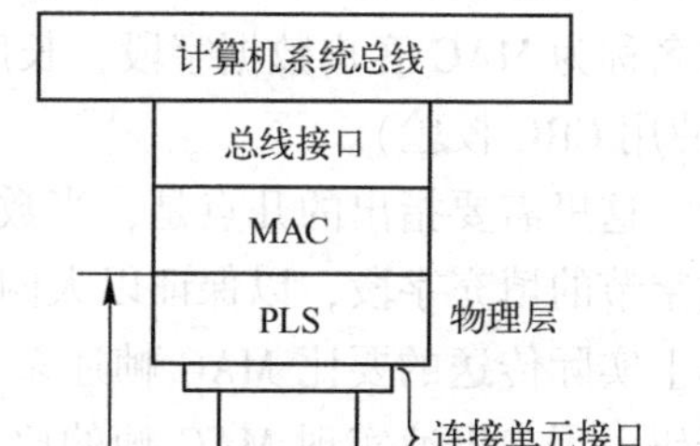

图 3-6　以太网物理层

分经收发器电缆得到曼彻斯特码信号并向总线发送；接收时从总线接收曼彻斯特码信号经收发器电缆传送给PLS。

3）冲突检测。检测总线上发生的数据帧冲突。

4）超长控制。对所有站点发送的数据帧长度设置一个上限，当检测到某一数据超限时，就认为该站出现故障，自动禁止该站向总线发送数据。

（2）物理层信号（PLS）

物理层信号（Physical Layer Signaling，PLS）部分主要功能有：

1）编码解码。将由MAC子层来的串行数据编为曼彻斯特码并发送到收发器；接收AUI送来的曼彻斯特码信号并以串行方式送给MAC。

2）载波监听。确定信道是否空闲，载波监听信号送给MAC部分。

（3）连接单元接口（AUI）

连接单元接口（Attachment Unit Interface，AUI）连接PLS和MAU，其上有4种信号：发送和接收的曼彻斯特码信号、冲突信号和电源。

3.4.3 以太网MAC子层协议

在局域网中，硬件地址又称物理地址或MAC地址，因为该地址用于MAC帧中。常用的以太网MAC帧格式有DIX Ethernet V2标准和IEEE 802.3标准。这里简单介绍使用得最多的以太网V2的MAC帧格式，如图3-7所示，图中假定网络层使用的是IP。

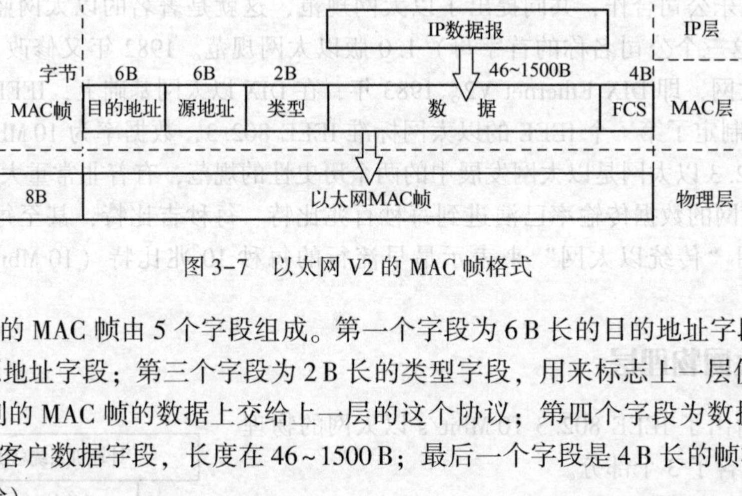

图3-7 以太网V2的MAC帧格式

以太网V2的MAC帧由5个字段组成。第一个字段为6B长的目的地址字段；第二个字段为6B长的源地址字段；第三个字段为2B长的类型字段，用来标志上一层使用的协议类型，以便把收到的MAC帧的数据上交给上一层的这个协议；第四个字段为数据字段，其正式名称为MAC客户数据字段，长度在46~1500B；最后一个字段是4B长的帧检验序列FCS（使用CRC校验）。

这里需要指出的几点是，当数据字段的长度小于46B时，应在数据字段的后面加入整数字节的填充字段，以保证以太网的MAC帧长不小于64B。为了达到比特同步，在传输媒体上实际传送的要比MAC帧还多8B。这8B由两个字段构成，第一个字段共7B，是前同步码，用来迅速实现MAC帧的比特同步；第二个字段是帧开始定界符，表示后面的信息就是MAC帧。另外需要注意，在以太网上传送数据是以帧为单位进行的，各帧之间需有一定的间隙。接收端只要找到帧开始定界符，其后面连续到达的比特流就属于同一个MAC帧。以太网不需要使用帧结束定界符，也不需要使用字节插入来保证透明传输。

3.4.4 CSMA/CD 协议

如何协调总线上各计算机的正常工作是一个重要问题。我们知道，总线上只要有一台计算机在发送数据，总线的传输资源就会被占用。因此，在同一时间只允许一台计算机发送信息，否则各计算机之间会相互干扰，导致无法正常发送数据。

以太网采用 CSMA/CD 协议来解决上述问题，它是载波监听多点接入/碰撞检测（Carries Sense Multiple Access/Collision Detection）的缩写。下面简要阐释协议的要点。“多点接入”说明这是总线型网络，许多计算机以多点接入的方式连接在一根总线上。“载波监听”就是“发送前先监听”，即每个站在发送数据之前先要检测一下总线是否有其他站在发送数据，如果有，则暂时不发送数据，要等待信道变为空闲时再发送。“碰撞检测”就是“边发送边监听”，即适配器边发送数据边检测信道上的信号电压的变化情况，以便判断自己在发送数据时其他站是否也在发送数据。当多个站同时在总线上发送数据时，总线上的信号电压变化幅度会因叠加而增大。当适配器检测到的信号电压变化幅度超过一定的门限值时，就认为总线上至少有两个站同时在发送数据，表明产生了碰撞。所谓“碰撞”就是发生了冲突。“碰撞检测”又称为“冲突检测”。每个正在发送数据的站，一旦发现总线上出现了碰撞，适配器就立即停止发送，以免浪费网络资源，然后等待一段随机时间后再发送。CSMA/CD 的流程图如图 3-8 所示。

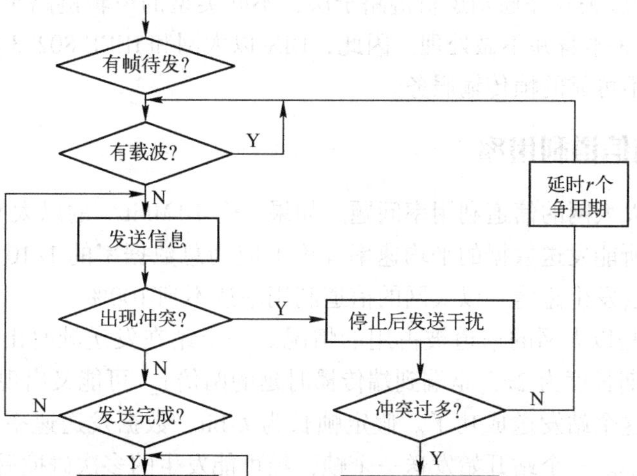

图 3-8 CSMA/CD 流程图

既然每个站在发送数据之前已经监听到信道为“空闲”，为何还会出现数据在总线上发生碰撞呢？这是因为电磁波在总线上的传播速率是有限的。即当某站监听到总线是空闲时，总线并非一定是空闲的。例如，A 向 B 发出的信息，要经过一定的时间后才能传送到 B。B 若在 A 发送的信息到达之前发送自己的帧（因为这时 B 的载波监听检测不到 A 所发送的信息），则必然要在某个时间和 A 发送的帧发生碰撞。碰撞的结果是两个帧都变得无用。通常把总线上的单程端到端传播时延记为 τ。A 发送数据后，最迟要经过多长时间才能知道自己发送的数据和其他站发送的数据有没有发生碰撞？最多是两倍的总线端到端的传播时延，或总线的端到端往返传播时延。由于局域网上任意两个站之间的传播时延有长有短，局域网必须按最坏情况设计，即取总线两端的两个站点之间的传播时延（这两个站之间的距离最大）为端到端传播时延。

在使用 CSMA/CD 协议时，一个站不可能同时进行发送和接收。因此使用 CSMA/CD 协议的以太网不可能进行全双工通信而只能进行双向交替通信（半双工通信）。

下面简要介绍一下 CSMA/CD 以太网传输特点。

1）半双工传输方式。对于 CSMA/CD 方式，每个时刻总线上只能有一路传输，如果有两路传输就会出现冲突，但总线上的数据传输方向可以是两个方向，因此，CSMA/CD 媒体接入控制方式的以太网是一种半双工传输方式。

2）共享总线带宽。在 CSMA/CD 的一个冲突域中，每一个时刻只允许一个结点占用总线发送数据，这样在一个以太网冲突域中，总线上的所有结点共享总线带宽，每个结点的平均带宽与总线上的结点数成反比。

3）传输的不确定性。在 CSMA/CD 协议中，在不同的网络负荷下可能发生或不发生发送冲突，发生冲突时冲突的次数也不相同，因而传输一帧所需要的时间不同，且难以预计，具有不确定性。

4）无连接、不可靠的传输服务。数据传输前，CSMA/CD 并不建立连接，接收方虽进行 CRC 校验，但并不发送确认帧。对于校验错误的帧，DIX 以太网只是简单地丢弃，IEEE 802.3 MAC 子层丢弃并通知逻辑链路子层，不同类型的逻辑链路子层进行不同的差错处理，但 IEEE 802.3 本身并不做处理。因此，DIX 以太网和 IEEE 802.3 MAC 子层向上层提供的都是无连接、不可靠的帧传输服务。

3.4.5 以太网的信道利用率

下面讨论一下以太网的信道利用率问题。如果一个 10 Mbit/s 的以太网同时有 10 个站在工作，那么每个站所能发送数据的平均速率理论上应为总数据率的 1/10（即 1 Mbit/s），但由于总线以太网上会发生碰撞，以太网的信道利用率达不到 100%。

如图 3-9 所示是以太网的信道被占用的情况。一个站在发送帧时出现了碰撞，经过一个争用期后（争用期长度为 2τ，是端到端传播时延的两倍），可能又出现了碰撞。这样经过若干个争用期后，这个站发送成功了。假定帧长为 L bit，数据发送速率为 C bit/s，则帧的发送时间为 $L/C=T_0$s。一个站开始发送一个帧，经可能发生的多次碰撞后，再重传数次，到发送成功且信道转为空闲时为止，发送一帧所需的平均时间为 $T_0+\tau$（τ 是一个极端情况，指的是发送与接收双方在传输媒体的两端）。

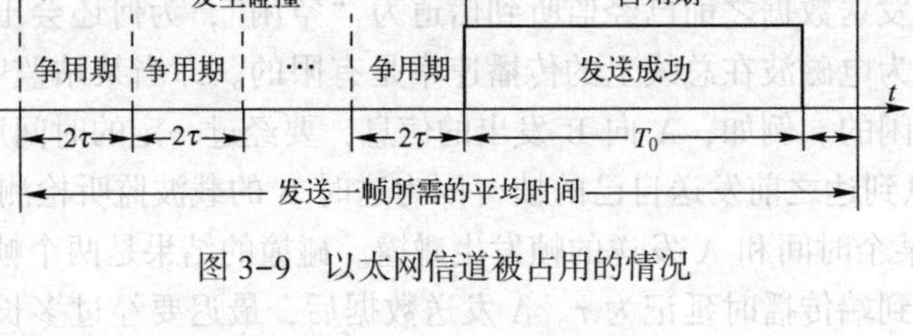

图 3-9 以太网信道被占用的情况

另外从图 3-8 可以看出，要提高以太网的信道利用率，就需要减小 τ 和 T_0之比。在以太网中定义参数 $a=\tau/T_0$，它是以太网单程端到端时延 τ 与帧的发送时间 T_0之比。当 a 趋近于 0 时，表示一发生碰撞就立即可以检测出来，并立即停止发送，因而信道利用率很高。反之，a 越大，表明争用期所占的比例增大，每发生一次碰撞就浪费许多信道资源，使得信道利用率明显降低。因此，a 值应当尽可能小些。这就要求分子 τ 应比较小，分母 T_0应比较大。τ=电缆长度/电磁波传播速率，$T_0=L/C$，在一定的数据率时，要求以太网的帧长不能太短，以太网的连线的长度不能太长。

在理想情况下，即以太网上的各站发送数据都不会产生碰撞（不再是 CSMA/CD，而是其他调度方法），总线一旦空闲就有某个站立即发送数据。此时发送一帧占用线路的时间是 $T_0+\tau$，而帧本身的发送时间是 T_0。此时我们可以得出极限信道利用率为

$$S_{max}=\frac{T_0}{T_0+\tau}=\frac{1}{1+a}$$

由此可见，只有当参数 a 远小于 1 时才能得到尽可能高的极限信道利用率。若参数远大于 1，则极限信道利用率就远小于 1，而实际的信道利用率就更小。

3.4.6　快速以太网

1995 年推出了 100BASE-T100 Mbit/s 以太网，传输速率是原来以太网的 10 倍。100BASE-T 是在双绞线上传送 100 Mbit/s 基带信号的星形拓扑以太网，仍使用 IEEE 802.3 的 CSMA/CD 协议，又称为快速以太网。用户只需要更换一个适配器，再配上一个 100 Mbit/s 的集线器，就可很方便地由 10BASE-T 以太网直接升级到 100 Mbit/s，而不必改变网络的拓扑结构。所有在 10BASE-T 上的应用软件和网络软件都可保持不变。100BASE-T 的适配器有很强的自适应性，能够自动识别 10 Mbit/s 和 100 Mbit/s。1995 年 IEEE 已把 100BASE-T 的快速以太网定为正式标准，其代号为 IEEE 802.3u，是对 IEEE 802.3 标准的补充。然而 IEEE 802.3u 标准未包括对同轴电缆的支持。这意味着想从细缆以太网升级到快速以太网的用户必须重新布线。因此，现在 10/100 Mbit/s 以太网都是使用无屏蔽双绞线布线。

100 Mbit/s 以太网有以下几种类型：

1）100BASE-TX 使用 2 对 5 类 UTP 双绞线，一对用于发送，另一对用于接收，最大传输距离为 100 m。

2）100BASE-FX 使用 2 芯的单模/多模光纤，分别用于发送和接收信号。单模光纤的最大传输距离为 10 km，多模光纤的最大传输距离为 2 km。上述的 100BASE-TX 和 100BASE-FX 合在一起称为 100BASE-X。

3）100BASE-T4 使用 4 对 3 类以上 UTP 双绞线。开发这种快速以太网的目的是充分发挥业已广泛铺设的 3 类 UTP 的作用。4 对 UTP 中的一对指定为发送，一对指定为接收，另两对根据情况调整方向，从而保证始终有 3 对 UTP 用于发送，一对 UTP 用于接收（检测信号）。

100BASE-T 标准包括了自动协商部分，具有自动速度感应功能。以太网交换机的端口和以太网卡的速度可以是 10 Mbit/s，也可以是 100 Mbit/s。100BASE-T 工作站发送一组高速

链路脉冲（FLP）的链路集成脉冲，如果接收端只能接收10BASE-T传输，网络将工作在10 Mbit/s模式；如果接收端是100BASE-T，则采用自动协商算法，检测FLP，确定FLP数据，以达到最高网络速度，并将FLP送到网卡，自动调整到100BASE-T，网络将工作在100 Mbit/s模式。

3.4.7 千兆以太网

在百兆以太网（100 Mbit/s）问世不久的1996年初，IEEE 802.3委员会成立了千兆网工作组，开始致力于更高速的千兆（1000 Mbit/s或1 Gbit/s）以太网的研究，并在1997年通过了吉比特以太网的标准802.3z，它在1998年成为正式标准。802.3z具有以下几个特点：

1）允许在1 Gbit/s下全双工和半双工两种方式工作。

2）使用IEEE 802.3协议规定的帧格式。

3）在半双工方式下使用CSMA/CD协议。

4）与10BASE-T和100BASE-T技术向后兼容。

千兆以太网的特征类似于100 Mbit/s以太网，它仍采用CSMA/CD的MAC访问技术，支持共享式、交换式、半双工和全双工的操作，主要用于主干网和服务器（需要1000 Mbit/s网卡）。

千兆以太网的传输距离取决于使用的媒体：

1）1000BASE-Cx使用两对短距离的屏蔽双绞线电缆，传输距离为25 m。

2）1000BASE-Sx使用850 nm激光器和纤芯直径为62.5 μm和50 μm的多模光纤时，传输距离分别为275 m和550 m。

3）1000BASE-Lx使用1300 nm激光器和纤芯直径为62.5 μm和50 μm的多模光纤时，传输距离分别为550 m。使用纤芯直径为10 μm的单模光纤时，传输距离为5 000 m。

4）1000BASE-T使用4对5类UTP双绞线，传输距离为100 m。

千兆以太网主要用于主干网和连接服务器，如交换机到交换机、交换机到服务器（需要1000 Mbit/s网卡）。在实际组建企业网时，一般都将几种不同性能的交换机（10M交换机、100M交换机、1000M交换机）结合起来使用，采用分层结构，1000M交换机作为主干设备（为最高层），100M交换机作为中间层设备，10M交换机作为用户端交换机。

千兆以太网所表现出来的优势主要在于：

1）低价位的高带宽，可以与传统以太网、快速以太网平滑互连。

2）利用以太网的知识即可管理、监视和维护千兆以太网。

3）千兆以太网是组建核心骨干网的技术。

目前，千兆以太网的应用越来越广泛，人们越来越多地选择千兆以太网交换机作为企业网或校园网的主干设备，组建局域网。在千兆以太网被企业LAN接受的同时，它也正在向城域网（MAN）扩展，在广域网（WAN）上将散布在整个城市的大楼或校园连接在一起。适用MAN和WAN的千兆以太网是一种经济可行的高带宽解决方案，能够提供接入灵活性并实现与光纤网络的连接。

3.4.8　万兆以太网

万兆以太网（10 Gbit/s Ethernet）是一种数据传输速率高达 10 Gbps、通信距离可达 40 km的以太网。万兆以太网继续使用 IEEE802.3 以太网协议，以及 IEEE802.3 的帧格式和帧大小。但由于万兆以太网是一种只适用于全双工通信方式，并且只能使用光纤介质的技术，所以它不需要带冲突检测的载波监听多路访问协议 CSMA/CD。这就意味着万兆以太网不再使用 CSMA/CD。

万兆以太网是在以太网的基础上发展起来的，因此，万兆以太网和千兆以太网一样，本质上仍是以太网。万兆以太网主要具有以下特点：

- 仍然保持以太网的帧格式，符合 802.3 的最大帧长（1518B）和最小帧长（64B），有利于网络升级以及互联、互通。
- 只采用光纤作为传输介质。若使用单模光纤及增强型收发器，传输距离可超过 40 km，可适宜城域网（MAN）或广域网的应用范围；而使用多模光纤的传输距离为 65～300 m左右。
- 只支持全双工方式，因此不存在争用问题，也不采用 CSMA/CD 介质访问控制协议。

尽管万兆以太网技术是在原有千兆以太网技术的基础上发展起来的，但并非将千兆以太网的速率简单提高 10 倍，由于其具有极高的速率，并拓宽了适用范围，所以，和原有的技术有很大的不同，主要表现在物理层实现方式、帧格式、MAC 的工作速率及适配策略等方面。

在万兆以太网的体系结构中定义了 10GBase-X、10GBase-R 和 10GBase-W 三种类型的物理层结构。

1）10GBase-X 是一种与使用光缆的 1000BaseX 对应的物理层结构，在 PCS 子层中使用 8B/10B 编码，为了保证获得 10 Gbit/s 的数据传输率，利用稀疏波分复用技术（CWDM）在 1300 nm 波长附近每隔约 25 nm 配置 4 个激光发送器，形成 4 个发送器/接收器对。

2）10GBase-R 是在 PCS 子层中使用 64B/66B 编码的物理层结构，为了获得 10 Gbit/s 的数据传速率，其时钟速率必须配置在 10.3 Gbit/s。10GBase-X 包含 10GBase-SR、10GBase -LR 和 10GBase-ER 三种规范。

3）10GBase-W 是一种工作在广域网方式下的物理层结构，在 PCS 子层中采用了 64B/66B 编码，定义的广域网方式为 SONETOC-192，其时钟速率为 9.953 Gbit/s。

万兆以太网技术突破了传统以太网近距离传输的限制。除了应用在局域网外，也能够方便地应用在城域和广域范围，以及用来构建高性能的网络核心，其具体应用的领域包括：

（1）宽带 IP 城域网

万兆以太网设备可以提供高密度万兆、千兆以太网接口，为服务提供商和企业用户提供城域网和广域网的连接。万兆以太网在裸光纤上最远可以传送 40～80 km，满足城域范围的要求。也可以连接 DWDM 和 SDH/SONET 设备实现广域范围的传输。

（2）企业网和校园网

随着企业及校园网络应用的急剧增长，企业及校园的骨干网承受着不断升级的压力，从当初的快速以太网到现在的千兆网络，很快将过渡到万兆网络，为用户提供诸如多媒体业务、数据流内容、SAN 等服务。万兆以太网设备具有高带宽、低时延、网络管理简易等特性，非常适用于企业及校园骨干网建设。

(3) 数据中心和 Internet 交换中心

数据中心需要汇聚大量的快速以太网和千兆以太网线路，在用户端，服务器汇聚网络要提供具有 L2 交换、L3 路由的高密度 GE/10GE 路由器和交换机。万兆以太网设备完全可满足汇聚网络的需求并为未来网络升级预留了空间。

(4) 超级计算中心

万兆以太网设备提供高密度的端口、线速的交换性能、全面的 L2 交换和 L3 路由能力，可充分满足超级计算中心服务器机群内部高性能网络互连的要求，也满足同一计算网络中分布在不同地方的服务器机群之间的连接。

(5) 网络存储

万兆以太网和 iSCSI 技术所带来的显著的成本节约，以及可以将存储网络和企业网融合的特性，将使其在存储市场大有作为。万兆以太网不仅可以满足存储设备的高速互联，也可以实现数据备份及灾难恢复。

3.5 以太网的扩展

3.5.1 在物理层扩展以太网

在大多数时候，人们都希望把以太网的覆盖范围进行扩展。一般而言，以太网上的主机之间的距离不能太远，否则主机发送的信号经媒质传输后就会衰减到使 CSMA/CD 协议无法正常工作的地步。例如，10BASE-T 以太网的两个主机之间的距离不超过 200 m，集线器到主机间的距离不超过 100 m，粗缆或细缆以太网为 500 m。

如果使用多个集线器，则可以连接成覆盖范围更大的多级星形结构的以太网。例如，某公司的三个部门各有一个 10BASE-T 以太网，则可通过一个主干集线器把各部门的以太网连接起来，组成一个更大的以太网，如图 3-10 所示。

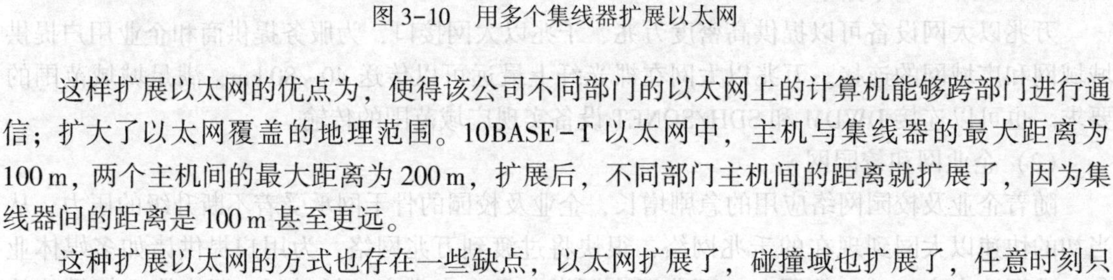

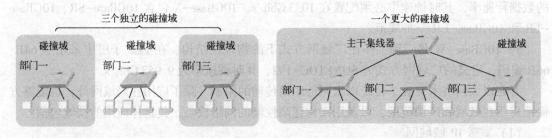

图 3-10 用多个集线器扩展以太网

这样扩展以太网的优点为，使得该公司不同部门的以太网上的计算机能够跨部门进行通信；扩大了以太网覆盖的地理范围。10BASE-T 以太网中，主机与集线器的最大距离为 100 m，两个主机间的最大距离为 200 m，扩展后，不同部门主机间的距离就扩展了，因为集线器间的距离是 100 m 甚至更远。

这种扩展以太网的方式也存在一些缺点，以太网扩展了，碰撞域也扩展了，任意时刻只能有一台计算机发送数据（原来可以有三台），并且每个部门总的吞吐量并未提高；如果不同的碰撞域使用不同的数据率，那么就不能用集线器将它们进行互连。

3.5.2　在数据链路层扩展以太网

在数据链路层扩展以太网需要使用网桥。网桥可以根据 MAC 帧的目的地址对收到的帧进行转发和过滤。当网桥收到一个帧时，并不是向所有的接口转发此帧，而是先检查此帧的目的 MAC 地址，然后再确定将该帧转发到哪个接口，或者将其丢弃。

如图 3-11 所示，两个以太网通过网桥连接起来后，就成为一个覆盖范围更大的以太网，原来的每个以太网成为其中的一个网段，图中接口 1 和接口 2 各连接到一个网段。网桥依靠转发表来转发帧，转发表也叫转发数据库或路由目录。在图 3-11 中，若网桥从接口 1 收到 A 发给 B 的帧，则在查转发表后，把这个帧送到接口 2 转发到另一网段，使 B 能够收到该帧。若网桥从接口 1 收到 A 发给 B 的帧的话就丢弃该帧，因为转发表指出转发给 B 的帧应当从接口 1 转发出去，而现在正是从接口 1 收到的这个帧，这表明 B 和 A 处于同一网段上，B 能够直接收到这个帧而无须借助于网桥的转发。网桥是通过内部的接口管理软件和网桥协议实体来完成上述操作的。

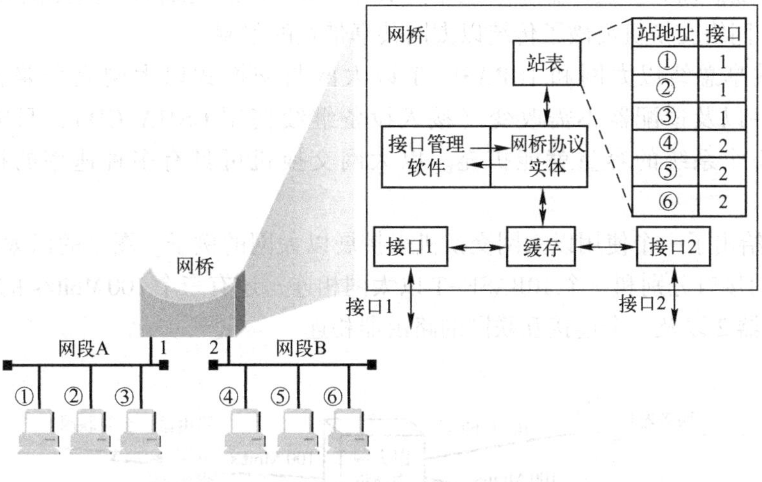

图 3-11　网桥的结构和工作原理

使用网桥的优点有：

1）过滤通信量，增大吞吐量，划分冲突域。网桥工作在链路层的 MAC 子层，可以使以太网各网段成为隔离开的碰撞域，并且不同的网段上的通信互相不会干扰。

2）扩大了物理范围。地理范围和网络中主机数都扩大了。

3）提高了可靠性。网段间故障是隔离的，也就是说当网络出现故障时只影响个别网段。

4）可互连不同物理层、不同 MAC 子层和不同速率的局域网。

同时，使用网桥也有一些缺点：

1）存储转发增加了时延。网桥对接收的帧要先存储和查找转发表再转发，转发前执行 CSMA/CD 算法。

2）在 MAC 子层没有流量控制功能。当网络上的负荷很重时，网桥中缓存的存储空间可能不够而发生溢出，以致产生帧丢失的现象。具有不同 MAC 子层的网段桥接在一起时时延更大（要对链路层帧进行解封装和封装）。

3）网桥只适合于用户数不太多（不超过几百个）和通信量不太大的局域网，否则有时还会因传播过多的广播信息而产生网络拥塞。

3.5.3　以太网交换机

以太网交换机或第二层交换机（表明此交换机工作在数据链路层）本质上是一个多接口网桥，它的每个接口都直接与主机或另一个集线器相连（网桥通常连接到以太网的一个网段），并且一般都工作在全双工方式。当主机需要时，交换机能同时连通许多对接口，使每一对相互通信的主机都能像独占通信媒体那样，无碰撞地传输数据，两站通信完成后即断开连接。以太网交换机由于使用了专用的交换结构芯片，其交换速率较高。与透明网桥一样，即插即用，其内部的帧转发表也是通过自学习法逐步建立。

网络交换机的总带宽通过每个接口增加的可用带宽来确定。例如，n 个接口数据传输率为 R（Mbit/s）的以太网交换机最大可提供 $0.5nR$（Mbit/s）的总带宽，当 n 增加时，总的网络带宽也增加。而 n 个接口数据传输率为 R（Mbit/s）的集线器只能提供 R（Mbit/s）的带宽。可见，网络交换机突破了传统以太网共享带宽的限制。

另外，共享总线以太网和 10BASE-T 以太网与交换式以太网完全兼容，所有接入设备的软硬件以及适配器不需改变（接入设备继续使用 CSMA/CD），只需要增加集线器的容量，整个系统的容量就能扩充。以太网交换机可具有多种速率的接口组合，方便各种用户。

图 3-12 给出了一个使用以太网交换机来扩展以太网的例子。图中的以太网交换机有三个 10 Mbit/s 的接口分别和三个 10BASE-T 以太网相连，还有三个 100 Mbit/s 的接口分别和服务器 1、服务器 2 以及一个连接互联网的路由器相连。

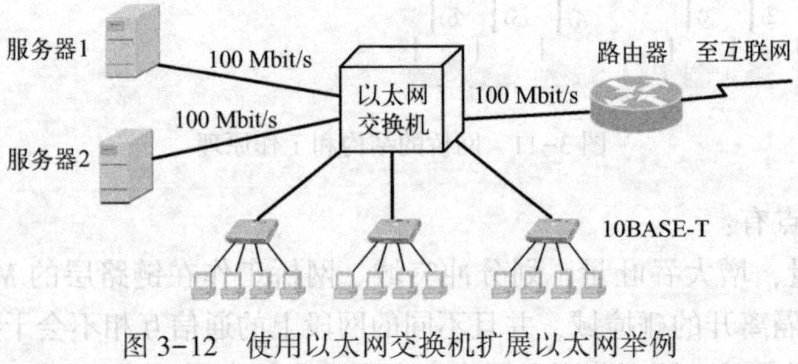

图 3-12　使用以太网交换机扩展以太网举例

3.6　无线局域网

传统的有线网络需要利用电缆或光纤将计算设备相互连接起来，并完成数据传输与资源共享，但因其有线连接的局限性，无法满足人们对灵活的组网方式的需要和终端自由联网的要求，于是无线局域网（WLAN）应运而生，而且应用越来越广泛。无线局域网利用射频的技术，使用电磁波在空中进行通信连接。无线局域网技术标准主要有 IEEE 802.11、蓝牙和

ZigBee 等。

3.6.1　802.11 WLAN 网络结构

1997 年 IEEE 制定了无线局域网协议标准 IEEE 802.11，它提供了 WLAN 的 IEEE 802 物理层和 MAC 子层的规范。IEEE 802.11 支持 1 Mbit/s 和 2 Mbit/s 的信息传输速率。后来又相继出现了 IEEE 802.11a、IEEE 802.11b 和 IEEE 802.11g，它们定义了新的物理层标准，分别支持 54 Mbit/s、11 Mbit/s 和 54 Mbit/s 的信息传输速率，它们的 MAC 层和 IEEE 802.11 是一样的。

在 IEEE 802.11 标准中，规定无线局域网的最小组件是基本服务集（Basic Service Set，BSS），它类似于无线移动通信的蜂窝小区。一个 BSS 包括一个基站和若干个移动站（其中基站称为接入点，Access Point，AP），它们共享 BSS 内的无线传输媒体，使用 IEEE 802.11 WLAN 媒体接入控制 MAC 协议通信。IEEE 802.11 标准中共定义了三种类型的站，一种是仅在一个 BSS 内移动，另一种是在不同的 BSS 间移动，但仍在一个扩展的服务集（Extended Service Set，ESS）之内，还有一种是在不同的 ESS 间移动。所有的站均运行同样的 MAC 协议，并以争用方式共享无线传输媒体。一个服务集可以是独立的，也可以通过 AP 连接到一个主干分布系统（Distribution System，DS），然后再接入另一个基本服务集，从而构成一个 ESS，如图 3-13 所示。DS 可以采用常用的有线以太网，也可以采用其他的无线连接。ESS 还可以为无线用户提供到 Internet 的访问，这种访问是通过称为门桥的设备实现的。接入点 AP 的作用类似于网桥，使扩展服务集 ESS 成为一个在 LLC 子层上一个单独的 IEEE 802 局域网。

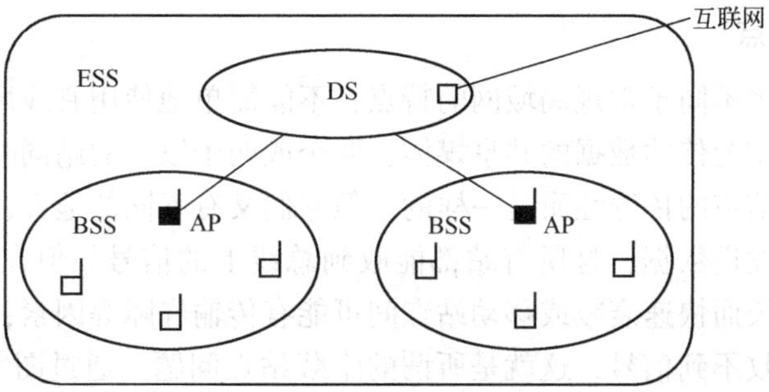

图 3-13　IEEE 802.11 的基本服务集 BSS 和扩展服务集 ESS

IEEE 802.11 还支持另一种称为自组网络的无线局域网，这种自组网络没有上述基本服务集中的接入点 AP，而是由一些处于平等状态的移动站之间相互通信组成的临时网络，如同图 3-12 中没有 AP 的 BSS。

3.6.2　802.11 WLAN 物理层

在 IEEE 802.11 标准中有 3 种不同的物理层标准。

1. 跳频扩频

跳频扩频（Frequency Hopping Spread Spectrum，FHSS）通信是扩频技术中常用的一种方

法。在 WLAN 跳频方案中，发送信号频率按固定的时间间隔从一个频率跳到另一个频率。接收器与发送器同步地跳动，从而正确地接收信息，减少了其他信号源在一个特定的频率上干扰通信的可能性。

IEEE 802.11 标准规定跳频通信使用 2.4 GHz 的工业、科学与医药（Industry，Scientific and Medical，ISM）专用的频段，频率范围在 2.4~2.4835 GHz。ISM 频段可在世界大部分地区使用，没有授权的限制。IEEE 802.11 FHSS 每隔 1 MHz 有一个频道，共有 78 个跳频频道，分为 3 组，每组 26 个，发射频率可在 26 个之中变化，这种技术可使传输的波跳过窄带干扰。每个频道的可用带宽为 1 MHz，可提供 1 Mbit/s 或 2 Mbit/s 的信息传输速率。

2. 直接序列扩频

直接序列扩频（Direct Sequence Spread Spectrum，DSSS）是扩频技术中的另一种方法，它也使用 2.4 GHz 的工业、科学与医药专用的 ISM 频段。DSSS 将传输数据的每个比特扩展成 n 个码片组成的码片序列，对所有的码片都用传统的调制解调器发送。由于码片只是数据比特的 $1/n$，因此 DSSS 信号的传输带宽是未采用扩频时的 n 倍。即使码片序列丢失的部分达到 40%，原始的传输数据也能重建。使用二级和四级相对相移键控调制方法，可分别提供 1 Mbit/s 和 2 Mbit/s 的信息传输速率。

3. 红外技术

红外技术是指使用波长为 850~950 nm 的红外线在室内传送数据，可提供 1~2 Mbit/s 的信息传输速率，传输距离在 10~20 m 的范围。

3.6.3 802.11 WLAN MAC 层

1. 无线信道的特点

无线局域网有许多不同于常规局域网的特点，不能简单地使用有线局域网的协议。无线局域网使用无线电波作为传输数据的共享媒体，两个或两个以上的站同时发送就可能产生冲突，这和以太网共享信道的传输性质是一样的。但它们又有不同的地方，以太网中每个时刻总线上只能有一个站发送数据，且所有站都能收到总线上的信号。但在 WLAN 中，由于传输信号强度随距离增长而快速衰减或移动站点间可能有传输屏障等因素，超出接收范围或被物体屏蔽的站点将接收不到信号，这就是所谓的隐蔽站点问题。通过图 3-14 可以看出这一问题。

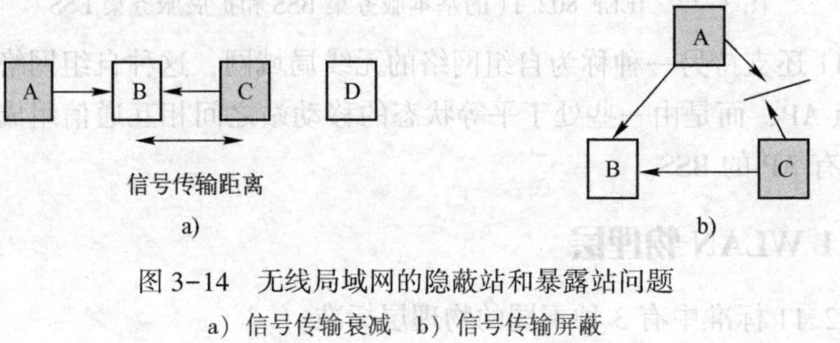

图 3-14 无线局域网的隐蔽站和暴露站问题

a）信号传输衰减 b）信号传输屏蔽

图 3-13 中，假设无线电信号的传输范围因衰减只能到达邻站。首先考虑图 3-13 a 中工作站 A 向工作站 B 发送数据的情况。由于工作站 C 收不到 A 发送的信号，会误认为网络上

无站点发送数据，因此向 B 发送数据，导致 B 同时收到 A 和 C 发送来的数据，产生了冲突。这种冲突也可能发生在图 3-13 b 所示的另一种情况下，虽然 A、B 和 C 三个站点都在信号的有效传输距离之内，但 A 和 C 间有一个信号屏蔽物，也会产生同样的后果，A 和 C 相互隐蔽。这种未能检测出媒体上已存在信号的问题就叫隐蔽站点问题。如果两个隐蔽的站点同时发送数据，CSMA 发送前监听不到对方的信号，但发送后会在其他站点产生冲突，两个同时发送数据的隐蔽站点也都无法检测到发送冲突，冲突检测失去效果。因此 WLAN 不能采用 CSMA/CD。

下面简单介绍一下 WLAN 中还存在的暴露站点问题。假设图 3-13 a 中 C 站的右边还有一个 D 站，B 站向 A 站发送数据的同时 C 站又想和 D 通信，但由于 C 检测到媒体上有信号，因此不向 D 发送数据，但实际情况是 B 向 A 发送数据并不影响 C 向 D 发送数据，这种情况就称为暴露站点问题。无线局域网中在不发生相互干扰的情况下，允许多个工作站同时进行通信，这与常规的总线式局域网有较大的差别。

2. CSMA/CA 协议

无线局域网不能使用有线局域网使用的 CSMA/CD 协议进行冲突检测，因为无线信道的信号强度的动态范围较大，使得发送站无法使用冲突检测的方法来确定是否发生了冲突。为了提高效率，在 802.11 协议中使用了“载波监听多路访问/冲突避免”（CSMA/CA）技术。在讨论 CSMA/CA 协议之前，有必要先简单介绍一下 802.11 标准中的 MAC 层。

802.11 标准设计了独特的 MAC 层，如图 3-15 所示。它通过协调功能来确定在 BSS 中的移动站在什么时间能发送数据或接收数据。802.11 标准中的 MAC 层在物理层的上面，包含了分布协调功能（Distributed Coordination Function，DCF）和点协调功能（Point Coordination Function，PCF）两个子层，PCF 位于 DCF 之上。DCF 在每个结点使用载波监听多路访问（CSMA）方式的媒体接入控制机制，使每个结点通过竞争得到发送权，DCF 向上提供争用服务。DCF 是一种基本的接入方法，所有移动站点都要求支持 DCF，自组网站点只使用 DCF。而 PCF 使用集中控制方式，用类似轮询的方法使各个站点得到发送权，PCF 是在 AP 实现集中控制。PCF 向上提供无争用服务，可用于对时间敏感的业务。

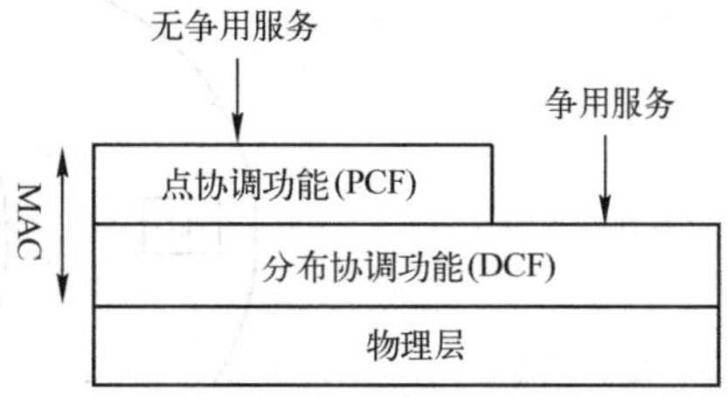

图 3-15　802.11 标准中的 MAC 层

为了尽量避免冲突，协调 MAC 层 DCF 和 PCF 的不同操作，802.11 标准定义了 3 种帧间隔（InterFrame Space，IFS）：

1）SIFS 短帧间隔，这是 3 种帧间隔中最短的，在确认帧 ACK、CTS 帧和长的 MAC 帧分片后的数据帧中使用。

2）PIFS 点协调功能帧间隔（PCF IFS），在 PCF 轮询时使用，在 SIFS 的基础上加上一个时隙长度。

3）DIFS 分布协调功能帧间隔（DCF IFS），在 DCF 方式中使用，在 PIFS 的基础上加上一个时隙长度，是最长的 IFS，发送数据帧一般使用 DIFS。

欲发送的站点先监听信道，如果信道空闲，它就继续监听一个 IFS 时间段，若信道仍然空闲，站点就可以进行发送。监听到信道空闲后再继续监听一个 IFS 时间，这使得不同的 IFS 将帧划分为不同的优先等级，IFS 越小，帧的优先等级就越高。如果同时监听到信道空闲，小的 IFS 就先占用信道得到优先发送权，大的 IFS 随后监听到信道忙只能推迟发送。这样一来，不同 IFS 的帧就不会产生发送冲突。

CSMA/CA 协议的基本原理是在发送数据帧之前先对信道进行预约，如图 3-16 所示。工作站 A 在向工作站 B 发送数据帧之前，先向 B 发送一个请求发送帧（Request To Send，RTS），同时说明将要发送的数据帧长度。工作站 B 收到 RTS 帧后向 A 返回一个允许发送帧（Clear To Send，CTS），同时也附上 A 欲发送的数据帧长度，办法是从 RTS 帧中将此数据复制到 CTS 帧中。然后 A 在收到 CTS 帧后可以向 B 发送其数据帧。下面再来看一下 A 和 B 附近其他站点的情况。对于工作站 C，它处于 A 的传输范围内，但不在 B 的传输范围内，因此能够收到 A 发送的 RTS，但一小段时间后，由于 C 不会收到 B 发送的 CTS 帧，所以在 A 向 B 发送数据时，C 也可以发送自己的数据而不会干扰 B。对于工作站 D 而言，D 收不到 A 发送的 RTS 帧，但可以收到 B 发送的 CTS 帧，因此 D 在 B 发送数据帧的时间内不发送数据，因而不会干扰 B 接收 A 发来的数据。而工作站 E 既能收到 RTS 也能收到 CTS，因此在 A 发送数据帧的整个过程中不能发送数据。使用 RTS 帧和 CTS 帧显然会使整个网络的通信效率有所下降，但这两种控制帧都很短，其长度分别为 20 B 和 14 B，相较于数据帧开销并不算大。如果不使用这种控制帧，则一旦出现冲突将导致数据帧重发，浪费的时间会更多。

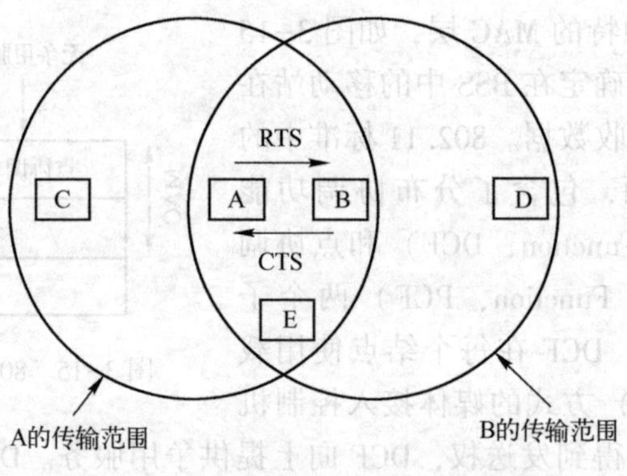

图 3-16 CSMA/CA 协议基本原理

即便如此，冲突也并不能完全避免。例如 B 和 C 同时向 A 发送 RTS 帧而产生冲突，A 收不到正确的 RTS 帧因而不发送 CTS 帧，WLAN 将采用二进制指数退避算法，回退一个随机时间，继续监听信道，重发 RTS 帧。802.11 协议共提供了三种使用 RTS/CTS 信道预约机制的方式供用户选择，一是使用 RTS 和 CTS 帧；二是当数据长度超过某一数值时才使用 RTS 和 CTS 帧；三是不使用 RTS 和 CTS 帧。

图 3-17 表明了 CSMA/CA 信道的基本接入过程。可以看出，当很多站都在监听信道时，使用 SIFS 具有最高的优先级，因为它的时间间隔最短。SIFS 经常用在下列场合：①发送确认帧（ACK）；②发送允许发送帧（CTS），这样可保证原来发送请求发送帧（RTS）的站能够优先发送数据帧，所有收到 CTS 帧的站都要推后发送自己的数据；③ 发送轮询的应答帧。另外，图中的时隙是在争用期使用的一个时间单位。时隙的确定方法是，当某个站在一个时隙开始时接入到媒体，那么在下一个时隙开始时，其他站就能够检测出这种状态。在二进制

指数退避算法中引入时隙可以降低冲突的概率。

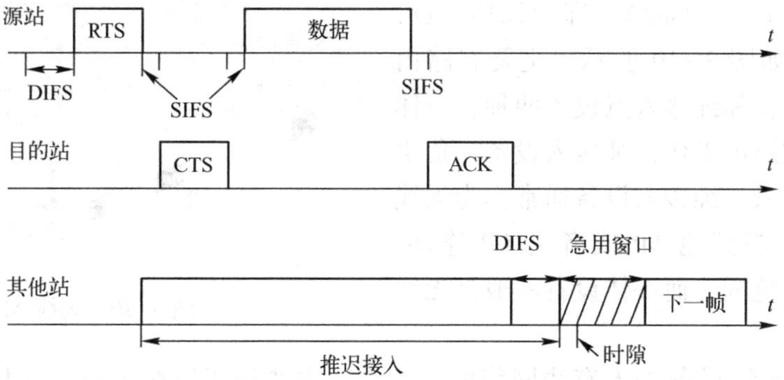

图 3-17 基本的 CSMA/CA 信道接入过程

3.6.4 无线局域网设备

在无线局域网里，常见的设备有无线网卡、无线接入点和无线路由器等。

1. 无线网卡

无线网卡的作用类似于的网卡，作为无线局域网的接口，实现设备与无线局域网的连接。目前无线网卡的主要接口类型主要有：PCMCIA、PCI、Mini PCIe、USB 接口，如图 3-18 所示。

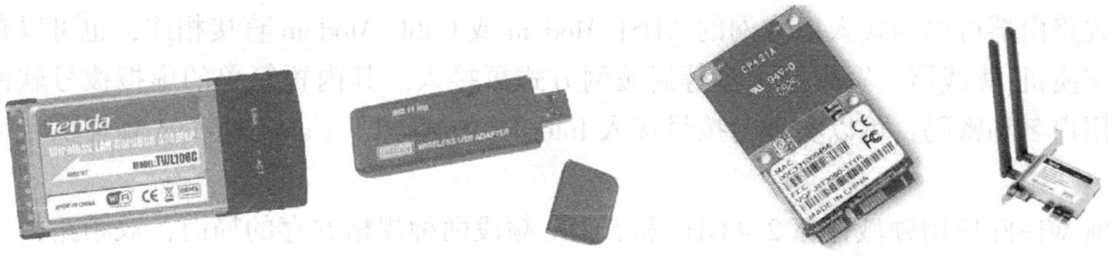

PCMCIA无线网卡　　USB无线网卡　　Mini PCIe无线网卡　　PCI无线网卡

图 3-18 无线网卡设备

在老款笔记本中，通常可以找到一个 PCMCIA 接口，这个接口是 PCMCIA 无线网卡专用的，此类网卡支持热插拔、具有易于安装，体积轻便等特点。可惜在 USB 接口出现后，PCMCIA 接口就逐渐失去了竞争力，越来越多的笔记本厂商也取消了 PCMCIA 接口的设计。

采用 USB 接口的无线网卡曾经是市场中的主流，它可以随意搭配笔记本或台式机使用，兼容性非常出色。此外，它安装简便，可以即插即用，而且 USB 3.0 接口可以完全满足无线数据高速传输的要求，在性能方面同样表现出色。USB 无线网卡的唯一缺点就是散热效果较差，长时间使用会偶尔出现断网、掉线等现象。

随着台式机对无线网络需求的不断提升，采用 PCI 接口的无线网卡逐渐受到了台式机用户的青睐，虽然此类无线网卡不像 USB 无线网卡那样应用灵活，但它的稳定性却远高于 USB 无线网卡。目前笔记本内置无线网卡大都采用 mini PCIe 或 M.2 接口，支持 802.11ac 通信标准，使用 5G 频段通信，整体性能比 PCI 无线网卡有很大提高。

2. 无线 AP

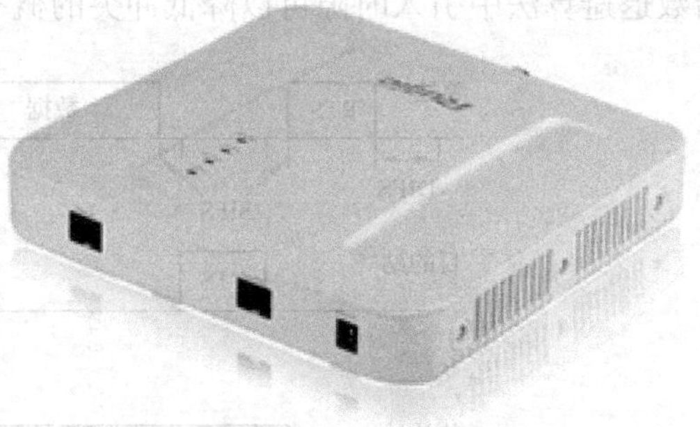

图 3-19 无线 AP

无线 AP（Access Point），即无线接入点，俗称“热点”，如图 3-19 所示。主要有路由交换接入一体设备和纯接入点设备两种，一体设备执行接入和路由工作，纯接入设备只负责无线客户端的接入。纯接入设备通常作为无线网络扩展使用，与其他 AP 或者主 AP 连接，以扩大无线覆盖范围，而一体设备一般是无线网络的核心。

无线 AP 是无线设备进入有线网络的接入点，主要用于宽带家庭、大楼内部、校园内部、园区内部以及仓库、工厂等需要无线监控的地方，典型距离覆盖几十米至上百米，也有的可以用于远距离传送，目前最远的可以达到 30 km 左右，主要技术为 IEEE 802.11 系列。目前市场上的较新无线 AP 开始支持 2.4 GHz 和 5 GHz 两个频段，相比单频段，具有更高的无线传输速率，具备更强的抗干扰性，无线信号更强，稳定性更高，不容易掉线。

3. 无线路由器

无线路由器（Wireless Router）集单纯性无线 AP 和宽带路由器功能于一体，不仅具备单纯性无线 AP 所有功能如支持 DHCP 客户端、支持 VPN、防火墙、支持 WEP 加密等，而且还包括了网络地址转换（NAT）功能，可支持局域网用户的网络连接共享。可实现家庭无线网络中的 Internet 连接共享，实现 ADSL、CableModem 和小区宽带的无线共享接入。

无线路由器可以与接入以太网的 ADSL Modem 或 Cable Modem 直接相连，也可以在使用时通过交换机/集线器、宽带路由器等局域网方式再接入。其内置简单的虚拟拨号软件，可以存储用户名和密码，可以实现为拨号接入 Internet 的 ADSL、Cable Modem 等提供自动拨号功能。

当前 Wi-Fi 应用领域存在 2.4 GHz 和 5 GHz 频段两种规格并存的局面，双频路由器正是指同时工作在 2.4 GHz 和 5.0 GHz 频段的无线路由器，相比于单频段无线路由器，它具有更高的无线传输速率，具备更强的抗干扰性，无线信号更强，稳定性更高，不容易掉线。随着支持 5G Wi-Fi 的设备（包括手机、笔记本等）的普及，越来越多的无线路由器开始支持双频段。

3.6.5 公共无线局域网（PWLAN）

PWLAN（Public Wireless Local Area Network），即公众无线局域网，是指利用 WLAN 技术为用户提供公用电信网接入的网络。现在许多地方的机场、饭店、图书馆、购物中心等公共场所都能够向公众提供有偿或无偿接入 Wi-Fi 的服务，这样的地点叫作热点，也就是公众无线入网点。由许多热点和 AP 连接起来的区域叫作热区（hot zone）。用户可以通过无线信道接入到无线因特网服务提供者（WISP，Wireless Internet Service Provider），然后再经过无线信道接入到因特网。

PWLAN 以 IEEE 802.11b 技术为基础，附属于移动无线数据网络，用于“热点”场所通信。802.11b 工作在非特许的 2.4GHz 频段，能够在较小的区域提供高带宽。公众无线局域网（PWLAN）由接入点（AP）、接入控制单元（ACU）、AAA 服务器以及网元管理单元等组成。它能够为用户提供游牧式无线接入（Nomadic Wireless Access）。公众无线局域网与 WLAN 不同，它是一个可运营的网络，能够为用户提供电信级接入，具备高性能、安全性、可靠性、可扩展性和可管理性。

1. PWLAN 的主要功能

首先是最基本的无线接入功能，即用户在认证成功之后，用户的数据通过 LA 接口到达 AP，AP 通过 ACU 经 LB 接口接入业务网。

其次是 AAA 功能，即提供认证、授权和计费功能。认证成功的用户可以接入网络，认证失败的用户不能接入网络；用户在认证通过之前，PWLAN 不可以为该用户提供 Internet 接入服务，但可以使用 Portal 推送服务。在用户认证成功后，PWLAN 网络可以为不同的用户分配不同的访问权限，具有不同权限的用户可以访问不同的网络资源。在用户接入网络后，无线接入网络必须提供准确的计费信息，计费服务器应提供多种计费机制。

PWLAN 网络还应能为用户提供漫游服务。广义上的漫游是指用户在漫游地仍然可以利用原有的认证方式（例如，用户原有的身份标识（用户名和密码））接入网络。

PWLAN 还要具有高性能，应满足 IEEE 802.11 标准族规定的速率和性能，应为用户提供不同等级速率的接入。另外在承载分组话音业务时，必须能够保证话音业务的 QoS。

PWLAN 要有较高的安全性，PWLAN 必须提供安全性保证，提供与有线网络或移动网络等效的安全等级。应该提供完善的认证机制和数据保密性。

最后，PWLAN 还应该具有较高的可靠性和可管理维护性，网络界面应简单、友好。

2. PWLAN 面临的挑战

WLAN 在技术上的优势使其成为终端无线接入领域的主流技术，但当这种技术用于提供公共电信级业务时，也面临一些问题和挑战，包括：

（1）信号干扰

由于无线局域网技术尤其是目前广泛应用的 IEEE 802.11b 技术工作在开放频段上，因此容易受到工作在同样频段的无线设备如无绳电话、微波基站、蓝牙网络等的干扰，并且开放频段没有统一规划，各无线局域网的运营商的系统之间的干扰也将大量存在，会影响业务的质量。同时还有 WLAN 技术自身存在的射频干扰问题，主要包括同信道干扰、邻道干扰、多径干扰、跳频系统干扰、微波干扰、CDMA 大功率蜂窝系统干扰等，这些干扰信号不但影响了 WLAN 的数据传输质量，也严重影响着 WLAN 的网络总体效率。

（2）安全

现有无线局域网技术广泛采用 802.11b 标准，使用简单的安全机制，如开放系统认证、共享密钥认证、WEP 加密、MAC、ACL 等安全措施。采用这些机制的 WLAN 网络还存在很多安全隐患，如 WEP 通常采用 64 bit 或 128 bit RC4 加密，很容易破解；非法用户等待合法用户认证成功后，进行拒绝服务攻击等。如何能更加有效地保证客户数据的安全，打消他们在使用该技术时的顾虑，安全方面的解决方案还需要加强和更加多元化。

（3）漫游和结算

由于使用开放频段，不同运营商覆盖不同的热点地区，为了能够为用户提供普遍服务，需要将各运营商的无线局域网互连起来，支持用户在网间进行漫游。由于不同服务商的无线局域网覆盖可能会采用互不兼容的接入流程，需要配置不同的系统参数，因此在技术实现上具有一定的难度。网间漫游还将带来网间结算的问题，也将大大增加实施的复杂度。

（4）与移动通信网的融合

移动网络已经具有了成熟的漫游支持体系结构，拥有大量的移动用户群，能够提供普遍的覆盖，未来无线局域网技术必将走与移动通信网融合的道路，充分利用移动通信网络既有的认证、计费、漫游管理、用户管理体系以及广阔的覆盖，在局部热点地区作为移动通信系统的补充。目前无线局域网与移动通信网络之间尚不支持无缝切换，如能支持无缝切换将对无线局域网未来的发展产生深远的影响。

（5）系统可靠性

由于无线局域网设备分散在热点地区，供电、远程维护等问题将直接影响业务质量。

在3G技术普及之前，移动网络无法提供兆比特带宽，传输距离较近而速度更快的PWLAN技术充实了移动网络，而且移动运营商和固网运营商在PWLAN平台上产生汇聚业务，使PWLAN与3G/4G交相辉映。但是随着运营商4G网络的普及以及未来5G的到来，手机移动网络上网的带宽和流量大幅增加，WLAN的使用将受到严重的影响，已经有部分公共WLAN供应商开始退出。

3.6.6 无线局域网安全技术

由于无线局域网采用公共的电磁波作为载体，更容易受到非法用户入侵和数据窃听，安全保密问题显得尤为突出。无线局域网必须考虑的安全因素有三个：信息保密、身份验证和访问控制。为了保障无线局域网的安全，主要有以下几种技术：

（1）物理地址MAC过滤

由于每个无线工作站的网卡都有唯一的类似于以太网的48 bit的物理地址，因此可以在AP中手工维护一组允许访问的MAC地址列表，实现基于物理地址的过滤。如果AP数量太多，还可以实现所有AP统一的无线网卡MAC地址列表，现在的AP也支持无线网卡MAC地址的集中Radius认证。这种方法要求MAC地址列表必须随时更新，可扩展性差。而且MAC地址还可以通过工具软件或修改注册表伪造，因此这也是较低级别的访问控制方法。

（2）服务集标识SSID匹配

通过对多个无线AP设置不同的SSID（Service Set Identifier）标识字符串（最多32个字符），并要求无线工作站出示正确的SSID才能访问AP，这样就可以允许不同群组的用户接入，并对资源访问的权限进行区别限制。但是使用SSID只能提供较低级别的安全防护。

（3）有线等效保密WEP

WEP（Wired Equivalent Privacy）是由802.11标准定义的，用于在无线局域网中保护链路层数据。WEP使用40位密钥，采用RSA开发的RC4对称加密算法，在链路层加密数据。WEP加密采用静态的保密密钥，各无线工作站使用相同的密钥访问无线网络。WEP也提供认证功能，当加密机制功能启用，客户端要尝试连接上AP时，AP会发出一个Challenge Packet给客户端，客户端再利用共享密钥将此值加密后送回存取点以进行认证比对，只有正确无误，才能获准存取网络的资源。40 bit的WEP具有很好的互操作性，所有通过Wi-Fi组织认证的产品都可以实现WEP互操作。现在的WEP也一般支持128 bit的密钥，能够提供更高等级的安全加密。

（4）虚拟专用网络（VPN）

VPN（virtual private networking）是指在一个公共的 IP 网络平台上通过隧道以及加密技术保证专用数据的网络安全性，它主要采用 DES、3DES 以及 AES 等技术来保障数据传输的安全。VPN 的具体内容会在第 4 章介绍。

（5）Wi-Fi 保护访问（WPA）

WPA（Wi-Fi protected access）技术是在 2003 年正式提出并推行的一项无线局域网安全技术，将代替 WEP。WPA 是 IEEE 802.11i 的一个子集，其核心就是 IEEE 802.1x 和 TKIP（temporal key integrity protocol）。新一代的加密技术 TKIP 与 WEP 一样基于 RC4 加密算法，且对现有的 WEP 进行了改进，在现有的 WEP 加密引擎中增加了密钥细分（每发一个包重新生成一个新的密钥）、消息完整性检查（MIC）、具有序列功能的初始向量、密钥生成和定期更新功能等 4 种算法，极大地提高了加密安全强度。

另外 WPA 增加了为无线客户端和无线 AP 提供认证的 IEEE 802.1x 的 RADIUS 机制。

（6）高级的无线局域网安全标准-IEEE 802.11i

为了进一步加强无线网络的安全性并保证不同厂家之间无线安全技术的兼容，IEEE 802.11 工作组于 2004 年 6 月正式批准了 IEEE 802.11i 安全标准，从长远角度考虑解决 IEEE 802.11 无线局域网的安全问题。IEEE 802.11i 标准主要包含的加密技术是 TKIP 和 AES（Advanced Encryption Standard），以及认证协议 IEEE 802.1x。定义了强壮安全网络 RSN（Robust Security Network）的概念，并且针对 WEP 加密机制的各种缺陷做了多方面的改进。

IEEE 802.11i 规范了 802.1x 认证和密钥管理方式，在数据加密方面，定义了 TKIP、CCMP（Counter - Mode/CBC2 MAC Protocol）和 WRAP（Wireless Robust Authenticated Protocol）三种加密机制。其中 TKIP 可以通过在现有的设备上升级固件和驱动程序的方法实现，达到提高 WLAN 安全的目的。CCMP 机制基于 AES 加密算法和 CCM（Counter2Mode/CBC2MAC）认证方式，使得 WLAN 的安全程度大大提高，是实现 RSN 的强制性要求。AES 是一种对称的块加密技术，有 128/192/256 位不同加密位数，提供比 WEP/TKIP 中 RC4 算法更高的加密性能，但由于 AES 对硬件要求比较高，因此 CCMP 无法通过在现有设备的基础上进行升级实现。

3.7 虚拟局域网（VLAN）

在传统的交换网络中，所有的用户都处在同一广播域内，当网络规模较大时，广播包的数量也会随之增加，当广播包数量占比较大时，网络传输效率明显下降。特别是网络设备出现故障时，会不停地向网络中发送大量的广播包，从而导致网络风暴，使网络处于通信瘫痪状态。那么如何解决这个问题呢？

可以使用分割广播域的方法解决出现的问题。分割广播域有两种方式。

- 物理分割：将整个网络从物理上分为若干个小网络，然后使用能够隔离广播的网络设备将不同的网络连接起来实现通信。
- 逻辑分割：将整个网络从逻辑上划分为若干个小的虚拟网络，即 VLAN（Virtual Local Area Network，虚拟局域网）。

3.7.1 虚拟局域网的概念

虚拟局域网（VLAN）是一组逻辑上的设备和用户，这些设备和用户并不受物理位置的限制，可以根据功能、部门及应用等因素将它们组织起来，相互之间的通信就好像它们在同一个网段中一样。VLAN 工作在 OSI 参考模型的第 2 层和第 3 层，一个 VLAN 就是一个广播域，VLAN 之间的通信是通过第 3 层的路由器来完成的。IEEE 于 1999 年颁布了 802.1Q 协议标准草案，用以标准化 VLAN 的实现方案。

VLAN 技术允许网络管理者将一个物理的 LAN 逻辑地划分成不同的广播域（即 VLAN），每一个 VLAN 都包含一组有着相同需求的计算机工作站，与物理上形成的 LAN 有着相同的属性。但由于它是逻辑地而不是物理地划分，所以同一个 VLAN 内的各个工作站无须处于同一个物理空间里，即这些工作站不一定属于同一个物理 LAN 网段。一个 VLAN 内部的广播和单播流量都不会转发到其他 VLAN 中，从而有助于控制流量、减少设备投资、简化网络管理、提高网络的安全性。

VLAN 是为解决以太网的广播问题和安全性而提出的一种协议，它在以太网帧的基础上增加了 VLAN 头，用 VLAN ID 把用户划分为更小的工作组，限制不同工作组间的用户二层互访，每个工作组就是一个虚拟局域网。虚拟局域网的好处是可以限制广播范围，并能够形成虚拟工作组，动态管理网络。

3.7.2 虚拟局域网的实现技术

到目前为止，基于交换式以太网实现虚拟局域网主要有以下几种方式：

1. 基于端口的静态 VLAN

基于端口的静态 VLAN 划分是最简单、有效的 VLAN 划分方法，它按照局域网交换机端口来定义 VLAN 成员。VLAN 从逻辑上把局域网交换机的端口划分为不同的虚拟子网，从而把终端设备划分为不同的部分，各子网相对独立，在功能上模拟了传统的局域网。基于端口的 VLAN 又分为在单交换机端口和多交换机端口定义 VLAN 两种情况。

如图 3-20 所示即为单交换机端口定义 VLAN 结构示意图，交换机端口 1、2、6、7 和 8 组成 VLANI，端口 3、4 和 5 组成 VLAN2。这种 VLAN 只支持一个交换机。

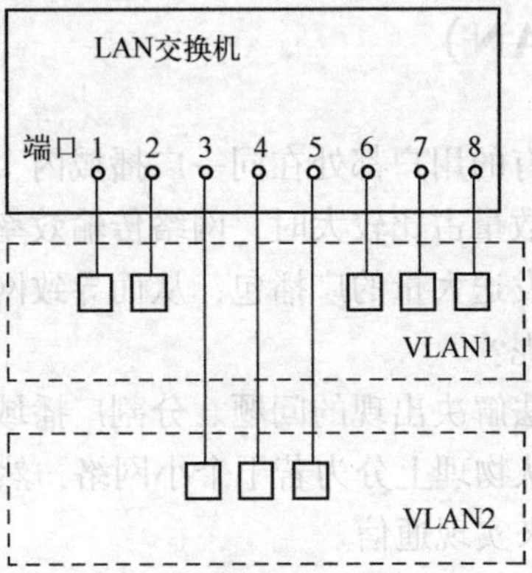

图 3-20 单交换机端口定义 VLAN 示意图

如图 3-21 所示即为多交换机端口定义 VLAN 结构示意图，交换机 1 的 1、2、3 端口和交换机 2 的 4、5、6 端口 组成 VLANI，交换机 1 的 4、5、6、7、8 端口和交换机 2 的 1、2、3、7、8 端口组成 VLAN2。多交换机端口定义的 VLAN 的特点是一个 VLAN 可以跨多个交换机，而且同一个交换机上的端口可能属于不同的 VLAN。

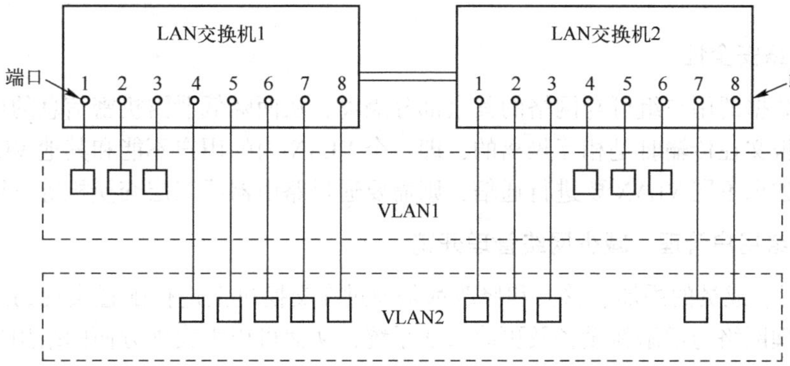

图 3-21　多交换机端口定义 VLAN 示意图

基于端口的 VLAN 的划分简单、有效。但其缺点是灵活性不好，例如，当用户从一个端口移动到另一个端口时，如果新端口和旧端口不属于同一个 VLAN，则网络管理员必须对 VLAN 成员进行重新配置，否则，该站点将无法进行网络通信。

基于端口的 VLAN 的划分是目前使用最广泛的划分方式。

2. 基于 MAC 地址的 VLAN

基于 MAC 地址的 VLAN 是用终端系统的 MAC 地址定义的 VLAN。MAC 地址其实就是指网卡的标识符，每一块网卡的 MAC 地址都是唯一的。这种方法允许工作站移动到网络的其他物理网段，而自动保持原来的 VLAN 成员资格。这种 VLAN 技术的不足之处是在站点入网时，需要对交换机进行比较复杂的手工配置，在网络规模较小时，该方案可以说是一个好的方法，但随着网络规模的扩大，网络设备、用户均会增加，在很大程度上加大管理的难度。而且这种划分的方法也导致了交换机执行效率的降低。

3. 基于网络层地址的 VLAN

基于结点的网络层地址定义虚拟局域网。例如，用 IP 地址来定义虚拟局域网。在按 IP 划分的 VLAN 中，很容易实现路由，即将交换功能和路由功能融合在 VLAN 交换机中。这种方式既达到了作为 VLAN 控制广播风暴的最基本目的，又不需要外接路由器，但定义的 VLAN 速度会比较慢。

VLAN 的划分还有基于协议划分、基于应用划分、基于用户名、密码划分等多种其他方式。

3.7.3　虚拟局域网的优点

VLAN 是一种新一代的网络技术，它的出现为解决网络站点的灵活配置和网络安全性等问题提供了良好的手段。虚拟局域网的优点主要表现在以下几个方面：

1. 控制广播风暴

限制网络上的广播，将网络划分为多个 VLAN 可减少参与广播风暴的设备数量。LAN

分段可以防止广播风暴波及整个网络。VLAN可以提供建立防火墙的机制，防止交换网络的过量广播。使用VLAN，可以将某个交换端口或用户分配到某一个特定的VLAN组，该VLAN组可以在一个交换网中或跨接多个交换机，在一个VLAN中的广播不会送到VLAN之外。同样，相邻的端口不会收到其他VLAN产生的广播。这样可以减少广播流量，释放带宽给用户应用。

2. 提高网络安全性

含有敏感数据的用户组可与网络的其余部分隔离，从而降低泄露机密信息的可能性。不同VLAN内的报文在传输时是相互隔离的，即一个VLAN内的用户不能和其他VLAN内的用户直接通信，如果不同VLAN要进行通信，则需要通过路由器或三层交换机等三层设备。

3. 方便网络用户管理，减少网络管理开销

VLAN配置、成员的添加、移去和修改都是通过在交换机上进行配置实现的。一般情况下无须更改物理网络与增添新设备及更改布线系统，从而可以大大地方便网络用户管理，减少网络管理开销。

虽然VLAN技术目前还有许多问题有待解决，然而，随着技术的不断进步，各种问题将逐步加以解决，VLAN技术也将在网络建设中得到更加广泛的应用，从而为提高网络的工作效率发挥更大的作用。

3.8 虚拟局域网划分实验

基于端口的静态VLAN划分是最简单也是最有效的VLAN划分方法。下面利用Cisco Packet Tracer模拟基于端口的VLAN划分实验。实验分别模拟在一台交换机和多台交换机进行。

Cisco Packet Tracer是由Cisco公司发布的一个辅助学习工具，为学习Cisco网络课程的初学者设计、配置、排除网络故障提供了网络模拟环境。用户可以在软件的图形用户界面上直接使用拖曳方法建立网络拓扑，并可看到数据包在网络中行进的详细处理过程，观察网络实时运行情况。Cisco公司官方网站提供Packet Tracer免费下载使用。

（1）实验目的

- 理解虚拟LAN（VLAN）基本原理；
- 掌握单交换机基于端口静态VLAN划分的配置方法；
- 掌握多交换机基于端口静态VLAN划分的配置方法；
- 掌握Tag VLAN配置方法。

（2）实验场景

某企业内有财务部、销售部、技术部等多个部门，即有多台计算机连接在一起。第一种情形：多个部门的计算机共同使用一台交换机；第二种情形：计算机分布更为分散，多个部门的计算机连接在2台以上交换机上；要求部门内部计算机可以互通，但为了数据安全及减少广播风暴，不同部门之间需要进行逻辑隔离。

（3）实验设备

交换机2台，计算机至少4台，直连、交叉双绞线若干。

部门	计算机名	所在交换机	所在端口	VLAN ID	IP 地址	子网掩码
财务部	PC-F1	Switch1	F0/5	10	192.168.1.5	255.255.255.0
财务部	PC-F2	Switch1	F0/15	10	192.168.1.15	255.255.255.0
销售部	PC-S1	Switch1	F0/10	20	192.168.1.10	255.255.255.0
销售部	PC-S2	Switch2	F0/5	20	192.168.1.20	255.255.255.0

（4）实验步骤

1）在 Packet Tracer 中建立如图 3-22 所示的网络。

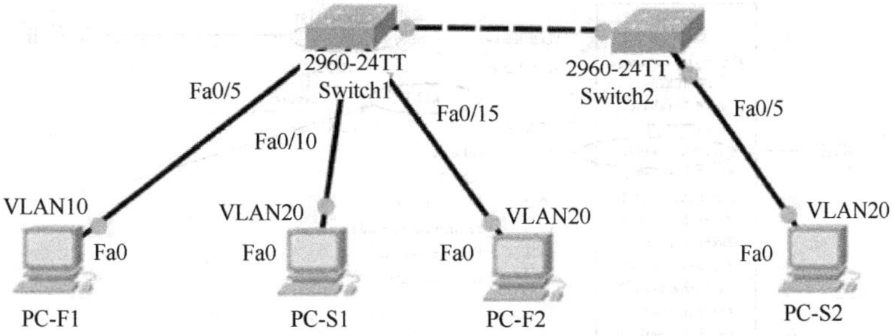

图 3-22　公司内部网络连接图

2）配置各个计算机的 IP 信息。

配置 PC-F1 的 IP 信息，如图 3-23 所示。

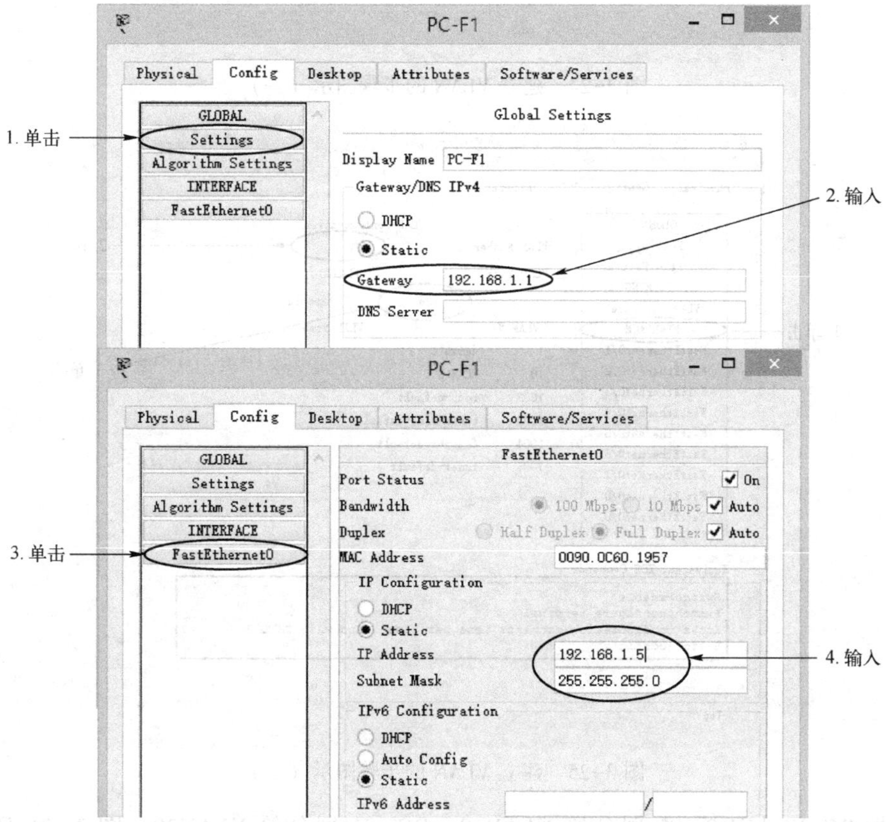

图 3-23　PC-F1 的 IP 相关配置

以同样的方法配置 PC-S1、PC-F2 和 PC-S2。

3）测试连通性。使用 ping 命令，在 PC-F1 的命令行界面测试与 PC-F2、PC-S1 以及 PC-S2 的连通性，均能 ping 通。

4）在单交换机上基于端口静态划分 VLAN。在交换机 switch1 上建立两个 VLAN（VLAN10 与 VLAN20），如图 3-24、3-25 所示。

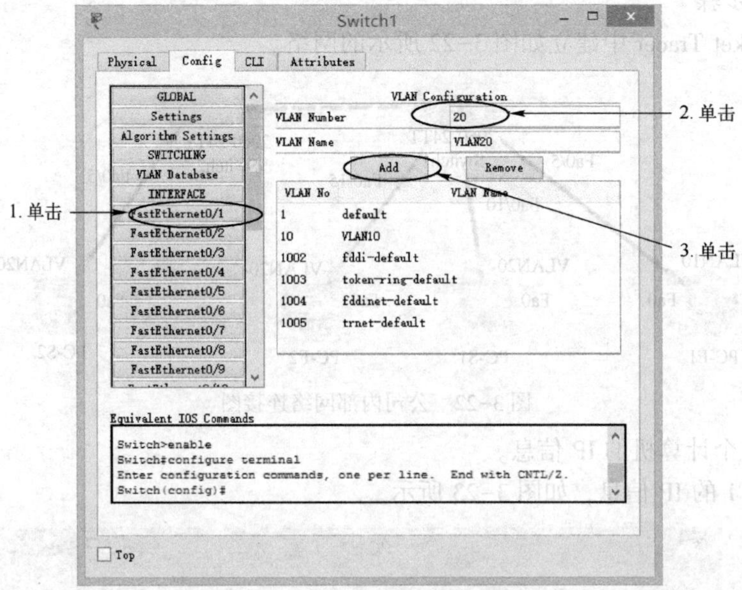

图 3-24 建立 VLAN 的步骤图示（一）

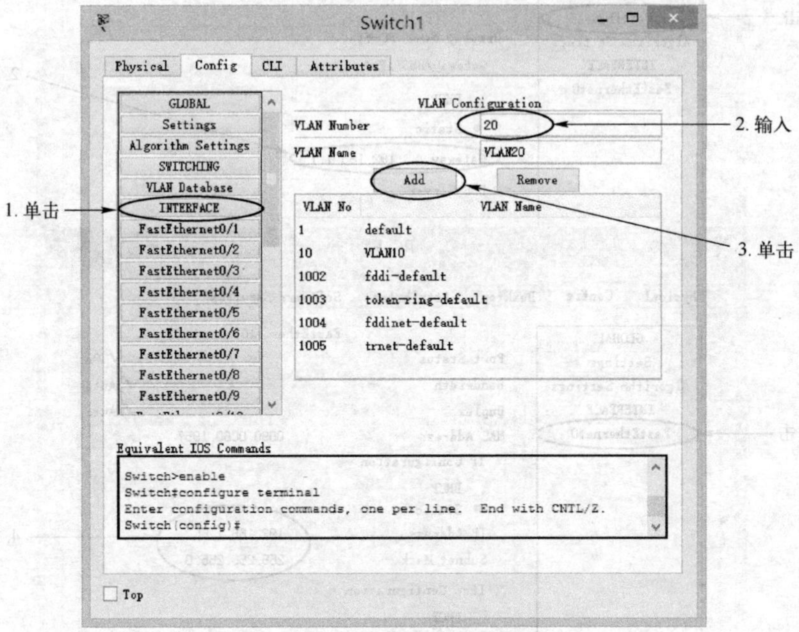

图 3-25 建立 VLAN 的步骤图示（二）

5）把 PC-F1 与 PC-F2 划分给 VLAN10，PC-S1 划分给 VLAN20。图 3-26 列出了将 PC-F1 连接的端口 F0/5 划分给 VLAN10 的过程。同样将 PC-F2 连接的端口 F0/10 划分给

VLAN10，将 PC-S1 连接的端口 F0/15 划分给 VLAN20。至此已完成单交换机的 VLAN 划分。

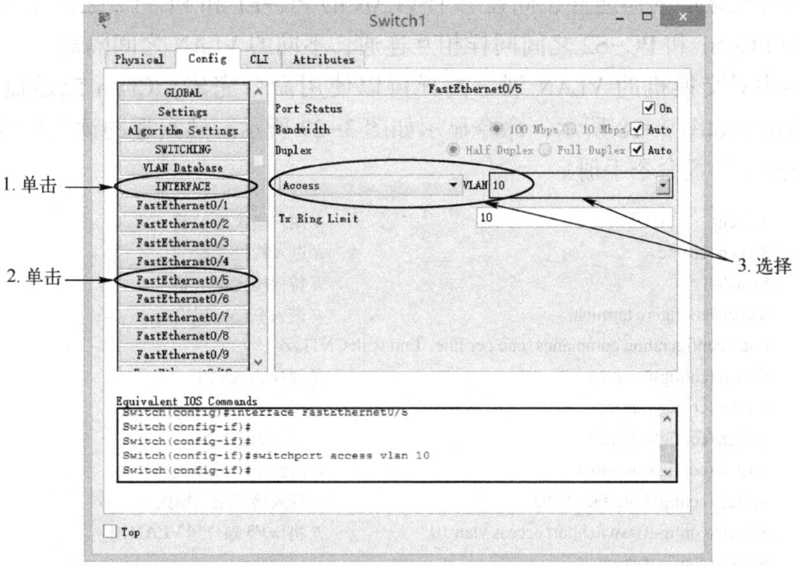

图 3-26　将端口分配给某个 VLAN 的步骤图示

6）测试 VLAN 连通性。在 PC-F1 的命令界面 ping PC-S1 时，不能连通；在 PC-F1 的命令界面 ping PC-F2 时，却能连通，这是因为不同的 VLAN 之间进行了相互隔离。

7）在跨交换机上基于端口静态划分 VLAN。在交换机 Switch2 上重复步骤 4）和 5），建立 VLAN20，并将 PC-S2 连接的端口 F0/5 分配给 VLAN20。

8）两交换机之间连接的端口设置为 TRUNK PORT。双击交换机 Switch2，选择“Config”选项卡，如图 3-27 所示，设置 F0/24 端口为 Trunk 模式。以相同的方法设置 Switch1 的 F0/24 端口的 Trunk 模式。

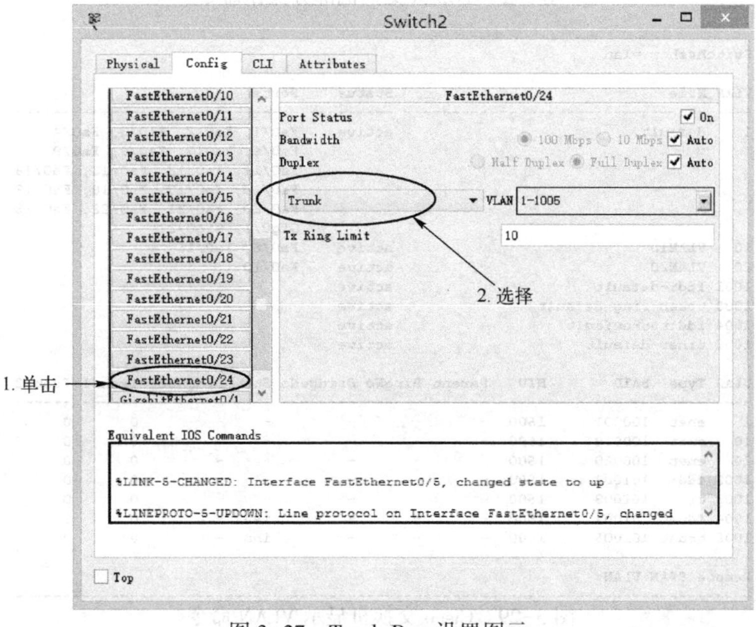

图 3-27　Trunk Port 设置图示

9）再次测试 VLAN 的连通性。之前步骤已完成多交换机的 VLAN 划分，再利用 ping 命令分别测试计算机之间的连通性，同在一个 VLAN 的 PC-F1 和 PC-F2 之间相互连通，同在一个 VLAN 的 PC-S1 和 PC-S2 之间同样相互连通，不同的 VLAN 之间隔离。

实验步骤中对交换机的 VLAN 划分同样可以使用命令完成，Cisco 或迅捷交换机划分 VLAN 用到的命令如图 3-28 所示，命令显示如图 3-29 所示。感兴趣的读者可以参考更为详细的 Cisco 交换机配置命令手册。

```
Switch>                                              // 用户模式提示符
Switch>enable                                        // 进入特权模式
Switch#                                              // 特权模式提示符
Switch#configure terminal                            // 进入全局配置模式
Enter configuration commands, one per line.  End with CNTL/Z.
Switch (config)#vlan 10                              // 划分VLAN10
Switch (config-vlan)#exit
Switch (config)#vlan 20                              // 划分VLAN20
Switch (config-vlan)#exit                            // 回到上一级模式
Switch (config)#interface fa0/5                      // 进入接口配置模式
Switch (config-if)#switchport access vlan 10         // 将fa0/5 划分到 VLAN10
Switch (config-if)#exit
Switch (config)#interface fa0/10
Switch (config-if)#switchport access vlan 20         // 将 fa0/10划分到VLAN20
Switch (config-if)#exit
Switch (config)#interfac e fa0/24                    // 设置fa0/24端口模式为trunk
Switch (config-if)#switchport mode trunk
Switch (config-if)#end                               // 直接返回到特权模式
Switch #
%SYS-5-CONFIG_I: Configured from console by console

Switch #show vlan                                    // 查看VLAN划分情况
```

图 3-28　Cisco 交换机部分操作命令

```
Switch#show vlan

VLAN Name                             Status    Ports
---- -------------------------------- --------- -------------------------------
1    default                          active    Fa0/1, Fa0/2, Fa0/3, Fa0/4
                                                Fa0/6, Fa0/7, Fa0/8, Fa0/9
                                                Fa0/11, Fa0/12, Fa0/13, Fa0/14
                                                Fa0/16, Fa0/17, Fa0/18, Fa0/19
                                                Fa0/20, Fa0/21, Fa0/22, Fa0/23
                                                Gig0/1, Gig0/2
10   VLAN10                           active    Fa0/5, Fa0/15
20   VLAN20                           active    Fa0/10
1002 fddi-default                     active
1003 token-ring-default               active
1004 fddinet-default                  active
1005 trnet-default                    active

VLAN Type  SAID       MTU   Parent RingNo BridgeNo Stp  BrdgMode Trans1 Trans2
---- ----- ---------- ----- ------ ------ -------- ---- -------- ------ ------
1    enet  100001     1500  -      -      -        -    -        0      0
10   enet  100010     1500  -      -      -        -    -        0      0
20   enet  100020     1500  -      -      -        -    -        0      0
1002 fddi  101002     1500  -      -      -        -    -        0      0
1003 tr    101003     1500  -      -      -        -    -        0      0
1004 fdnet 101004     1500  -      -      -        ieee -        0      0
1005 trnet 101005     1500  -      -      -        ibm  -        0      0

Remote SPAN VLANs
------------------------------------------------------------------------------
```

图 3-29　Cisco 交换机显示 VLAN 命令

3.9　习题

3-1　试简要回答数据链路（逻辑链路）与链路（物理链路）之间有何区别？

3-2　数据链路层为网络层提供的服务有哪些？

3-3　如果不在数据链路层进行封装成帧将会出现什么问题？

3-4　数据链路层为何要进行流量控制？流量控制的种类有哪些？

3-5　PPP 是一种什么样的协议？它主要包括哪几部分？

3-6　PPP 的主要特点是什么？PPP 适用于什么情况？为什么 PPP 不能使数据链路层实现可靠传输？

3-7　请简述 LCP 和 NCP 的主要作用。

3-8　请简述 PPP 的工作过程。

3-9　局域网的主要特点是什么？常用的局域网的网络拓扑有哪些种类？现在最流行的是哪种结构？

3-10　LAN 的共享信道接入要解决什么问题？有哪两种媒体接入控制方法？

3-11　什么叫传统以太网？以太网有哪两个主要标准？

3-12　为什么说 CSMA/CD 是一种半双工工作方式？

3-13　以太网的极限信道利用率与连接在以太网上的站点数无关。能否由此推论以太网的利用率也与连接在以太网上的站点数无关？并简述理由。

3-14　简述千兆以太网的特点和应用。

3-15　以太网交换机有何特点？

3-16　网桥的工作原理和特点是什么？网桥与以太网交换机有何异同？

3-17　以太网交换机为什么能够提高网络传输的流量？一个 12 口的 100 Mbit/s 的交换机可提供的最大带宽是多少？

3-18　说明 IEEE 802.11 WLAN 的网络结构。

3-19　为什么在无线局域网中不能使用 CSMA/CD 协议而必须使用 CSMA/CA 协议？结合隐蔽站问题说明 RTS 帧和 CTS 帧的作用。

3-20　CSMA/CA 定义了哪三种帧间间隔（IFS）？IFS 的作用是什么？

3-21　为什么在无线局域网上发送数据帧后要对方必须发回确认帧，而以太网就不需要这一过程？

第4章　网　络　层

本章讨论如何基于 IP 实现网络互连，也就是讨论如何通过路由器将多个网络连接成一个互联网络的各种问题。只有深入地了解 IP 及相关技术，才能真正掌握互联网的工作原理。因此，本章首先介绍网络层需要完成的基本功能，以及在设计网络层时需要解决的几个基本问题；然后详细介绍 IPv4，包括 IP 地址的基本概念、IP 报文格式、子网划分/路由聚合的原理、地址解析协议和网络层分组转发流程等；接着对网际控制报文协议、网络层的路由选择算法和 IPv6 的工作原理进行详细介绍；最后提供多组实验，包括 ARP 报文分析实验、IP/ICMP 报文分析实验、Tracert 命令工作报文分析实验和 ARP 攻击报文分析实验，使读者能够更好地掌握 IP 的工作原理。

本章的主要内容是：

1）网络层提供的服务。

2）IP 地址与物理地址之间的关系。

3）子网划分和路由聚合。

4）ICMP 的原理。

5）路由选择协议。

6）IPv6 的基本概念。

4.1　网络层的基本问题

4.1.1　网络层及网络互连的基本概念

网络层的主要任务是通过路由选择算法为分组传输选择合适的传输路径，将分组准确地从发送端传送到接收端。网络层要实现路由选择、网络互连等基本功能，同时为传输层实现端到端的传输提供服务。

目前，很多企业、机构与学校都在内部建立了局域网。在本单位内部的局域网，可以运行各种网络软件，实现信息及软硬件资源的共享。随着网络应用的不断深入，人们已经不满足于仅仅在内部局域网实现互通，而是希望能够在更大范围内实现网络与网络之间的互联，使任何两个不同网络中的主机能够直接进行互通。但在实际网络环境中两个通信的主机往往不在同一个物理网络之中。例如，一台主机在河南理工大学某个实验室的局域网中，另外一台主机在北京邮电大学某个实验室的局域网中，它们之间的通信可能需要经过由多个路由器连接的多个网络，这些通过路由器连接的网络可能是同一类型的，也可能不是同一类型的。因此，从网络层的角度实现各种局域网之间的互联互通，必须解决不同局域网之间的网络异构问题。局域网之间的网络异构性主要表现在以下几个方面：

- 不同的寻址方案。
- 不同的局域网通信协议。

- 不同的路由选择技术。
- 不同类型的操作系统。
- 不同的管理与控制方式。

互联网络是指利用路由器将两个或两个以上的局域网相互连接起来构成的系统，简称互联网。互联网是网络的网络，将网络互联起来需要使用一些中间设备，也称为中继系统。根据中继系统所在的层次，可以分为以下三种设备：

- 物理层中继系统，即集线器或转发器。
- 数据链路层中继系统，即网桥或桥接器。
- 网络层中继系统，即路由器。

当中间设备是集线器或网桥时，不能称之为网络互联，因为其仅仅是把一个网络扩大了，从网络层的角度看，其仍然是属于同一个网络。TCP/IP 在网络层采用标准的 IP，实现了不同局域网之间的互联，有效解决了网络异构问题。在图 4-1a 所示的实际的互联网络中，不同的计算机网络之间通过路由器实现互联，它们之间的通信使用标准的网际协议——IP。因此，可以把互联以后的计算机网络称为如图 4-1b 所示的虚拟互联网络。所谓的虚拟互联网络是指位于不同物理网络中的任何两个主机，都能够直接进行信息的交互和资源的共享，就像在同一个物理网络中一样。通过在网络层使用 IP 可以使各种异构的物理网络在网络层看起来是一个统一的网络，使通信双方在使用虚拟互联网络时，不需要看见互联网络的具体异构细节（比如编址方式、路由选择等）就能够直接进行互联互通。

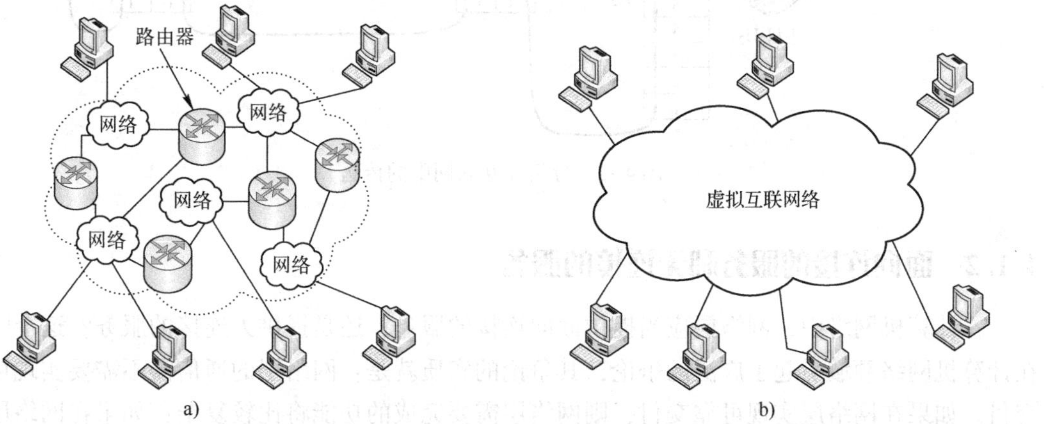

图 4-1 网络互联示意图

a）实际的互联网络 b）虚拟互联网络

当通过路由器将很多异构网络连接起来时，所有异构网络在网络层使用的都是相同的 IP，因此在网络层讨论问题就显得很直观。现在用一个例子来说明 IP 是如何解决异构网络中的通信问题的。

在图 4-2 中，源主机 H_1 将一个 IP 数据报文发送给主机 H_2。对主机 H_1 来说，只需要知道 H_2 的 IP 地址就可以了。根据 H_2 的 IP 地址，主机 H_1 首先要查找自己的路由表，看 H_2 是否和 H_1 在同一个网络中。如果是，则不需要通过任何路由器进行转发，直接发送就能成功交付。如果不是，则需要把该 IP 报文转发给 H_1 所在网络的出口路由器 R_1。R_1 在查找路由表完成路径选择后，把该分组报文转发给 R_2 进行间接交付。通过多次转发后，该分组报文

到达路由器 R_5。R_5 查找路由表后知道自己是和 H_2 在同一个网络中的，因此不需要再通过其他路由器进行转发了，可以直接将该 IP 报文交付给目的主机 H_2。由图 4-2 可知，主机 H_1 和 H_2 拥有五层协议栈，所有路由器拥有三层协议栈，而在数据链路层存在多种局域网，包括总线网、卫星网络、无线局域网等。通过在网络层使用统一的 IP，有效屏蔽了不同类型局域网之间的差异，使 H_1 只需要知道 H_2 的 IP 地址，而不需要知道路径中需要经过哪些局域网，就可以将 IP 报文传送给 H_2。

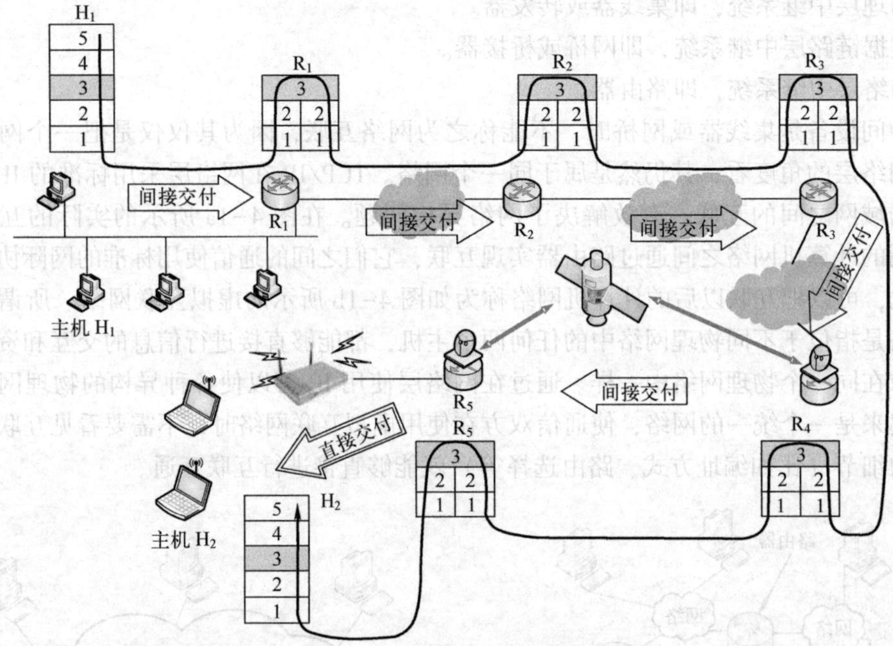

图 4-2 分组在互联网中的传送

4.1.2 面向连接的服务和无连接的服务

在计算机网络中，网络层应当提供面向连接的服务，还是提供无连接的服务？这个问题在计算机网络领域引起了广泛的争论，其争论的实质就是：网络层的通信需不需要实现可靠交付。如果在网络层实现可靠交付，则网络层需要完成的功能将比较复杂；如果在网络层不考虑可靠交付，则网络层的功能相对简单。在图 4-2 中，可以看到在计算机网络通信的过程中，分组报文需要经过多个路由器进行存储转发，计算机网络中的主机拥有五层协议，路由器拥有三层协议。也就是说网络中的设备都有网络层，如果在网络层实现可靠交付，就会使网络层的功能复杂，也会间接导致路由器的功能过于复杂，使其造价过高，负担过重，不利于可靠通信网络的普及应用。因此，最终市场做出了选择。通过在网络层提供不可靠交付的无连接服务，使路由器的功能得到大大简化，成本得到大幅度削减，为其得到广泛应用提供了坚实的基础。下面针对这两种服务方式分别进行详细的介绍。

面向连接的服务主要是借助于电信网的成功经验，希望能够由网络提供可靠交付。这种可靠交付的工作方式在电信网络中取得了巨大的成功，因此，网络设计者认为在计算机网络中也可以模仿打电话的工作方式实现数据通信，在 ATM 通信中就广泛采用了这种工作方式。

在 ATM 网络中，当两个计算机进行通信时，首先会在发送方和接收方之间建立一条连接，称为虚电路（VC）。在建立连接的过程中 ATM 网络会为通信双方预留通信所需的资源，以便能够保证后续通信质量。然后，通信双方就沿着已建立的虚电路发送分组。因为预先连接已经建立好了，所以在发送的分组中不需要填写完整的目的主机地址，只需要在分组中提供虚电路号就能够完成分组的传送。通过这种方式，在一定程度上减少了分组开销。网络提供面向连接服务的工作原理如图 4-3a 所示。

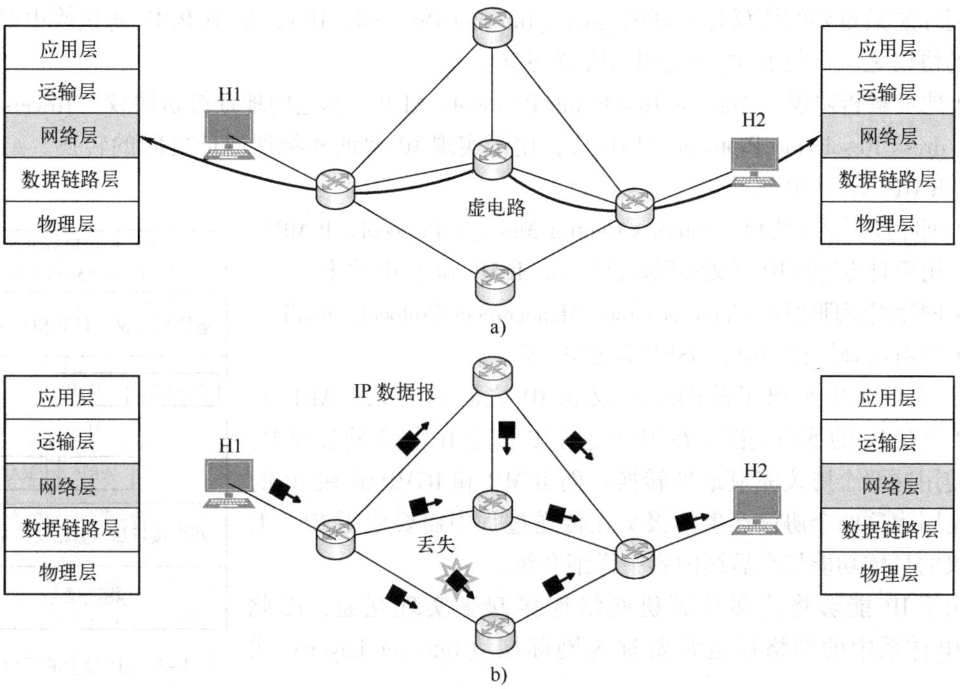

图 4-3　网络提供面向连接服务工作原理
a）虚电路服务　b）数据报服务

无连接服务的先驱提出了一种新的网络设计思路。他们认为，在传统电信网中对电话业务使用可靠传输是合适的，但在计算机网络中，早期主要是用于传送数据业务，而数据业务的传送具有突发性，传统电信网中的通信方式并不适合传送数据业务。例如，某个用户可能一天都登录了 QQ，但是一直没有说话，只是在下午 2 点的时候给一个朋友通过 QQ 传送了一个文件。如果使用面向连接服务，就意味着用户在登录 QQ 之前需要预先建立一条虚电路，只要这个用户不下线，虚电路将一直被占用。只有在传送文件的时候，虚电路才被有效利用了，而在其他时间虚电路资源都被浪费了。通过这个例子可以看出，使用面向连接服务传送数据业务存在电路资源利用率低的问题。为了解决这一问题，互联网在网络层只提供简单灵活的、无连接的、尽最大可能交付的服务。在互联网中发送分组时不需要预先建立连接，每一个分组都独立发送，由路由器为其进行路径选择，与其前后的分组无关。因此，有可能前后分组在经过路由器转发的过程中，因为网络环境的变化，前后分组所走的路径可能不同。也就是说，互联网中所传送的分组可能出错、丢失、重复和失序，当然更不可能保证分组传输的质量。但是，通过这种方式能够大大提高数据传输对资源的利用效率，同时采用这种思路可以使网络造价大大降低，使运行方式灵活，能够适应各种应用。互联网能够发展到今天的规模，充分说明了这种设计思路的正确性。网络提供无连接服务的工作原理如图 4-3b所示。

4.2 互联网协议（IP）

网际层最重要的协议是互联网协议（Internet Protocol，IP），是 TCP/IP 协议族中两个最主要的协议之一。与 IP 配套使用的协议还有：

- 地址解析协议（Address Resolution Protocol，ARP）和逆向地址解析协议（Reverse Address Resolution Protocol，RARP），用于实现 IP 地址和物理地址之间的转换。ARP 和 RARP 位于 IP 之下。
- 网际控制报文协议（Internet Control Message Protocol，ICMP），用于对传送的 IP 报文实现差错控制。ICMP 位于 IP 之上。
- 网际组管理协议（Internet Group Management Protocol，IGMP）。
- 路由选择协议 RIP、OSPF 和 BGP 等。

在图 4-4 中画出了前四个协议和 IP 之间的关系。ARP 和 RARP 画在 IP 的下面是因为在用户使用 IP 传送 IP 报文的过程中，需要使用这两个协议完成地址转换；而 ICMP 和 IGMP 画在 IP 的上面是因为这两个协议产生的报文在传送过程中需要使用 IP。上述协议的具体功能将在后续内容中详细介绍。

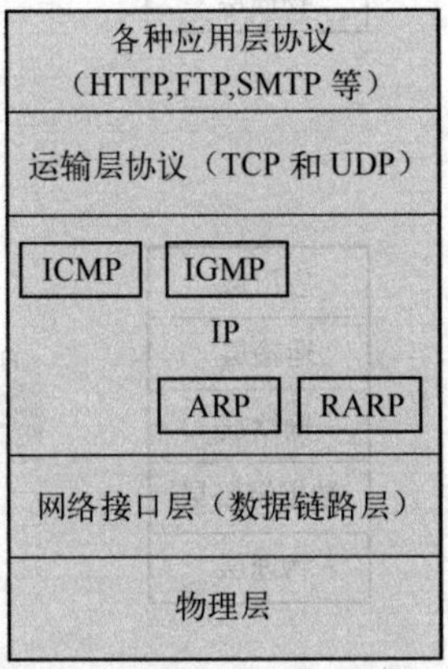

图 4-4　IP 及其配套协议

由于 IP 能够将许多计算机网络连接起来实现互通，因此 TCP/IP 体系中的网络层也常常称为网际层（Internet Layer）或 IP 层。

4.2.1 IP 地址及其表示方法

1. IP 地址的基本概念

如果要把互联网建成一个单一的、抽象的网络，就需要首先建立一个全局的地址系统，解决互联网中不同主机、路由器及其他网络设备在整个互联网范围内拥有唯一地址标识的问题。

TCP/IP 网络层使用的唯一地址标识符称为 IP 地址，IP 地址为互联网中的每一个主机或路由器的每一个接口都分配一个在全世界范围内唯一的 32 bit 标识符。IP 地址现在由互联网名称与数字地址分配机构（Internet Corporation for Assigned Names and Numbers，ICANN）进行分配。

在讨论网络层具体功能时，我们将数据的发送方和接收方分别称为源主机和目的主机，源主机和目的主机的 IP 地址分别称为源 IP 地址与目的 IP 地址。源主机在发送 IP 报文时，需要将源 IP 地址和目的 IP 地址封装到 IP 报文中，然后将该报文发送给路由器进行分组转发。当路由器收到该 IP 报文时，能够依据目的 IP 地址为该 IP 报文实现路由选择，根据路由选择的结果将该 IP 转发给下一跳。该 IP 报文经过多次转发后，到达目的主机。目的主机收到该 IP 报文后，可根据报文中的源 IP 地址分析出该报文是由谁发送的，以便能够给源主机回复报文。由此可知，通过使用 IP 地址能够有效实现 IP 报文的发送和接收，而对源主机和目的主机来说则不需要知道要经过哪些路由器，只需要知道源 IP 地址和目的 IP 地址就可以了。

2. IP 地址的表示方法

对于主机或路由器等网络设备来说，IP 地址是 32 bit 的二进制代码。为了提高可读性，常常把 32 bit 的 IP 地址分为 4 个字节（每个字节 8 bit），然后把每个字节用等效的十进制数字表示，并且在每个字节之间用点分割。这种表示方法称为点分十进制记法（dotted decimal notation）。具体表示方法如图 4-5 所示，显然，64. 55. 32. 31 比 01000000 00110111 00100000 00011111 读起来方便很多。

计算机中存放的 IP 地址	01000000001101110010000000011111			
IP 地址以字节为单位表示的二进制码	01000000	00110111	00100000	00011111
每个字节用十进制表示的 IP 地址	64	55	32	31
采用点分十进制表示的 IP 地址	64.55.32.31			

图 4-5 IP 地址表示方法

3. IP 地址编址方法的发展

IP 地址的编址方法经历了三个历史阶段，这三个阶段分别是：

- 分类的 IP 地址。这是最基本的编址方法，在 1981 年通过了相应的标准协议。
- 子网划分。对最基本编址方法进行了改进，其标准协议在 1985 年获得通过。
- 构造超网。这是比较新的无分类编址方法，在 1993 年提出后得到了推广应用。

4. 2. 2 IP 地址的分类

1. IP 地址的类别

为了更好地实现对 IP 地址的管理，在 IP 中将 IP 地址划分为若干个固定的类别，每一类地址均由两个固定长度的字段构成。其中第一个字段称为网络号（net-id），用来唯一标识主机或路由器位于互联网中的哪一个网络；第二个字段称为主机号（host-id），用来在具体网络中对某个主机或路由器进行唯一标识。由此可见，一个 IP 地址可以在整个互联网范围内唯一标识一个主机或路由器。这种两级的 IP 地址结构可以记为：

IP 地址 ＝ {<网络号>,<主机号>}

根据两个字段取值的不同，可将 IP 地址分为 5 类。5 类 IP 地址的具体划分如图 4-6 所示，由图可知：

- A 类 IP 地址网络号字段为 1B，其第 1 位为类别位，数值为 0。
- B 类 IP 地址网络号字段为 2B，其第 1~2 位为类别位，数值为 10。
- C 类 IP 地址网络号字段为 3B，其第 1~3 位为类别位，数值为 110。

- D类IP地址第1~4位为类别位，数值为1110；D类地址用于多播。
- E类IP地址第1~5位为类别位，数值为11110；E类地址保留使用。

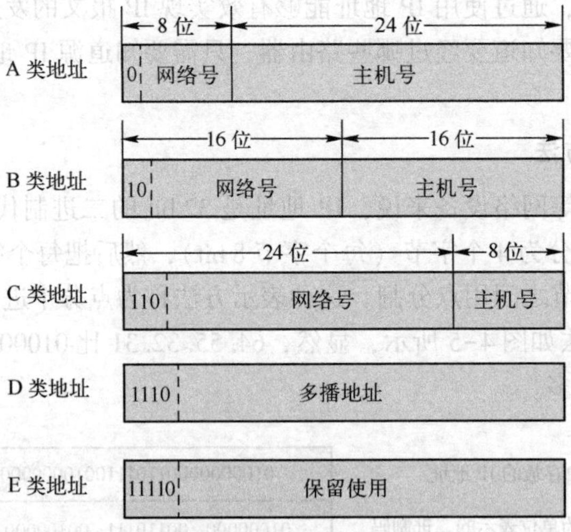

图4-6 不同类别的IP地址结构

这里需要指出，由于IP地址资源有限，近年来无分类IP地址编址方法得到了广泛的使用，A类、B类和C类地址的区分已成为历史，但由于很多文献和资料仍然使用传统的分类方式，因此本书仍然从这种最基本的编址方法讲起。

（1）A类IP地址

A类IP地址网络号长度为8位，但只有7位可供使用（A类地址的第一位固定为“0”）。由于网络号为全0和全1的两个地址是保留地址，因此能够分配的网络号为126（$2^7-2=126$）个。网络号为全0的地址表示“本网络”，网络号为全1的地址用于本地软件环回测试。若主机发送一个目的地址为环回地址（例如：127.0.0.1）的IP报文，则本主机中的IP软件就能处理数据报文中的数据，而不会把数据发送到任何网络中。因此目的地址为环回地址的IP报文永远不会出现在任何网络中，该地址可用于测试网卡功能是否正常。A类IP地址的主机号为24位，因此每个A类网络中可连接的主机数理论上为2^{24}（16777216）个。但是主机号为全0和全1的两个地址不能分配，保留使用。主机号为全0的地址表示该主机所连接网络的网络地址，主机号为全1的地址表示该网络上的所有主机。因此实际上一个A类IP地址允许连接16777214个主机。整个IP地址空间拥有2^{32}（4294967296）个地址，而整个A类地址空间共有2^{31}个地址，占整个地址空间的50%。

A类地址空间大，适用于拥有大量主机的大型网络。但是，一个组织或机构不大可能拥有如此之多的主机，当其拥有A类地址时，很多地址都将无法利用，从而造成IP地址资源的浪费。

（2）B类IP地址

B类地址的网络号字段为16位，但只有14位可用于分配，因此可供分配的网络号有16383（$2^{14}-1=16383$）个。B类IP地址的主机号为16位，因此每个B类网络中可连接的主机数理论上为2^{16}（65536）个。主机号为全0或全1的地址保留使用，因此实际上一个B类IP地址允许连接65534个主机或路由器。整个B类地址空间共约有2^{30}个，占整个IP地址的25%。

B类地址空间较大，但是存在与A类地址相似的问题。对于一个组织或结构，拥有65534台主机的可能性比较低，因此很多B类地址资源也都存在利用率偏低的问题。

(3) C类IP地址

C类地址的网络号字段为24 bit，但只有21 bit可用于分配，因此可供分配的网络号有2097151（$2^{21}-1=2097151$）个。C类IP地址的主机号为8 bit，因此每个C类网络中可连接的主机数理论上为2^8（256）个。主机号为全0或全1的地址保留使用，因此实际上一个C类IP地址允许连接254个主机或路由器。整个C类地址空间共约有2^{29}个，占整个IP地址的12.5%。

C类地址特别适用于一些小公司及普通的研究机构，IP地址利用率较高。

A、B、C类IP地址指派范围见表4-1，在表4-2中给出了一些特殊的IP地址，这些地址只在特殊情况下使用。

表4-1 IP地址的指派范围

网络类别	最大可指派的网络数	第一个可指派的网络号	最后一个可指派的网络号	每个网络中的最大主机数
A	126（2^7-2）	1	126	16777214
B	16383（$2^{14}-1$）	128.1	191.255	65534
C	2097151（$2^{21}-1$）	192.0.1	223.255.255	254

表4-2 一般不使用的特殊IP地址

网 络 号	主 机 号	源地址使用	目的地址使用	代表的意思
0	0	可以	不可	在本网络中的本主机
0	host-id	可以	不可	在本网络中的某个主机host-id
全1	全1	不可	可以	只在本网络中进行广播，各路由器收到此报文均不转发
net-id	全1	不可	可以	对net-id上的所有主机进行广播
127	非全0或全1的任何数	可以	可以	用于本地软件环回测试

2. IP地址的特点

IP地址具有以下一些重要特点：

1）每一个IP地址都是由网络号和主机号两部分构成。从这个意思上来说，IP地址是一种两级的地址结构。之所以要对IP地址划分等级是因为，第一，IP地址分配管理机构只需要分配网络号（第一级）就可以，而不需要直接分配每个IP地址，从而大大减轻了IP地址管理机构的压力；剩下的主机号（第二级）则由获得该网络号的单位自行分配。第二，路由器可以以网络为基本单位实现IP报文的分组转发，对于路由器来说，其任务只需要将分组转发到目的网络即可。从而可以使路由器的路由表中只记录网络号就可以，可以使路由表中的项目数大幅度减少，减少路由表所占的存储空间，缩短查找路由表的时间。

2）IP地址在实际中用于标识一个主机（路由器）或一条链路的接口。当一个主机同时连接到两个网络上时，必须同时拥有两个不同的IP地址，这两个IP地址分别属于这两个不同的网络。这种主机称为多归属主机（multihomed host）。对于路由器来说，一般需要连接两个以上的网络，因此路由器至少拥有两个以上不同的 IP 地址。

3）按照网络层的观点，一个网络是指拥有相同网络的主机的集合。因此，使用集线器或网桥连接起来的若干个局域网在网络层仍然认为它们属于同一个网络，因为它们拥有相同的网络号（net-id）。但拥有不同网络号的局域网进行互联时必须使用路由器。同时，需要指出的是，所有分配到不同网络号的网络，不管范围大小，都是平等的。

图 4-7 中画出了三个局域网（LAN_1，LAN_2 和 LAN_3）通过三个路由器（R_1，R_2 和 R_3）连接起来构成一个互联网。其中局域网 LAN_2 通过网桥将两个网段连接起来。

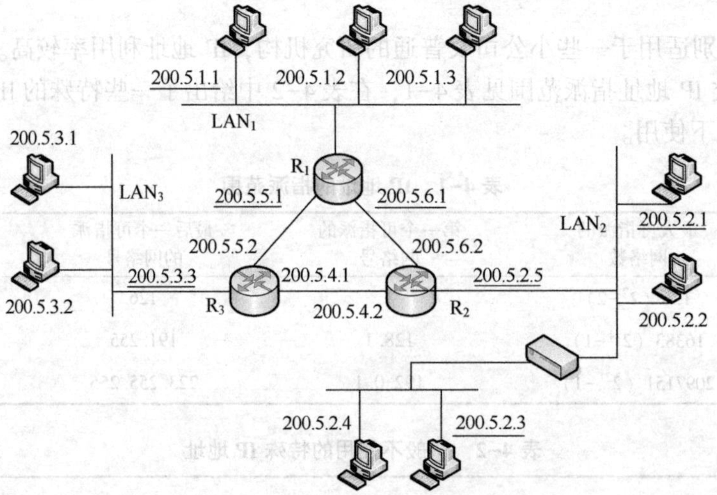

图 4-7 不同局域网 IP 地址分配图

在图 4-7 中，有以下几点需要注意：

1）位于同一个局域网中的主机和路由器所拥有 IP 地址的网络号必须是相同的。图中所示的网络号指的就是该 IP 地址网络号字段的值，这是文献中常见的一种表示方式。另一种表示方法是将 IP 地址的主机号全部置 0，表示该 IP 所在网络的网络 IP 地址。

2）使用网桥（位于数据链路层）将多个局域网连接起来的网络从网络层来看仍然是一个局域网，因为它们拥有相同的网络号。

3）路由器拥有两个或两个以上的 IP 地址，路由器的每一个接口都拥有一个其所连接网络的 IP 地址。

4）当两个路由器通过链路直接相连时，在链路两端的接口处，可以分配也可以不分配 IP 地址，因为在这条链路上是点对点的通信，只有一个发送端和一个接收端，所以可以不分配 IP 地址。对于这种仅由一段链路构成的特殊网络，现在为了节省 IP 地址资源，经常不为其分配 IP 地址。通常把这样的特殊网络称为无编号网络（Unnumbered Network）或无名网络（Anonymous Network）。

4.2.3 IP 报文结构与首部格式

在 IP 中提供的是无连接服务，IP 报文的数据传输机制是通过数据单元的各个具体字段来实现的，而数据单元的格式与各个字段的含义也只有在讨论数据传输机制与服务时才有意义。因此，掌握 IP 报文结构及首部格式，对于深入掌握 IP 的工作原理是至关重要的。

IP 数据报文的结构如图 4-8 所示。在 TCP/IP 中，数据格式常常以 32 bit 为基本单位进行描述。IP 报文的长度是可变的，它主要由首部和数据两部分构成。由图 4-8 可知，IP 报文首部的长度是 20~60 B，首部的基本长度是 20 B，是所有 IP 报文必须拥有的。在首部基本长度后面是可选字段，长度是可变的，最大长度为 40 B。因此，IP 报文首部的最大长度是 60 B。首部各个字段的具体含义如下：

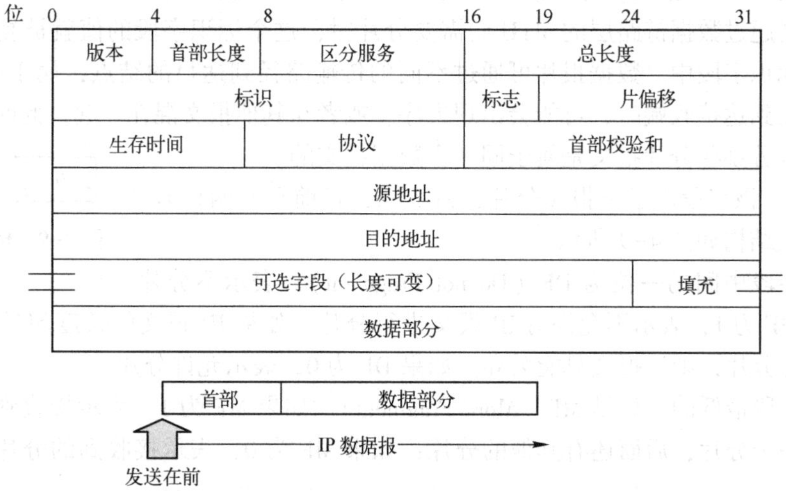

图 4-8　IP 数据报文结构

1）版本。该字段用于标识 IP 的版本，占 4 bit。当协议版本号为 4 时，表示使用的是 IPv4；当协议版本号为 6 时，表示使用的是 IPv6。该字段用于向网络层软件说明其使用的协议版本，因为不同版本的协议，其后续字段的内容是不同的。因此，IP 软件在对 IP 报文进行解析时必须检查协议的版本号，以免错误解析报文内容。

2）首部长度。IP 报文首部长度可变，使用该字段表示首部的具体长度，占 4 bit，需要注意的是首部长度的基本单位是 32 bit（4 B）。因此，当“首部长度”表示为 0001 时，首部的长度为 1 个 4 B；当“首部长度”表示为 1111 时，首部的长度将达到最大（15 个 4 B）。首部的固定长度是 20 B，“首部长度”为“0101”是最常用的，此时只有固定部分，没有任何可选字段。

3）区分服务。该字段占 8 bit，用于指示路由器应该以何种方式处理该数据报文，可用于获取更好的服务。只有在用户需要确保通信服务质量（Quality of Service，QoS）时，才需要使用该字段。在一般情况下，区分服务字段是不使用的。

4）总长度。该字段表示数据报文的总长度，也就是首部和数据长度之和，单位为字节（B），占 16 bit。因此，IP 报文的最大长度为 65535（$2^{16}-1=65535$）B。在互联网中，IP 报文长度应当适中。因为在一个 IP 报文中，首部部分的开销是一定的，如果 IP 报文数据部分的长度过短，就会导致使用同样的开销传送的数据量过低。因此，从传输效率方面考虑，IP 报文长度不能过短。同时，IP 报文长度也不能过长，这是因为在 IP 层下面的数据链路层有自己的帧格式，每种协议在帧格式中都定义了能够传送的数据字段的最大长度，称为最大传送单元（Maximum Transfer Unit，MTU）。IP 报文无论有多长，最终都要被封装成帧传送出去。如果 IP 报文的长度超过网络所允许的最大传送单元（MTU）时，就必须把这个长的数据报文分成若干个小的分片报文才能在网络上传送（具体的分片过程见“片偏移”部分）。此时，分片后的数据报文首部中的“总长度”指的是该分片报文首部长度与数据长度之和，而不是未分片前的数据报文长度。

5）标识。该字段用于唯一标志一个 IP 报文，占 16 bit。IP 软件在存储器中维持一个计数器，每生成一个 IP 报文，计数器数值就加 1，并将此数值赋给该报文的标识字段。当数据报文的长度超过数据链路层的 MTU 而需要分片时，这个标识字段的值就被复制到所有的数据报片的标识字段中。数据报片可通过不同的传输路径到达目的结点，属于同一个 IP 报文的分片报文到达接收端时，可能会出现失序，或者与其他报文混在一起。此时，可以依据标识字段来区分哪些分片报文是属于同一个数据报文的。

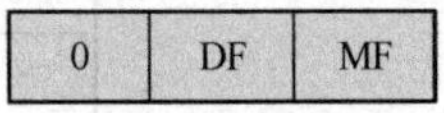

图 4-9　标志字段结构

6）标志。该字段用于长报文分片，占 3 bit，目前只有两位有意义，标志字段结构如图 4-9 所示。

- 标志字段中间的一位为 DF（Do not Fragment），表示不分片。
  如果 DF 为 1，表示不允许对 IP 报文进行分片。如果 IP 报文的长度超过 MTU，而又不允许分片，则该报文只能丢弃。如果 DF 为 0，表示允许分片。
- 标志字段最低的一位是 MF（More Fragment）。如果 MF 为 1，表示接收到的分片不是最后一个分片，后面还有其他的分片；如果 MF 为 0，表示接收到的分片是最后一个分片。

7）片偏移。该字段表示该分片在整个 IP 报文中的相对位置，占 13 bit。片偏移字段的基本单位是 8 B，因此分片时所选择的分片长度必须为 8 B 的整数倍。

下面举个例子说明分片的过程。

【例 4-1】 某 IP 报文的总长度为 5116 B，数据部分长度为 5096 B，假定 MTU 为 1316 B。因其首部长度为 20 B，因此每个分片报文的数据长度不能超过 1296 B。于是可将此 IP 报文分为 4 个数据报片，其数据部分的长度分别为 1296 B、1296 B、1296 B 和 1208 B。原始数据报文的首部被复制为各数据报片的首部，相关字段数值需要修改。具体分片结果如图 4-10 所示（请注意片偏移的数值）。表 4-3 是本例中数据报文首部与分片报文有关字段的数值，未分片报文标识字段的值假定为 23422，具有相同标识的数据报分片报文在到达接收端后可进行 IP 报文重组。

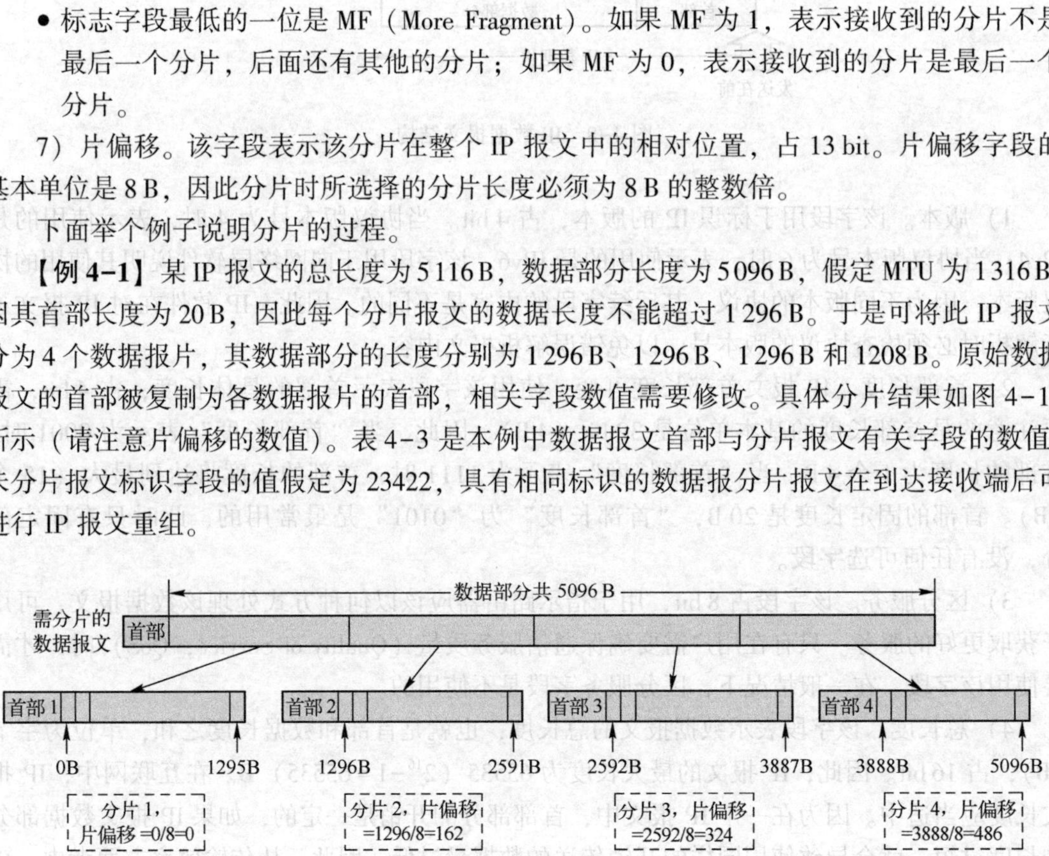

图 4-10　IP 数据报文分片结果

表 4-3 IP 数据报首部中与分片有关的字段中的数值

数据报文	总长度	标识	MF	DF	片偏移
原始数据报	5096	23422	0	0	0
数据报文分片 1	1316	23422	1	0	0
数据报文分片 2	1316	23422	1	0	162
数据报文分片 3	1316	23422	1	0	324
数据报文分片 4	1228	23422	0	0	486

8）生存时间（Time To Live，TTL）。该字段表示数据报文在网络中允许生存的时间，占 8 bit。数据报文从源主机发送到目的主机所需要的传输时间是不确定的，如果出现路由器的路由表错误，甚至可能导致数据报文在网络中循环、无休止地流动。为了避免出现这种极端情况，IP 规定在源主机发送 IP 报文时，需要对 TTL 字段赋值，也就是在发送报文时，要指定该报文在互联网中的传输寿命。TTL 通常使用路由器跳数为基本单位，每经过一个路由器，TTL 数值减 1。当 TTL 数值减为 0 时，就丢弃这个数据报文。因此，TTL 的意义就是指出数据报文在互联网中至多可经过多少个路由器。

9）协议。该字段表示此报文数据部分使用的是何种协议，占 8 bit。当目的主机收到 IP 报文时，通过协议字段能够有效获取其数据部分使用的协议类型，从而目的主机就知道应该将报文上交给哪个应用进程来处理。协议字段数值与所表示的高层协议类型见表 4-4。

表 4-4 协议类型

协议名	ICMP	IGMP	TCP	EGP	IGP	UDP	IPv6	OSPF
协议字段值	1	2	6	8	9	17	41	89

10）首部检验和。该字段用于检验数据报文首部的完整性，占 16 bit。

11）源地址。该字段用于表示源主机的 IP 地址，占 32 bit。

12）目的地址。该字段用于表示目的主机的 IP 地址，占 32 bit。

13）可选字段。该字段用于支持排错、测量以及安全等措施，长度范围为 1～40 B，具体内容取决于所选择的项目。在使用该字段的过程中，有可能会出现首部长度不是 4 B 整数倍的情况，此时需要使用填充字段将首部长度补齐成 4 B 的整数倍。增加首部的可选字段是为了增加 IP 的功能，但同时也使得 IP 首部长度可变，增加了路由器处理的开销，在实际中，该字段是很少使用的。

14）填充字段。IP 规定首部长度必须是 4 B 的整数倍，如果不是 4 B 的整数倍，则使用填充字段补齐。

4.2.4 地址解析及安全漏洞

1. 硬件地址和 IP 地址

硬件地址是数据链路层和物理层使用的一种地址，也称为 MAC 地址；而 IP 地址是网络层及网络层以上使用的地址，是一种逻辑地址。硬件地址和 IP 地址之间是一一对应的关系。两种地址的区别如图 4-11 所示。

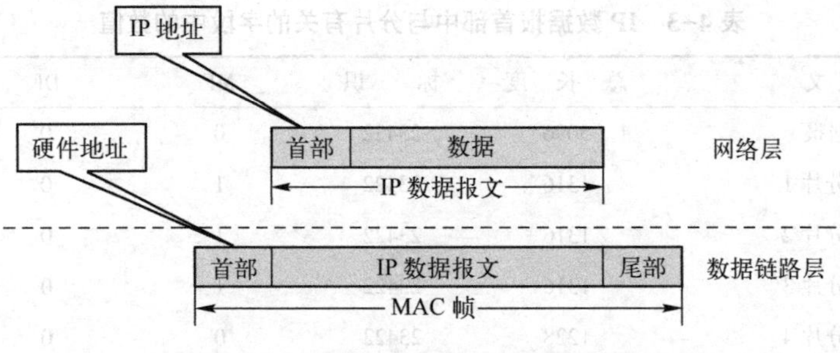

图 4-11 硬件地址与 IP 地址的区别

源主机在发送数据时，首先将待发送数据加上 IP 首部后封装成 IP 报文，源 IP 地址和目的 IP 地址都在 IP 首部中；然后将封装好的 IP 报文从网络层交给数据链路层，数据链路层将其封装成帧，源 MAC 地址和目的 MAC 地址封装到 MAC 帧的首部中；最后数据链路层把帧交给物理层通过链路转发出去。连接在通信链路上的主机或路由器收到 MAC 帧后，会对 MAC 帧的首部进行解析，并检测 MAC 帧首部中的目的 MAC 地址和自己的 MAC 地址是否一致，如果一致就接收，不一致就直接丢弃。对主机或路由器的数据链路层来说，它只能看到 MAC 帧的源 MAC 地址和目的 MAC 地址，是看不到 IP 地址的。在数据链路层处理完成后，剥去 MAC 帧的首部和尾部后，将 MAC 帧的数据部分上交给网络层，网络层才能看到 IP 报文首部中的源 IP 地址和目的 IP 地址。

总之，IP 地址是放在 IP 报文首部中的，硬件地址是放在 MAC 帧首部中的，在数据链路层不可能看到 IP 地址，在网络层也不可能看到 MAC 地址。硬件地址在数据链路层使用，而 IP 地址在网络层使用，这两种地址使用范围存在明显的差别。

下面通过一个例子来详细说明 IP 报文在传送过程中，IP 地址和硬件地址之间的关系。

在图 4-12 中四个局域网通过三个路由器 R_1、R_2 和 R_3 连接起来，现在主机 H_1 要和主机 H_2 通信。这两个主机的 IP 地址分别是 IP_1 和 IP_2，它们的硬件地址分别为 HA_1 和 HA_2（HA 表示硬件地址）。通信的路径是：H_1->经过 R_1 转发->经过 R_2 转发->经过 R_3 转发->H_2。路由器 R_1 同时连接到两个局域网上，因此有两个 IP 地址（IP_3 和 IP_4）和两个硬件地址（HA_3 和 HA_4）；同理，路由器 R_2 的两个硬件地址是 HA_5 和 HA_6，对应的两个 IP 地址是 IP_5 和 IP_6；路由器 R_3 的两个硬件地址是 HA_7 和 HA_8，对应的两个 IP 地址是 IP_7 和 IP_8。

H_1 将待发送的数据封装成 IP 报文，在 IP 报文首部中源地址和目的地址分别为 IP_1 和 IP_2，分别表示报文的发送方和接收方。H_1 将 IP 报文交给它的数据链路层，由数据链路层将其封装成帧，帧的源 MAC 地址为 HA_1，目的 MAC 地址为 HA_3。我们知道，IP_2 对应的 MAC 地址应该是 HA_2，这里为什么不将目的 MAC 地址设置为 HA_2 呢？如果设置为 HA_2，则将该帧通过物理层转交给 R_1，R_1 在局域网 LAN_1 中的接口 MAC 地址为 HA_3，当 R_1 收到这个 MAC 帧后，经过检测发现目的 MAC 地址为 HA_2，不是发给 HA_3 的，R_1 将会直接把此帧丢弃，从而导致 IP 报文将无法正确转发。因此，在 H_1 将 IP 报文封装成帧时，目的 MAC 地址应该为 HA_3；同理，R_2 和 R_3 在收到报文进行转发时，MAC 地址的设置原理同上。

由上可知，通过合理地设置 MAC 地址可以有效地实现帧的转发，在这里源 IP 地址和目

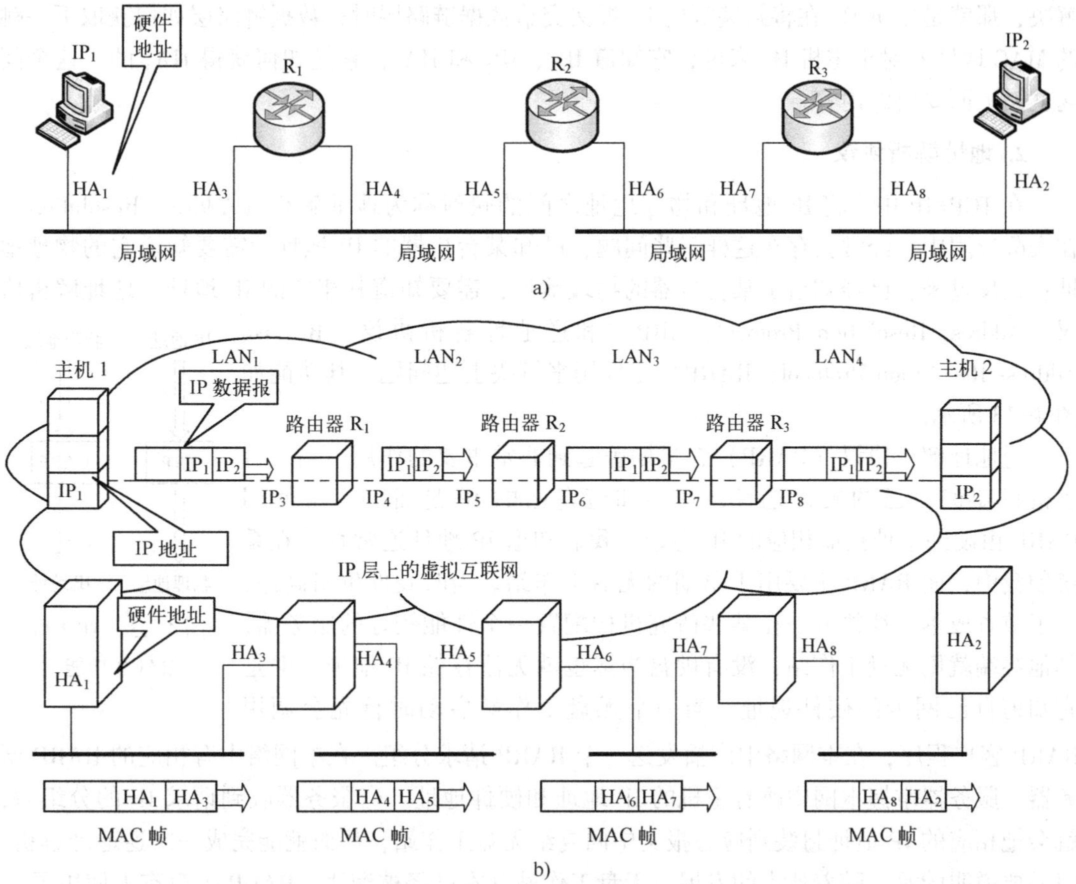

图 4-12

a) 网络拓扑图　b) IP 数据报文传送过程中 IP 地址和硬件地址的变化关系

的 IP 地址的主要作用是什么呢？尽管在数据链路层源 MAC 地址和目的 MAC 地址不断发生变化，但网络层 IP 首部中的源 IP 地址和目的 IP 地址在整个报文发送过程中始终不变。这是因为如果改变了目的 IP 地址，则当某个路由器收到该 IP 报文时，路由器无法通过对 IP 报文首部的解析来获取报文要发送给哪个主机，当然更不可能进行正确的路由了；如果改变了源 IP 地址，则接收端收到该报文后，无法知道这个报文是谁发送的，当然也就无法给对方回复报文。

这里还有几点需要强调：

1）在 IP 层抽象的互联网上只能看到 IP 数据报文。

2）路由器只根据 IP 报文的目的 IP 地址进行路由选择。

3）在局域网的数据链路层，只能看见 MAC 帧。

4）尽管互连在一起的局域网硬件地址格式各不相同，但通过引入 IP 层，有效屏蔽了不同类型局域网数据链路层之间的差异。只要在网络层的层面讨论问题，就能够使用统一的、抽象的 IP 地址研究主机或路由器之间的通信，而不需要考虑数据链路层具体用的是哪种协议，从而有效解决数据链路层网络异构问题。

通过上述例子能够在网络层的层面有效实现 IP 数据报文的传送，但是有一个问题需要解决，那就是主机 H_1 在将封装好的 IP 报文交给数据链路层时，数据链路层如何获取下一跳的 MAC 地址？对于主机 H_1 来说，它知道 IP_1、IP_2 和 HA_1，它是如何获得 HA_3 的？这个问题就是下面要讲的内容。

2. 地址解析协议

在 TCP/IP 中，将 IP 地址和物理地址之间的映射称为地址解析（Address Resolution）。在实际应用中，经常会存在这样一些问题，已知某台机器的 IP 地址，需要知道它的物理地址；或反过来，已经知道了某台机器的物理地址，需要知道其相应的 IP 地址。地址解析协议（Address Resolution Protocol，ARP）和逆地址解析协议（Reverse Address Resolution Protocol，RARP）主要用来解决上述问题，其功能如图 4-13 所示。

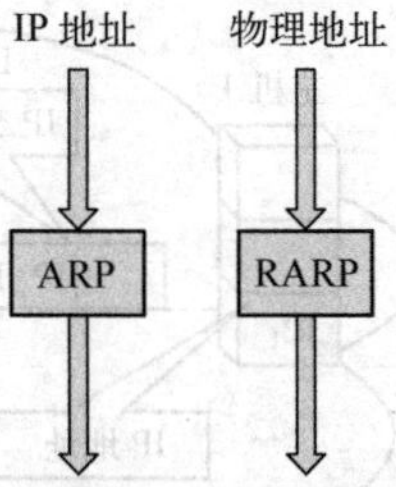

图 4-13 ARP 和 RARP 功能

逆地址解析协议（RARP）在早期曾起到非常重要的作用，当一台主机只知道自己的硬件地址，却不知道自己的 IP 地址时，可使用 RARP 由硬件地址获取相应的 IP 地址。我们知道 IP 地址通常存储在系统硬盘中，而 RARP 主要用于早期的无盘工作站。当时硬件价格高昂，为了节省成本，往往就是在某些研究机构配置一个性能较好的服务器，其他终端就用无盘工作站，没有硬盘当然也就无法存储 IP 地址，但是它知道自己网卡的硬件地址。当一个无盘工作站启动时首先会调用 RARP 客户程序，在本网络中广播发送一个 RARP 请求分组。在本网络中有相应的 RARP 服务器，服务器掌握本网中所有主机的 IP 地址和硬件地址。当服务器收到请求 IP 的分组后，就会把相应的 IP 地址封装到应答报文中回复给无盘工作站，从而就能完成一次逆地址解析。但需要说明的是，随着技术的发展，无盘工作站基本已经被淘汰，RARP 也没有人使用了。

下面就介绍一下 ARP 的主要内容。

我们知道，网络层使用的是 IP 地址，但在实际的网络链路上传送数据帧时，需要使用该网络的硬件地址，才能最终保证数据的正确传送。但 IP 地址和下层网络的硬件地址由于地址格式的不同，不存在简单的映射关系。同时，对一个网络来说，经常会有新的主机加入进来，也会有一些主机更换适配器，这些都会导致硬件地址的改变。因此 IP 地址和硬件地址之间的关系不是一个静态的关系，而是一个动态变化的关系。如果想要能够通过 IP 地址获取其对应的硬件地址，就需要在 ARP 中引入一个高速缓存，在高速缓存中存储相关 IP 地址和硬件地址的映射表，并且这个映射表能够及时完成动态更新（可以增加新的映射关系，也可以删除过期的映射关系）。在每个主机当中都配置有一个 ARP 高速缓存（ARP cache），里面存储有本局域网中各主机和路由器 IP 地址和硬件地址的映射，这些都是该主机目前掌握的映射关系。这就存在一个问题：当操作系统重启之后，高速缓存一定是空的，那么它是如何获得这些映射关系的？

当主机 A 向同一局域网的主机 B 发送报文时，主机 A 是知道 B 的 IP 地址的，假定 B 的 IP 地址为 IPB。主机 A 就在自己的高速缓存表当中查找 IPB 所对应的映射记录。如果能够找到，则可以获得 IPB 所对应的硬件地址，主机 A 就可以直接将 IP 报文交给数据链路层封装成帧；如果在高速缓存表中找不到，则主机 A 需要启动 ARP 程序，然后按照以下步骤获取 B 的硬件地址：

1）ARP 进程在本局域网上发送一个 ARP 请求分组，如图 4-14a 所示。ARP 请求分组的主要内容是："我的 IP 地址是 126. 3. 2. 5，硬件地址是 ab-00-cd-ee-ff-aa。我想知道 IP 地址为 126. 2. 2. 7 的主机的硬件地址"。

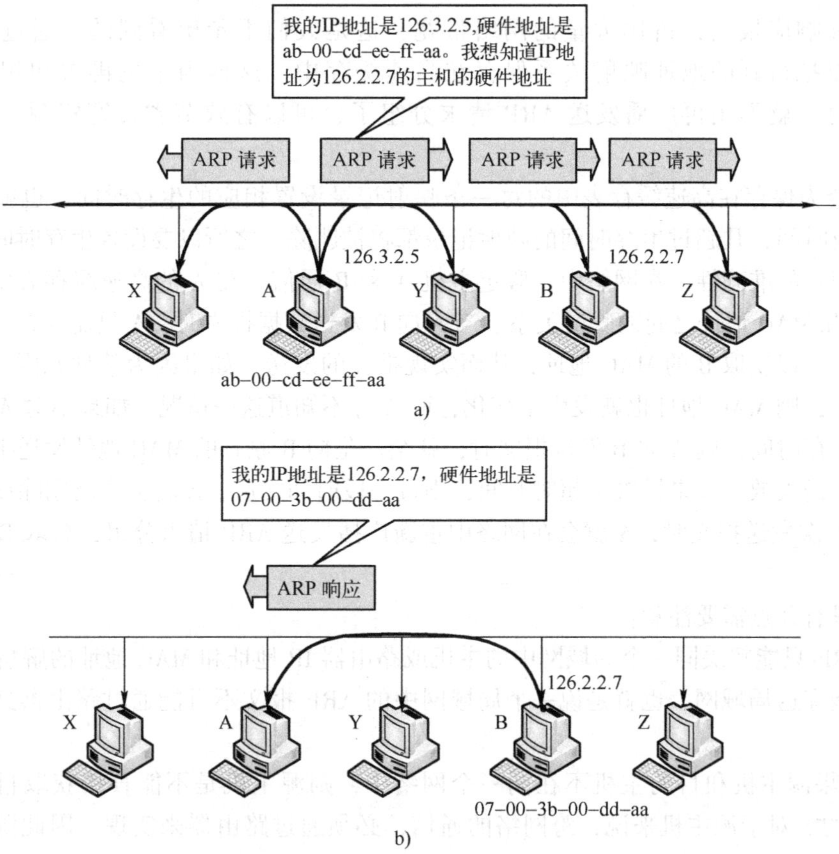

图 4-14　发送 ARP 请求分组
a）主机 A 广播发送 ARP 请求分组　b）主机 B 向 A 发送 ARP 响应分组

2）在本局域网上的所有主机都会收到 A 发送的 ARP 请求分组，但只有主机 B 会做出响应。主机 B 在收到 ARP 请求分组时见到自己的 IP 地址，就知道有人在请求自己的 MAC 地址，于是就发送 ARP 响应分组，在响应分组中写入自己的硬件地址，如图 4-14b 所示。在响应分组中的主要内容是："我的 IP 地址是 126. 2. 2. 7，硬件地址是 07-00-3b-00-dd-aa"。这里需要注意的是，尽管 ARP 请求分组是广播的，但 ARP 响应分组是单播的。

3）主机 B 在发送 ARP 响应分组的同时，也会把主机 A 的 IP 地址和 MAC 地址的映射关系写入到主机 B 的高速缓存中。这是因为，主机 A 向 B 发送数据，在主机 B 收到数据后很有可能要给 A 回复数据。因此，主机 B 需要知道主机 A 的 MAC 地址。为了减少网络上的通信量，主机 A 在发送 ARP 请求分组时，就把 A 的 IP 地址和 MAC 地址的映射关系写入 ARP 请求分组中，当 B 收到这个请求分组时就可以直接将此映射加入 B 的高速缓存中。当 B 需要向 A 回复数据时，直接查自己的高速缓存表就可以了。

4）主机A收到主机B的ARP响应分组后，就在其ARP高速缓存中写入主机B的IP地址到硬件地址的映射。

还需要强调的是高速缓存表的作用。如果没有高速缓存表，任何一个主机只要发送一次报文，就需要调用一次ARP来获取相应IP的MAC地址。网络中将充斥大量ARP请求报文和响应报文，占用大量的网络带宽，这是人们不希望看到的。通过引入高速缓存，可以把得到的地址映射关系保存在高速缓存中。这样当主机再次和相同的目的主机通信时，就不用再广播发送ARP请求分组了，可以有效节省带宽资源，提高报文传送效率。

ARP会为保存在高速缓存表中的每一条映射记录设置相应的生存时间，也就是该映射记录的有效时间，凡超过生存时间的映射记录都将被删除。之所以要设置生存时间，是为了保证映射记录的准确性。在网络中，假定主机A和B通信，在A的高速缓存表中保存有B的IP地址和MAC地址之间的映射关系。当A向B发送数据报文时，A只需要查找自己的高速缓存表就可以获取B的MAC地址，从而实现报文的发送。如果因为某种原因，B更换了自己的网卡，则MAC地址也就发生了变化，而A并不知道这一情况。如果不对A中的映射记录设置生存时间，则A向B发送报文时，就会总是向B原有的MAC地址发送报文，最终导致数据发送失败。如果设置了超时时间，则过一段时间之后，A就会主动删除该条映射关系。当A再次发送报文时，A就会在网络中重新广播发送ARP请求分组，获取B的最新映射关系。

在这里有几点需要注意：

1）ARP只能解决同一个局域网中的主机或路由器IP地址和MAC地址的解析，ARP广播报文不能穿透局域网，也就是说一个局域网中的ARP报文不可能通过路由器到达另外一个局域网。

2）如果源主机和目的主机不在同一个网络中，则源主机是不能直接获取目的主机的MAC地址的。对于源主机来说，跨网络的通信，必须通过路由器来实现。因此源主机会首先利用ARP获取第一跳路由器的MAC地址，然后将报文交给第一跳路由器；第一跳路由器收到该报文后，再进行路由选择，获取下一跳路由器的IP地址，并利用ARP获取下一跳路由器的MAC地址，对报文进行存储转发；重复该过程，当报文到达最后一跳路由器时，因为其和目的主机在同一个网络中，因此直接利用ARP获得目的主机的MAC地址，将报文直接交付给目的主机。

3）主机在发送报文时，从IP地址到硬件地址的解析是由主机自动完成的，主机的用户对这种地址解析的过程是不知道的。

下面针对ARP实现地址解析的几种典型情况进行说明：

1）发送方是主机，要把IP数据报文发送给本网络中的另外一个主机，此时用ARP能够直接找到目的主机的MAC地址。

2）发送方是主机，要把IP数据报文发给其他网络中的一个主机，此时可用ARP找到本网络中路由器的硬件地址，将报文转交给该路由器，由该路由器负责报文的后续发送。

3）发送方是路由器，要将IP数据报文发送给本网中的一个主机，此时用ARP直接获取目的主机的IP地址。

4）发送方是路由器，要把IP数据报文发给其他网络中的一个主机，此时可用ARP找到本网络中一个路由器的硬件地址，将报文转交给该路由器，由该路由器负责报文的后续发送。

在这里，有的读者可能会有疑问，既然报文的最终传送需要使用硬件地址，为什么还要使用 IP 地址，然后再调用 ARP 将 IP 地址转换为硬件地址呢？这是因为，在全世界存在各种各样的局域网，不同类型的局域网使用的硬件地址格式是不一样的。如果直接使用硬件地址通信，就意味着需要频繁在很多种硬件地址之间完成地址转换，这对于庞大的互联网来说是一种沉重的负担。而通过引入统一的 IP 地址，则对所有用户来说他们看到的都是统一的地址。接入互联网的主机只需要有统一的 IP 地址，它们之间的通信就可以像连接在一个网中那样方便，因为 ARP 的调用是由计算机自动完成的，用户是看不到的。这就是为什么 IP 得到广泛应用的原因。

3. 地址解析协议安全漏洞

在局域网中，ARP 有效实现了 IP 地址的解析，解析功能主要由主机或路由器完成。尽管 ARP 在局域网中得到了广泛的应用，取得了良好的效果，但协议本身存在一定的安全漏洞，从而导致局域网中安全事件不断。下面通过一个例子来说明 ARP 的安全漏洞。

在校园网中，利用 ARP 可以使整个局域网陷入瘫痪。下面就详细介绍一下其工作原理，具体如图 4-15 所示。在同一局域网中存在 4 台主机和 1 台路由器，分别用 A、B、C、D 和 R 表示，其对应的 IP 地址分别为 IP_1、IP_2、IP_3、IP_4 和 IP_R，物理地址分别为 MAC_1、MAC_2、MAC_3、MAC_4 和 MAC_R。假定主机 A 是攻击者，A 想让 B、C 和 D 都不能上网。A 开始以某个固定周期在网络中广播发送 ARP 请求分组，请求分组的内容分别是“我是 IP_R，我的 MAC 地址是 MAC_1；我希望得到 IP_2 的 MAC 地址”，“我是 IP_R，我的 MAC 地址是 MAC_1；我希望得到 IP_3 的 MAC 地址”，“我是 IP_R，我的 MAC 地址是 MAC_1；我希望得到 IP_4 的 MAC 地址”。当 B、C 和 D 收到 ARP 请求分组后，依据 ARP 的工作原理，B、C 和 D 首先会把请求分组请求方的地址映射关系写入自己的高速缓存表中，也就是 B、C 和 D 的高速缓存表中增加了下述映射：IP_R->MAC_1。而事实上 IP_R 的物理地址是 MAC_R。因此，B、C 和 D 向外部网络发送数据时，报文首先会发给路由器 R，而 B、C 和 D 会直接在自己的高速缓存表中查到 R 的物理地址是 MAC_1，报文发送出去之后，该局域网中的所有主机或路由器都收到了该报文，但只有 A 会接收，因为报文的目的 MAC 地址是 MAC_1。A 作为攻击者，会将该报文直接丢弃，从而导致 B、C 和 D 这些主机都不能上网，而只有攻击者 A 自己能够浏览网络，独享带宽。

针对这种攻击，该如何预防呢？可以在局域网的每台主机上安装一个 ARP 防火墙，并手工配置好本局域网络由器 R 的 IP 地址和 MAC 地址的映射记录。当有攻击者试图伪造路由器映射记录时，通过 ARP 防火墙预存的设置就能够有效识别，从而躲避 ARP 攻击。但这需要在每台机器上安装 ARP 防火墙，增加机器的运行负担。目前，个人主机安装 ARP 防火墙的很少，所以 ARP 造成的安全漏洞对现有网络仍然存在很大的安全威胁。

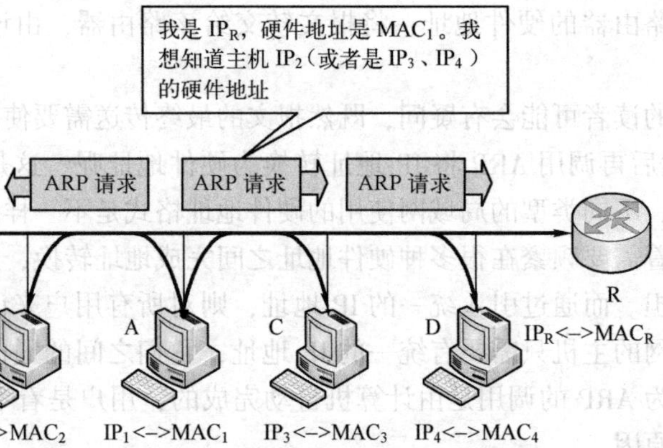

图 4-15 ARP 攻击原理

4.2.5 网络层 IP 分组转发的流程

网络层的一个重要任务是完成 IP 分组的转发，其转发的路径是源主机→路由器→…→路由器→目的主机，由此可见主机和路由器均要参与 IP 分组的转发。

1. 直接交付和间接交付

报文交付的形式主要有两种，分别是直接交付和间接交付。直接交付是指主机或路由器将 IP 数据报文直接交付给目的主机，中间不再需要经过任何一个路由器；若需要经过路由器，则称为间接交付。

2. 路由表内容的选择

下面通过一个例子来说明如何选择路由表的内容，才能够更好地实现 IP 数据报文转发。如图 4-16 所示，四个 B 类网络通过三个路由器连接在一起，每个 B 类网络能够容纳 65 534 台主机。对每个路由器的路由表来说，需要知道到达每个目的主机的路径。可以想象，如果以主机号为路由表中的基本项目，则每个路由表中的项目数量应该有 65 534×4＝262 136 个。如果网络规模扩展至整个互联网，每个路由表中项目的数量将达到一个天文数字。当依据目的主机号在这个庞大的路由表中进行路径选择时，所需要的查询时间急剧增大，从而导致路由器性能无法满足互联网的需要。因此，不能使用主机号作为路由表的基本单位，而应使用主机所在网络的网络地址来制作路由表。那么在图 4-16 中，共有四个网络，也就对应了四个网络地址。每个路由器的路由表只要记录如何到达这四个网络就可以，此时每个路由表只需要四个条目就能满足需求，路由表见表 4-5。这里以路由器 R_1 为例详细说明如何通过路由表转发报文。由于 R_1 同时连接在网 1 和网 2 上，当 R_1 收到报文时，如果此报文对应的目的 IP 属于网 1 或网 2，则路由器 R_1 可以直接交付；如果报文的目的 IP 属于网 3，因为 R_2 和网 2 与网 3 直接相连，而 R_1 和 R_2 同时连接在网 2 上，因此路由器 R_1 可将此报文转发给

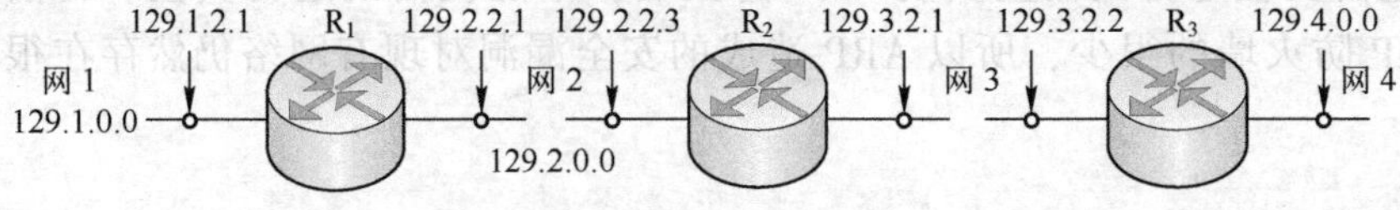

图 4-16 路由表

R_2，由 R_2 将报文交付到网 3 中；同理，如果报文的目的 IP 属于网 4，则转交的路径是 $R_1 \to R_2 \to R_3$，最终由 R_3 将此报文转交给目的主机。

表 4-5 路由器 R_2 的路由表

目的主机所在的网络	下一跳地址
129.2.0.0	直接交付，接口 0
129.3.0.0	直接交付，接口 1
129.1.0.0	129.2.2.1
129.4.0.0	129.3.2.2

通过上述例子，我们了解了 IP 报文转发的过程，下面对路由表中每条路由信息的具体内容进行总结。在路由表中，每条路由信息由“目的网络地址”和“下一跳地址”构成。通过路由表，IP 数据报文经过多次交付后最终一定可以到达目的主机所在网络的路由器，然后由该路由器将此 IP 报文直接交付给目的主机。

有一点需要强调，在 IP 数据报文的首部中没有“下一跳路由器 IP 地址”这个字段，只有源 IP 地址和目的 IP 地址，这两个地址字段在整个报文的传送过程中都不会发生改变，以至于中间所经过路由器的 IP 地址在首部中是没有相应字段的。那么就存在一个问题，在 IP 中如何将此报文转交给下一跳路由器？

当路由器收到一个 IP 数据报文后，将查找路由表，为报文传送选择一条适合的路径，找出需要经过的下一跳路由器的 IP 地址。在网络层对报文进行封装，源 IP 地址和目的 IP 地址保持不变。然后将调用 ARP 软件在局域网中获取下一跳路由器 IP 地址所对应的 MAC 地址，在数据链路层对该 IP 报文进行封装成帧，帧首部中的源 MAC 地址为本路由器的 MAC 地址，而目的 MAC 地址为查找得到的下一跳路由器的 MAC 地址。最后，将封装好的帧传送出去，当下一跳路由器收到该帧后，通过检测发现该帧目的 MAC 地址和自己的 MAC 地址一致，就会接收该报文，并将数据部分转交给自己的网络层。

那么，能不能在路由表中不使用 IP 地址而直接使用 MAC 地址呢？这是不行的，因为之所以使用 IP 地址，就是为了屏蔽各种类型局域网协议、地址格式等方面的差异，这就不可避免要付出一定的代价。比如，在进行路由选择时会增加一定的开销，但如果我们直接使用硬件地址在互联网中进行路由选择，将会造成更大的麻烦。

3. 特定主机路由

特定主机路由是指在路由表中针对某一特定的目的主机指定一条具体的路径，所有发送给该主机的报文都将按照该路径进行转发。采用特定主机路由的目的主要是为了测试和控制网络，比如网络中某条链路坏了，经过维修之后排除了故障。这个时候就需要测试一下该路径是否恢复通信，此时就可以通过发送报文来测试。但问题是，向目的主机发送报文时，报文路径的选择是由路由器根据当前的路由表做出的，前后报文经过的路径都可能不一样。当然也没有办法保证该报文一定会通过该条链路。此时，就需要使用特定主机路由，在路由器中对路径进行指定，如果接收端收到了报文就说明链路已经得到了恢复，能够正常工作，反之，则故障仍然没有排除。

同时，在考虑某些安全策略时，也可以采用特定主机路由。比如某些高度机密的数据，希望能够通过一些安全级别比较高的链路进行传送，此时，就可以使用特定主机路由达到这一目的。

4. 默认路由

默认路由是指当收到IP报文时，如果路由表中所有的路由信息均不能为该IP报文提供一条传播路径，则路由表会将该IP报文通过一条默认的路径转交给上层的路由器，由上层路由器完成路径选择。也就是说当路由器本身无法提供路径选择时，可把该任务通过默认路径转交给上层路由器，由上层完成路由选择。这条默认路径称为默认路由，默认路由可以减少路由表所占用的空间和搜索路由表所需要的时间。因为互联网实在是太庞大了，任何一个路由器都不可能掌握整个互联网所有网络的路径信息，只能掌握互联网的部分路由信息。当路由器接收的报文的目的IP地址在路由器的路由表中没有对应的表项时，可以通过默认路由转发。因此，通过引入默认路由可以大大减轻路由器路由表的负担。由此可见，默认路由的使用对提高查询效率是很有帮助的。下面通过一个例子来进行详细说明。在图4-17中网络 N_1 只通过一个路由器 R_3 和外部网络连接，那么在这种情况下使用默认路由是非常适合的。图中，路由器 R_3 的路由表见表4-6，包含三个项目。如果其到达的目的网络为 N_1 则可以直接交付；如果欲到达的目的网络为 N_2，则可以通过 R_2 转交；如果欲到达的目的网络既不是 N_1 也不是 N_2，则一律选择默认路由 R_1，将IP数据报文间接交付给 R_1，由 R_1 为该数据报文选择合适的路由，最终将IP数据报文传送到接收端。

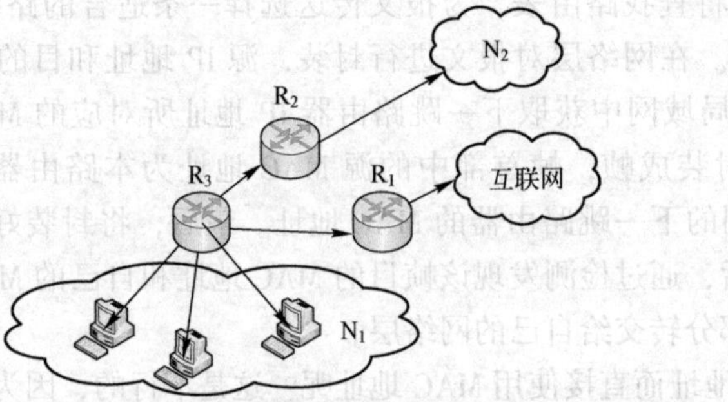

图4-17 使用默认路由的网络拓扑图

表4-6 R_3 的路由表

目的网络	下一跳
N_1	直接
N_2	R_2
默认	R_1

5. IP分组转发流程

根据以上所述，分组转发算法如下：

1）从IP报文首部中提取目的IP地址D，然后根据IP地址类型计算其对应的网络地址N。

2）若目的网络N与路由器直接相连，则路由器进行直接交付，不需要经过其他中间路由器，直接就可将数据交付给目的主机；否则，执行间接交付。执行步骤3。

3）若路由表中有到达目的地址D的特定主机路由，则按照特定主机路由指定的路径进行转发；否则，执行步骤4。

4）在路由表中查找是否有到达目的网络N的路由，如果有，把IP报文交给路由表指明的下一跳路由器；否则，执行步骤5。

5）查找在路由表中是否有默认路由，如果有，按照默认路由进行转发；否则，报告分组转发出错。

4.3　子网划分和路由聚合

4.3.1　子网划分和路由聚合的必要性

在今天看来，互联网发展初期对 IP 地址的设计不够合理，导致 IP 地址不能够适应当前互联网的快速发展。为了能够在已有 IP 地址空间的基础上，适应互联网的快速发展，就需要在 IP 地址基本编址方式的基础上进行子网划分和路由聚合，以便提高 IP 地址的使用效率，并能快速、准确地实现路由。下面具体介绍一下早期 IP 地址设计存在的问题。

1）IP 地址空间利用率低。在 IP 地址基本编址方式中，能够分配的地址类型主要有三种：A 类、B 类和 C 类。对于一个大的单位或机构的网络来说，如果被分配一个 A 类地址，地址数量大概为 1 600 万个，而任何一个单位或机构都不大可能拥有这样规模的主机数量，从而导致 A 类地址被分配后，大量地址未被使用。对于一个规模较小的单位来说，可能只有一百台机器，可分配的最小的地址类别为 C 类地址，C 类地址中可供使用的地址数量为 254 个。也就是说，当这个小单位拿到一个 C 类地址后，大约一半的地址也将被浪费。这样一种粗放的 IP 地址分配方式，将会导致本就紧张的 IP 地址资源过早地被用完。

2）如果给每一个网络都分配一个网络号（A 类、B 类或 C 类）将会使路由器路由表过于庞大，从而使路由器对收到的 IP 报文进行路由选择时需要更多的时间，导致性能变差。因此，即使我们拥有足够的 IP 地址，也不能为每一个网络分配一个网络号，那将会导致路由表中项目数量急剧膨胀。这不仅会增加路由器的成本，提高路由查找的时间开销，同时也会使路由器之间定期交换的路由信息急剧增加，最终导致路由器和整个网络的性能都会下降。要想解决这一问题，就需要使用路由聚合对路由表中项目的数量进行压缩。

3）两级 IP 地址的编址方式不够灵活。某些大的机构因为拥有的主机数量众多，在获得一个地址块后（A 类、B 类或 C 类），为了能够更好地对内部网络进行管理，需要把获得的这个比较大的地址块划分为若干个小的地址块，然后把这些小的地址块分配给机构内部的各个部门，从而能够使网络结构和管理结构相适应。如果不能够对网络进行内部划分，那就意味着这个机构每个部门都要向 IP 地址分配机构申请新的地址块，这将会使 IP 地址分配机构负担过重。因此，对于 IP 地址分配机构来说它们不直接划分子网，只需要分配网络号，而拿到网络号的机构则应该拥有在网络号基础上进一步划分子网的功能，使 IP 地址的使用更加灵活。

4.3.2　子网划分

为了解决上述问题，从 1985 年起在 IP 地址的编址方式中增加了一个“子网号子段”，从而使 IP 地址由两级的编址方式变成三级编址方式。通过引入“子网号子段”较好地解决了 IP 地址利用率低、使用方式不灵活的缺陷，这种三级编址方式称为划分子网。划分子网已经成为互联网的正式标准协议。

1. 划分子网的基本思路

1）对于一个拥有多个物理网络的单位来说，需要为每个所属的物理网络分配一个子网号。在分配子网号过程中，只需要向 IP 地址管理机构申请一个网络号就可以了，至于内部物理网络对应的子网号如何分配则由本单位自己决定。本单位以外的网络或路由器是无法知道这个单位内部有没有划分子网或划分了多少个子网的，对外部来说，这个单位仍然表现为一个网络。

2）划分子网的过程就是从地址块主机号中借位的过程。在基本编址方式中，IP 地址由网络号和主机号构成，网络号需要向 IP 地址管理机构申请，申请成功得到的网络号是不允许修改的，而主机号则可以自主分配。因此，划分子网时用到的子网号只能从主机号中借用若干位，当然主机号也会相应减少相同的位数。于是两级的 IP 地址结构在单位内部就变成了三级的 IP 地址：网络号、子网号和主机号。表示为：

IP 地址 = {网络号,子网号,主机号}

3）从其他网络发送给本单位某个主机的 IP 数据报文，是不能直接路由到该主机所在子网的。因为外部路由器并不知道本单位内部子网的情况，外部路由器认为这个主机所在的网络是一个整体，是一个网络。所以外部路由器会把该报文转发到本单位网络上的路由器。此路由器属于本单位所有，掌握了整个子网的分配情况。其收到该报文后，根据目的网络号和子网号找到目的主机，并将 IP 数据报文交付给目的主机。

下面通过例子来说明划分子网的概念。图 4-18 所示为某单位拥有一个 A 类地址，网络地址是 80.0.0.0（网络号是 80，占 8 位）。凡目的地址为 80.＊.＊.＊的 IP 数据报文都将被发送到这个网络的出口路由器 R_2 上。现在将这个单位网络划分为四个子网，假定子网号占用了 8 位，主机号相应就减少 8 位，为 16 位。所划分的四个子网分别为 80.0.0.0、80.1.0.0.0、80.2.0.0、80.3.0.0，如图 4-19 所示。在划分子网后，外部路由器 R_1 和 R_3 并不掌握四个子网的路由信息，在它们看来，不管划分多少个子网，这个单位仍然是一个网络 80.0.0.0。所有发往这个网络的 IP 数据报文都将转发到路由器 R_2 上。R_2 在收到数据报文后，再依据数据报文的目的地址将其转发到相应的子网。

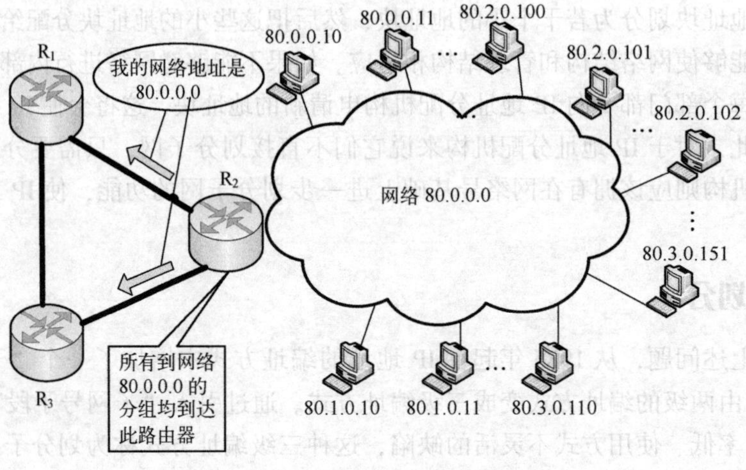

图 4-18 未划分子网的网络拓扑图

总之，划分子网是将 IP 地址由两级的地址结构变成三级的地址结构，主要就是从主机号中借用若干位作为子网号的过程，原有的网络号并不发生改变。

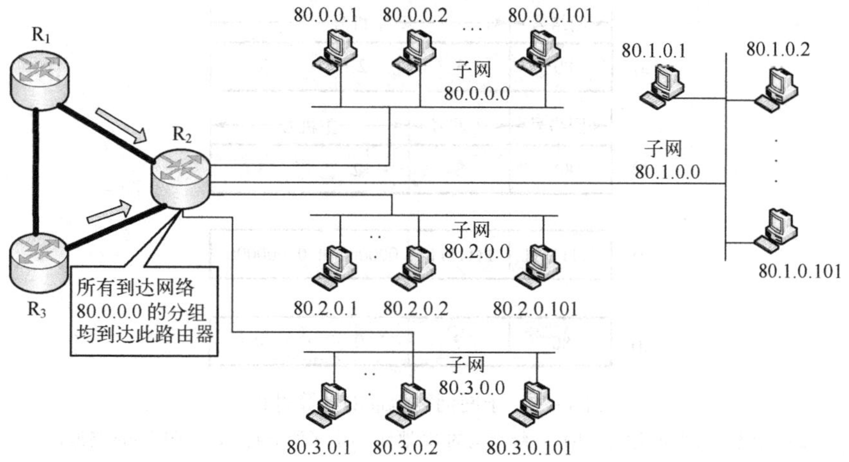

图 4-19　划分子网后的网络拓扑图

2. 子网掩码的定义

通过上述例子，读者已经比较清楚地知道，当外部路由器收到发往某单位内部主机的 IP 报文时，会将报文转交给该单位的出口路由器 R_2，问题是 R_2 如何将该 IP 报文转交给目的主机呢？

在 IP 报文首部中只有源 IP 地址和目的 IP 地址，R_2 通过对 IP 报文首部的解析只能获得目的 IP 地址，而通过目的 IP 地址，由 IP 基本编址规则可以获得目的主机所在网络的网络号，却无法知道目的主机所在网络是否划分了子网。因此，仅依靠 IP 首部是无法完成 IP 报文交付的，必须引入一种机制，能够有效判断某 IP 地址所在网络是否划分了子网，以及子网号是多少。这个任务主要通过子网掩码（subnet mask）来完成。下面通过一个例子来具体说明子网掩码的概念。

在图 4-20a 中，某主机 IP 地址为 80. 3. 2. 3，是两级的 IP 地址结构，属于 A 类地址，其网络号为 8 位，主机号为 24 位；在图 4-20b 中是同一主机的三级 IP 地址结构，从原来 24 位的主机号中借用了 8 位作为子网号，而主机号相应减少 8 位，变为 16 位。这里需要注意的是，子网号为 3 的网络的网络地址是 80. 3. 0. 0，而在图 4-20a 中 IP 地址对应的网络地址是 80. 0. 0. 0，也就是说，一个子网的网络地址就是保留原有 IP 地址的网络号和子网号，主机号则全部设置为 0。

那么如何判断一个 IP 地址对应的网络号和子网号有多少位呢？子网掩码可以解决这个问题，具体如图 4-20c 所示。子网掩码有 32 位，由一串 1 和跟随的一串 0 组成。网络号和子网号在子网掩码中对应 1，主机号在子网掩码中对应 0。在实际划分子网的过程中，虽然 RFC 文档没有规定子网掩码中的一串 1 必须是连续的，但一般在实际使用中要求子网掩码的一串 1 应当是连续的。换句话说，在主机号中借位作为子网号时，要从左往右借，以便能够确保网络号和子网号对应的位是连续的，从而使子网掩码中的一串 1 也是连续的。

通过上述例子，读者知道了子网掩码的定义。那么如果给大家一个 IP 地址和该 IP 地址所对应网络的子网掩码，如何计算该网络的网络地址呢？获取某 IP 对应的网络地址只需要将该 IP 地址和子网掩码做逐位相“与（AND）”运算即可，计算结果就是网络地址，具体

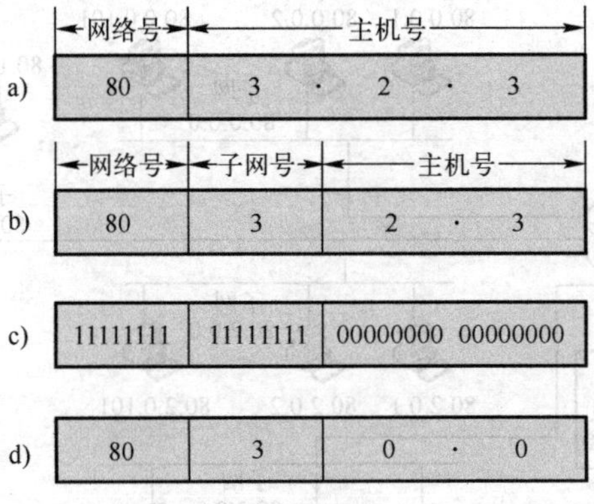

图 4-20 子网网络地址的计算过程

a）两级结构的 IP 地址 b）三级结构的 IP 地址 c）子网掩码 d）子网的网络地址

如图 4-20d 所示。

3. 子网掩码的使用

使用子网掩码的好处在于，无论网络有没有划分子网，只要提供 IP 地址和对应的子网掩码，就能够通过逐位“与”运算得到相应的网络地址。这样在路由器对收到的 IP 分组进行路由选择时可以采用同样的算法通过网络地址查找路由。在前面讲到的路由表中，每个项目主要由目的网络地址和下一跳地址构成，现在需要使用子网掩码计算目的主机 IP 所在网络的网络地址，而 IP 报文首部中没有子网掩码字段，因此就需要对路由表每个项目内容进行修改，包含目的网络地址、子网掩码和下一跳地址。

这里有一个问题需要说明一下，在不划分子网的情况下，是不是就不需要使用子网掩码了呢？答案是不行的，主要是为了方便路由器查找路由表。现在互联网标准规定，所有网络都必须使用子网掩码，在路由表中每个项目也必须有子网掩码这一项。如果一个网络没有划分子网，则使用其默认的子网掩码，在默认子网掩码中 1 的位置对应该 IP 地址的网络号，0 对应 IP 地址的主机号。对于不划分子网的网络来说，其 IP 地址和默认子网掩码做逐位“与”运算，同样能够得到其对应的网络地址。因此，统一使用子网掩码，使用相同的算法，无论有没有划分子网，都能够计算出相应的网络地址，从而能够简化路由器的路由查找算法，提高路由查找的效率。几类常见地址的子网掩码分别如下：

- A 类地址的默认子网掩码是 255. 0. 0. 0。
- B 类地址的默认子网掩码是 255. 255. 0. 0。
- C 类地址的默认子网掩码是 255. 255. 255. 0。

【例 4-2】 已知 IP 地址是 80. 3. 72. 51，子网掩码是 255. 255. 0. 0，试求网络地址。

解： 子网掩码是 11111111 11111111 00000000 00000000，子网掩码的前 16 位均为 1，后 16 位均为 0，因此网络地址的前两个字节为 80. 3，而后两个字节都为 0，计算得到的网络地址为 80. 3. 0. 0，具体如图 4-21 所示。

【例 4-3】 在上例中，若将子网掩码改为 255. 255. 128. 0，试求网络地址，并讨论所得结果。

解： 用同样的方法可以得到网络地址为 80. 3. 0. 0，结果同例 4-2，具体如图 4-22 所示。

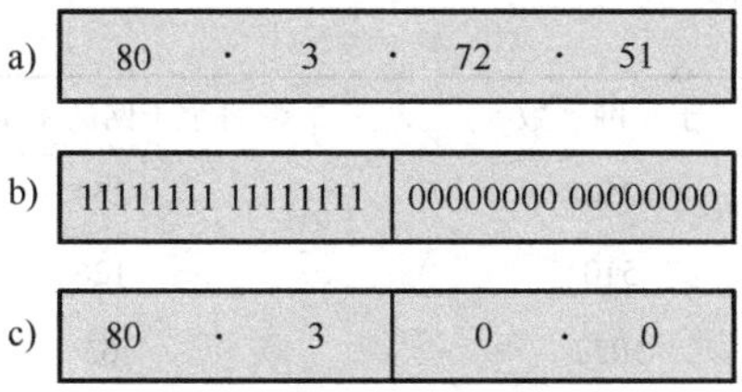

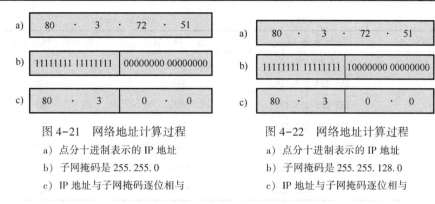

图 4-21　网络地址计算过程

a）点分十进制表示的 IP 地址

b）子网掩码是 255. 255. 0

c）IP 地址与子网掩码逐位相与

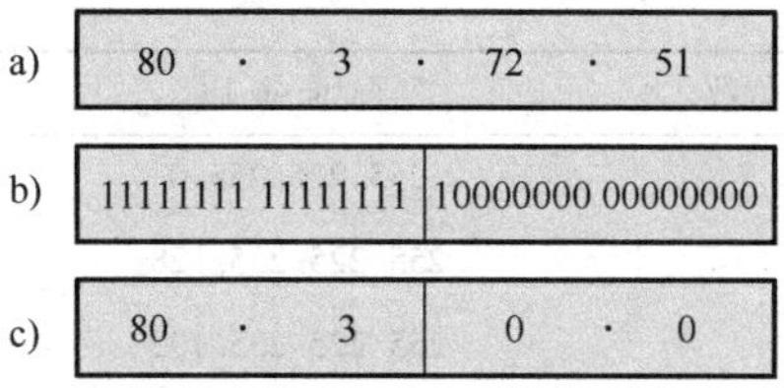

图 4-22　网络地址计算过程

a）点分十进制表示的 IP 地址

b）子网掩码是 255. 255. 128. 0

c）IP 地址与子网掩码逐位相与

尽管例 4-2 和例 4-3 计算得到的网络地址相同，但其表示的含义存在较大差别。在例 4-2 中网络地址为 80. 3. 0. 0，网络号和子网号共计 16 bit，主机号有 16 bit，可容纳65534 台主机；而例 4-3 中网络地址虽然也是 80. 3. 0. 0，但主机号只有 15 bit，可容纳32766 台主机。两个网络能够容纳的主机数存在较大差异。

总之，子网掩码是互联网的一个重要属性，可由 IP 地址计算对应的网络地址。下面将通过一些例子来介绍划分子网的过程。

4. 划分子网举例

这里以一个 B 类地址为例，说明可以有多少种划分子网的方法。当子网长度固定时，所划分的所有子网的子网掩码都是相同的，具体见表 4-7。

在表 4-7 中，一个地址块能够划分多少个子网，主要由子网号的位数决定。如果子网号有 n 位，则可以有 2^n 种组合，在互联网标准协议 RFC950 文档中规定，子网号为全 0 和全 1 的情况是不分配的，但随着无分类域间路由选择 CIDR 的广泛使用，全 0 和全 1 的子网号也可以使用了。但使用时一定要注意，在单位内部的路由器所用的路由选择软件是否支持子网号为全 0 和全 1 的情况。

由表 4-7 可以看出，子网号位数越多，则每个子网上可连接的主机数就越少；反之，如果子网号位数越少，则可连接的主机数就越多。因此，在实际划分子网的过程中，需要考虑本单位需要划分多少个子网，以及每个子网需要多少个可用的 IP 地址（也就是每个子网的主机规模），然后选择合适的子网掩码，确定子网号的位数和主机号的位数。通过划分子网增加了灵活性，但减少了能够连接在子网中的主机总数。

表 4-7　B 类地址的子网划分选择（使用固定长度子网）

子网号的位数	子网掩码	子网数	每个子网的主机数
2	255. 225. 192. 0	2	16382
3	255. 225. 224. 0	6	8190
4	255. 225. 240. 0	14	4094
5	255. 225. 248. 0	30	2046
6	255. 225. 252. 0	62	1022
7	255. 225. 254. 0	126	510

（续）

子网号的位数	子网掩码	子网数	每个子网的主机数
8	255.225.255.0	254	254
9	255.225.255.128	510	126
10	255.225.255.192	1022	62
11	255.225.255.224	2046	30
12	255.225.255.240	4094	14
13	255.225.255.248	8190	6
14	255.225.255.252	16382	2

下面通过一个例子来说明如何根据单位网络的实际情况来划分子网。

【例4-4】 一个公司分配到一个地址块，其网络地址是192.77.33.0，子网掩码是255.255.255.0。公司共有8个局域网，其中$LAN_1 \sim LAN_8$的主机数分别为20、20、25、50、10、30、10、5。试给每一个局域网分配一个合适的网络地址。

解： 公司得到的地址块是一个C类地址，子网掩码为255.255.255.0，主机号为8 bit，可最多容纳254台主机。要把这个大的地址块划分成8个小的地址块，就需要从主机号中借位。从主机号中借位划分子网需要注意，借位的顺序一定要是从左往右借。因为借到的每一位可以有两种取值，即0或1，因此借位的过程可以用二叉树来表示。具体如下：

1）将第25位的主机号借位为子网号，则可得到两个子网，其可分配的IP地址数量为126个，因为这两个子网IP地址数量的一半仍然大于每个局域网主机的数量，说明这两个子网规模过大，如果直接分配给任何一个局域网都将导致IP地址的较大浪费，并最终可能导致有些局域网无法得到有效的IP地址。

2）针对这两个子网再次从主机号中借1位，可以得到4个子网，IP地址规模为64，其中局域网LAN_4的主机数为50，已经大于子网IP地址规模的一半，如果对这4个子网继续划分子网，将会导致得到的地址块中地址的数量不能满足LAN_4的要求，因此从4个子网中任选一个分配给LAN_4。

3）重复上述过程，最终可以为每个局域网分配到一个合适的网络地址。

子网划分结果如图4-23所示，8个局域网得到的网络地址分别如下：

- LAN1：网络地址：192.77.33.64，　子网掩码：255.255.255.224。
- LAN2：网络地址：192.77.33.96，　子网掩码：255.255.255.224。
- LAN3：网络地址：192.77.33.128，　子网掩码：255.255.255.224。
- LAN4：网络地址：192.77.33.0，　子网掩码：255.255.255.192。
- LAN5：网络地址：192.77.33.192，　子网掩码：255.255.255.224。
- LAN6：网络地址：192.77.33.160，　子网掩码：255.255.255.224。
- LAN7：网络地址：192.77.33.224，　子网掩码：255.255.255.240。
- LAN8：网络地址：192.77.33.240，　子网掩码：255.255.255.240。

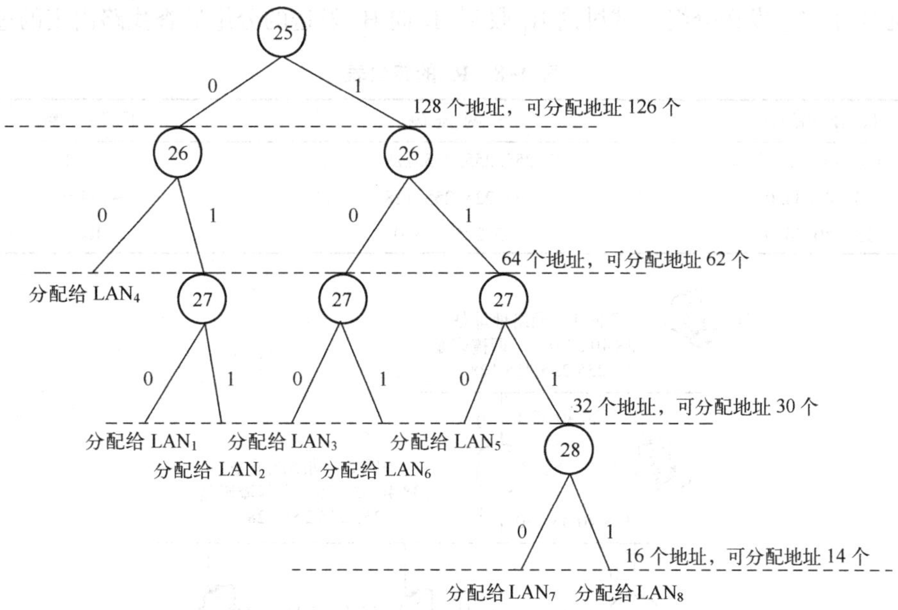

图 4-23　子网划分结果

4.3.3　子网的分组转发过程

在进行子网划分后，IP 数据报文的转发过程也需做出相应的改动。同时，为了能够计算数据报文目的 IP 所在网络的网络地址，在路由器的路由表中增加了子网掩码的信息，路由表将包含三项内容，即目的网络地址、子网掩码和下一跳地址。在子网划分情况下，路由转发算法如下：

1）针对收到的 IP 数据报文进行解析，获得目的 IP 地址 D。

2）首先判断 D 所在网络是否与本路由器直接相连，如果直接相连，则直接交付即可。下面说一下判断过程。假定与本路由器直接相连的一个网络为 N_1，网络地址为 NA_1，子网掩码为 SN_1；假设 D 在 N_1 中，D 和 SN_1 做逐位“与”运算，可得到相应的网络地址 NAD。如果 $NAD=NA_1$，则说明假设成立，D 在 N_1 中；如果不相等，则说明假设不成立，D 不在 N_1 中。通过上述过程即可判断 D 是否与本路由器直接相连，如果直接相连，则直接交付；否则就进行间接交付，执行步骤 3。

3）判断路由中是否有到达目的地址 D 的特定主机路由。如果有，则把数据报文传送给路由表中指明的下一跳路由器；否则，执行步骤 4。

4）对路由表中的每一个项目（目的网络地址、子网掩码和下一跳地址），用其中的子网掩码和 D 做逐位“与”运算，如果计算结果和该项目的目的网络地址相同，则把 IP 数据报文传送给该项目指明的下一跳路由器；否则，执行步骤 5。

5）如果路由表中存在默认路由，则把 IP 数据报文直接转发给默认路由指明的下一跳路由器；如果没有默认路由，则执行步骤 6。

6）报告分组转发出错。

下面通过一个例子来说明 IP 分组转发的过程。

【例 4-5】某单位网络由 3 个子网构成，网络结构如图 4-24 所示，R_1 路由表见表 4-8。

现在主机 H_1 向 H_2 发送分组。试讨论 R_1 收到 H_1 向 H_2 发送的分组后查找路由表的过程。

表 4-8 R_1 的路由表

目的网络地址	子网掩码	下一跳
138.40.33.128	255.255.255.128	接口 1
138.40.33.0	255.225.255.128	接口 0
138.40.36.0	255.225.255.0	R_2

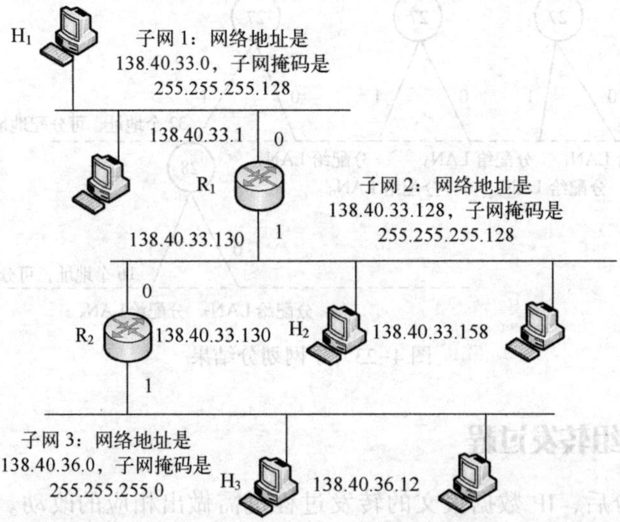

图 4-24 IP 分组转发

解： 主机 H_1 向 H_2 发送的 IP 分组目的地址为 138.40.33.158。主机 H_1 首先判断 H_2 是否和自己在同一个网络中，H_1 用自己的子网掩码和 H_2 做逐位“与”运算，计算结果为 138.40.33.128，而子网 1 的网络地址是 138.40.33.0，两者不一致，因此 H_2 和 H_1 不在同一个局域网中。因此 H_1 不能把分组直接交付给 H_2，而是需要通过 R_1 转交。路由器 R_1 在收到该分组后，逐行查找路由表，首先从第一行开始，看看收到分组的网络地址和这一行的网络地址是否匹配。因为预先并不知道收到分组的网络地址，因此只能试试看。用第一行的子网掩码和目的 IP 做逐位“与”运算，得到的网络地址为 138.40.33.128，和第一行指定的目的网络地址一致。因此，第一行指定的路由即为正确的转发路由，R_1 通过接口 1 将该 IP 报文直接交付给目的主机 H_2。如果第一行不满足要求，则可以针对其他行重复上述步骤，直到找到合适的路由为止。

4.3.4 路由聚合（无分类域间路由 CIDR）

划分子网在一定程度上解决了互联网在发展过程中遇到的困难，但随着互联网网络规模的急剧增长，IP 地址资源也日趋紧张。在 1992 年，B 类地址已经分配了近一半，眼看很快将全部分配完毕，与此同时，路由器路由表中的项目数量也急剧增长，使路由器对分组进行路由选择的负担日益加重。为了能够更加有效地使用 IP 地址，缩减路由表规模，提高路由查找效率，IETF 提出了无分类编址的方法来解决上述问题。这种方法称为无分类域间路由选择（Classless Inter-Domain Routing，CIDR），并在 1993 年形成了 CIDR 的 RFC 文档。

1. CIDR 编址方式

在 CIDR 编址方式中消除了传统编址方式中 A 类、B 类和 C 类地址以及划分子网的概念，其将 IP 地址分为两个部分，前面部分称为“网络前缀”，用来代替三级地址编址方式中的“网络号+子网号”，后面部分称为“主机号”，用来指明主机。因此在 CIDR 编址方式中，又回到了两级编址方式，但其与基本编址方式最大的区别在于，在基本编址方式中，网络号的长度是固定的，而在 CIDR 中，网络前缀的长度是可变的。CIDR 编址方式的记法为

IP 地址={<网络前缀>,<主机号>}

CIDR 还可使用斜线记法来表示某个网络的地址，斜线记法就是在 IP 地址后面加上一个斜线“/”，然后在后面写上网络前缀的位数。因为 IP 地址总长度为 32 位，网络前缀位数有了，主机号的位数也就可以计算了。同时，在 CIDR 中网络前缀相同的连续 IP 地址组成一个“CIDR 地址块”。例如，已知 IP 地址 136. 52. 44. 72/22 是某 CIDR 地址块中的一个地址，其前 22 位为网络前缀，主机号为 10 位，具体如下所示：

136. 52. 44. 72/22=10001000 00110100 0010 1100 01001000/22

则该 IP 所在地址块的最小地址和最大地址分别为

最小地址 136. 52. 44. 0/22 =10001000 00110100 0010 0000 00000000

最大地址 136. 52. 47. 255/22=10001000 00110100 0010 1111 11111111

因上述地址块主机号为 10 位，因此地址数量为 1 024（$2^{10}=1024$）个，最小地址和最大地址通常是不使用的，因此该地址块可供分配的地址为最小地址和最大地址之间的地址。同时，还有一点需要注意，尽管在 CIDR 地址块中没有子网掩码字段，但为了方便路由器进行路由选择，在 CIDR 中保留了地址掩码的概念。地址掩码由一串 1 和一串 0 组成，1 的个数表示网络前缀的位数，0 的个数表示主机号的位数。

2. 路由聚合的原理

随着互联网网络规模的扩大，路由器路由表项目数量急剧增长，为了能够提高路由器路由查找效率，就利用 CIDR 地址块来对路由表中项目数量进行合并，这种地址的聚合称为路由聚合，它可以使聚合后的路由表中项目数量得到很大程度的削减。如果没有 CIDR，在 1995 年，互联网的一个路由表就会超过 7 万个项目，而用了 CIDR 后，在 1996 年一个路由表项目的数量才只有 3 万多个。由此可见，路由聚合能够显著压缩路由表规模，提高互联网性能。下面通过一个例子来具体说明路由聚合的原理。

在图 4-25 中，某 ISP 拥有一个地址块 222. 3. 64. 0/20（相当于 16 个 C 类网络）。现在假定某大学大概需要 900 个地址，向 ISP 申请一个地址块，为 222. 3. 68. 0/22，它包含1 024 个 IP 地址，相当于 4 个连续的 C 类地址块。该大学拿到这个地址块后，又根据学校内部管理的需要，将其划分成了 4 个地址块，分别交给了一系、二系、三系和四系使用，具体如图 4-25 所示。在图 4-25 中可以看到，ISP 共有 16 个 C 类网络，如果不使用路由聚合，互联网中的路由表就需要用 16 个项目来完成对 ISP 内部各个子网的路由。而采用路由聚合之后，只需要使用一个地址块 222. 3. 64. 0/20 就能够将 IP 分组传递到 ISP 所在网络的路由器，由该路由器再负责分组的下一跳转发。同理，对于大学来说也是一样的，通过路由聚合，ISP 的路由表中只用一个项目 222. 3. 68. 0/22 就能够将 IP 分组传递到大学所在网络的路由器。由此可见，路由聚合确实大大缩减了路由表中项目的规模。

这里还有一点需要注意，划分子网的过程是网络前缀变长，主机号缩短的过程；而路由聚合的过程则是网络前缀变短，主机号变长的过程。

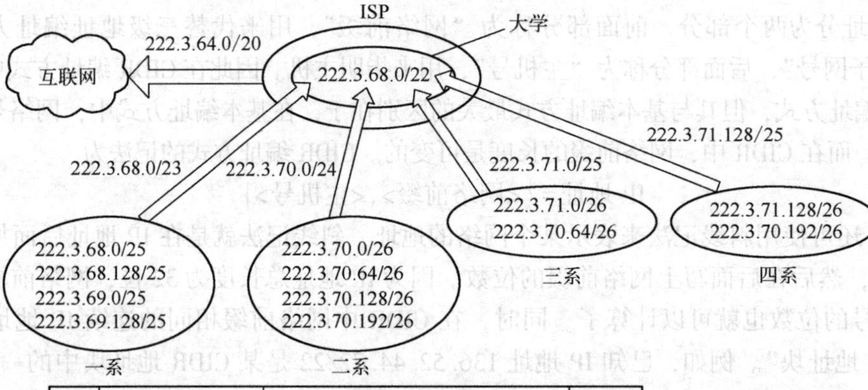

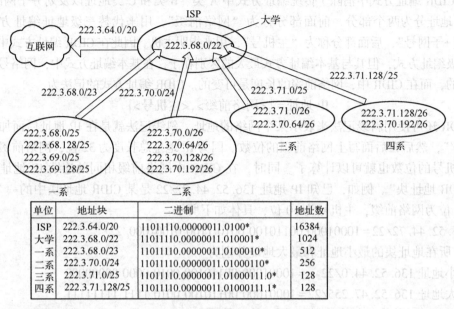

单位	地址块	二进制	地址数
ISP	222.3.64.0/20	11011110.00000011.0100*	16384
大学	222.3.68.0/22	11011110.00000011.010001*	1024
一系	222.3.68.0/23	11011110.00000011.0100010*	512
二系	222.3.70.0/24	11011110.00000011.01000110*	256
三系	222.3.71.0/25	11011110.00000011.01000111.0*	128
四系	222.3.71.128/25	11011110.00000011.01000111.1*	128

图 4-25 路由聚合举例

4.4 网际控制报文协议（ICMP）

4.4.1 ICMP 报文格式

网际控制报文协议（Internet Control Message Protocol，ICMP）用于提高 IP 数据报文成功交付的机会，也可用于网络诊断。因为在 IP 网络层协议中是不保证可靠传输的，因此通过引入 ICMP 允许主机或路由器报告差错情况或提供有关异常情况的报告。但 ICMP 不属于高层协议，仍然是 IP 的一部分。ICMP 报文将作为网络层的数据，加上 IP 数据报的首部后，封装成 IP 数据报文发送出去。ICMP 报文格式如图 4-26 所示。

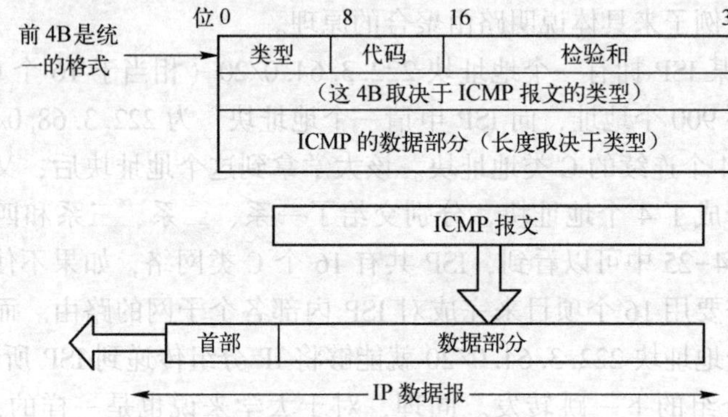

图 4-26 ICMP 报文格式

ICMP 报文的前 4 B 是统一的，分别为类型、代码和校验和，而接着的 4 B 内容与 ICMP 的类型有关。最后是数据字段，其内容也由 ICMP 报文类型决定。ICMP 报文各个字段的具体含义如下：

1）类型。ICMP 报文的类型主要有两种：ICMP 差错报告报文和 ICMP 询问报文，常用的 ICMP 报文类型见表 4-9。

表 4-9　几种常见的 ICMP 的报文类型

ICMP 报文种类	类型的值	ICMP 的报文类型
差错报告报文	3	终点不可达
	4	源点抑制（source quench）
	11	时间超过
	12	参数问题
	5	重定向
询问报文	8 或 0	回送请求或回答
	13 或 14	时间戳请求或回答

2）代码。ICMP 报文的代码字段可以进一步区分某种类型中的各种情况，具体见表 4-10。

表 4-10　ICMP 不同类型对应的代码表

ICMP 报文类型	代　码	描　述
0	0	回送应答
3	0	网络不可达
	1	主机不可达
	2	协议不可达
	3	端口不可达
	4	需要分片但设置了不允许分片
	5	源站选路失败
	6	目的网络不可识
	7	目的主机不可识
	8	源主机被隔离
	9	目的网络被强制禁止
	10	目的主机被强制禁止
	11	由于服务类型 TOS，网络不可达
	12	由于服务类型 TOS，主机不可达
	13	由于过滤，通信被强制禁止
	14	主机越权
	15	优先权中止生效
4	0	源点抑制
5	0	对网络重定向
	1	对主机重定向
	2	对服务类型和网络重定向
	3	对服务类型和主机重定向
8	0	回送请求

（续）

ICMP 报文类型	代码	描述
11	0	传输期间生存时间为0
	1	在数据报组装期间生存时间为0
12	0	坏的 IP 首部
	1	缺少必要的选项
13	0	时间戳请求
14	0	时间戳应答

3）检验和。该字段主要用于检验 IP 数据报文首部是否出现差错，并不检验报文内容是否出错，因此该字段并不能保证经过传输的 ICMP 报文不产生差错。

4.4.2 ICMP 差错报告报文和询问报文

ICMP 差错报告报文共有五种，下面分别介绍。

1）终点不可达。当路由器或主机发现 IP 数据报文无法交付时，就向源点发送终点不可达报文。

2）源点抑制。当路由器或主机因为拥塞而无法处理新接收到的 IP 数据报文，就会向源点发送抑制报文，控制发送端的发送速度。

3）时间超时。IP 数据报文首部中有一个生存时间字段，每经过一个路由器，该字段就会减 1，当生存时间为 0 时，路由器就会丢弃该报文，同时向源端发送超时报文。

4）参数错误。当路由器或主机收到 IP 数据报文后，发现某些参数配置不正确，就会丢弃该报文，并向源端报告。

5）改变路由（重定向）。路由器发现路由改变后，会将新的路由发送给主机，让主机知道下次发送 IP 报文时应该走哪条路由。

所有 ICMP 差错报文中的数据字段格式都是同样的，具体内容是把收到的需要进行差错报告的 IP 数据报文的首部和数据字段的前 8 B 提取出来，作为 ICMP 报文的数据字段。再加上相应的 ICMP 差错报告报文的首部（8 B），就构成了 ICMP 差错报告报文，具体格式如图 4-27 所示。

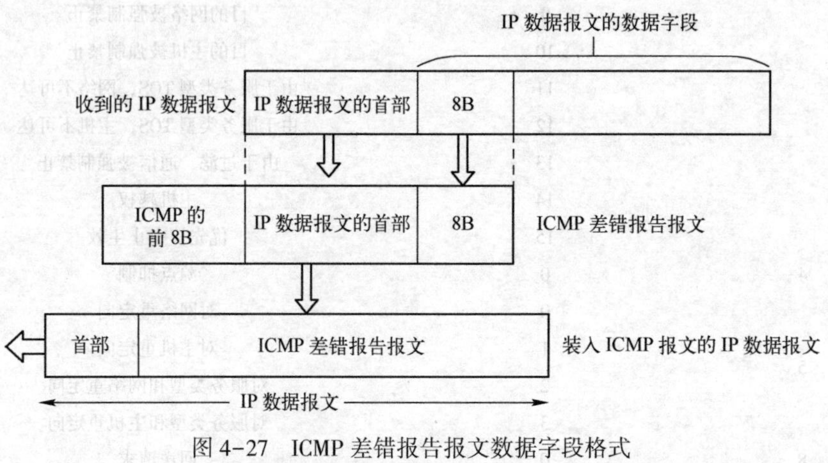

图 4-27 ICMP 差错报告报文数据字段格式

ICMP 询问报文主要有两种，分别为：

1）回送请求和应答。回送请求和应答可用于进行网络诊断。ICMP 回送请求报文是主机或路由器向某一个特定的主机发送查询请求，收到此报文的主机必须给发送端发送应答报文，从而能够使源主机确认目的主机是否可达。

2）时间戳请求和应答。该报文用于进行时钟同步和时间测量。

4.4.3　PING 命令的工作原理和应用举例

ICMP 的一个重要作用是使用回送请求和应答报文来测试两个主机之间的连通性，在 Windows 操作系统中主要是通过应用程序 PING（Packet InterNet Groper）来实现上述功能。PING 是应用层直接调用网络层 ICMP 的一个例子，其没有通过传输层，而是直接通过网络层 ICMP 完成主机之间的连通性测试。

在 Windows 操作系统的用户使用 PING 命令时，首先打开 MS-DOS 界面，然后输入命令“ping hostname”（hostname 可以是目的主机的域名或 IP），按〈Enter〉键可看到测试结果。图 4-28 给出了从河南的一台主机到网易服务器的连通性测试结果。发送端主机一共发送 4 个回送请求报文，如果网易服务器在线正常工作，就会针对 4 个回送请求报文返回 4 个应答报文。如果发送端主机收到 4 个应答报文，就表明两台主机之间的连通性良好；反之，如果收到的应答报文少于 4 个，就说明两台主机之间的通信不够畅通。PING 程序会对发送的、收到的和丢失的分组数，以及往返时间的最小值、最大值和平均值进行统计显示，方便计算机用户对两台主机之间的通信情况进行综合判断。

```
C:\Users\Administrator>ping www.163.com

正在 Ping 163.xdwscache.glb0.lxdns.com [61.53.143.178] 具有 32 字节的数据:
来自 61.53.143.178 的回复: 字节=32 时间=73ms TTL=46
来自 61.53.143.178 的回复: 字节=32 时间=55ms TTL=46
来自 61.53.143.178 的回复: 字节=32 时间=56ms TTL=46
来自 61.53.143.178 的回复: 字节=32 时间=60ms TTL=46

61.53.143.178 的 Ping 统计信息:
    数据包: 已发送 = 4，已接收 = 4，丢失 = 0 (0% 丢失)，
往返行程的估计时间(以毫秒为单位):
    最短 = 55ms，最长 = 73ms，平均 = 61ms
```

图 4-28　PING 程序工作结果

4.4.4　Tracert 命令的工作原理和应用举例

在 Windows 操作系统中，可使用 Tracert 命令实现路由跟踪，使用该命令可显示一个分组从源点到终点的详细路径。那么 Tracert 命令是如何实现路由跟踪的呢？它主要是通过在 IP 数据报文首部中设置相应的 TTL 生存时间来完成路由跟踪。源主机需要跟踪路由时，首先发送一个 IP 数据报文，该报文 TTL 设置为 1。当该 IP 数据报文到达第一跳路由器 R_1 时，TTL 减 1，变为 0，生存时间耗尽，R_1 将不再转发该报文，而是直接丢弃。同时，R_1 会向源主机发送一个 ICMP 超时的差错报告报文，当源主机收到该差错报告报文后，就会知道 R_1 的 IP 地址，也就知道了第一跳路由的 IP 地址；同理，源主机再发送第二个 IP 数据报文，TTL 设置为 2，则该 IP 数据报文到达第二跳路由器 R_2 时，TTL 为 0，R_2 发送差错报告报文，

源主机获得第二跳路由器IP；重复上述过程，直到IP数据报文到达目的主机之后，将不会再发送差错报告报文，从而也就完成了源主机和目的主机之间的路由跟踪。图4-29是从河南的一台PC向网易的服务器发出Tracert命令后所获得的结果。图中每一行有三个时间出现，是因为对于每一个TTL值，源主机要发送三次同样的IP数据报文。

```
C:\Documents and Settings\wxl>tracert mail.163.com

Tracing route to mail163.xdwscache.glb0.lxdns.com [61.158.133.74]
over a maximum of 30 hops:

  1    30 ms    30 ms    29 ms  hn.kd.ny.adsl [123.9.184.1]
  2    31 ms    31 ms    31 ms  pc0.zz.ha.cn [218.28.232.37]
  3    32 ms    31 ms    30 ms  pc49.zz.ha.cn [61.168.32.49]
  4    37 ms    39 ms    35 ms  pc46.zz.ha.cn [61.168.253.46]
  5    33 ms    32 ms    33 ms  pc202.zz.ha.cn [61.168.253.202]
  6    35 ms    33 ms    33 ms  98.130.158.61.ha.cnc [61.158.130.98]
  7    36 ms    34 ms    37 ms  bogon [10.27.255.214]
  8    34 ms    32 ms    33 ms  74.133.158.61.ha.cnc [61.158.133.74]

Trace complete.
```

图4-29 Tracert程序工作结果

4.5 网络层的路由选择算法

网络层路由选择算法是要在源主机和目的主机之间找到一条最佳路径，以便使报文能够在互联网中从源主机传到所要通信的目的主机。本节将讨论几种常用的路由选择协议。

4.5.1 路由选择算法的分类

1. 理想的路由选择算法

一个理想的路由选择算法应具有如下的一些特点：

1）算法必须是正确的。其中“正确”的含义为，沿着各路由表所选择的路由，分组最终一定能够到达目的主机。

2）算法在计算上要简单。由于在每个结点上都要进行路由选择计算，因此必然会增大分组时延，而计算简单则可以使时延较小。

3）算法应能适应通信量和网络拓扑的变化，即具有自适应性。当网络中的通信状况发生变化时，算法能自适应地改变路由以均衡各链路的负载。

4）算法应具有稳定性。在网络通信量和网络拓扑相对稳定的情况下，路由算法计算得出的路由也应该稳定，而不应使获得的路由不停地变化。

5）算法应是公平的，即对所有用户都是平等的。例如，若仅仅使某一对用户的端到端时延为最小，却不考虑其他用户，就不符合公平性的要求。

6）算法应是最佳的。所谓“最佳”只能是针对某种特定要求得出的较为合理的选择而已。

一个实际的路由选择算法，应尽可能接近于理想的算法。但在不同的应用条件下，对以上提出的六个方面的要求也需要根据实际情况有不同的侧重。在这里需要指出的是，路由选择是个非常复杂的问题，因为它是由网络中的所有结点共同协调工作的结果，而不是由某条链路或某个设备决定。

那么，如何判断一个路由算法性能的好坏？常用的性能指标主要有路径长度（可以是跳数、时间、物理长度等）、可靠性、时延、带宽、路由的负载以及通信成本等，其中可靠性可以利用线路误码率来判断，而时延可以利用路由器排队时延、路由器处理时延等表示。

2. 路由算法分类

路由选择的基本步骤为首先必须了解全局网络拓扑结构，其次需要确定路由选择的基本原则，即整个网络路径的选择不影响各局部的路径选择。以及网络的变化不影响原来确定的路径选择方法。

按照算法能否根据网络的通信量或者拓扑自适应地调整来划分，可将路由选择算法分为两大类，即非自适应路由选择算法与自适应路由选择算法。

非自适应路由选择算法又称为静态路由，其不根据实际测量或估计的网络当前通信量和拓扑结构来做路由选择，而是按照某种固定的规则来进行路由选择。静态路由协议的特点为简单、开销小，但其不能及时适应网络状态的变化。

自适应路由选择协议又称为动态路由协议，它根据网络拓扑结构以及通信量的变化改变路由，其特点是能较好地适应网络的变化，但实现起来比较复杂。

对于互联网来说，网络规模庞大，如果使用非自适应的路由选择算法将无法满足互联网络规模快速发展的需要，因此其采用的是一种分布式的路由算法。目前常用的自适应的分布式路由算法有距离向量算法和链路状态算法，具体内容如下。

（1）距离向量算法

距离向量算法又称为 Ford-Fulkerson、Bellman-Ford 或 Bellman 算法。这种算法的思想比较简单，每台路由器会周期性地与相邻路由器交换路由表中的信息。这种信息由若干（V，D）条目组成，其中 V 用于指出该路由器可以达到的目的网络或目的主机，D 代表去往 V 的距离，D 使用路径经过的跳数来计数。当路由器收到其他路由器提供的（V，D）路由信息后，将根据最短路径原则对自己的路由表进行刷新。

首先，当一个路由器启动时，对路由表进行初始化。对于路由器来说，其知道与其直接相连网络的信息，距离为 0。然后各路由器周期性地与相邻路由器交换路由表信息，当路由器 R_1 收到 R_2 的路由信息后，检查相邻路由器 R_2 的（V-D）报文，并做相应修改，具体过程如下：

假定 nexthop-n 表示路由的下一跳，（V_m，D_m）表示某条路由信息。

1）如果 R_2 中的某个 V_m 在 R_1 中没有，则 R_1 的路由表中需要增加相应的表项，即：

$R_1(V_m) := R_2(V_m)$;

$R_1(D_m) := R_2(D_m)+1$;

$R_1(\text{nexthop-n}) := R_2$;

2）如果 R_1 中某个 V_m 的 nexthop 是 R_2，而在收到 R_2 中到达 V_m 的路由信息为（V_m，D_n），也就是说，去往该 V_m 的路径发生了变化。我们知道 R_1 去往 V_m 的路由是由 R_2 提供的，而 R_2 到达 V_m 的路径发生了变化，因此 R_1 应该接受 R_2 提供的到达 V_m 的最新路由。因此 R_1 中的（V_m，D_m）更新为

$R_1(D_m) := R_2(D_n)+1$;

3）如果 R_1 中某个 V_m 的 nexthop 不是 R_2，而在收到 R_2 中到达 V_m 的路由信息为（V_m，D_n），则 R_1 应该选择距离最短的一条路径，如果 $R_2(D_n)+1<R_1(D_m)$，则执行

$R_1(D_m):=R_2(D_n)+1$;
$R_1(\text{nexthop-n}):=R_2$;

反之，则 R_1 不更新。

距离向量算法的路由刷新发生在相邻的路由器之间，因此路由器之间路由信息的交换主要是直接向相邻的路由器发送（V-D）报文。

距离向量算法的主要优点在于实现简单，但它不适应路径的剧烈变动或大型的网络环境，因为路由表的更新是通过相邻路由器交换路由信息实现的，其收敛过程比较缓慢，网络规模较大时尤其明显，因此在路由表刷新过程中会出现路由不一致的问题。距离向量算法的另一个缺点是它需要大量的信息交换，造成交换的信息量比较大。

（2）链路状态算法

链路状态算法又称为最短路径优先（Shortest Path First，SPF）算法。按照 SPF 的要求，路由器中路由表依赖于一张能表示整个网络拓扑结构的无向图 G(V,E)。在无向图 G 中，结点 V 表示路由器，边 E 表示连接路由器的链路。在信息一致的情况下，所有路由器的链路状态图都应该是相同的。最短路径优先算法具体步骤如下：

1）各路由器主动测试与之相邻的所有路由器的状态，周期性地向相邻路由器发出简短的查询报文，询问相邻路由器当前是否可达；如果对方做出回复，则说明链路状态为正常，否则为故障。

2）各路由器周期性地向其他路由器广播其链路状态信息，而不像距离向量算法那样只向相邻的路由器发送信息。

3）路由器接收到链路状态报文后，利用它刷新网络拓扑图，将相应的链路状态改为正常或故障。假如链路状态发生变化，路由器立即利用 Dijkstra 算法选择路由，这个算法可以求出加权无向图中从某给定结点到目的结点的最低耗费路由或最佳路由。

Dijkstra 算法是典型的最短路径算法，用于计算一个结点到其他所有结点的最短路径。主要特点是以起始点为中心向外层扩展，直至扩展至终点为止。该算法能得出最短路径的最优解，但其效率较低。

链路状态算法的主要优点在于：

1）链路状态信息向全网广播，各路由器都使用相同的原始数据进行路径计算，保证了各路由器链路状态拓扑图的一致性。

2）各路由器在本地进行路由计算，路由信息不会反过来对原路由器发生作用，使路由的收敛性得到了保证。

3）广播的路由信息只与该路由器相连的链路数目和状态有关，比距离向量算法要少，适用于规模较大的网络。

距离向量算法和链路状态算法各有特点。距离向量算法原理清晰，实现简单，并且对原路由器的处理能力要求不高，在规模较小和拓扑结构变化不快的网络中获得了广泛的应用。链路状态算法性能优越，适用于规模较大及拓扑变化比较快的网络，但每一个网络结点均需实时形成全网拓扑图，因此对路由器的处理能力提出了较高的要求；同时由于路由信息是以

广播的方式传播的，需要占用较多的网络带宽。这两种算法各有优势，因此在实际组网的过程中，路由器一般都会同时配置这两种类型的路由协议，例如 RIP（实现距离向量算法）和 OSPF（实现链路状态算法）。

3. 路由协议

现在互联网的网络规模已经很大，无论单独使用哪种路由协议都不能完成全网的路由选择，所以通过引入自治系统（Autonomous System，AS）的概念将其划分为了很多个区域。自治系统是一组共享相似路由策略并在单一管理域中运行的路由器集合。一个自治系统可以是一些运行单一路由协议的路由器集合，也可以是一些运行不同路由协议但都属于同一个组织机构的路由器集合。不管是哪种情况，外部世界都将整个自治系统看成一个实体。在自治系统之内的路由更新被认为是可知的、可信的和可靠的。当自治系统内部网络结构发生变化时，只会影响到自治系统内部的路由器，而不会影响网络中的其他部分，隔离了网络拓扑结构的变化。

在每个自治系统中都有一个唯一的自治系统编号，这个编号是由互联网授权的管理机构分配的，它的基本思想就是希望通过不同的编号来区分不同的自治系统。这样，当网络管理员不希望自己的通信数据通过某个自治系统时，自治系统编号就十分有用了。例如，该网络的管理员完全可以访问某个自治系统，但由于它可能是由竞争对手在管理，或是缺乏足够的安全机制，因此需要回避它。通过采用路由协议和自治系统编号，路由器就可以确定彼此间的路径和路由信息的交换方法。

互联网中常见的路由选择协议按照工作范围的不同可以分为内部网关协议（IGP）与外部网关协议（EGP），如图 4-30 所示。

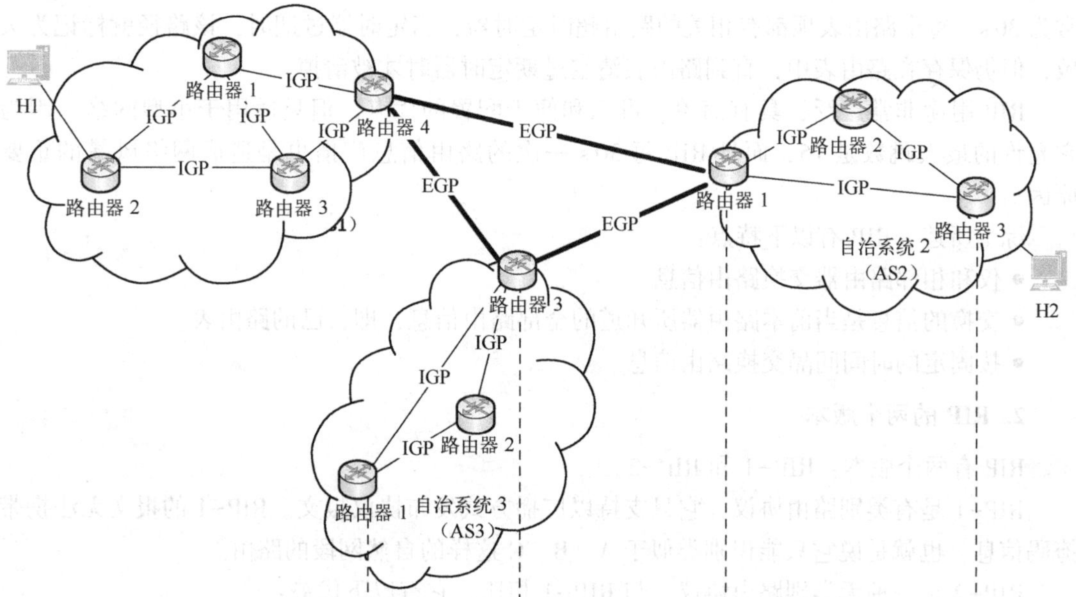

图 4-30　路由协议分类

内部网关协议（Interior Gateway Protocol，IGP）即在一个自治系统内部使用的路由选择协议，如RIP和OSPF。

外部网关协议（External Gateway Protocol，EGP）中，若源主机和目的主机处在不同的自治系统中（这两个自治系统可能使用不同的内部网关协议），当数据报文传到一个自治系统边界时，就需要使用一种协议将路由选择信息传递到另一个自治系统中。这样的协议就是外部网关协议（EGP）。目前使用最多的外部网关协议是BGP的版本4（BGP-4）。

对于比较大的自治系统，还可将所有的网络再次进行划分。例如，可以构造一个链路速率较高的主干网和许多速率较低的区域网。每个区域网通过路由器连接到主干网。在一个区域内找不到目的主机时，就通过路由器经过主干网到达另一个区域网，或者通过外部路由器到别的自治系统中去查找。

4.5.2 路由信息协议

1. 路由信息协议概述

路由信息协议（Routing Information Protocol，RIP）是最著名、历史最悠久的动态路由协议，是第一个出现的内部网关协议（IGP），即在自治系统内实现路由选择功能。早在Internet的前身ARPANET中该算法就已经被广泛采用，成为中小型网络中最基本的路由协议。

RIP采用的是距离向量路由算法，同时为了能够较好地适应快速的网络拓扑变化，RIP规定了一些与其他路由协议相同的稳定特性。例如，RIP对路由跳数的限制防止了路由无限增长而产生环路。同时，RIP使用了一些定时器以控制其性能，包括路由表更新定时器、路由超时定时器和路由表清空定时器。路由表更新定时器记录进行周期性更新的时间间隔，通常为30s。每个路由表项都有相关的路由超时定时器，当定时器过期时，该路径就标记为失效，但仍保存在路由表中，直到路由表清空过期定时器时才被清掉。

RIP用途非常广泛，具有简单、可靠和便于配置的优点，但只适用于小型网络，因为它允许的最大跳数是15，而且RIP每30s一次的路由信息广播也是造成网络风暴的重要原因。

综上所述，RIP有以下特点：

- 仅和相邻路由器交换路由信息。
- 交换的信息是当前本路由器所知道的全部路由信息，即自己的路由表。
- 按固定的时间间隔交换路由信息。

2. RIP的两个版本

RIP有两个版本：RIP-1和RIP-2。

RIP-1是有类别路由协议，它只支持以广播方式发布协议报文。RIP-1的报文无法携带掩码信息，也就是说它只能识别类似于A、B、C这样的自然网段的路由。

RIP-2是一种无类别路由协议，与RIP-1相比，它有以下优势：

1）支持路由标记，在路由决策中可根据路由标记对路由进行灵活的控制。

2）报文携带掩码信息，支持路由聚合和CIDR。

3）支持指定下一跳，在广播网上可以选择到最优的下一跳地址。

4）支持组播路由发送更新报文，减少资源消耗。

5）支持对协议报文进行验证，并提供明文验证和 MD5 验证两种方式，安全性较强。

3. RIP 的工作原理

路由器的关键作用是连接不同的网络，负责在不同网络之间转发 IP 数据报文。在路由实现时，RIP 作为一个系统常驻进程存在于路由器中，负责从网络系统的其他路由器接收路由信息，从而对本地网络层路由表做动态的维护，保证网络层发送报文时选择正确的路由。同时负责向相邻路由器广播本路由器的路由信息，通知相邻路由器做出相应的修改。RIP 处于 UDP 的上层，RIP 所接收的路由信息都封装在 UDP 的数据报文中。路由信息数据库的每个条目由“目的网络地址”和“到达该网络的最短距离”两部分组成，当路由器收到相邻路由器信息后，进行路由表合并，为每一个目的网络选择一条距离最短的路径，更新自己的路由表。

RIP 用“跳数”作为网络距离的尺度。每个路由器在给相邻路由器发出路由信息时，都会给每条路径上加 1。在图 4-31 中，路由器 3 直接和网络 C 相连，到达网络 C 的距离为 1；当它向路由器 2 通告网络 142.12.0.0 的路径时，会把到达网络 C 的跳数加 1，因此路由器 2 就知道到达网络 C 的距离为 2。与之相似，路由器 2 把其到达网络 C 的路由发送给路由器 1 时，会把到达网络 C 的跳数加 1，路由器 1 就知道到达网络 C 的距离为 3。

然而实际的网络路由选择并不总是由跳数决定的，还要结合实际的链路性能综合考虑。在图 4-32 所示网络中，从路由器 1 到网络 C，RIP 更倾向于跳数为 2 的路由器 1→路由器 3 的 256 kbit/s 的链路，而不是选择路由器 1→路由器 2→路由器 3 的 2 Mbit/s 链路。因为对于 RIP 来说，其认为距离最短的路径就是最优的路径，而实际网络中即使存在能够更快到达目的网络的路径，RIP 也不会考虑。这是 RIP 进行路由选择时存在的一个缺陷。

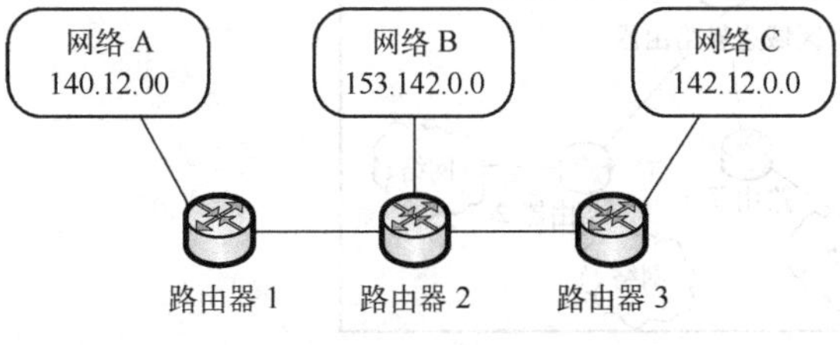

图 4-31　RIP 工作过程

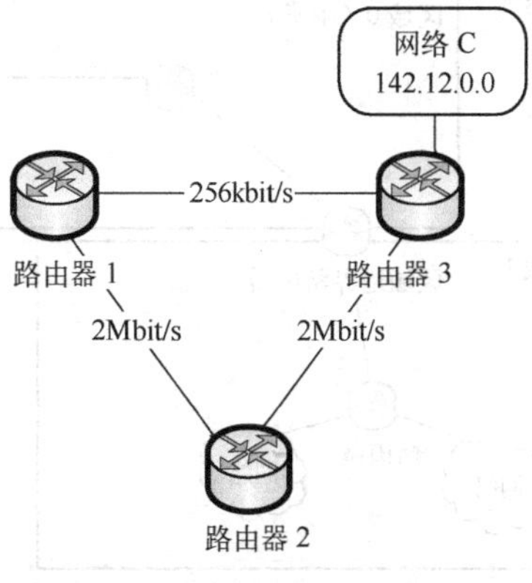

图 4-32　不同速率链路的 RIP 工作过程

总之，RIP 的最大优点就是实现简单，开销较小，但是 RIP 的缺陷也较多。具体如下：

1）RIP 支持的网络规模有限。RIP 最多支持 15 跳，因此只适用于规模较小的网络。

2）汇聚缓慢。当网络的拓扑结构发生变化时，每个路由器都必须对变化做出汇聚。如邻近路由器发生变化的时候，路由器就需要通过汇聚机制来重新调整自己的路由表信息。RIP 一般是每隔 30 s 发送路由更新信息，这个时间间隔过长，将直接影响到网络的稳定性。

3）路由表更新数据占用宝贵的网络带宽。在大型网络中，路由更新信息将会占用大量的网络带宽，而这些带宽本来是可以用来传输数据报文的，这将在很大程度上降低网络性能。

4）缺乏动态负载均衡技术。现假设从路由器到达目的地有多条路由，其距离由长到短进行排序，但是由于拥塞、冲突等原因，其预计到达的时间并不一定是由长到短的。RIP 无法对可用路由进行实际成本评估，也就是说，RIP 不能在多条链路上进行动态调整负载的能力。在实践中，RIP 路由器在默认情况下都是采用距离最短的路由，而不是性能相对较好的路由。

因此，尽管在规模较小的网络中，使用 RIP 的仍占多数，但对于规模较大的网络就应当使用 OSPF 协议来实现路由选择。

4.5.3 开放最短路径优先协议

开放最短路径优先（Open Shortest Path First，OSPF）协议是由 IETF 开发的基于链路状态（L-S）算法的自治系统内部路由协议，用来代替当前存在一些问题的 RIP。

与 RIP 不同，OSPF 协议为了能够对规模较大的网络实现路由选择，将一个自治系统又划分为若干个区域，对区域内和跨区域的数据报文传输采用不同的路由选择策略。如果源主机和目的主机位于同一区域中，只需要使用区内路由选择协议即可，与其他区域的网络拓扑无关。这就减少了网络开销，并增加了网络的稳定性。当一个区域内的路由器出了故障，并不影响自治系统内其他区域路由器的正常工作，这也给网络的管理、维护带来方便。自治系统中区域的划分如图 4-33 所示，区域内的通信直接由区域内的路由器完成路由选择，而跨区域的通信则通过主干区域来实现，由主干区域负责将数据报文传送到目的区域。

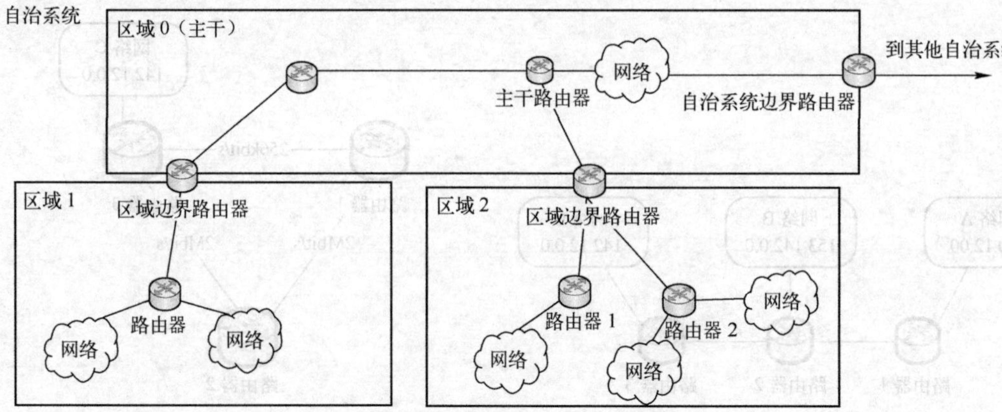

图 4-33 自治系统中的区域划分

最短路径优先算法是 OSPF 路由协议的基础，每个路由器根据一个统一的链路状态数据库计算到达某个目的网络的最优路径。在 OSPF 协议中不使用 UDP，而是直接用 IP 数据报文传送，可见 OSPF 的位置在网络层。OSPF 构成的数据报文很短，这样就可以减少路由信息的通信量。而数据报文很短的另一个好处是不必考虑分片，在分片报文之中只要丢失一个，就无法组装成原来的数据报文，而整个数据报文就必须重传。在 OSPF 协议中使用以下 5 种分组完成路由信息的更新：

1）问候（Hello）分组，用来发现和维持邻站的可达性。

2）数据报描述（Data Description）分组，向邻站给出自己的链路状态数据库中的所有链路状态项目的摘要信息。

3）链路状态请求（Link State Request）分组，请求对方发送某些链路状态项目的详细信息。

4）链路状态更新（Link State Update）分组，用洪泛方法更新全网链路状态，这是协议的核心部分。

5）链路状态确认（Link State Acknowledgment）分组，对链路更新分组进行确认。

当一个路由器启动时，会首先向相邻的路由器发送问候报文。如果收到应答，该路由器就知道了自己有哪些相邻的路由器。在正常情况下，每个路由器在链路状态发生变化时会向相邻的路由器发送链路状态更新报文。该报文包含其相邻链路的活动状态和通信费用，当这种报文在自治系统中扩散传播时，各个路由器就据此更新自己的网络拓扑数据库。为了确保链路状态能够正确更新，报文中包含顺序号，并且要求应答，这样路由器就可以选择接受最新的报文，丢弃过时的报文。当路由器启动一条新的通信链路时，发送数据库描述报文。这种报文描述了发送者保持的所有链路状态，并且每一条状态项都有一个编号，编号越大表明状态越新，接收者可以根据编号大小选择使用最新的链路状态信息。路由器还可以利用链路状态请求报文向其他路由器要求链路状态信息，这个算法的效果就是每一对相邻的路由器可以相互比较数据库中的信息，选择最新的数据。新的链路状态信息在网络中不断扩散，而过时的链路状态将逐渐被淘汰。

OSPF路由协议是一种基于链路状态的路由选择协议，为了更好地说明OSPF路由协议的作用，对RIP与OSPF协议进行一个简单的对比，归纳为以下几点：

1）在RIP中，用于表示距离目的网络远近的唯一参数为跳数，即到达目的网络所要经过的路由器个数。在RIP中，该参数被限制为不能超过15跳；对于OSPF路由协议，路由表中表示到达目的网络远近的参数不受物理跳数的限制，与网络中链路的带宽等相关，因此OSPF协议比较适合应用于大型网络中。

2）RIP收敛较慢。RIP周期性地将整个路由表作为路由信息广播至网络中，该广播周期为30s，在一个大型网络中，RIP会产生很多的广播信息，占用较多的网络资源；RIP 30s的广播周期影响了RIP的收敛，甚至出现不收敛的现象。而OSPF是一种基于链路状态的路由协议，当网络比较稳定时，网络中路由信息占用的带宽是比较少的，并且其广播也不是周期性的，因此OSPF路由协议即使是在大型网络中也能较快地实现收敛。

3）在RIP中，网络是一个平面的概念，并无区域及边界等定义。随着无类型域间路由CIDR概念的出现，RIP就明显落伍了。在OSPF路由协议中，一个自治系统可以进一步划分为很多个区域，每一个区域通过OSPF边界路由器相连完成区域内和跨区域的路由选择。

4）OSPF路由协议支持路由验证，只有相互通过验证的路由器之间才能交换路由信息。并且OSPF可以对不同的区域定义不同的验证方式，提高网络的安全性。OSPF路由协议对负载分担的支持性能较好，支持多条开销（cost）相同的链路上的负载分担。

4.5.4 边界网关协议

1989年，边界网关协议（BGP）公布。BGP是不同自治系统的路由器之间交换路由信息的协议。为简单起见，把BGP-4简写为BGP。

那么在不同自治系统之间的路由选择为什么不能使用前面讨论过的内部网关协议，比如RIP或OSPF？这是因为内部网关协议的作用主要是设法使数据报文在一个自治系统中尽可能有效从源主机传送到目的主机，而且在一个自治系统内部也不需要考虑其他方面的策略，然而BGP使用的环境却存在较大差异。主要是存在以下几个方面的原因。

1）互联网的规模太大，使得自治系统之间的路由选择非常困难。连接在互联网主干网上的路由器，必须对任何有效的IP地址都能在路由表中找到匹配的目的网络。目前在互联网的主干网路由器中，一个路由表的项目数早已超过了5万个网络前缀。如果使用RIP，则互联网中众多路由器之间需要频繁地交换路由信息，将导致网络带宽被大量占用。与此同时，RIP路由表收敛速度缓慢也将导致路由表不能及时反映当前的网络状况，当然也不能对收到的IP数据报文进行有效路由。如果使用链路状态协议，则每一个路由器必须维持一个很大的链路状态数据库。对于这样大的主干网用Dijkstra算法计算最短路径时花费的时间也太长。另外，由于各个自治系统自己选定内部路由选择协议，并使用本自治系统指明的路径度量，因此，当一条路径需要通过几个不同的自治系统时，要想对这样的路径计算出有意义的开销是不太可能的。例如，对某自治系统来说，开销为10000可能表示一条比较长的路由，但对另一个自治系统开销为10000却可能表示不可接受的坏路由。因此，对于自治系统之间的路由选择，要用“开销”作为度量来寻找最佳路由也是很不现实的。比较合理的做法是在自治系统之间交换“可达性”信息（即“可达”或“不可达”）。也就是说，自治系统之间的路由选择不是以最优为目标，而是以可达为目标，只要能够选择一条可达路径把数据报文传送到目的自治系统中就可以了。

2）自治系统之间的路由选择必须考虑有关策略。由于相互连接的网络的性能相差很大，如果根据最短距离找出来的路径，可能并不合适。而且互联网网络环境复杂，有些路径可能使用开销很高或很不安全，也有可能某自治系统要发送数据报文给AS2，本来最好是经过AS3，但AS3不愿意让这些数据报文通过本自治系统的网络，因为AS3认为“这是他们的事情，和我们没有关系”；但另一方面，AS3愿意让某些相邻自治系统的数据报文通过自己的网络，特别是对那些付了服务费的某些自治系统更是如此。因此，自治系统之间的路由选择协议应当允许使用多种路由选择策略，这些策略包括政治、安全或经济方面的考虑。例如，国内的站点在互相传送数据报文时不应经过国外兜圈子，特别是不要经过那些对国内安全有威胁的国家。这些策略都是由网络管理人员对每一个路由器进行设置的，但这些策略并不是自治系统之间的路由选择协议本身。还可举出一些策略的例子，比如“仅在到达下列这些地址时才经过ASx”，“ASx和ASy相比时应优先选择ASx”等。显然，使用这些策略是为了找出较好的路径而不是最佳路径。

基于上述情况，边界网关协议（BGP）只能是力求寻找一条能够到达目的网络且比较好的路由，只要不兜圈子就可以，而并非要寻找一条最佳路由。BGP采用了路径向量路由选择协议，它与距离向量协议和链路状态协议都有很大的区别。

如图4-34所示，在配置BGP时，每一个自治系统的管理员要选择至少一个路由器作为

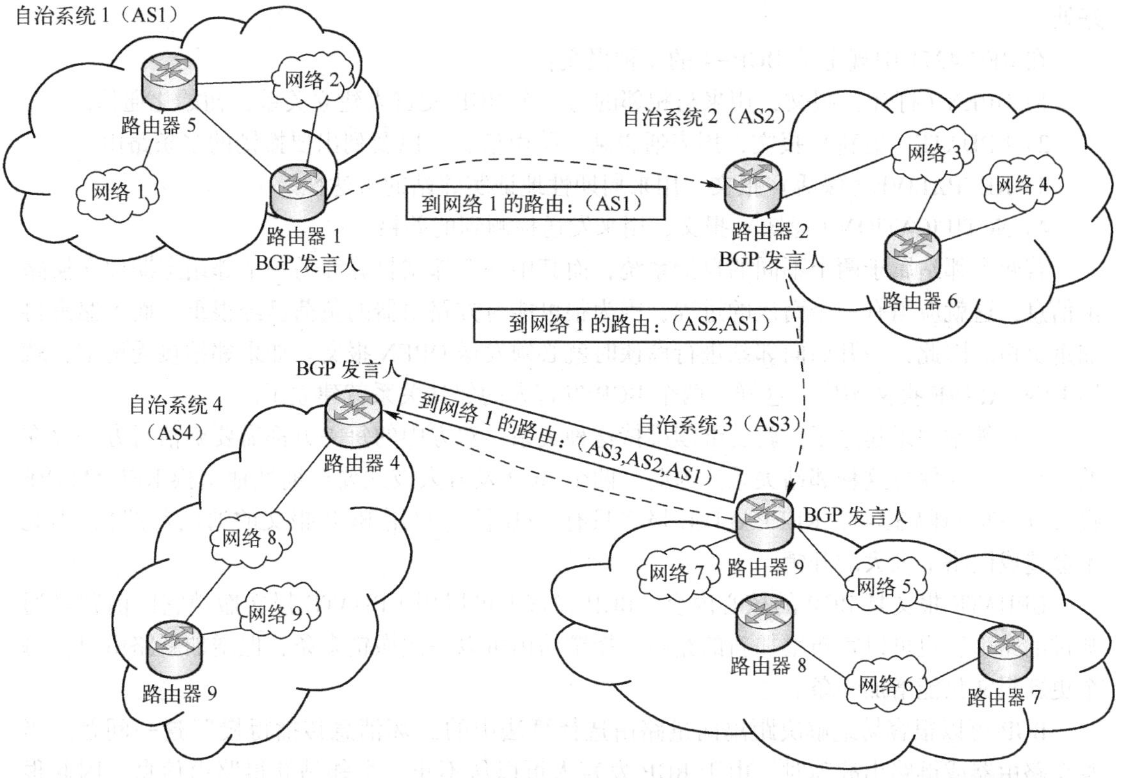

图 4-34　路径向量分组

该自治系统的“BGP 发言人”。一般说来，两个 BGP 发言人都是通过一个共享网络连接实现数据通信，而 BGP 发言人往往就是 BGP 边界路由器，但也可以不是 BGP 边界路由器。

一个 BGP 发言人与其他自治系统的 BGP 发言人要交换路由信息，就要先建立 TCP 连接，然后在此连接上交换 BGP 报文以建立 BGP 会话，利用 BGP 会话交换路由信息，比如增加新的路由或撤销过时的路由，以及报告出差错情况等。使用 TCP 连接能够提供可靠的服务，也简化了路由选择协议。使用 TCP 连接交换路由信息的两个 BGP 发言人，彼此成为对方的邻站或对等站。

BGP 所交换的网络可达性信息就是要到达某个网络（用网络前缀表示）所要经过的一系列自治系统。当 BGP 发言人互相交换了网络可达性信息后，各 BGP 发言人就根据所采用的策略从收到的路由信息中找出到达各自治系统的较好路由。

BGP 交换路由信息的结点数量级是自治系统个数的量级，这要比这些自治系统中的网络数少很多。要在许多自治系统之间寻找一条较好的路径，就是要寻找正确的 BGP 发言人，而在每一个自治系统中 BGP 发言人的数目是很少的。这样就使得自治系统之间的路由选择不致于过分复杂。

BGP 支持 CIDR，因此 BGP 的路由表也就应当包括目的网络前缀，下一跳路由器，以及到达该目的网络所要经过的自治系统序列。由于使用了路径向量信息，就可以很容易地避免在网络中兜圈子。在 BGP 刚刚运行时，BGP 的邻站交换整个 BGP 路由表。但以后只需要在发生变化时更新有变化的部分。这样做对节省网络带宽和减少路由器的处理开销方面都有好处。

在 RFC 4271 中规定了 BGP-4 的 4 种报文：

1）OPEN（打开）报文，用来与相邻的另一个 BGP 发言人建立关系，初始化通信。

2）UPDATE（更新）报文，用来通告某一路由信息，以及列出要撤销的多条路由。

3）KEEPALIVE（保活）报文，用来周期性地证实邻站的可达性。

4）NOTIFICATION（通知）报文，用来发送检测到的差错。

若两个邻站属于两个不同的自治系统，而其中一个邻站打算和另一个邻站定期地交换路由信息，这就应当有一个商谈的过程，因为很可能对方路由器的负荷已经很重，而不愿意再加重负担。因此，一开始向邻站进行商谈时就必须发送 OPEN 报文。如果邻站接受请求，就用 KEEPALIVE 报文响应。这样，两个 BGP 发言人的邻站关系就建立了。

一旦邻站关系建立了，就要继续维持这种关系。双方中的每一方都需要确信对方是存在的，且一直在保持这种邻站关系。为此，两个 BGP 发言人彼此要周期性地交换 KEEPALIVE 报文（一般每隔 30 s）。KEEPALIVE 报文只有 19 B 长（只用 BGP 报文的通用首部），因此不会造成网络上太大的开销。

UPDATE 报文是 BGP 的核心内容。BGP 发言人可以用 UPDATE 报文撤销它以前曾经通知过的路由，也可以宣布增加新的路由。撤销路由可以一次撤销多条，但增加新路由时，每个更新报文只能增加一条。

BGP 可以很容易地解决距离向量路由选择算法中的“坏消息传播得慢”这一问题。当某个路由器或链路出故障时，由于 BGP 发言人可以从不止一个邻站获得路由信息，因此很容易选择出新的路由。距离向量算法往往不能给出正确的选择，是因为这些算法不能指出哪些邻站到目的站的路由是独立的。

在图 4-35 中给出了 BGP 报文的格式，4 种类型的 BGP 报文具有相同的通用首部，其长度为 19 B。通用首部分为三个字段：标记（marker）字段长 16 B，用来鉴别收到的 BGP 报文，当不使用鉴别时，标记字段要置为全 1；长度字段用于指出包括通用首部在内的整个 BGP 报文长度（以字节为单位），最小值是 19，最大值是 4096；类型字段的值为 1~4，分别对应于上述 4 种 BGP 报文中的一种。

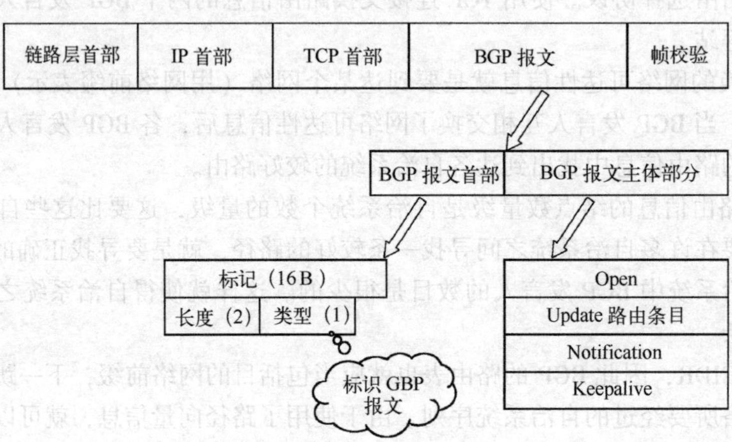

图 4-35 BGP 报文格式

OPEN 报文共有 6 个字段，即版本（1 B，现在的值是 4）、本自治系统号（2 B，使用全球唯一的 16 位自治系统号，由 ICANN 地区登记机构分配）、保持时间（2 B，以秒为单位的保持为邻站关系的时间）、BGP 标识符（4 B，通常就是该路由器的 IP 地址）、可选参数长度（1 B）和可选参数。

UPDATE 报文共有 5 个字段，即不可行路由长度（2 B，指明下一个字段的长度）、撤销的路由（列出所有要撤销的路由）、路径属性总长度（2 B，指明下一个字段的长度）、路径属性和网络层可达性信息。

KEEPALIVE 报文只有 BGP 的 19 B 长的通用首部。

NOTIFICATION 报文有 3 个字段，即差错代码（1 B）、差错子代码（1 B）和差错数据（给出有关差错的诊断信息）。

4.6 IPv6

4.6.1 IPv6 概述

计算机技术和通信技术的发展与融合使得互联网的规模和应用范围飞速扩大，其中互联网的核心协议 IPv4 所起的作用举足轻重。IPv4 因为其简洁高效而广受赞誉，但其设计者在设计之初完全没有预料到互联网会达到今天的规模，到 20 世纪 90 年代，IPv4 的缺陷和潜伏的危机逐渐暴露出来，IP 地址资源面临枯竭。为了解决这一问题，引入了无分类编址 CIDR 方式，使 IP 地址的分配更加合理，也使得 IP 地址耗尽的日期推后了不少，但不能从根本上解决 IP 地址即将耗尽的问题。

为了能够从根本上解决 IP 地址资源枯竭的问题，IETF 在 1992 年 6 月提出要制定下一代 IP，即 IPNG（IP Next Generation），现正式称为 IPv6。在 1998 年 12 月发表的 RFC 2460~2463 已成为互联网草案标准协议。需要指出的是，要将互联网中所有主机由 IPv4 升级到 IPv6 并不是一件简单的事，互联网将长期面临 IPv6 和 IPv4 共存的问题。

在 IPv6 中保留了 IPv4 中很多成功的设计特性。同 IPv4 类似，IPv6 也是无连接的。在每个数据报文中都包含目的地址，由路由器来完成路由选择和报文转发；IPv6 的数据报文首部中包含有最大跳数，即数据报文被路由器丢弃前允许经过的最大跳数；IPv6 还保留了 IPv4 可选项中提供的大多数通用性功能。

尽管 IPv6 保留了 IPv4 的基本思想，但仍对很多细节进行了修改，其新特性可以归纳如下：

1）地址空间。每个 IPv6 地址包含 128 bit，取代原来的 32 bit，从而形成的地址空间大足以适用今后几十年全世界互联网的发展，从根本上解决了 IP 地址资源枯竭的问题。

2）首部格式。IPv6 的数据报文首部与 IPv4 完全不一样，几乎每个字段都做了改变，或被替换掉了。

3）扩展首部。不像 IPv4 那样只使用一种首部格式，IPv6 将不同的信息编码到各个不同的首部中。IPv6 由基本首部、零个或多个扩展首部和数据部分构成。

4）支持实时业务。IPv6 含有一种机制，能使发送方与接收方通过底层网络建立一条高质量的通路，并将数据报文与这一通路联系起来。这种机制主要是为了满足音频和视频应用对服务质量的要求。

5）可扩充的协议。IPv6 没有像 IPv4 那样规定所有可能的协议特征，取而代之的是，设计者们提供了一种新的方案，允许发送者向数据报文中添加额外的附加信息。这种扩充方案使得 IPv6 比 IPv4 更加灵活，这也意味着能在设计中按需要增加新的功能。

4.6.2 IPv6 地址表示

在 IPv6 中，每个地址占 128 bit，地址空间大于 3.4×10^{38}。如果整个地球表面都覆盖着计算机，那么 IPv6 允许每平方米拥有 10^{23} 个 IP 地址。如果地址分配速率是每微秒分配 100 万个地址，则需要 10^{19} 年的时间才能将所有可能的地址分配完毕。由此可知，在可预见的将来，IPv6 的地址空间是不可能用完的。

为了能够使人们比较容易阅读和操纵这些地址，就需要使用一种好的地址表示方式。如果延续使用 IPv4 中的点分十进制数来表示，就显得不大适合。比如一个用点分十进制记法的 128 bit 的地址为 154.232.145.110.255.255.255.255.0.0.17.129.151.10.255.255。地址表示过于烦琐，为了使地址稍简洁些，IPv6 使用冒号十六进制记法，它把每个 16 bit 的值用十六进制值表示，各值之间用冒号分隔。例如，如果前面所给的点分十进制数记法的值改为冒号十六进制记法，就变成了

9AE8:916E:FFFF:FFFF:0:1181:970A:FFFF

在十六进制记法中，允许把数字前面的 0 省略，上面例子中就把 0000 中的前三个 0 省略了。冒号十六进制记法还允许零压缩，即一连串连续的零可以被一对冒号所取代，例如：3F06:0:0:0:0:0:0:C3 可以写成 3F06::C3。

为了保证零压缩不会产生歧义，在 IPv6 中规定在任一地址中只能使用一次零压缩。该技术对已建议的分配策略特别有用，因为会有许多地址包含较长连续的零串。

下面再给出一个使用零压缩的例子：

20F0:0:0:0:8:800:300D:518A 记为 20F0::8:800:300D:518A。

CIDR 的斜线表示法仍然可用。例如，60 位的前缀 13AB00000000CD3（十六进制表示的 15 个字符，每个字符代表 4 位二进制数字）可记为 13AB:0000:0000:CD30:0000:0000:0000:0000/60 或 13AB::CD30:0:0:0:0/60 或 13AB:0:0:CD30::/60。

但不允许记为 13AB:0:0:CD3/60（不能把 16 位地址块最后的 0 省略）或 13AB::CD30/60（这是地址 13AB:0:0:0:0:0:0:CD30 的前 60 位二进制）或 13AB::CD3/60（这是地址 13AB:0:0:0:0:0:0:0CD3 的前 60 位二进制）。

4.6.3 IPv6 地址分类

1. 地址的类型

一般来讲，一个 IPv6 数据报文的目的地址可以是以下三种基本类型地址之一。

1）单播。单播就是传统的点对点通信。

2）多播。多播是一点对多点的通信。

3）任播。这是 IPv6 增加的一种类型。任播的终点是一组计算机，但数据报文只交付给

其中的一个，通常是距离最近的一个。

2. 地址空间

根据 2006 年 2 月发表的 RFC 4291，IPv6 的地址分配方案见表 4-11。可以看出，现在已经被指派的地址仅仅占总地址很少的一部分。

表 4-11 IPv6 的地址分配方案

最前面的几位二进制数字	地址的类型	占地址空间的份额
0000 0000	IETF 保留	1/256
0000 0001	IETF 保留	1/256
0000 001	IETF 保留	1/128
0000 01	IETF 保留	1/64
00001	IETF 保留	1/32
0001	IETF 保留	1/16
001	全球单播地址	1/8
010	IETF 保留	1/8
011	IETF 保留	1/8
100	IETF 保留	1/8
101	IETF 保留	1/8
110	IETF 保留	1/8
1110	IETF 保留	1/16
11110	IETF 保留	1/32
1111 10	IETF 保留	1/64
1111 110	唯一本地单播地址	1/128
1111 11100	IETF 保留	1/512
1111 1110 10	本地链路单播地址	1/1024
1111 1110 11	IETF 保留	1/1024
1111 1111	多播地址	1/256

3. 特殊地址

这里要介绍一下 IPv6 的几种特殊地址。

1）未指明地址。这是 16 B 的全 0 地址，可缩写为两个冒号“::”。这个地址不能用作目的地址，而只能为某个主机当作源地址使用，条件是这个主机还没有获得一个标准的 IP 地址。

2）环回地址。IPv6 的环回地址是 0:0:0:0:0:0:0:1（即::1），作用和 IPv4 的环回地址一样。

3）基于 IPv4 的地址。在 IPv6 地址中将保留一小部分地址用于与 IPv4 地址兼容。这是因为必须考虑到在比较长的时期内，IPv4 和 IPv6 将会同时存在，并且有的结点也可能不支持 IPv6。因此数据报文在这两类结点之间转发时，就必须进行地址的转换。图 4-36 表示把 IPv4 地址嵌入 IPv6 地址的方法，这种 IPv6 地址的前 80 bit 都是 0，接着的 16 bit 是全 1，然后是嵌入的IPv4地址。这种地址叫作“IPv4映射的IPv6地址”，它只是把IPv4地址转换为IPv6地址的形式。

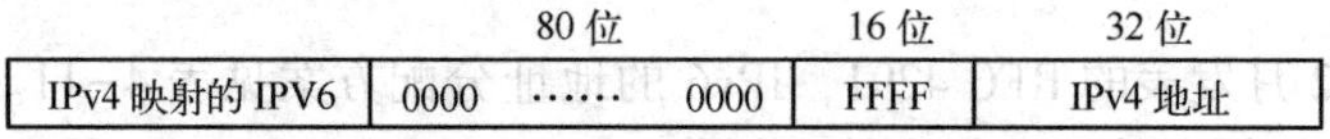

图4-36 IPv4地址嵌入IPv6地址的方法

原来还有一种叫作“IPv4兼容的IPv6地址”，它的前96 bit都是0，而最低32 bit则是嵌入的IPv4地址。这种地址原来用在自动隧道技术机制中。使用这种地址的结点用的是双协议栈，既支持IPv4也支持IPv6。但2006年2月发表的RFC 4291取消了IPv4兼容的IPv6地址，因为在从IPv4向IPv6的转换过程中不再使用这种地址了。

4）本地链路单播地址。某些公司或机构的网络使用TCP/IP，但并没有连接到互联网上。这可能是出于内部网络安全的需要，也可能是由于还有一些准备工作需要完成。连接在这些内部网络上的主机都可以使用这种本地地址进行通信，但不能直接使用它们和互联网上的其他主机通信。

4. 全球单播地址的等级结构

因为单播地址使用得最多，IPv6把1/8的地址空间划分为全球单播地址。IPv4发展过程中最重要的变化之一就是单播地址所使用的划分策略，以及由此产生的多级地址结构。我们知道IPv4的地址最初是固定分类地址，后来发展为无分类地址。这种无分类地址实际上是两级结构，即把地址划分为一个全球唯一的网络前缀和一个主机号。考虑到让IPv6地址更加便于用户使用，在2003年8月公布了RFC 3587，修改了原来对IPv6地址的划分方法，具体如图4-37所示。

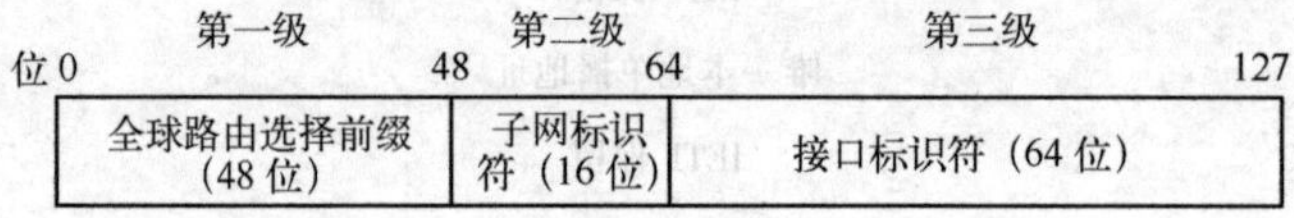

图4-37 IPv6单播地址的等级结构

1）全球路由选择前缀。该字段是第一级地址，占48 bit，分配给公司和机构，用于互联网中路由器的路由选择，这相当于最初分类的IPv4地址中的网络号字段。请注意，现在这类单播地址最前面的三位是001，因此可以进行分配的地址共有45 bit。IETF让各地区的互联网登记机构自己决定怎样进一步划分这部分地址。

2）子网标识符。该字段是第二级地址，占16 bit，用于各公司和机构构造内部子网。对于小公司，如果不需要划分子网，可以把这个字段置为全0。

3）接口标识符。该字段是第三级地址，占64 bit，指明主机或路由器单个的网络接口。实际上这就相当于分类IPv4地址中的主机号字段。

与IPv4不同，IPv6地址的主机号字段有64 bit之多，它足够大，因而可以将各种接口的硬件地址直接进行编码。这样，IPv6只需要把128 bit地址中的最后64 bit提取出就可得到相应的硬件地址，而不再需要使用地址解析协议（ARP）进行地址解析，从而能够使局域网内主机之间的数据报文通信过程得到进一步简化。

4.6.4 IPv6 报文格式

与 IPv4 报文结构一样，IPv6 报文也是由首部和数据组成。前面提到过，与 IPv4 不同的是，一个 IPv6 报文中包含一连串的首部，如图 4-38 所示。其由一个基本首部开始，后跟零个或多个扩展首部，再后面跟着数据部分，所有扩展首部和数据加起来构成了数据报文的有效载荷。

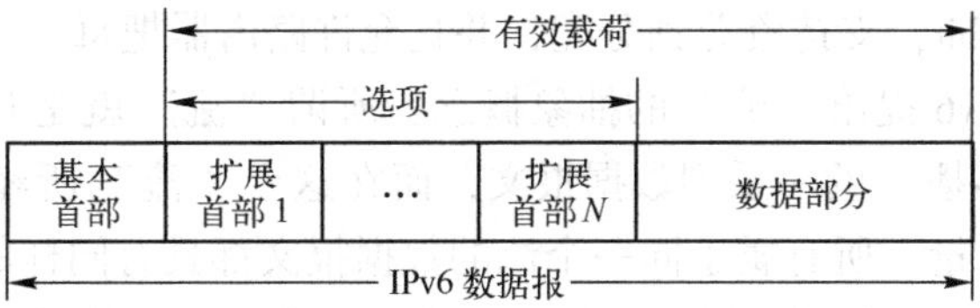

图 4-38 IPv6 报文格式

1. IPv6 的基本首部

IPv6 的基本首部是 IPv4 首部的两倍，但包含的信息却比 IPv4 的少，具体内容如图 4-39 所示。

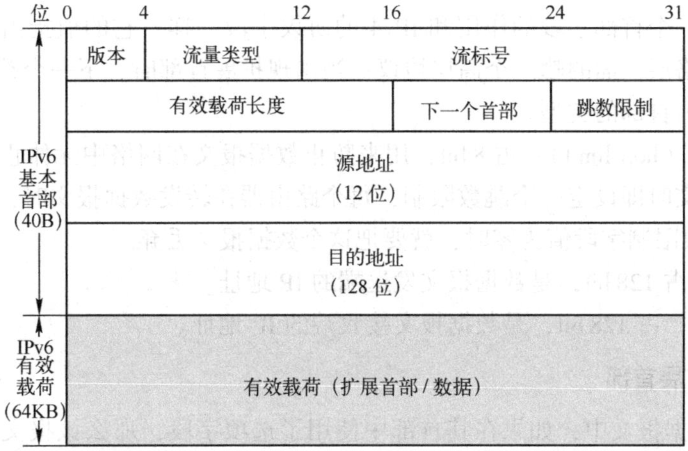

图 4-39 IPv6 基本首部的格式

与 IPv4 协议相比，IPv6 对首部中的某些字段进行了如下的更改：

1）取消了首部长度字段，因为它的首部长度是固定的，为 40 B。

2）取消了服务类型字段，因为流量类型（优先级）和流标号字段合起来实现了服务类型字段的功能，可针对不同业务提供不同类型的服务。

3）取消了总长度字段，改用有效载荷长度字段。

4）取消了标识、标志和片偏移字段，因为这些功能将在扩展首部中实现。把生存时间 TTL 字段改称为跳数限制字段，但含义是一样的，名称与作用更加一致。

5）取消了协议字段，改用下一个首部字段。

6）取消了检验和字段，这样就加快了路由器处理数据报文的速度。我们知道，在数据链路层中检测出有差错的帧就丢弃。在传输层，当使用 UDP 时，若检测出有差错，用户数据报文就会被丢弃。当使用 TCP 时，对检测出有差错的报文段就重传，直到正确传送到目的进程为止。因此，在网络层不提供差错检测功能，也不会对数据报文的正确传输产生影响。

7）取消了选项字段，由扩展首部来实现选项功能。

由于把首部中不必要的功能取消了，IPv6 首部的字段数减少到只有 8 个，使 IPv6 的使用更加灵活。

IPv6 基本首部中各字段的具体作用如下：

1）版本。占 4 bit，它指明了协议的版本，对 IPv6 来说，该字段数值为 6。

2）流量类型。占 8 bit，能对不同类别或优先级的 IPv6 数据报文进行区分。

3）流标号。占 20 bit，支持资源预分配，并且允许路由器把每一个数据报文与一个给定的资源分配相联系。IPv6 提出“流”的抽象概念，所谓“流”就是互联网络上从特定源点到特定终点（单播或多播）的一系列数据报文，而在这个“流”所经过的路径上的路由器都保证所要求的服务质量。所有属于同一个流的数据报文都具有同样的流标号，因此流标号对实时音频/视频数据的传送特别有用，可以确保对时延敏感业务的数据能够优先传送。对于传统的电子邮件或非实时数据，流标号则没有用处，把它置为 0 即可。

4）有效载荷长度。占 16 bit，它指明 IPv6 数据报文中除基本首部以外的字节数，这个字段的最大值是 64 KB。

5）下一个首部。占 8 bit，它相当于 IPv4 的协议字段或可选子段。当 IPv6 数据报文没有扩展首部时，下一个首部字段的作用和 IPv4 的协议字段一样，它的值指出基本首部后面的数据应交付给网络层上面的哪一个高层协议；当出现扩展首部时，下一个首部字段的值就表示后面第一个扩展首部的类型。

6）跳数限制（hop limit）。占 8 bit，用来防止数据报文在网络中无休止地传送。源点在发送每个数据报文时即设定一个跳数限制，每个路由器在转发数据报文时，要先把跳数限制字段减 1。当跳数限制字段值为零时，就要把这个数据报文丢弃。

7）源地址。占 128 bit，是数据报文发送端的 IP 地址。

8）目的地址。占 128 bit，是数据报文接收端的 IP 地址。

2. IPv6 的扩展首部

在 IPv4 的数据报文中，如果在其首部中使用了选项字段，那么该报文经过的每一个路由器都必须对这些选项一一进行检查，这就影响了路由器处理数据报文的速度。在实际的网络环境中，IP 数据报文很多的选项对于途中的路由器来说是不需要检查的，因为它们并不需要使用这些选项信息。为了能够较好地解决这一问题，提高路由器的工作效率，IPv6 把原来 IPv4 首部中选项字段的功能都放在扩展首部中，并把扩展首部留给路径两端的源点和终点的主机来处理，而数据报文中途经过的路由器都不处理这些扩展首部（只有逐跳选项扩展首部例外），这样就大大提高了路由器的处理效率。每一个扩展首部都由若干个字段组成，它们的长度也各不相同。但所有扩展首部的第一个字段都是 8 bit 的“下一个首部”字段，用于指出在该扩展首部后面的字段是什么，具体如图 4-40 所示。

下面以分片扩展首部为例来说明扩展首部的作用。

IPv6 把分片任务交由源点来完成。源点可以采用保证的最小 MTU，或者在发送数据前获取沿传输路径到终点的最小 MTU。当需要分片时，源点在发送数据报文前先把数据报文分片，保证每个分片报文的长度都小于此路径的最小 MTU。因此，分片是端到端的，路径途中的路由器将不再进行分片。

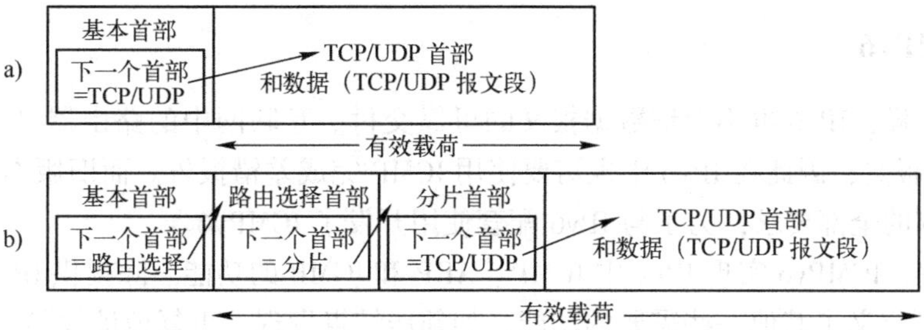

图 4-40　IPv6 的扩展首部

a）无扩展首部　b）有两个扩展首部

IPv6 基本首部中不包含用于分片的字段，而是在需要分片时，源点在每一个分片报文的基本首部后边插入一个小的分片扩展首部，格式如图 4-41 所示。

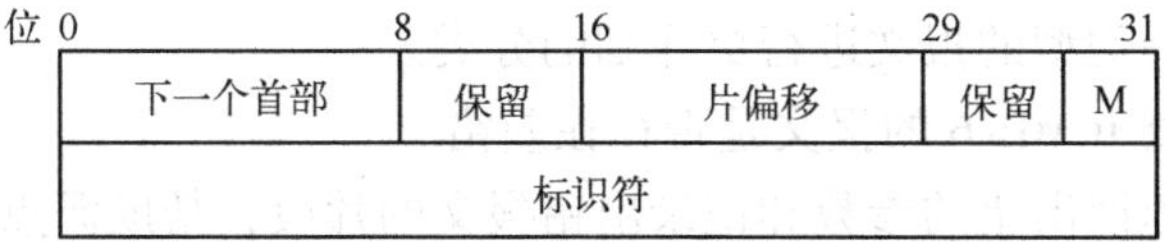

图 4-41　分片扩展首部的格式

IPv6 保留了 IPv4 分片的大部分特征，其分片扩展首部共有以下几个字段：

1）下一个首部字段（8 bit）指明紧接着这个扩展首部的下一个首部。

2）保留字段（10 bit）是在第 8~15 bit 和第 29~30 bit，用于保留使用。

3）片偏移字段（13 bit）指明本分片报文在原来数据报文中的偏移量，以 8 B 为基本单位，也就是说每个分片报文的长度必须是 8 B 的整数倍。

4）M 字段（1 bit）。M=1 表示后面还有分片，M=0 则表示这是最后一个分片报文。

5）标识符字段（32 bit）是由源点产生的、用来唯一标识数据报文的一个 32 bit 数值。每产生一个新的数据报文，就把这个标识符加 1。采用 32 bit 的标识符，可使得接收端收到多个报文分片后能够依据该字段知道哪些分片是属于同一个 IP 数据报文的。

采用端到端分片的方法可以减少路由器的开销，因而允许路由器在单位时间内处理更多的数据报文。然而，端到端的分片方法有一个重要的问题，就是需要预先根据选择的路径获取一个最小的 MTU，这就意味着需要预先建立一条路径，改变了互联网对网络层的基本假设。互联网原来被设计为允许在任何时候改变路由，例如，如果一个网络或者路由器出现故障，那么就可以重新选择另一条不同的路由，这样做的主要好处是它的灵活性。然而 IPv6 就不能这样容易地改变路由，因为改变路由可能也要改变路径的最大传送单元 MTU。如果新路径的 MTU 小于原来路径的 MTU，就会导致 IP 报文分片后的数据在局部链路上无法传送，或产生传送错误。

为了解决这一问题，IPv6 允许中间的路由器采用隧道技术来传送太长的数据报文。当路径中的路由器需要对数据报文进行分片时，路由器既不插入报文分片扩展首部，也不改变基本首部中的各个字段。相反，这个路由器将创建一个全新的数据报文，然后把这个新的数据报文分片，并在各个分片报文中插入扩展首部和新的基本首部。最后，路由器把每个分片报文发送给最后的终点，而在终点把收到的各个分片报文收集起来，组装成原来的数据报文，再从中抽取出数据部分。

4.6.5 ICMPv6

和 IPv4 一样，IPv6 也不保证数据报文的可靠交付。互联网中的路由器可能会根据网络需要丢弃数据报文，因此在 IPv6 中也需要使用 ICMP 完成差错报告。而旧版本的 ICMP 已经不能满足 IPv6 的全部要求，为了与 IPv6 配套使用开发了 ICMPv6。

在 IPv6 中，ICMPv6 实现 IPv4 中 ICMP、ARP 和 IGMP 的功能。除提供 IPv4 常用功能之外，ICMPv6 新定义了其他一些需要的功能，如邻居结点发现、重复地址检测、路径 MTU 发现等功能。

1. ICMPv6 报文格式

ICMPv6 报文封装在 IPv6 中，如图 4-42 所示。各个字段的具体含义如下。

- 类型用于标识 ICMPv6 报文类型，它的值由报文内容确定。
- 代码用于对同一类型的报文进行更详细的分类。
- 校验和用于检测 ICMPv6 的报文是否存在差错。
- 数据部分用于返回出错的参数和记录出错报文的片段，帮助源点判断错误的原因或其他参数。

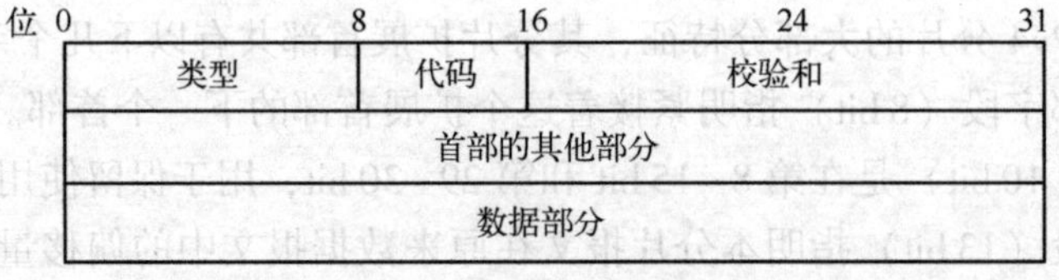

图 4-42 ICMPv6 报文格式

ICMPv6 报文总体上被分为两种类型：差错报文和信息报文。差错报文的报文类型字段值为 0~127；信息报文的报文类型值为 128~255。具体报文类型见表 4-12。

表 4-12 ICMPv6 报文类型描述

ICMP 报文类型	类型的值	ICMP 报文的类型
差错报文	1	终点不可达
	2	分组太长
	3	超时
	4	参数问题
提供信息的报文	128	回送请求
	129	回送回答
多播听众发现报文	130	多播听众查询
	131	多播听众报告
	132	多播听众完成
邻站发现报文	133	路由器查询
	134	路由器通告
	135	邻站查询
	136	邻站通告
	137	改变路由

2. ICMPv6 报文处理规则

下面介绍 ICMPv6 报文的处理规则。

1）当接收到 ICMPv6 差错报告报文时，如果无法判断其具体的类型，需将它交给上层协议模块来处理。

2）当接收到 ICMPv6 信息报文时，如果无法判断其具体的类型，必须将它丢弃。

3）所有的 ICMPv6 差错报告报文，都应该在 IPv6 所要求的最小 MTU 允许范围内，尽可能多地包括引发该 ICMPv6 差错报文的 IPv6 分组片段，以便给 IPv6 分组的源点提供尽可能多的诊断信息。

4）在需要将 ICMPv6 报文上传给其上层协议模块处理的情况下，上层协议的具体类型，应该从封装该 ICMPv6 报文的 IPv6 分组的下一首部字段中获取。但是，如果该 IPv6 分组携带有很多扩展首部，则可能会导致有关上层协议类型的信息没有被包含在 ICMPv6 报文中。这时，只能将该差错报告报文在 IP 层处理完后丢弃掉。

5）针对 ICMPv6 差错报告报文出现差错不再发送差错报告报文，主要是为了避免无休止地产生 ICMPv6 报文而引起网络拥塞；针对一个发往多播地址的 IPv6 分组不再发送差错报告报文。

4.7 移动 IP

移动 IP（Mobile IP）是移动结点（计算机/服务器/网段等）使用固定的网络 IP 地址，实现跨越不同网段的漫游功能，并保证了基于网络 IP 的网络权限在漫游过程中不发生任何改变。简单地说，移动 IP 技术就是让计算机在互联网及局域网中不受任何限制地即时漫游，也称移动计算机技术。

移动 IP 技术是因特网 IP 技术和移动通信技术迅速发展相结合的产物，是为了满足移动结点在移动中保持其连接性而设计的。移动 IP 现在有两个版本，分别为 Mobile IPv4 和 Mobile IPv6，目前广泛使用的仍然是 Mobile IPv4。

移动 IP 应用于所有基于 TCP/IP 的网络环境中，它为用户提供网络漫游服务。例如：在用户离开北京总公司，出差到深圳分公司时，只要简单地将移动结点（如笔记本电脑、PDA 设备）连接至深圳分公司网络上，就可以享受到跟在北京总公司里一样的所有操作。用户依旧能使用北京总公司的共享打印机，或者访问北京总公司同事电脑里的共享文件及相关数据库资源；诸如此类的种种操作，让用户感觉不到自己身在外地，同事也感觉不到他已经出差到外地了。换句话说：移动 IP 的应用让用户网络随处可以安“家”，不再忍受因出差带来的所有不便之苦等等。

4.7.1 移动性管理

使用传统 IP 技术的主机使用固定的 IP 地址和 TCP 端口号进行相互通信，在通信期间它们的 IP 地址和 TCP 端口号必须保持不变，否则 IP 主机之间的通信将无法继续。而移动 IP 的基本问题是 IP 主机在通信期间可能需要在网络中移动，它的 IP 地址也许经常会发生变化。而 IP 地址的变化最终会导致通信的中断。

移动性管理是指移动通信网中用户移动所涉及的问题，它是移动通信网的核心问题。随着移动通信网转变为全IP网络，全IP移动通信网的移动性管理也将面临新的变革。全IP移动通信网移动性管理可以分为3个层次：空中接口（物理层）移动性管理、链接层移动性管理和网络层移动性管理。由于全IP移动通信网从移动台到网关完全依赖于IP技术接入因特网，网络层移动性管理问题尤为关键。

在一个简单的全IP移动通信网的网络层移动性模型中，网络层移动性管理可以分为两个层次：域内移动性管理和域间移动性管理。域内移动性又称"微移动性"，是指对于移动结点在同一个域中移动的管理；域间移动性又称为"宏移动性"，是指对于移动结点在域和域之间移动的管理。

全IP移动通信网网络层移动性管理关心的问题有：

（1）切换管理

切换管理指移动中的结点在移动时接入点的改变所涉及的管理，从宏移动管理的角度看就是移动结点改变了接入的网络或子网，从微移动管理的角度看移动的结点改变了接入的基站。切换管理是移动性管理设计的最主要的问题，衡量切换管理的指标主要有：时延、丢包和路由管理。

（2）被动连通性和寻呼

被动连通性指移动的结点在激活状态下发射信标，这是降低移动结点耗电量的最有效方法。然而为了激活时快速有效连接，移动的结点必须不断地向网络发射信标报告自己目前的位置，这一工作在未激活状态下也必须进行。在未激活状态，移动终端仅在改变寻呼区时发送信标；在激活时，网络再使用寻呼找到移动终端的准确位置进行连接。全IP移动通信网移动性管理应当支持被动连接性，并最好能够利用寻呼这种已有机制。

（3）其他问题

其他问题包括健壮性、可升级性、业务质量支持、无线接入网的通信量管理、安全性和隐私保护等。

4.7.2 移动IP

1. 概念

移动IP的基本原理是让一个移动结点使用一对IP地址实现移动的功能。基于IPv4的移动IP定义三种功能实体：移动结点（mobile node）、归属代理（home agent）和外部代理（foreign agent）。归属代理和外部代理又统称为移动代理。

在移动IP中，每个移动结点在"归属链路"上都有一个唯一的"归属地址"。与移动结点通信的结点称为"通信结点"，通信结点可以是移动的，也可以是静止的。与移动结点通信时，通信结点总是把数据包发送到移动结点的归属地址，而不考虑移动结点的当前位置情况。

在归属链路上，每个移动结点必须有一个"归属代理"，用于维护自己的当前位置信息。这个位置由"转交地址"确定，移动结点的归属地址与当前转交地址的联合称为"移动绑定"（简称"绑定"）。每当移动结点得到新的转交地址时，必须生成新的绑定，向归属代理注册，以使归属代理及时了解移动结点的当前位置信息。一个归属代理可同时为多个移动结点提供服务。

当移动结点连接在归属链路上（即链路的网络前缀与移动结点位置地址的网络前缀相等）时，移动结点就和固定结点或路由器一样工作，不必运用任何其他移动IP功能；当移动结点连接在外部链路上时，通常使用“代理发现”协议发现一个“外部代理”，然后将此外部代理的IP地址作为自己的转交地址，并通过注册规程通知归属代理。当有发往移动结点归属地址的数据包时，归属代理便截取该包，并根据注册的转交地址，通过隧道将数据包传送给移动结点；由移动结点发出的数据包则可直接选路到目的结点上，无须隧道技术。

为了支持移动分组数据业务，移动IP应支持代理发现、注册和隧道封装三项技术。

2. 代理发现

代理发现机制可以使移动结点发现所处网络中的代理实体，通过代理实体提供的信息判断自己当前所在的网络是本地网络还是外地网络，当移动结点处于外地网络时，代理发现机制可以提供一个临时的转交地址。代理发现可以通过代理通告或代理请求两种方式来实现。

（1）代理通告（agent advertisement）

在新网络中，移动结点必须发现能够给它提供IP地址的移动代理（包括本地代理和外部代理）的位置。而代理通告是指移动代理使用路由器发现协议向外通告它的存在。代理周期性地在所连接的链路上广播一个路由器发现的扩展ICMP报文，就相当于代理定期地在网络上向所有结点发布消息“我是代理，我在这儿”。

移动结点监听代理在网络上广播的代理公告消息，根据收到的代理公告判断自己当前的位置。如果它发现自己在本地网络上，则继续以正常方式工作。当移动结点判断出自己在外部网时，通过接收到的代理公告信息，获得一个临时的转交地址。

（2）代理请求（agent solicitation）

代理请求是指移动结点不等待接收代理通告，主动在所处网络中广播一个类型为10的ICMP报文，即代理请求报文。收到该请求后，代理将直接向该移动结点单播一个代理通告。

3. 移动IP注册

移动IP注册是指移动结点与外部代理向移动结点的本地代理注册或取消注册转交地址的过程，移动结点发现自己的网络接入点从一条链路切换到另一链路时，就要进行注册。如图4-43所示，通过以下5个步骤来完成。

1）外部代理周期性地发送代理广播，并被新加入到网络的移动结点收到。

2）移动结点收到外部代理的通告以后，会在报文中选择一个转交地址。为了保证转交地址不再被分配给其他的移动结点，该结点必须向外部代理发送IP注册报文，开始注册请求。注册报文中包括其获得的转交地址、结点的本地地址、本地代理地址以及请求注册的时间和注册标识。

3）外部代理接收注册请求报文，记录移动结点的本地IP地址。同时外部代理也获得了移动结点的本地代理IP地址。通过这个地址，外部代理向本地网络的本地代理发送一个移动IP注册报文。在该报文中包含移动结点的转交地址、结点的本地地址、本地代理地址、外部代理地址以及注册时间和注册标识。

4）本地代理接收到外部代理的注册请求并验证真伪，同时把移动结点的转交地址和本

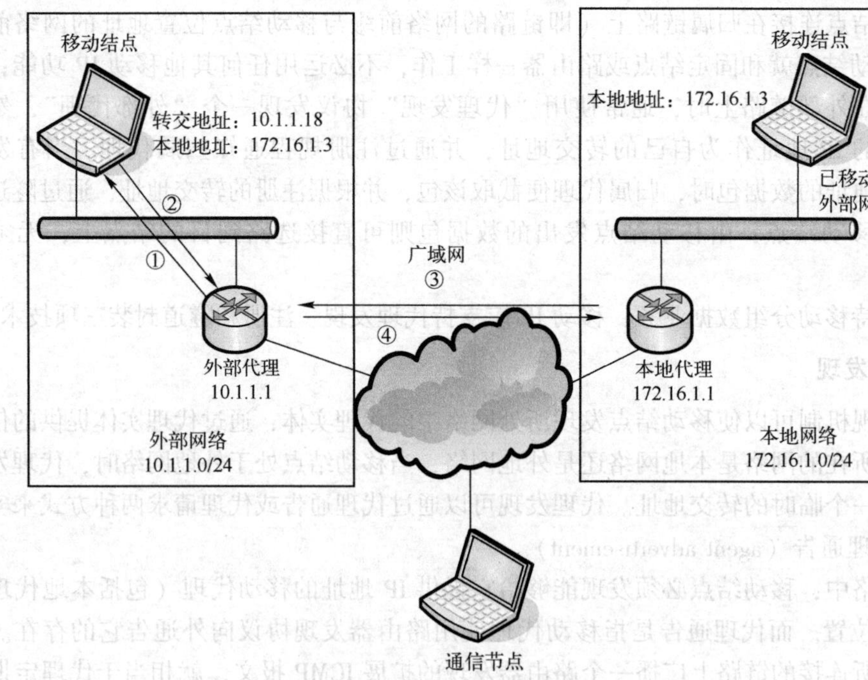

图 4-43 移动 IP 的注册过程

地地址绑定在一起，即在本地代理内形成地址对。然后，本地代理向外部代理发送注册响应消息。此后在移动 IP 路由中，发往本地地址的数据报将被本地代理转发给转交地址对应的移动结点。

5）外部代理接收到来自本地代理的注册响应消息后，将移动结点加入其来访列表，并向移动结点发注册响应消息。

4. 隧道技术

隧道技术（Tunneling）是移动 IP 的重要内容，有三种技术：IP 的 IP 封装、最小封装和通用路由封装。

（1）IP 的 IP 封装

由 RFC2003 定义，用于将整个原始的 IPv4 包放在另一个 IPv4 包的净荷部分中，它在原始 IPv4 数据包的现有报头前插了一个外层 IP 报头，外层报头的源地址和目的地址分别标示隧道中的两个边界结点；内层 IP 报头中源地址和目的地址分别标示原始数据包的发送结点和接收结点。移动 IP 要求本地代理和外部代理实现 IP 的 IP 封装，以实现从本地代理至转交地址的隧道。

（2）IP 的最小封装

由 RFC2004 定义，是移动 IP 中的一种可选隧道方式。IP 的最小封装是，通过去掉 IP 的 IP 封装中内层 IP 报头和外层 IP 的报头的冗余部分，减少实现隧道所需的额外字节数。与 IP 的 IP 封装相比，它可节省字节（一般 8 B）。但当原始数据包已经过分片时，最小封装就无能为力了。在隧道内的每台路由器上，原始包的生存时间域值都会减小，以使归属代理在采用最小封装时，移动结点不可到达的概率增大。

（3）通用路由封装（GRE）

由 RFC1701 定义，是移动 IP 采用的最后一种隧道技术。除了 IP 协议外，GRE 还支持其他网络层协议，它允许一种协议的数据包封装在另一种协议数据包的净荷中。在某些应用中，GRE 防止递归封装的机制也非常有吸引力。

注意：移动 IP 和动态 IP 是两个完全不同的概念，动态 IP 指的是局域网中的计算机可以通过网络中的 DHCP 服务器动态获得一个 IP 地址，而不需要用户收到配置 IP 地址。

5. 移动 IP 的路由

在移动 IP 的路由分析过程中，还需要考虑移动结点连续穿越多个网络的情况。假设移动结点连接到外部网络 A，获得一个转交地址，且正在接收本地代理间接选路而来的数据报。现在结点又移动到了外部网络 B 中，并获得了 B 网络的新的转交地址。然后，本地代理重新将数据报交给网络 B。对于网络用户来说移动的过程应该是透明的，即移动前后，数据报都是由相同的本地代理选路，数据流没有被中断。但是，网络层的实际情况是移动结点从网络 A 断开连接，再连接到网络 B，转交地址已经发生改变，本地代理不得不为新的转交地址重新选路，重新发送数据。当移动结点在网络之间移动时，由于存在一定的延迟，将会导致很少的数据丢失。不过丢失的数据报将会由上层协议进行恢复。

6. 移动 IP 技术存在的不足

移动 IP 虽然得到了快速发展，但还存在很多问题，主要包括：

（1）“三角路由”问题

通信结点发往移动结点的数据报必须经过本地代理，而反过来，从移动结点发往通信结点的数据报是直接发送的，两个方向的通信不是同一路径，产生“三角路由”问题，这在移动结点远离本地代理，通信结点与移动结点相邻的情况下效率尤其低下。

（2）切换问题

切换问题指从移动结点离开原先的外地网络开始，到本地代理接收到移动结点的新的注册请求为止的这段时间内，由于本地代理不知道移动结点的最新的转交地址，所以它仍然将属于移动结点的数据报通过隧道发送到原先的外地网络，导致这些数据报被丢弃，使得移动结点与通信结点间的通信受到影响（特别是在切换频繁或者移动结点离本地代理距离很远时）。

（3）域内移动问题

在小范围内移动结点的域内频繁移动会导致频繁切换，从而导致网络中产生大量的注册报文，严重影响网络的性能。

（4）QoS 问题

在移动环境下，由于无线网络拓扑和资源是动态变化和不可预测的，并且由于资源有限、有效带宽不可预测、差错率高，从而在移动 IP 上提供 QoS 保证是一个非常棘手的问题。

4.7.3 移动 IPv6

在 5G 发展背景下，移动 IP 技术对推动 5G 和 IPv6 尽可能快地部署具有重要意义。相对于链路层移动管理机制，移动 IPv6 在网络层面上实现移动性管理。

移动 IPv6 支持主机的思想和移动 IP 基本一致。移动结点在本地网络时与任何固定的主机和路由器一样工作。当移动结点进入外地网络时，采用IPv6定义的地址自动配置方法获得新的转交地址。移动结点将它的转交地址通知本地代理与通信结点，不知道移动结点转交地址的通信结点送出的数据包先被路由到移动结点的本地网络，本地代理通过隧道将这些数据包送到移动结点；当移动结点收到本地代理转发过来的隧道数据包后，它知道数据包的原始发送者没有移动结点的转交地址，移动结点将向通信结点发送一个绑定更新消息，通知通信结点当前的转交地址，通信结点收到绑定更新消息后就可以直接把数据包发送给移动结点。在相反方向，移动结点送出的数据包直接路由到通信结点。

移动IPv6相对移动IP具有如下一些特点：

（1）取消了外部代理

移动IP中，可能会有多个移动结点共享一个外部代理的IP地址，即外部代理的转交地址，以缓解IPv4地址资源紧张的问题。在这种情况下，经本地代理转发的数据包还要再经过外部代理才能转交给移动结点。在IPv6中，移动结点在外地网络中可以找到一台默认路由器为其提供路由服务。丰富的地址资源和IPv6的地址自动配置功能，使移动结点可以方便地获得转交地址，因此不再需要外部代理，从而可以减少一次转发。

（2）路由优化

移动IPv6对路由报头的定义使得通信结点可以直接利用路由报头将数据包发给移动结点，使路由优化成为移动IPv6的一部分。

（3）安全功能

安全功能的增强是IPv6对IPv4的重大改进，移动IPv6直接利用了IPv6中的IPsec提供的功能，而移动IP必须自己负责安全问题。

4.8 网络地址转换（NAT）和虚拟专用网（VPN）

网络地址转换和虚拟专用网是两种在企业中应用比较广泛的技术。

4.8.1 网络地址转换（NAT）

1. 专用地址（Private Address）

一个公司或机构中拥有多台主机需要访问外网或相互通信，由于IP地址的紧缺，一个机构能申请的IP地址数往往远小于本机构所拥有的主机数，不可能为每台主机分配一个因特网IP地址。为解决这个问题，RFC1918规定了一些专用地址（private address），这些地址只能用于一个机构的内部通信即仅在本专用网内使用，不能作为全球IP地址，因特网中的路由器对目的地址是专用地址的数据报一律不进行转发。专用地址有3段：

A类：10.0.0.0~10.255.255.255，或记为10/8，又称为“24比特地址块”。

B类：172.16.0.0~172.31.255.255，或记为172.16/12，又称为“20比特地址块”。

C类：192.168.0.0~192.168.255.255，或记为192.168/16，又称为“16比特地址块”。

在一个机构内部，根据需要可以随意使用专用IP地址，而不需要经过申请。内部网络各计算机间通过本地IP进行通信。而当内部的计算机要与外部Internet进行通信时，需要进行地址转换，将内部专用IP地址转换为全球IP地址，再进行通信，这就是网络地址转换。

2. 网络地址转换

网络地址转换（Network Address Translation，NAT）是一种将专用（私有）地址转化为因特网 IP 地址的转换技术，为了解决全球 IP 地址不够用而提出的，现已广泛应用于各种类型 Internet 接入方式和各种类型的网络中。

网络地址转换技术要求网点中的每台主机都有从专用网络连接到因特网的一条连接，需要在连接网点和因特网的路由器上安装 NAT 软件，并且至少有一个全球有效 IP_G 地址。NAT 路由器对传入数据报和外发数据报中的地址进行转换，用 IP_G 替换每个外发数据报中的源地址，而用正确主机的专用地址替换每个传入数据报的目的地址。这样，从外部主机的角度来看，所有数据报都来自 NAT 路由器，而所有响应也返回到 NAT 路由器。从内部主机的角度来看，NAT 路由器看上去就是一个可达因特网的路由器。

图 4-44 给出网络地址转换的工作原理，在图中，专用网 192.168.0.0 内所有主机的 IP 地址都是内部专用 IP 地址（192.168.x.x）。NAT 路由器至少要有一个因特网 IP 地址，图中 NAT 路由器有一个因特网 IP 地址（202.0.0.1）。

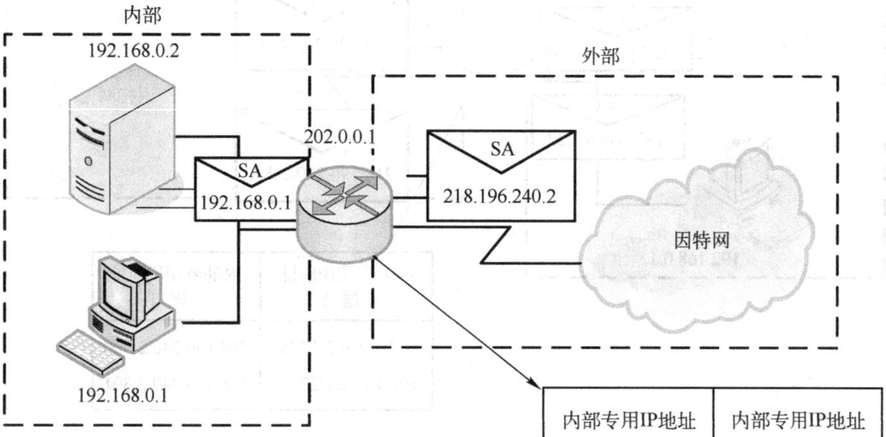

内部专用IP地址	内部专用IP地址
192.168.0.1	218.196.240.2
192.168.0.2	218.196.240.2

图 4-44 网络地址转换（NAT）的工作原理

实际上，NAT 维护着一个转换表（NAT translation table），该表用于实施映射。表中的每个条目指明了两项：因特网中的主机的 IP 地址，网点中的主机的内部 IP 地址。当传入数据报从因特网到达时，NAT 在转换表中查找数据报的目的地址，提取相应的内部主机地址，用主机的地址替换数据报的目的地址，并通过本地网络把该数据报转发给主机。

NAT 的具体实现有静态转换、动态转换和网络地址端口转换等三种方式。

（1）静态转换（Static NAT）是指将内部网络的私有 IP 地址转换为公有 IP 地址，IP 地址对是一对一的，是一成不变的，某个私有 IP 地址只转换为某个公有 IP 地址。借助于静态转换，可以实现外部网络对内部网络中某些特定设备（如服务器）的访问。

（2）动态转换（Dynamic NAT）是指将内部网络的私有 IP 地址转换为公用 IP 地址时，IP 地址是随机的，所有被授权访问 Internet 的私有 IP 地址可随机转换为任何指定的合法 IP

地址。也就是说，只要指定哪些内部地址可以进行转换，以及用哪些合法地址作为外部地址，就可以进行动态转换。动态转换可以使用多个合法外部地址集。当 ISP 提供的合法 IP 地址略少于网络内部的计算机数量时，可以采用动态转换的方式。

（3）网络地址端口转换（Network Address Port Translation，NAPT），如图 4-45 所示。是把内部地址映射到外部网络的一个 IP 地址的不同端口上（端口（Port）为传输层概念）。NAPT 可将多个内部地址映射为一个合法公网地址，但以不同的协议端口号与不同的内部地址相对应，也就是<内部地址+内部端口>与<外部地址+外部端口>之间的转换。NAPT 可以将中小型的网络隐藏在一个合法的 IP 地址后面，有效避免来自 Internet 的攻击，所以在目前网络中应用最多。NAPT 也被称为“多对一”的 NAT，或者叫 PAT（Port Address Translations，端口地址转换）、地址超载（address overloading）。

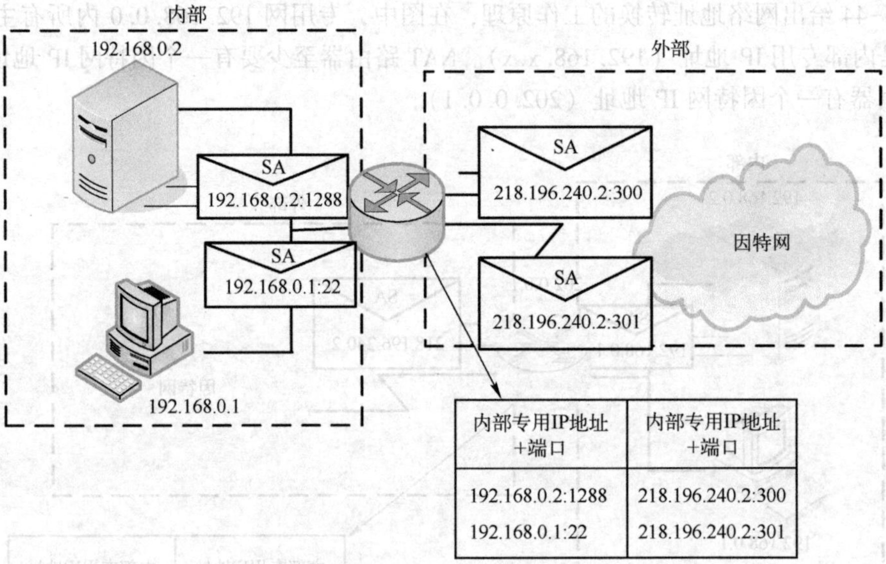

图 4-45　网络地址端口转换（NAPT）的工作原理

NAPT 与动态地址 NAT 不同，它将多个内部连接映射到外部网络中的一个单独的 IP 地址上，同时在该地址上加上一个由 NAT 设备选定的 TCP 端口号。即 NAT 转换表中记录了<内部地址+内部端口>与<外部地址+外部端口>的对应关系。当外部报文到达 NAT 路由器时，它们都有相同的 IP，该路由器就通过 NAT 转换表寻找源 IP 地址。

4.8.2　虚拟专用网（VPN）

1. 概念

虚拟专用网（Virtual Private Network，VPN）利用网络隧道技术，在混乱的公用网络中（通常是因特网）建立一个临时的，安全的连接。在虚拟专用网中，原有数据包首先要通过特殊的协议重新加密封装在另一个数据包中，然后再通过公共网络的传输协议（如 TCP/IP）在公共网络中传输，当数据包到达虚拟专用网的 VPN 设备时，VPN 设备首先要对数字签名进行核对，核对无误后才能解包形成最初的形式。所以 VPN 是一种安全技术，目的是保证在互网上安全传输私密信息。虚拟专用网可以帮助远程用户、公司分支机构、商业伙伴及供应商同公司的内部网建立可信的安全连接，并保证数据的安全传输。

根据 VPN 应用的类型来分，VPN 的应用业务大致可分为 3 类：Intranet VPN、Access VPN 与 Extranet VPN，但更多情况下需要同时用到这三种 VPN 网络类型，特别是对于大型企业。

（1） Access VPN

Access VPN 又称为拨号 VPN（即 VPDN），是指企业员工或企业的小分支机构通过公网远程拨号的方式构筑的虚拟网。用户拨号网络服务商的网络访问服务器（NAS，Network Access Server），发出 PPP 连接请求，NAS 收到呼叫后，在用户和 NAS 之间建立 PPP 链路，然后，NAS 对用户进行身份验证，确定是合法用户，则启动 VPDN 功能，与公司总部连接，访问其内部资源。如果企业的内部人员移动或有远程办公需要，或者商家要提供 B2C 的安全访问服务，就可以考虑使用 Access VPN。

（2） Intranet VPN

Intranet VPN 是在公司远程分支机构的 LAN 和公司总部 LAN 之间的 VPN。通过 Internet 网络将公司在各地分支机构的 LAN 连接到公司总部的 LAN，以便公司内部的资源共享、文件传递等。随着企业的跨地区、国际化经营，这是绝大多数大、中型企业所必需的。如果要进行企业内部各分支机构的互联，使用 Intranet VPN 是很好的方式。这种 VPN 是通过公用因特网或者第三方专用网进行连接的，有条件的企业可以采用光纤作为传输介质。它的特点就是容易建立连接、连接速度快，为各分支机构提供了整个网络的访问权限。

（3） Extranet VPN

Extranet VPN 是在供应商、商业合作伙伴的 LAN 和公司的 LAN 之间的 VPN。由于不同公司网络环境的差异性，该产品必须能兼容不同的操作平台和协议。由于用户的多样性，公司的网络管理员还应该设置特定的访问控制表（Access Control List，ACL），根据访问者的身份、网络地址等参数来确定相应的访问权限，开放部分资源而非全部资源给外联网的用户。企业间发生收购、兼并或企业间建立战略联盟后，使不同企业需要通过公网来构筑虚拟网。如果是需要提供 B2B 电子商务之间的安全访问服务，则可以考虑选用 Extranet VPN。

2. VPN 的实现技术

VPN 的实现关键在于隧道的建立，然后数据报经过加密后，按隧道协议进行封装、传送以保证安全性。有三种常用的 VPN 实现技术。

IPSec VPN：IPSec 协议是网络层协议，是为保障 IP 通信而提供的一系列协议族，主要针对数据在通过公共网络时的数据完整性，安全性和合法性等问题设计的一整套隧道、加密和认证方案。远程用户需安装特定的客户端软件，相对来说比较复杂，对于非专业人员或不是很熟悉这个协议的人来说，有一定的难度。而且新增用户比较困难。但是由于 IPSec 协议是在网络层上的，与上层协议无关，所以可以随时添加和修改应用程序，对于应用层协议没有特殊要求，所以它的应用领域非常之广。它提供的是网络边缘到客户端的安全保护，仅对从客户到 VPN 网关之间的通道加密。

SSL VPN：SSL 协议是套接层协议，是为保障基于 Web 的通信的安全而提供的加密认证协议，提供的是应用程序的安全服务而不是网络的安全服务。与 IPSec 相比，SSL VPN 不需要特殊的客户端软件，仅一个 Web 浏览器即可，而且现在很多浏览器本身内嵌 SSL 处理功能，这就更加减少了复杂性。而且由于它是运行于应用层的，与底层协议无关，所以增加用户很简单。但是应用程序扩展比较麻烦。其次，因为并不是所有的应用都是基于 Web 的，这也是它的一个限制。它保证端到端的安全，从客户端到服务器进行全程加密。

MPLS VPN：MPLS 是一种在开放的通信网上利用标签进行数据高速、高效传输的技术，它将第三层的包交换转换成第二层的包交换，以标记替代传统的 IP 路由，兼有第二层的数据报转发和第三层的路由技术的优点，是一种“边缘路由，核心交换”的技术。MPLS-VPN 可扩展性好，速度快，配置简单，但是一旦出现故障，解决起来比较困难。基于 MPLS 的 VPN 是无连接的，无须定义隧道，这种特点使得 MPLS 尤其适用于动态隧道技术。

4.9 习题

4-1 网络层向上提供的服务有哪两种？试比较其优缺点。

4-2 作为中间设备，集线器、网桥和路由器有何区别？

4-3 试简单说明下列协议的作用：IP、ARP、RARP、ICMP、IGP 和 EGP。

4-4 IP 地址分为几类？IP 地址的主要特点是什么？

4-5 试说明 IP 地址与硬件地址的区别，以及使用这两种不同的地址的原因。

4-6 简述路由器的主要功能。

4-7 简述自治系统的作用。

4-8 （1）子网掩码为 255. 255. 255. 0 代表什么意思？

（2）一个网络的子网掩码为 255. 255. 255. 248，该网络能够连接多少个主机？

（3）一个 A 类网络和一个 B 类网络的子网号子网掩码分别为 14 个 1 和 6 个 1，这两个网络的子网掩码有何不同？

（4）一个 B 类地址的子网掩码是 255. 255. 192. 0。试问在其中每一个子网上的主机数最多是多少？

（5）某个 IP 地址的十六进制表示是 D2. 3F. 14. 81，试将其转换为点分十进制的形式。这个地址属于哪一类 IP 地址？

（6）C 类网络使用子网掩码有无实际意义？为什么？

4-9 试辨认以下 IP 地址的网络类别。

（1）128. 86. 99. 3

（2）32. 42. 240. 17

（3）189. 194. 76. 253

（4）192. 52. 69. 248

（5）89. 34. 0. 1

（6）200. 34. 61. 2

4-10 IP 数据报文中的首部检验和并不检验数据报文中的数据是否存在差错。这样做的原因是什么？

4-11 当某个路由器发现一个 IP 数据报文的检验和有差错时，为什么采取丢弃的办法而不是要求源站重传此数据报文？

4-12 假设 IP 数据报文使用固定首部，其各字段的具体数值如图 4-46 所示（除 IP 地址外，均为十进制表示）。试用二进制运算方法计算应当写入到首部检验和字段中的数值（用二进制表示）。

<table>
<tr><td>4</td><td>5</td><td>0</td><td colspan="2">28</td></tr>
<tr><td colspan="3">1</td><td>0</td><td>0</td></tr>
<tr><td colspan="2">4</td><td>17</td><td colspan="2">首部校验和（待计算后写入）</td></tr>
<tr><td colspan="5">10.12.14.5</td></tr>
<tr><td colspan="5">21.6.7.9</td></tr>
</table>

图 4-46 习题 4-12 的图

4-13 什么是最大传送单元（MTU）？它和 IP 数据报首部中的哪个字段有关系？

4-14 在互联网中，当 IP 数据报文长度较大时需分片传送，当分片报文到达目的主机后由目的主机对 IP 分片报文进行重组。也可以采用另一种做法，即分片报文每通过一个路由器就对其进行一次重组。试比较这两种方法的优劣。

4-15 （1）有人认为 ARP 向网络层提供了转换地址的服务，因此 ARP 应当属于数据链路层。这种说法为什么是错误的？

（2）为什么 ARP 高速缓存每存入一个项目就要设置 10~20 min 的超时计时器？这个时间设置得太长或太短会出现什么问题？

（3）至少举出两种不需要发送 ARP 请求分组的情况（即不需要请求将某个目的 IP 地址解析为相应的硬件地址）。

4-16 主机 A 发送 IP 数据报文给主机 B，途中经过了 7 个路由器。试问在 IP 数据报文的发送过程中总共使用了几次 ARP？

4-17 设某路由器建立了如表 4-13 所示的路由表。

表 4-13 习题 4-17 中路由器的路由表

目的网络	子网掩码	下一跳
128.96.39.0	255.255.255.128	接口 m0
128.96.39.128	255.255.255.128	接口 m1
128.96.40.0	255.255.255.128	R2
192.4.153.0	255.255.255.192	R3
*（默认）	—	R4

现共收到 5 个分组，其目的地址分别为

（1）128.96.39.80

（2）128.96.39.192

（3）128.96.40.32

（4）128.96.40.131

（5）192.4.153.87

（6）192.4.153.190

试分别计算其下一跳。

4-18 某单位分配到一个 B 类 IP 地址，其 net-id 为 139.251.0.0。该单位有 3000 台机器，分布在 16 个不同的地点。如选用子网掩码为 255.255.255.0，试给每一个地点分配一个子网号码，并算出每个地点主机号码的最小值和最大值。

4-19 一个数据报文长度为5000 B（固定首部长度）。现在经过一个网络传送，但此网络能够传送的最大数据长度为1500 B。试问应当将其分为几片？各分片报文的数据长度、片偏移字段和MF标志应如何设置？

4-20 分两种情况（使用子网掩码和使用CIDR）写出在互联网网络层的分组转发算法。

4-21 试找出可产生以下数目的A类子网的子网掩码（采用连续掩码）。

（1）2

（2）6

（3）30

（4）62

（5）122

（6）250

4-22 以下4个子网掩码哪些是不推荐使用的？为什么？

（1）176.0.0.0

（2）196.0.0.0

（3）127.192.0.0

（4）255.255.255.0

4-23 有如下的4个/24地址块，试进行最大可能的聚合。

（1）252.156.132.0/24

（2）252.156.133.0/24

（3）252.156.134.0/24

（4）252.156.135.0/24

4-24 有两个CIDR地址块258.128/11和258.130.28/22。是否有哪一个地址块包含了另一个地址块？如果有，请指出，并说明理由。

4-25 已知路由器R1的路由表见表4-14。试画出路由器和各网络的连接拓扑，并标注出必要的IP地址和接口。对不能确定的情况应当指明。

表4-14 习题4-25中路由器R1的路由表

地址掩码	目的网络地址	下一跳地址	路由器接口
/26	140.5.12.64	180.15.2.5	m2
/24	130.5.8.0	190.16.6.2	m1
/16	110.71.0.0	……	m0
/16	180.15.0.0	……	m2
/16	190.16.0.0	……	m1
默认	默认	110.71.4.5	m0

4-26 一个自治系统有4个局域网，其连接图如图4-47所示。LAN1至LAN4上的主机数分别为81，140，3和15。该自治系统分配到的IP地址块为40.148.118/23。试给出每一个局域网的地址块（包括前缀）。

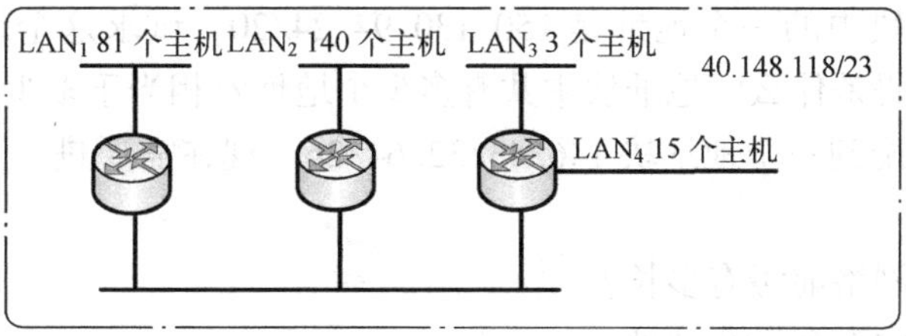

图 4-47　习题 4-26 的图

4-27　一个大公司有一个总部和三个下属部门。公司分配到的网络前缀是 182. 87. 43/24。公司的网络布局如图 4-48 所示。总部共有五个局域网，其中的网络 1～网络 4 都连接到路由器 1 上，再通过网络 5 与路由器 2 相连。路由器 3～5 分别和远地的三个部门的局域网网络 6 ～ 网络 8 通过广域网相连。每一个局域网旁边标明的数字是局域网上的主机数。试给每一个局域网分配一个合适的网络前缀。

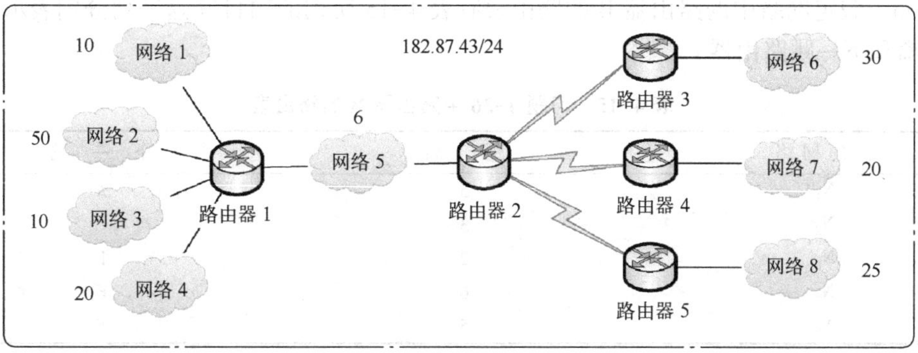

图 4-48　习题 4-27 的图

4-28　以下地址中的哪一个和 86. 32/12 匹配？请说明理由。

(1) 76. 33. 224. 123

(2) 86. 79. 65. 216

(3) 86. 58. 119. 84

(4) 86. 68. 206. 134

4-29　下面的网络前缀中哪一个和地址 152. 7. 77. 159 及 152. 31. 47. 252 都匹配？请说明理由。

(1) 152. 40/13

(2) 153. 40/9

(3) 152. 64/12

(4) 152. 0/110

4-30　与下列掩码对应的网络前缀各有多少位？

(1) 192. 0. 0. 0

(2) 240. 0. 0. 0

(3) 255. 224. 0. 0

(4) 255. 255. 255. 252

4-31 已知地址块中的一个地址是 150.130.94.24/20。试求这个地址块中的最小地址和最大地址。地址掩码是什么？地址块中共有多少个地址？相当于多少个 C 类地址？

4-32 某单位分配到一个地址块 146.43.32.64/26。现在需要进一步划分为 4 个一样大的子网。试问：

（1）每个子网的网络前缀有多长？

（2）每一个子网中有多少个地址？

（3）每一个子网的地址块是什么？

（4）每一个子网可分配给主机使用的最小地址和最大地址是什么？

4-33 IGP 和 EGP 这两类协议的主要区别是什么？

4-34 试简述 RIP，OSPF 和 BGP 路由选择协议的主要特点。

4-35 RIP 使用 UDP，OSPF 使用 IP，而 BGP 使用 TCP。这样做有何优点？为什么 RIP 周期性地和邻站交换路由信息而 BGP 却不这样做？

4-36 假定网络中的路由器 B 的路由表有表 4-15 所列的项目（这三列分别表示目的网络、距离和下一跳路由器）。

表 4-15 习题 4-36 中路由器 B 的路由表

目的网络	距离	下一跳
N_1	5	A
N_2	3	C
N_6	2	F
N_8	6	E
N_9	5	F

现在 A 收到 C 发来的路由信息（见表 4-16）。

表 4-16 习题 4-36 中 C 发送给 A 的路由信息

目的网络	距离
N_2	5
N_3	9
N_6	5
N_8	4
N_9	6

试求出路由器 B 更新后的路由表（详细说明每一个计算步骤）。

第5章 传 输 层

从 Internet 体系结构可知，传输层位于应用层和网络层之间，起到承上启下的作用。一方面它接收来自应用层的数据报，进行必要的处理，加上首部信息，形成本层的协议数据单元（Protocol Data Unit，PDU），然后传递给网络层；另一方面，它接收来自网络层的数据报，去掉本层的首部，并根据首部的信息进行处理，提取出数据部分，并将之提交给应用层。

网络层是通信子网的最高层，那么传输层就不属于通信子网，所以通信子网中的路由器等设备就不实现传输层及应用层的功能，传输层仅运行在通信子网以外的主机中，这些主机或者是用户直接使用的计算机，或者是为用户提供服务的计算机，一般称这些主机为端主机，也称端结点。使用源端和目的端分别表示发送数据和接收数据的两个端点。显然，当一个端点发送数据给目的结点时，它是源端，但当它接收其他结点的数据时就是目的端，所以源端和目的端的概念是相对的。

5.1 传输服务

5.1.1 传输层提供的服务

传输层最终的目的是向它的高层用户（通常是应用层中的进程）提供可靠的、性价比合理的数据传输服务。为了达到这个目标，传输层使用网络层提供的服务，同时通过本层的传输协议来完成数据传输的功能。在这里完成传输层功能的硬件或软件就称为传输实体（Transport Entity）。传输层、网络层和高层用户之间的逻辑关系如图 5-1 所示。

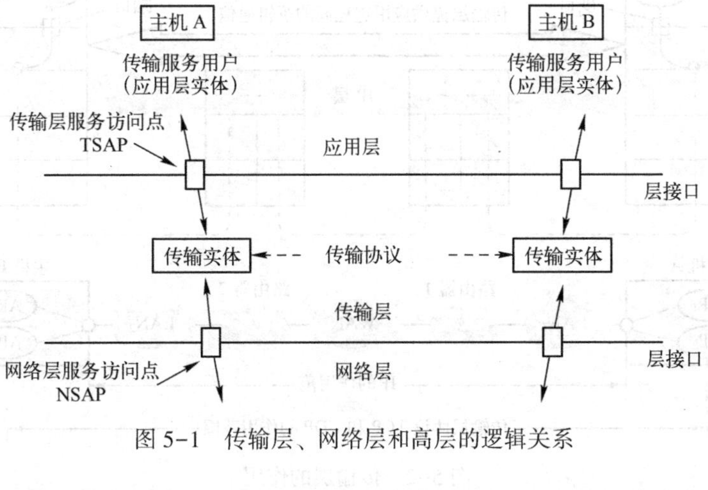

图 5-1 传输层、网络层和高层的逻辑关系

传输层提供两种类型的服务，即面向连接的传输服务和无连接的传输服务。面向连接的服务是一种可靠的服务，整个连接生存周期包括建立连接、数据传输和释放连接 3 个阶段。

这种方式和面向连接的网络服务非常相似。另外，无连接的传输服务和无连接的网络服务也非常相似。

于是一个很显然的问题是，既然传输层服务和网络层服务如此相似，那为什么还要设立这两个独立的层呢？它们能不能合并成一个层呢？答案是否定的。从以下两方面来解释其原因。

首先，传输层存在于通信子网之外的主机中。传输层的代码完全运行在用户的机器上。但是网络层主要运行在承运商控制的路由器上（至少对于广域网是如此）。因此用户在网络层上并没有真正的控制权，所以他们不可能用最好的路由器，或者在数据链路层上用最好的错误处理机制来解决网络服务质量低劣的问题。解决这一问题的唯一办法就是在网络层之上增加一层，即传输层。传输层的存在使传输服务比网络服务更可靠，分组的丢失、残缺甚至网络复位都可以被传输层检测到，并采取相应的补救措施。而且，由于传输服务独立于网络服务，可以采用一个标准的原语集作为传输服务。而网络服务则取决于不同的网络，可能有很大的不同。因此可以说，传输层的存在可以提供更高质量的信息传输能力。

其次，从网络层来看，通信的两端是两个主机，IP 数据报的首部明确地标志了这两个主机的 IP 地址。严格地讲，两个主机间进行通信，实际上就是两个主机中的应用进程相互通信。网络层虽然实现了把分组由源主机送到了目标主机，但是这个分组还停留在目标主机的网络层，并没有交付给主机对应的应用进程。而从传输层来看，其通信的真正端点就是主机中的应用进程，传输层就是为运行在不同主机上的进程之间提供逻辑通信。这也是要设立传输层的原因。

因此，传输层提供的是端到端的通信服务，在一个主机中经常有多个应用进程同时和另一个主机中的多个应用进程进行通信。例如，某用户在使用网页浏览器查找一个网站的信息时，其主机的应用层运行浏览器的客户进程。如果在浏览网页时，用户还要用电子邮件给网站反馈意见，那么主机的应用层还要运行电子邮件的客户进程。可以通过图 5-2 的示意图来说明传输层的作用。

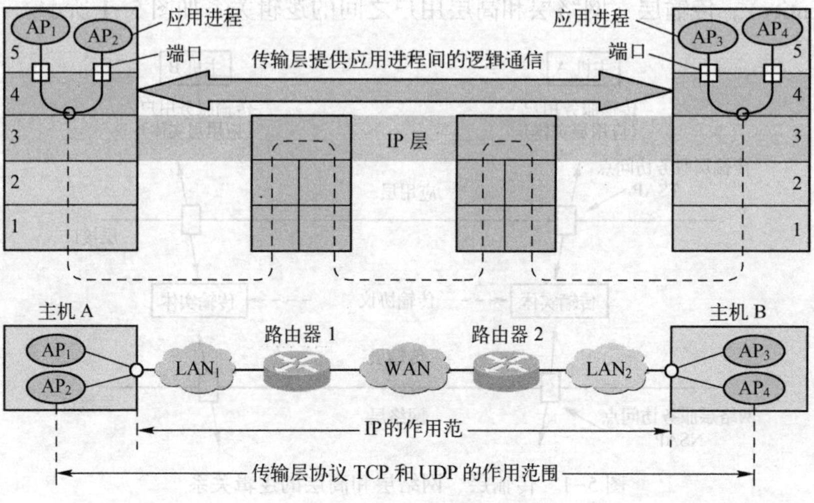

图 5-2 传输层的作用

图中，主机 A 的应用进程 AP_1 和主机 B 的应用进程 AP_3 通信，与此同时，应用进程

AP_2 和对应的应用进程 AP_4 通信。因此，传输层的一个基本功能就是复用和分用。应用层不同进程的报文通过中间的端口（在后面将详细讨论端口的概念）向下交到传输层，复用后再向下使用网络层提供的服务传输出去；当报文沿着图中的虚线到达目标主机时，目标主机的传输层就使用分层功能，通过不同的端口将报文分别交付到相应的应用进程。

从这里可以看出网络层和传输层有很大的区别。网络层是为主机之间提供逻辑通信，而传输层为应用进程之间提供端到端的逻辑通信。当然传输层还具有网络层无法替代的许多其他重要功能。例如，传输层还要对收到的报文进行差错检测，能够弥补网络层服务质量的缺陷等。

通常，传输实体也称为传输服务提供者，而使用传输服务的用户（主要是应用层的应用实体）称为传输服务用户。传输服务访问点（Transport Service Access Port，TSAP）和网络服务访问点（Network Service Access Port，NSAP）都是层与层之间交换信息的抽象接口，在图 5-1 中已经将它们表示出来了。

5.1.2　传输层协议分类

TCP/IP 中的传输层有两个协议，传输控制协议（Transfer Control Protocol，TCP）和用户数据报协议（User Datagram Protocol，UDP），它们分别用来满足传输不同性质应用层的需要。传输层所传输的数据报称为传输协议数据单元（Transfer Protocol Data Unit，TPDU），根据所使用的协议是 TCP 还是 UDP，分别称为 TCP 报文段和 UDP 数据报，UDP 数据报也称为用户数据报。

下面概要介绍传输层所包括的两个协议功能、特点及其适用场合。

首先，TCP 是面向连接的。在数据传输前发送方和接收方需要先建立连接，传输完数据后再释放连接。这种连接仅仅是发送方和接收方在通信前相互通知对方各自的情况，协商一些参数，并不是建立一条真正的固定物理链路，其数据报在网络上所走的路径可能是不同的。这种面向连接的服务采用的是一种确认机制，要求接收结点正确接收到数据后要给发送结点发送确认信息，因而发送方知道它所发送的数据报是否被接收方正确接收到了，若所发出的数据报没有被接收方正确接收，发送方将采用重新传输等措施确保数据可靠传输到目的地，所以 TCP 可以保证数据传输的正确性和可靠性。上面已经讲过，TCP 工作在端主机上，而且一旦建立连接，收、发双方可以同时发送和接收数据，所以 TCP 提供端到端的全双工通信（这里的端到端是指发送端和接收端），这样，TCP 就不能支持多播或广播业务。

其次，应用层可能同时运行多个用户进程，这些进程可能同时调用 TCP 进程为其提供服务，这一功能称为 TCP 的复用，这就要求 TCP 应具有区分应用层进程的能力，这种能力通过端口号来实现，TCP 通过端口号能记住和识别哪个应用层进程调用它。另一方面，TCP 在接收到响应数据时，应能够将之正确地提交给相应的应用层进程，这一功能称为 TCP 的分用。此外，TCP 还具有流量控制、拥塞控制、顺序控制等功能。所以，TCP 提供的是面向连接的、可靠的、端到端的全双工通信服务，但这些功能的实现是以增加系统的开销为代价的。由上面的分析可见，TCP 非常适合对可靠性要求较高的长数据报进行传输，这样用于建立和释放连接所花费的时间代价才是值得的。

另外，与 TCP 一样，UDP 也是运行在端主机上，但它所提供的是端到端的无连接服务。在传输数据之前 UDP 不需要建立连接。既然通信前不需要建立连接，显然通信结束后也就不需要释放连接，这就节省了许多时间。对于少量数据的传输，若采用面向连接的方式可能用于建立连接和释放连接的时间所占的比例过大而导致通信效率的降低，所以常采用UDP来进行传输。通过上面的分析可见，UDP非常适合对实时性要求较高的短数据的传输。此外，因为UDP为无连接的，所以接收方即使正确接收到了UDP数据报也不给发送方发送确认信息，这样发送方不知道它所发送的数据报是否被接收方正确接收，显然，UDP提供的是一种不可靠的服务。此外，使用UDP发送的数据分组在传输过程中可能发生丢失、乱序、重复等，但在某些情况下UDP仍是一种非常有效的工作方式。

5.1.3 端口和套接字

1. 端口（Port）

传输层要解决应用进程之间通信的问题，而且应用层可以同时存在多个进程在通信。在进程通信的意义上，网络通信的最终地址就不能只是主机地址了，还应包括可以关联应用进程的某种标识，支持多个进程的通信。为此，TCP/UDP使用了协议端口（Protocol Port）的概念，协议端口简称端口。TCP/UDP通过端口与上层的应用进程交互，端口标识了应用层中不同的进程。端口相当于OSI传输层与上层接口处的服务访问点（SAP）。

端口是一种抽象的软件结构，包括一些数据结构和输入、输出缓冲队列。应用程序与端口绑定（Binding）后，操作系统就创建输入、输出缓冲队列，容纳传输层和应用进程之间所交换的数据。

为了标识不同的端口，每个端口都拥有一个叫作端口号（Port number）的整数标识符，类似于文件描述符。由于TCP和UDP是完全独立的两个软件模块，它们的端口也相互独立，但端口号可以相同。比如，TCP有一个400号端口，UDP也可以有一个400号端口，它们并不冲突。TCP和UDP都规定使用16位的端口号，均可提供65535个端口。

端口号如何分配？一台主机上的应用程序如何知道网上另一台主机上的应用程序所使用的端口号呢？为了解决这些问题，TCP/IP设计了一套有效的端口分配和管理办法，将端口分为两大类。

（1）服务器端使用的端口

这里又分为两类，最重要的一类叫作熟知端口（Well-known Port）或系统端口，数值为0~1023。它们现在由互联网名称与数字地址分配机构（ICANN）管理，这些端口指派给了TCP/IP最重要的一些应用程序，让所有的用户都知道。当一种新的应用程序出现后，ICANN必须为它指派一个熟知端口，否则互联网上的其他应用进程就无法和它通信。

另一类叫作登记端口，数值为1024~49151。这类端口是为没有熟知端口号的应用程序使用的。使用这类端口号必须在ICANN按照规定的手续登记，以防止重复。

（2）客户端使用的端口

端口数值为49152~65535。由于这类端口仅在客户进程运行时才动态选择，因此又叫作动态端口或短暂端口。这类端口留给客户进程选择暂时使用。当服务器进程收到客户进程的报文时，就知道了客户进程所使用的端口，因而可以把数据发送给客户进程。通信结束后，刚才已使用过的客户端口就不复存在。这个端口就可以供其他客户进程以后使用。

表5-1和表5-2中给出常用的UDP和TCP熟知端口的例子。

表 5-1 UDP 熟知端口示例

端 口 号	描 述
53	域名服务系统（DNS）
67	自举协议服务（BOOTP）
69	简单文件传输（TFTP）
161	简单网络管理（SNMP AGENT）
162	简单网络管理（SNMP TRAP）
67	动态主机配置（DHCP SERVER）
68	动态主机配置（DHCP CLIENT）

表 5-2 TCP 熟知端口示例

端 口 号	描 述
20	文件传输服务（数据连接）（FTP-DATA）
21	文件传输服务（控制连接）（FTP-CONTROL）
23	远程登录（TELNET）
25	简单邮件传输（SMTP）
110	邮件读取（POP3）
80	超文本传输（HTTP）

2. 套接字（Socket）

传输层协议使用了应用层接口处的端口与上层的应用进程进行通信，应用层的各种进程通过相应的端口与传输实体进行交互。在网络环境中，为了唯一标识传输层的一个通信端口，传输层引入了套接字的概念。由于端口号由不同主机独立分配，所以不可能全局唯一，而将网络上具有唯一性的 IP 地址和端口号结合在一起，就构成了唯一能识别的标识符，即如下二元组：

（主机 IP 地址，端口号）

这个二元组称为插口（socket），或套接字、套接口。图 5-3 显示了套接字和端口、IP 地址的关系。

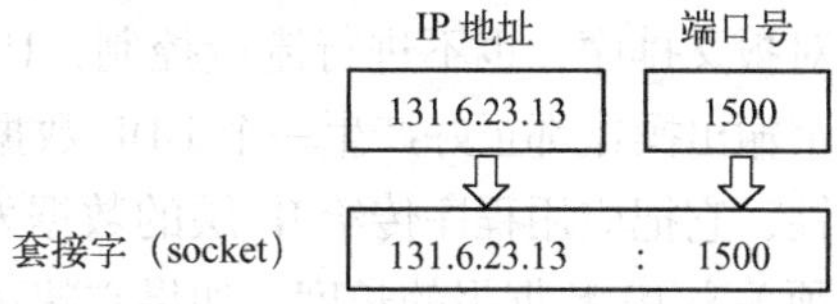

图 5-3 套接字和端口、IP 地址的关系

TCP 是面向连接的，在通信之前要建立连接，TCP 连接应包括本地连接和远程的一对端点。一个 TCP 连接实际上用如下的四元组描述：

（源主机 IP 地址，源端口号，目的主机 IP 地址，目的端口号）

由此可见，两个计算机中的进程要相互通信，不仅必须知道对方的 IP 地址（为了找到对方的计算机），而且要知道对方的端口号（为了找到对方的计算机中的应用进程）。传输层的 TCP/UDP 要和应用层的多个进程交互，使用端口号标识了不同的进程，传输层通过端口机制提供了复用（Multiplexing）和解复用（Demultiplexing）的功能。每个应用程序在发送用户数据之前与操作系统进行交互，获得协议端口和相应的端口号。在发送端，多个应用层进程可以通过不同的端口复用 TCP/UDP 发送数据。在接收端，则根据其中的目的端口进行解复用，交给不同的应用进程。

基于端口的 TCP/UDP 复用和解复用也可以从图 5-4 中看出。比如，在发送端，应用进程 AP_1 通过一个端口和接收端的应用进程 AP_1 通信，而另一个应用进程 AP_2 则通过另一个端口和接收端的应用进程 AP_2 进行通信。

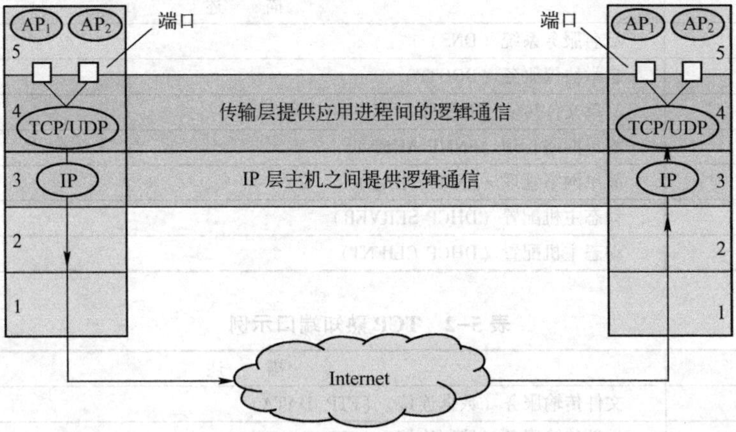

图 5-4 基于端口的 TCP/UDP 复用和解复用

5.2 用户数据报协议（UDP）

用户数据报协议（User Datagram Protocol，UDP）是一个简单的面向数据报的传输层协议，主要用来支持那些需要在计算机之间传输数据的网络应用。包括网络视频会议系统在内的众多的客户/服务器模式的网络应用都需要使用 UDP。用户数据报协议是对 IP 协议族的扩充，它增加了一种机制，发送方使用这种机制可以区分一台计算机上的多个接收者。每个 UDP 报文除了包含某用户进程发送数据外，还有报文目的端口的编号和报文源端口的编号，使得在两个用户进程之间的递送数据报成为可能。

UDP 是依靠 IP 来传输报文的，因而它的服务和 IP 一样是不可靠的，这种服务不用确认、不对报文排序，也不进行流量控制，UDP 报文可能会出现丢失、重复、失序等现象。进程的每个输出操作都正好产生一个 UDP 数据报，并组装成一份待发送的 IP 数据报。UDP 不提供可靠性，它把应用程序传给 IP 层的数据发送出去，但是并不保证它们能到达目的地。应用程序必须关心 IP 数据报的长度。如果它超过网络的 MTU，那么就要对 IP 数据报进行分片。

5.2.1 UDP 的特点

用户数据报协议（UDP）只在 IP 的数据报服务上增加了很少一点的功能，这就是端口的功能（有了端口，传输层就能进行复用和分用）和差错检测的功能。虽然 UDP 用户数据报只能提供不可靠的端到端的服务，但 UDP 在某些方面有其特殊的优点，例如以下几个方面。

1）UDP 是无连接的。即发送数据之前不需要建立连接（当然发送数据结束时也没有连接可释放），因此减少了开销和发送数据之前的时延。

2）UDP 使用尽最大努力交付。UDP 既不保证可靠交付，同时也不使用拥塞控制，因此主机不需要维持具有许多参数的、复杂的连接状态表。

3）UDP 没有拥塞控制，网络出现的拥塞不会使源主机的发送速率降低。这对某些实时应用很重要，很多的实时应用（IP 电话、实时视频会议等）要求源主机以恒定的速率发送数据，并且允许在网络发生拥塞时丢失一些数据，但不允许数据有太大的时延。UDP 正好适合这种要求。

需要注意的是，虽然某些实时应用需要使用没有拥塞控制的 UDP，但当很多源主机同时向网络发送高速率的实时视频流时，网络就有可能发生拥塞，结果大家都无法正常接收。因此，UDP 不使用拥塞控制功能可能会引起网络产生严重的拥塞问题。这种情况下，应用进程本身可在不影响应用实时性的前提下增加一些提高可靠性的措施，如采用前向纠错或重传已丢失的报文等。

4）UDP 是面向报文的。这就是说，UDP 对应用程序交下来的报文不再划分若干个分组来发送，也不把收到的若干个报文合并后再交付给应用程序。应用程序交给 UDP 一个报文，UDP 就发送这个报文；而 UDP 收到一个报文，就把它交付给应用程序。因此，应用程序必须选择合适大小的报文。若报文太长，UDP 把它交给 IP 层，IP 层在传送时可能要进行分片，这会降低 IP 层的效率。反之，若报文太短，UDP 把它交给 IP 层后，会使 IP 数据报的首部相对变大，这也会降低 IP 层的效率。

5）UDP 支持一对一、一对多、多对一和多对多的交互通信。

6）UDP 只有 8 B 的首部开销，比 TCP 20 B 的首部要短。

UDP 通过端口机制来提供复用和分解的功能。它接收多个应用程序送来的数据报，把它们送给 IP 层传输，同时它接收 IP 层送来的 UDP 数据报，把它们送给对应的应用程序。每个应用程序在发送数据报之前必须与操作系统进行协商以获得协议端口和相应的端口号。凡是利用指定的端口发送数据报的应用程序都要把端口号放入 UDP 报文中的源端口字段中。

UDP 不提供可靠服务，许多基于 UDP 的应用程序在高可靠性、低延时的局域网上运行很好，而一旦到了通信子网服务质量（Qos）很低的互联网环境下，可能根本不能运行。原因就在于 UDP 不可靠，而这些程序本身又没有做可靠性处理。因此，基于 UDP 的应用程序在不可靠子网上必须自己解决不可靠性（诸如报文丢失、重复、失序和流控等）问题。

既然 UDP 如此不可靠，为何 TCP/IP 还要采纳它？最主要的原因在于 UDP 的高效率。在实践中，UDP 往往面向交易型应用，一次交易一般只有一次往返报文交换，假如为此而建立连接和撤销连接，开销是相当大的。这种情况下使用 UDP 就很有效了，即使因报文损失而重传一次，其开销也比面向连接的传输小。

可靠性要求高的应用一般采用 TCP。

5.2.2 UDP 报文格式

每个 UDP 报文称为一个用户数据报，分为 UDP 首部和 UDP 数据两部分。首部是 8B 的固定首部，没有选项。有四个 16 bit 长的字段，见表 5-3。

表 5-3 UDP 报文格式

0　　　　15	16　　　　31
UDP 源端口	UDP 目的端口
UDP 报文长度	UDP 校验和
数据	

UDP 首部各字段的意义如下：

1）源端口号（16 bit）。它是运行在源主机上的进程所使用的端口号。端口号的范围是

0~65535。若源主机是客户端（当客户进程发送请求时），则在大多数情况下这个端口号就是动态端口号。若源主机是服务器端（当服务器进程发送响应时），则在大多数情况下这个端口号就是熟知端口号。

2）目的端口号（16 bit）。它是运行在目的主机上的进程所使用的端口号。端口号的范围是0~65535。若目的主机是服务器端（当客户进程发送请求时），则在大多数情况下这个端口号就是熟知端口号。若目的主机是客户端（当服务器进程发送响应时），则在大多数情况下这个端口号就是动态端口号。

3）总长度（16 bit）。它定义了用户数据报的总长度，是首部加上数据的长度之和。可定义的总长度是0~65535B。但是，最小值是8B，它指出用户数据报只有首部而无数据，即允许数据字段为0。在许多UDP应用程序的设计中，其应用程序数据被限制为512B或更小。例如路由信息协议（RIP）发送的数据报要小于512B。另外，其他的UDP应用程序，如TFTP（简单文件传输协议）、BOOTP（引导程序协议）、SNMP（简单网络管理协议）、DNS（域名服务）等也有这个限制。

4）UDP校验和（16 bit）。UDP校验和覆盖UDP首部和UDP数据。校验和首先在数据发送方通过特殊的算法计算出，在传递到接收方之后，还需要重新计算。如果某个数据报在传输过程中被第三方篡改或者由于线路噪声等原因受到损坏，发送和接收方的校验计算值将不会相符，由此UDP可以检测是否出错。UDP的校验和是可选的，如果该字段值为0表明不进行校验，如果将其关闭可以使系统的性能有所增强。这与TCP是不同的，后者要求必须具有校验和。

需要注意的是，当UDP校验和标志为1时，在计算检验和时，需要临时用到一个“伪首部”，“伪首部”包含32 bit源IP地址，32位目的IP地址，8 bit协议，16 bit UDP长度。通过伪首部的校验，UDP可以确定该数据报是不是发给本机的，通过首部协议字段，UDP可以确认有没有误传。

伪首部并非UDP数据报中实际的有效成分。它是一个虚拟的数据结构，其中的信息是从数据报所在IP的分组头中提取的，既不向下传送也不向上递交，而仅仅是为计算校验和。图5-5显示了UDP数据报的封装过程，其中的“伪首部”为虚线框，表示不作为实际传送数据，而仅为临时使用的数据。

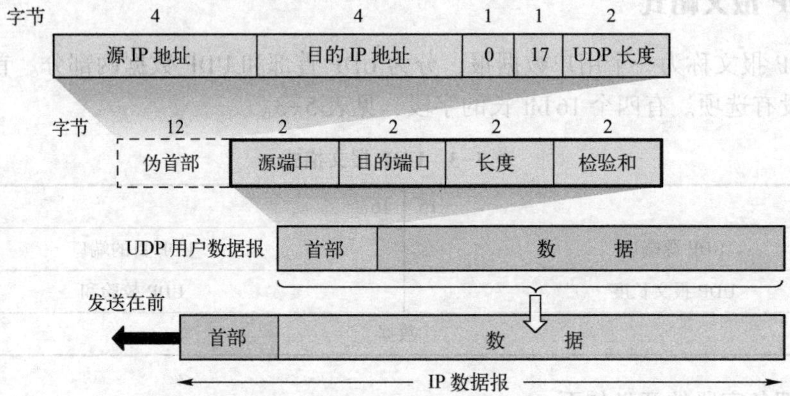

图5-5 UDP数据报的封装过程

5.2.3 UDP 泛洪攻击

泛洪攻击，又称洪水攻击或淹没攻击（Flood Attack），顾名思义，就是攻击端像潮水一样不停地发送大量数据，导致被攻击端的主机资源由于等待响应而被耗尽的一种攻击方式，是导致基于主机的拒绝服务攻击（Denial of Service，DoS）的一种。

UDP 泛洪（UDP Flood）是指攻击者通过向目标主机发送大量的 UDP 报文，导致目标主机忙于处理这些 UDP 报文，而无法处理正常的报文请求或响应。由于 UDP 是一种无连接的协议，而且它不需要用任何程序建立连接就可传输数据，此外 UDP 源地址可以很容易地进行伪造，因此 UDP 泛洪攻击成了一种黑客非常喜欢的带宽泛洪攻击。

当受害系统接收到一个 UDP 数据报的时候，它会确定目的端口正在等待中的应用程序。当它发现该端口中并不存在正在等待的应用程序，它就会产生一个目的地址无法连接的 ICMP 数据报发送给该伪造的源地址。如果向受害者计算机端口发送了足够多的 UDP 数据报，整个系统会就会瘫痪。

UDP 泛洪攻击通常利用 UDP 小数据报文冲击服务器或 Radius 认证服务器、流媒体视频服务器。100 kbit/s 的 UDP Flood 经常将线路上的骨干设备例如防火墙打瘫，造成整个网段的瘫痪。UDP Flood 攻击原理如图 5-6 所示。

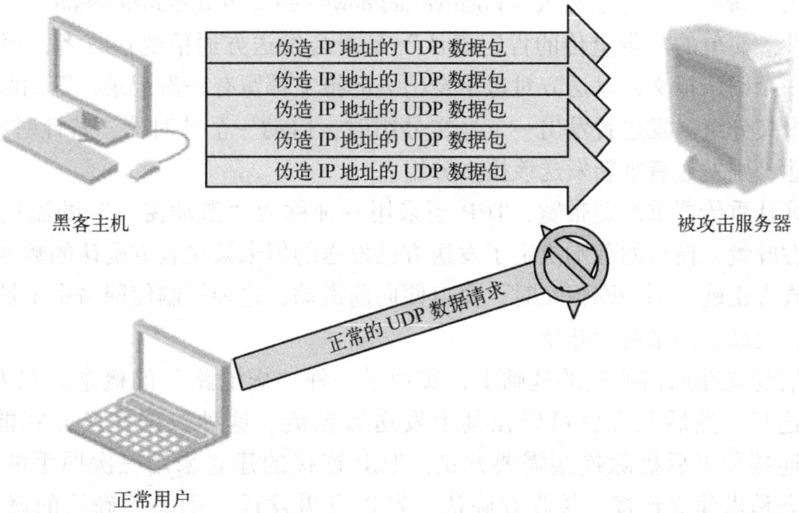

图 5-6 UDP Flood 攻击原理

如果黑客攻击应用中的端口，就直接通过发送大量小数据报文来交换大量的数据包以达到阻塞端口的目的。如果攻击端口没有应用，那么服务器向目的地发送 ICMP 不可达的数据报文，当有大量的 UDP 请求时，很容易阻塞上行链路。

由于 UDP 的应用十分广泛，因此针对 UDP Flood 的防护要根据具体的情况来确定。正常应用情况下，UDP 报文双向流量会基本相等，而且大小和内容都是随机的，变化很大。出现 UDP Flood 的情况下，针对同一目标 IP 的 UDP 报文在一侧大量出现，并且内容和大小都比较固定。一般情况下有三种防护方式。

1）判断包大小。如果是大报文攻击，根据攻击报文大小设定报文碎片重组大小，通常不小于1500。极端情况下，可以考虑丢弃所有UDP碎片。

2）攻击业务端口。根据该业务UDP最大报文长设置UDP最大报文大小以过滤异常流量。

3）攻击非业务端口。一个是丢弃所有UDP报文，可能会误伤正常业务；一个是建立UDP连接规则，要求所有去往该端口的UDP报文，必须首先与TCP端口建立TCP连接。不过这种方法需要很专业的防火墙或其他防护设备支持。

5.3 传输控制协议（TCP）

5.3.1 TCP的特点

传输控制协议（Transfer Control Protocol，TCP）是专门设计用于在不可靠的互联网上提供可靠的、端到端的字节流通信的协议。当传输过程中出现差错、网络软件发生故障或网络负载太大时，分组可能会丢失，数据可能被破坏。这就需要应用程序负责进行差错检测和恢复工作，因此需要有一种可靠的数据流传输方法来保证通信的畅通。TCP就是这样的协议，它对应于OSI模型的传输层，在IP的基础上，提供端到端的面向连接的可靠传输。

TCP采用“带重传的肯定确认（Positive acknowledge with Retransmission）”技术来实现传输的可靠性。简单的“带重传的肯定确认”是指与发送方通信的接收者，每接收一次数据，就送回一个确认报文，发送方对每个发出去的报文都留有一份记录，等到收到确认之后再发出下一报文分组。发送者发出一个报文分组时，启动一个计时器，若计时器计数完毕，确认还未到达，则发送者重新发送该报文分组。

简单的确认重传严重浪费带宽，TCP还采用一种称为“滑动窗口”的流量控制机制来提高网络的吞吐量，窗口的范围决定了发送方已发送的但未被接收方确认的数据报的数量。

每当接收方正确收到一则报文时，窗口便向前滑动，这种机制使网络中未被确认的数据报数量增加，提高了网络的吞吐量。

TCP通信建立在面向连接的基础上，实现了一种“虚电路”的概念。双方通信之前，先建立一条连接，然后双方就可以在其上发送数据流。这种数据交换方式能提高效率，但事先建立连接和事后拆除连接需要开销。TCP连接的建立采用三次握手的过程，整个过程由发送方请求建立连接、接收方确认、发送方再发送一则关于确认的确认3个过程组成。

TCP的特点主要表现在以下几个方面。

1）面向连接服务。面向连接的传输服务对保证数据流传输的可靠性是十分重要的。它在进行实际数据报传输之前必须在源进程与目的进程之间建立传输连接。一旦连接建立后，通信的两个进程就可以在该连接上发送和接收数据流。

2）高可靠性。由于TCP也是建立在不可靠的网络层IP基础上，IP不能提供任何保证分组传输可靠性的机制，因此TCP的可靠性需要由自己实现。TCP支持数据报传输可靠的主要方法是确认与超时重传。

TCP用户数据被分割成一定长度的数据块，它的服务数据单元称为报文段或段（Segment）。TCP将保持头部和数据的检验和，目的是检测数据在传输过程中是否出现错误。在接收端，当 TCP 正确接收到报文段时，它将发送确认；在发送端，当 TCP 没有收到确认时，将重发这个报文段。TCP 可以采用自适应的超时及重传策略。

3）全双工通信。TCP 允许全双工通信。在两个应用进程传输连接建立之后，客户与服务器进程可以同时发送和接收数据流。TCP 在发送和接收端都使用缓存。发送缓存用来存储进程准备发送的数据，接收缓存在收到报文段之后，将它们存储在缓存中，等待接收进程读取对方传送来的数据。

4）支持率流传输。TCP 提供一个流接口（Stream interface），应用进程可以利用它发送连续的数据流。TCP 传输连接提供一个“管道”，保证数据流从一端正确地“流”到另一端。TCP 对数据流的内容不做任何解释。TCP 不知道传输的数据是流式二进制数据，还是 ASCII 字段、EBCDIC 字符或者其他类型数据，对数据流的解释由双方的应用程序处理。

5）传输连接的可靠建立与释放。为了保证传输连接与释放的可靠性，TCP 使用了三次握手（3-way Handshake）的方法。在传输连接建立阶段，防止出现因“失效的连接请求数据报”而造成连接错误。在释放传输连接时，保证在关闭连接时已经发送的数据报可以正确地到达目的端口。

6）提供流量控制与拥塞控制。TCP 采用了大小可以变化的滑动窗口方法进行流量控制，发送窗口在建立连接时由双方商定。在通信过程中，发送端可以根据自己的资源情况随机、动态地调整发送窗口的大小。而接收端将跟随发送端调整接收窗口。

图 5-7 给出了 TCP 与其他协议的层次及依赖关系。从图 5-7 中可以看出。依赖于 TCP 的应用层协议主要是需要大量交互式报文的应用，如虚拟终端协议（TELNET）、简单邮件传输协议（SMTP）、文件传输协议（FTP）和超文本传输协议（HTTP）等；适用于 UDP 的应用层协议主要是域名解析系统（DNS）和简单网络管理协议（SNMP）。

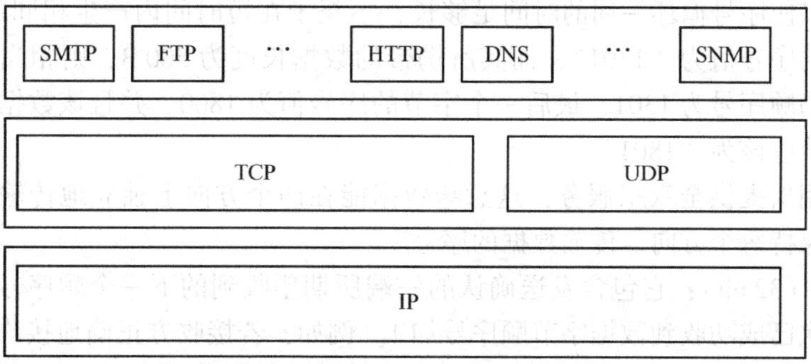

图 5-7　TCP 与其他协议层次及依赖关系

5.3.2　TCP 报文格式

TCP 虽然是面向字节流的，但 TCP 传送的数据单元却是报文段。TCP 通过报文段的交互来建立连接、传输数据、发送确认、通告窗口大小以及关闭连接。TCP 报文段分为两部分，前面是报头，后面是数据。报头的前 20 B 格式是固定的，后面是可能的选项，不带任何数据的报文也是合法的，一般用于确认和控制报文。

图 5-8 给出了 TCP 报文段的布局格式。下面分别介绍每个字段的意义。

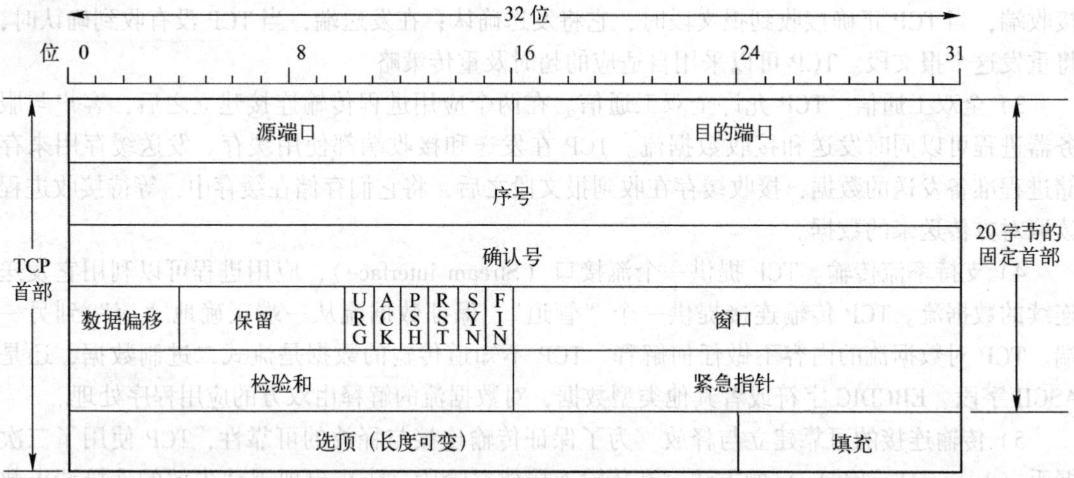

图 5-8 TCP 报文段布局格式

1. TCP 固定首部部分

1）源端口号（16 位）：它（连同源主机 IP 地址）标识源主机的一个应用进程。

2）目的端口号（16 位）：它（连同目的主机 IP 地址）标识目的主机的一个应用进程，源端口号和目的端口号加上 IP 报头中的源主机 IP 地址和目的主机 IP 地址唯一确定一个 TCP 连接。

3）序号（32 位）：它用来标识从 TCP 源端向 TCP 目的端发送的数据字节流，它表示在这个报文段中的第一个数据字节的序号。如果将字节流看作在两个应用进程间的单向流动，则 TCP 用序号对每个字节进行计数，序号是 32 bit 的无符号数，因此可对 4 GB 的数据进行编号，而且可以使序号循环一周的时间足够长，不至于在短时间内产生相同的序号。例如，若某一个分段的序号值为“1301”，而其所携带的数据长度为 500 B，则相当于该分段数据的第一个字节的顺序号为 1301，最后一个字节的序号值为 1800，并且该数据流下一个分段的顺序号字段值应该为“1801”。

TCP 为应用层提供全双工服务，这意味数据能在两个方向上独立地传输。因此，连接的每一端必须保持每个方向上传输数据的序号。

4）确认号（32 bit）：它包含发送确认的一端所期望收到的下一个顺序号。因此，确认序号应当是上次已成功收到数据字节顺序号加 1。例如，若接收方正确地接收了一个顺序号为“1301”、长度为 500 B 的分段，则它发送给对方的确认号值就会是“1801”，即表示期望接收的下一个分段的第一个字节的序号应该是 1801。只有 ACK 标志为 1 时确认序号字段才有效。

5）数据偏移（即首部长度）（4 bit）：它指出 TCP 报文段的数据起始处距离 TCP 报文段的起始处有多远。“数据偏移”的单位是 32 位（以 4 B 为计算单位）。需要这个字段是因为选项字段的长度是可变的。这个字段占 4 bit，因此 TCP 最多有 60 B 的首部。然而，没有选项字段，正常的报头长度是 20 B。

6）保留位（6 bit）：保留给将来使用，目前必须置为 0。

7）控制位（6 bit）：在 TCP 报头中有 6 个标志位，它们中的多个可同时被设置为 1。依次如下：

① URG：为 1 表示紧急指针有效，为 0 则忽略紧急指针值。如果指针有效则通知接收方，由紧急指针指示的位置之前，数据流中有紧急数据传输。例如 TCP 用于远程登录会话服务，远程主机上的程序突然出现错误时，用户可能要从本地键盘上输入几个控制字符中断远端运行的程序，这种信号应该尽快处理。TCP 将停止在发送缓存区积累数据，尽快将已有的数据发送出去。TCP 发送的下一个报文段将把 URG 置 1 并使首部中的紧急指针字段有效。紧急指针字段的值指示紧急数据最后字节相对于本报文段序号的偏移量，两者相加可以得到紧急数据在数据流中最后字节的位置（但不知道开始位置，由应用程序处理）。即使此时接收方通告了 0 窗口，终止了连接上的数据流，发送方仍可以发送紧急报文段。接收方收到 URG 置 1 的报文段，使接收方应用程序进入紧急模式尽快处理紧急数据。接收方应用程序处理的数据超过紧急指针指示的位置，便恢复到正常操作状态。

② ACK：为 1 表示确认号有效，为 0 表示报文中不包含确认信息，忽略确认号字段。

③ PSH：为 1 表示是带有 PUSH 标志的数据，指示接收方应该尽快将这个报文段交给应用层而不用等待缓冲区装满。

④ RST：用于复位由于主机崩溃或其他原因而出现错误的连接。它还可以用于拒绝非法的报文段和拒绝连接请求。一般情况下，如果收到一个 RST 为 1 的报文，那么一定发生了某些问题。

⑤ SYN：同步序号，当报文段的 SYN=1 和 ACK=0 时，表明它是一个连接请求，若对方同意建立连接，应在响应报文段中置 SYN=1 和 ACK=1。

⑥ FIN：用于释放连接，为 1 表示发送方已经没有数据发送了，即关闭本方数据流，释放 TCP 连接。

⑦ 窗口大小（16 bit）：数据字节数，表示从确认号开始，本报文的源端可以接收的字节数，即源端接收窗口大小。窗口大小是一个 16 bit 字段，因而窗口大小最大为 65535 B。

⑧ 校验和（16 bit）：此校验和是整个 TCP 报文段的，包括 TCP 头部和 TCP 数据，这是一个强制性的字段，由发送端计算和存储，并由接收端进行验证，TCP 将丢弃校验和有错误的报文段，并进行重传处理。

⑨ 紧急指针（16 bit）：只有当 URG 标志置 1 时紧急指针才有效。紧急指针是一个正的偏移量，和顺序号字段中的值相加表示紧急数据最后一个字节的序号。TCP 的紧急方式是发送端向另一端发送紧急数据的一种方式。

2. TCP 选项部分

选项的长度可变，最长可达 40 B。可选内容有以下几个：

1）最大报文段长度选项（Maximum Segment Size，MSS）。MSS 指的是 TCP 报文段所携带数据的最大长度，单位为字节，不能超过此限制。一个 TCP 连接的两端必须协商一个 MSS 值。在建立 TCP 连接时，双方的 TCP 软件使用选项字段协商 MSS，然而在互联网环境中，选择合适的 MSS 是很困难的。一方面，选择过小的 MSS 会使得 IP 数据报封装在底层网络的帧中时装不满，降低网络利用率。另一方面，过大的 MSS 可能引起 IP 数据报传输过程中分片，也会降低网络的性能。

TCP 选择最佳报文长度的简单做法是取建立连接时双方声明的 MSS 的较小者。如果一方没有声明 MSS，MSS 取默认值 536 B。那么，所有 Internet 上的主机都能接受的 TCP 报文段的长度也为 536+20=556 B。

2）窗口比例因子选项。计算机网络技术的飞速发展使得当时 TCP 的某些规定不能适应今天的需要，TCP 仅 16 bit 的通告窗口字段就限制了连接上的传输带宽。为此，TCP 规定了窗口比例因子选项，扩大通告窗口的数值。窗口比例因子双方在建立连接时商定。

16 bit 的窗口字段只能通告最大 64 KB（65536 bit）的发送窗口值，发送方只有经过一个往返时间（RTT）才能发送窗口中的数据并收到确认，之后才能向前滑动发送窗口并继续发送。因此，TCP 最多只能在 RTT 时间内发送 64 KB 的数据，随着技术的发展，网络带宽的提高，64 KB 的通告窗口就不够用了，所以 TCP 对 16 bit 窗口进行了扩展。TCP 用窗口比例因子选项扩展窗口值，窗口比例因子表示原来 16 bit 的窗口值向左移位的次数，每移 1 次，窗口值翻 1 番。窗口比例因子的最大值为 14，窗口最大可扩大 $2^{14}=16384$ 倍，所以扩展后的窗口可达 $2^{30}=16384\times64$ KB。

3）时间戳选项。在高速线路上 TCP32 bit 的序号字段因序号循环加快可能引起报文段重号的问题。TCP 定义了时间戳选项，可以解决这一问题。发送方 TCP 在每个发送的报文段首部插入 32 bit 的时间戳，接收方将收到的时间戳也插入 ACK 报文段中做回应。将 32 bit 的时间戳和 32 bit 的序号组合在一起使用，就可以解决序号循环产生的重号问题。另外，时间戳还能用于报文段往返时间（RTT）的计算。

4）负确认选项。TCP 采用累计确认进行差错控制，累计确认是一种正确认机制。TCP 又引入了负确认选项（NAK），进行选择重传 ARQ，得到广泛应用。当接收方收到失序的报文段时，TCP 将失序的报文段缓序，并给发送方发送一个 NAK 确认，指明空缺数据的首字节序号以及报文段的数目，请求发送方发送，其中报文段数目是根据最大报文段长度 MSS 计算出来的。若接收方收到了有序但校验错误的报文段并且后面又收到了正确的报文段，TCP 将丢弃错误的报文段并将后面正确报文段缓存，这也就变为失序的报文段，进行同样的处理。

发送方在收到 NAK 之后，根据接收方在 NAK 中指明的空缺数据首字节序号及报文段数目等信息，重发报文段。接收方收到后，连同原来缓存的失序报文段的数据一起向发送方发回累计确认。

5.3.3 TCP 泛洪攻击

TCP 泛洪攻击利用的是 TCP 的三次握手机制，攻击端利用伪造的 IP 地址向被攻击端发出请求，而被攻击端发出的响应报文将永远发送不到目的地，那么被攻击端在等待关闭这个连接的过程中消耗了资源。如果有成千上万的这种连接，主机资源将被耗尽，从而达到攻击的目的。

其中 SYN Flood 由于攻击效果好、难以防范、难以追踪的特性已经成为目前最流行的 DoS 和 DDoS 攻击手段。SYN 泛洪攻击首次出现在 1996 年。当时 Phrack 杂志中描述了这种攻击并用代码实现了它。这些信息被迅速应用于攻击一个网络服务提供商（ISP）的邮件和 Telnet 服务，并造成了停机。计算机安全应急响应组（Computer Emergency Response Team，CERT）不久就发布了对这种攻击技术的初步评估与解决方案。但这些解决方案无法阻止该类攻击的迅速壮大。在 2001 年 4 月的中美黑客大战中，DDoS 就已被广泛用作主要手段。近几年来，随着 SYN 泛洪的新变种不断涌现，此类攻击更是猖獗。据不完全统计，2010 年全年，美国五角大楼平均每天遭受 6000000 次的黑客 DDoS 攻击，其中 SYN Flood 攻击占有相当大的比例。著名黑客集团 Anonymous 在 2011 年 4 月初利用 SYN Flood 攻击攻入了索尼 PlayStation Network，此举也同时将 7700 万个人和信用卡信息泄露。另一黑客组织 LulzSec 在同年 6 月对 CIA 站点进行了 DDoS 攻击，使得该网站宕机了数小时。

1. SYN Flood 攻击原理

在 TCP 中被称为三次握手（Three-way Handshake）的连接过程中，如果一个用户向服务器发送了 SYN 报文，服务器又发出 SYN+ACK 应答报文后未收到客户端的 ACK 报文，这种情况下服务器端会再次发送 SYN+ACK 给客户端，并等待一段时间后丢弃这个未完成的连接，这段时间的长度称为 SYN Timeout，一般来说这个时间是数分钟。SYN Flood 所做的就是利用了这个 SYN Timeout 时间和 TCP/IP 协议族中的另一个漏洞：报文传输过程中对报文的源 IP 地址完全信任。SYN Flood 通过发送大量伪造的 TCP 连接报文而造成大量的 TCP 半连接，服务器端将为了维护这样一个庞大的半连接列表而消耗非常多的资源。这样服务器端将忙于处理攻击者伪造的 TCP 连接请求而无法处理正常连接请求，甚至会导致堆栈的溢出崩溃。

造成 SYN 泛洪攻击最主要的原因是 TCP/IP 的脆弱性。TCP/IP 是一个开放的协议平台，它将越来越多的网络连接在一起，它基于的对象是可信用户群，所以缺少一些必要的安全机制，带来很大的安全威胁。例如常见的 IP 欺骗、TCP 连接的建立、ICMP 数据报的发送都存在巨大的安全隐患，给 SYN 泛洪攻击带来可乘之机。图 5-9 为 SYN Flood 攻击原理示意图。

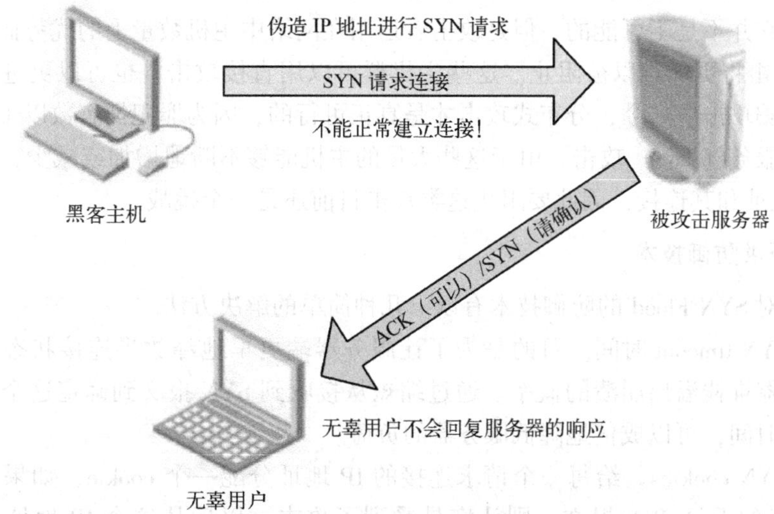

图 5-9　SYN Flood 攻击原理

2. SYN Flood 攻击类别

（1）直接攻击

如果攻击者用他们自己的没有经过伪装的 IP 地址快速地发送 SYN 数据报，这就是所谓的直接攻击。这种攻击非常容易实现，因为它并不涉及攻击者操作系统用户层以下的欺骗或修改数据报。例如，他可以简单地发送很多的 TCP 连接请求来实现这种攻击。然而，这种攻击要想奏效，攻击者还必须阻止其系统响应 SYN-ACK 报，因为任何 ACK、RST 或 ICMP (Internet Control Message Protocol) 报都将让服务器跳过 SYN-RECEIVED 状态（进入下一个状态）而移除 TCB（因为连接已经建立成功或被回收了）。攻击者可以通过设置防火墙规则来实现，让防火墙阻止一切要到达服务器的数据报（SYN 除外），或者让防火墙阻止一切进来的包来使 SYN-ACK 报在到达本地 TCP 处理程序之前就被丢弃了。一旦被检测到，这种攻击非常容易抵御，用一个简单的防火墙规则阻止带有攻击者 IP 地址的数据报就可以了。这种方法在如今的防火墙软件中通常都是自动执行的。

(2) 欺骗式攻击

SYN 泛洪攻击的另一种方式是 IP 地址欺骗。它比直接攻击方式更复杂，攻击者还必须能够用有效的 IP 和 TCP 报文头替换和重新生成原始 IP 报文。伪装的 IP 地址不能响应任何发送给它们的 SYN-ACK 报，或许因为这个 IP 地址上根本就没有主机，或许因为对主机的地址或网络属性进行了某些配置。另一种选择是伪装许多源地址，攻击者会假想其中的一些伪装地址上的主机将不会响应 SYN-ACK 报。要实现这种方法就需要循环使用服务器希望连接的源 IP 地址列表上的地址，或者对一个子网内主机做相同的修改。如果一个源地址被重复地伪装，这个地址将很快被检测出来并被过滤掉。在大多数情况下运用许多不同源地址伪装将使防御变得更加困难。在这种情况下最好的防御方法就是尽可能地阻塞源地址相近的欺骗数据报。但抵御这种用多地址伪装的欺骗攻击需要更加复杂的解决方案。

(3) 分布式攻击

对于单个运用欺骗式攻击的攻击者真正的限制因素是，如果这些伪装数据报能够以某种方式被回溯到其真正的地址，攻击者将很容易被击败。尽管回溯过程需要一些时间和 ISP 之间的配合，但它并不是不可能的。但是攻击者运用在网络中主机数量上的优势而发动的分布式 SYN 泛洪攻击将更加难以被阻止。这些主机群可以用直接攻击，也可以更进一步让每台主机都运用欺骗攻击。如今，分布式攻击才是真正可行的，因为罪犯拥有数以千计的主机供他来进行拒绝服务（DoS）攻击。由于这些大量的主机能够不断地增加或减少，而且能够改变它们的 IP 地址和其连接，因此要阻止这类攻击目前还是一个挑战。

3. SYN 泛洪防御技术

目前，针对 SYN Flood 的防御技术有以下几种简单的解决方法。

1) 缩短 SYN timeout 时间。目的是为了让服务器端更早地释放半连接状态所消耗的资源，降低服务器堆栈溢出崩溃的概率。通过缩短从接收到 SYN 报文到确定这个报文无效并丢弃该连接的时间，可以成倍地降低服务器的负荷。

2) 设置 SYN cookies。给每一个请求连接的 IP 地址分配一个 cookie，如果短时间内连续收到某个 IP 的重复 SYN 报文，则认定是受到了攻击，以后从这个 IP 地址发来的报文会被丢弃。

3) 设置 SYN 可疑队列。可对接收的数据按一定规则分为攻击数据、可疑数据和正常数据三种类型，然后分别排队处理。

4) 使用防火墙。防火墙位于客户端和服务器之间. 因此利用防火墙来阻止 DoS 攻击能有效地保护内部的服务器。针对 SYN Flood，防火墙通常有三种防护方式：SYN 网关、被动式 SYN 网关和 SYN 中继。

5.3.4　可靠传输的工作原理

我们知道，TCP 发送的报文段是交给 IP 层传送的。但 IP 层只能尽最大努力提供服务，也就是说，TCP 下面的网络所提供的是不可靠的传输。因此，TCP 必须采用适当的措施才能使得两个传输层之间的通信变得可靠。

对于理想化的数据传输过程，有两个假设条件。

假设条件 1：链路是理想的传输信道，数据链路之间的交互信道从不损伤，数据既不会出错也不会丢失。

假设条件 2：发送和接收的双方一直处于就绪状态，缓冲空间为无限大，处理时间忽略不计，不管发送方的速率多快，接收方总能接收到并能及时上交主机。

在满足前面两个假设的情况下，网络的数据传输当然不需要任何协议就可以保证数据传输的正确性。不需要任何网络传输协议的数据传输的理想信道如图 5-10 所示。

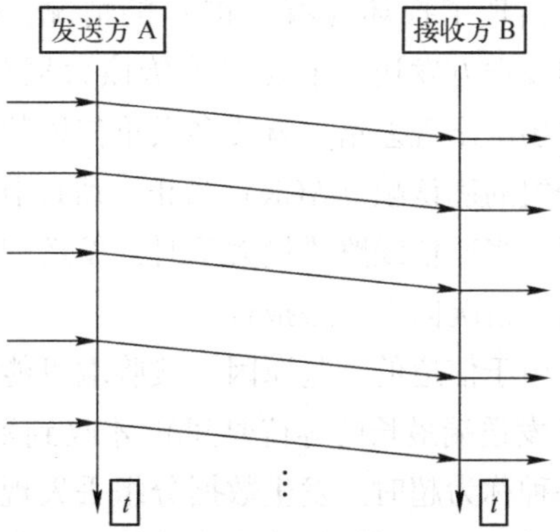

图 5-10　不需要任何协议的数据传输理想信道

在图 5-10 中，主机 A 将数据帧连续发出，而不管发送速率有多快，接收方总能跟上。收到一帧即交付给主机 B。显然这种理想化情况的数据传输速率是很高的。

然而实际的网络显然都不具备以上两个理想条件。如果第二个假设条件得不到满足，那么接收方主机 B 将收到的数据一帧一帧地交给主机 B 相应的应用。理想情况下，接收方的缓存每存满一帧就向主机 B 的应用交付一帧。如果没有专门的可靠传输控制协议，接收方并没有办法控制发送方的发送速率，且接收方也很难做到和发送方绝对精确同步。当接收方向自己的应用交付数据的速率略低于发送方发送数据的速率时，缓存暂时存放的数据帧就会逐渐堆积起来，最后造成缓存溢出和数据帧丢失。

下面我们从最简单的停止等待协议开始，逐步理解 TCP 的可靠传输控制机制。

1. 具有简单流量控制的停止等待协议

对上述理想化的数据传输过程的两个假设，去掉第二个假设，保留第一个假设，即传输信道不会产生差错，数据既不会出错也不会丢失。

需要处理的主要问题是：如何防止发送过程中发送方发送数据过快，而使接收方来不及处理。为了使接收方的接收缓冲在任何情况下都不会溢出。通常的解决方法是要求接收方在收到发送方的分组后，向发送方提供一个反馈，即一个确认分组，发送方在收到这个确认后，才能继续发送下一个分组。由于发送方需要停下来等待确认分组，所以称为停止等待协议。需要注意的是，在传输层并不使用这种协议，这里只是为了引出可靠传输的问题才从最简单的概念讲起。在传输层使用的可靠传输协议要复杂得多。

具有简单流量控制的停止等待协议如图 5-11 所示，它是由接收方控制发送速率的。发送方每发完一个数据分组后就必须停下来，等待接收方的消息。由于假定数据在传输过程中不会出错，因此接收方将数据分组交给主机 B 后再向主机 A 发送确认消息，这个消息不需要任何具体内容，不需要说明收到的数据正确与否。

2. 停止等待 ARQ 协议

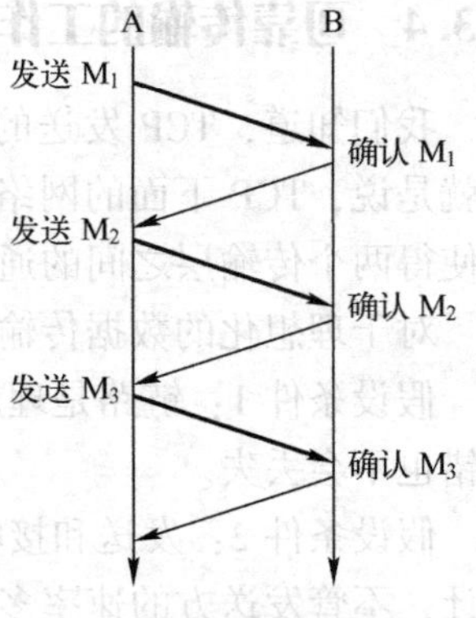

图 5-11 具有简单流量控制的停止等待协议

去掉上述理想化的数据传输过程的两个假设，也就是说，传输信道不能保证所传的数据不产生差错，同时还需要对数据的发送端进行流量控制。由于传输信道不再是理想状况，则数据在传输中可能会出现超时、出错、丢失等现象，此时，停止等待协议就要考虑两类差错。

第一类错误是到达目的端的数据分组可能会出现损坏（有差错）、超时到达或丢失现象。如果是到达目的端的数据分组出现了损坏（有差错）的情况，接收方检测到了差错，就向发送方发送一个要求重传该数据分组的确认帧（NCK）。如果多次出现差错，就要多次重传该数据分组，直到发送方收到接收端发来的要求下一个数据分组的确认帧（ACK）为止。所以在发送端必须保留一个发送的数据分组副本以便重传数据。当通信线路质量太差时，发送端在重传一定次数后（预先设定好），就不再重传，而是将此情况向上一层报告。

由于信道的一些原因，接收端可能会出现收不到发送端发来的数据分组，或经过很长时间（发送端最长的等待时间）才收到数据分组的情况。把前一种情况称为数据分组丢失，后一种称为超时。发生数据分组丢失现象时，接收端就不会向发送端发送任何确认帧。如果发送端需要等到接收端的确认帧才能发送下一个数据分组，那么就将永远等待下去，于是出现死锁现象。

解决这个问题的方法是在发送端设置一个定时器，发送完一个数据分组后，就启动一个超时定时器，然后等待接收确认信息。如果到了定时器设定的时间（重传时间）仍没有收到确认，那么发送端就将同一个数据分组重发一次。超时定时器设置的重传时间应仔细选择确定，如果重传时间设置太长，会浪费很多时间；如果设置太短，则正常情况下也有可能在对方的确认帧到达发送方之前就过早地重传了数据。一般将重传时间设置为略大于从发送数据分组到收到确认帧所需的平均时间。

如果出现超时现象，虽然不会出现死锁的情况，但发送方或接收方需等待很长时间才能进行下一个数据分组的传送，严重影响传输效率，这种情况下的解决方法仍然和数据丢失情况一样，通过设置超时定时器来解决。

图 5-12 显示了这两种情况下的数据传输情况。

第二类差错是确认帧（ACK）出现损坏或丢失。如果接收端发送的确认帧在传输过程中出现超时，或确认帧出现丢失、出错导致发送端无法识别（相当于丢失）的情况时，同样会发生死锁现象或导致传输效率不高的现象。这类差错的解决方法与第一类相同，也是通过设置超时重传定时器来解决。

如图 5-13 分别显示了确认帧出现丢失或差错以及确认帧超时等情况下的处理情况。

如图 5-13a 所示，当确认帧在传输过程中出现超时或数据丢失情况时，会发生死锁现象，此时发送端在超时定时器达到重传时间时会重新发送 M_1，接收端会收到重复的数据分

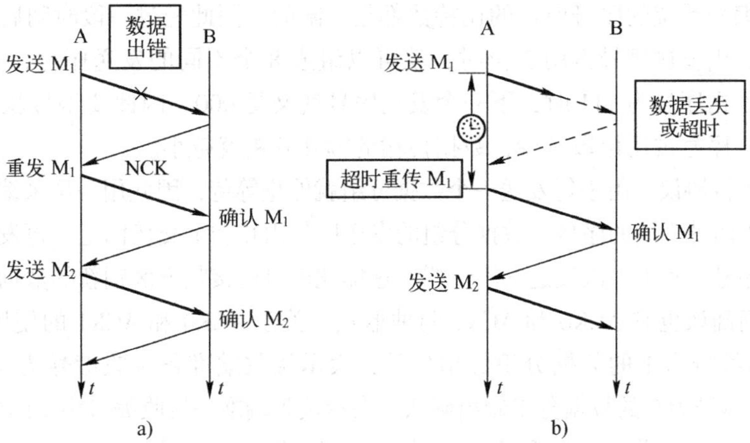

图 5-12 数据分组在信道中出现差错、丢失或超时等情况

a）数据分组出现差错 b）数据分组出现超时或丢失

组 M_1，此时接收端会丢弃重复的数据分组 M_1，重新发送确认帧。

如图 5-13b 所示，当确认帧在传输过程中出现超时现象时，发送端在超时定时器达到重传时间时也会重新发送 M_1，当接收端收到重复的数据分组 M_1时，就知道第一次发送的确认帧没有按时到达发送端，此时接收端会丢弃重复的数据分组 M_1并重新发送确认帧。与图 5-13a 情况不同的是，发送端会在稍后的时间里收到第一次超时的确认帧。此时发送端由于已经收到了后续数据分组的确认帧，所以只是收下该迟到的确认帧，但什么也不做，继续按照发送缓冲队列进行发送。

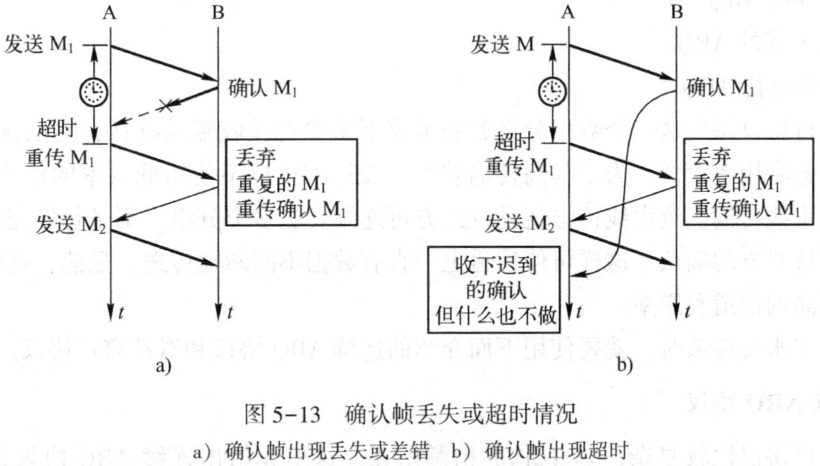

图 5-13 确认帧丢失或超时情况

a）确认帧出现丢失或差错 b）确认帧出现超时

这两种情况下，接收端都会收到重复的数据分组 M_1，就像收到两个单独的数据分组一样，这时就要求接收端必须具有判断重复帧的方法。

解决这个问题的方法就是使每一个数据分组带上不同的发送序号。每发送一个新的数据分组，就把它的序号加 1。如果接收端收到发送序号相同的数据分组，就表明出现了重复数据，这时应当丢弃该重复数据分组。需要注意的是，接收端还需要向发送端发送一个确认帧 ACK，因为接收端已经知道发送端还没有收到上一次发过去的确认帧 ACK。

任何一个编号系统的序号所占的比特数都是有限的。因此经过一段时间后，发送序号就会重复。例如，当发送序号占用3位时，就可以组成8个不同的发送序号，从000到111。当数据分组的发送序号为111时，下一个发送序号就又是000。因此要编号就要考虑序号到底占用多少位。序号占用位数越少，数据传输的额外开销就越小。

对于停止等待协议，由于每发送一个数据分组就停止等待，因此用一位来编号就够了。一位可以有0和1两种不同的序号，数据分组的发送序号用0和1交替标记。每发送一个新的数据分组，发送序号就和上一次发送的不一样，这样就可以使接收方区别新的数据分组和重复的数据分组了。而确认也有ACK0和ACK1两种形式，关于ACK0和ACK1的使用有如下约定：ACK0对收到的编号为1的数据分组做出确认，表示接收端准备接收编号为0的数据分组；ACK1对收到的编号为0的数据分组做出确认，表示接收端准备接收编号为1的数据分组。

差错检测、定时器、确认和重传的使用被称为自动重发请求（Automatic Repeat-reQuest，ARQ）。因此上面讨论的协议被称为停止等待ARQ。自动重发请求是应用最广泛的一种差错控制技术，它包括对无错接收的PDU（协议数据单元）的确认和对未确认的PDU的自动重传。这里所说的ARQ是以下列条件为前提的：

1）一个单独的发送端向一个单独的接收端发送信息。

2）接收端能够向发送端返回确认。

3）信息帧和确认帧都包含检错码。

发生了错误的信息帧和确认帧将被忽略和丢弃。

采用差错检测和ARQ的结果是把一条不可靠的通信信道转变为可靠的通信信道。有多种版本的ARQ技术，以下是3个标准版本：

- 停止等待ARQ。
- 回退N帧的ARQ。
- 选择性重传ARQ。

停止等待协议每发送一个数据分组就必须停下来等待接收端的确认，它的优点是简单，但缺点是信道利用率太低。为了提高传输效率，发送方可以不使用低效率的停止等待协议，而是采用流水线传输。流水线传输就是发送方可连续发送多个分组，不必每发完一个分组就停顿下来等待对方的确认。这样可使信道上一直有数据不间断地传送。显然，这种传输方式可以获得很高的信道利用率。

当使用流水线传输时，就要使用下面介绍的连续ARQ协议和滑动窗口协议。

3. 连续ARQ协议

滑动窗口协议比较复杂，是TCP的精髓所在。这里先给出连续ARQ协议最基本的概念，但不涉及许多细节问题。详细的滑动窗口协议将在5.3.5节中讨论。

图5-14a表示发送方维持的发送窗口，位于发送窗口内的5个分组都可连续发送出去，而不需要等待对方的确认。这样，信道利用率就提高了。

连续ARQ协议规定，发送方每收到一个确认，就把发送窗口向前滑动一个分组的位置。图5-14b表示发送方收到了对第1个分组的确认，于是把发送窗口向前移动一个分组的位置。如果原来已经发送了前5个分组，那么现在就可以发送窗口内的第6个分组了。

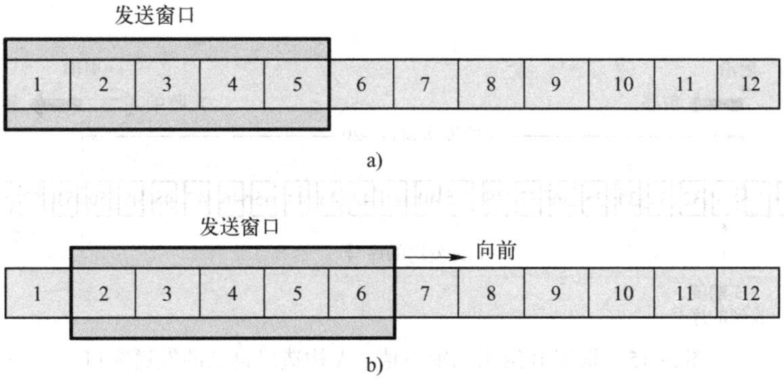

图 5-14 连续 ARQ 协议的工作原理

a）发送方维持发送窗口 b）收到对第 1 个分组的确认

接收方一般都是采用累积确认的方式。这就是说，接收方不必对收到的分组逐个发送确认，而是可以在收到几个分组后，对按序到达的最后一个分组发送确认，这样就表示到这个分组为止的所有分组都已正确收到了。

累积确认有优点也有缺点。优点是容易实现，即使确认丢失也不必重传。但缺点是不能向发送方反映出接收方已经正确收到的所有分组的信息。

例如，如果发送方发送了前 5 个分组，而中间的第 3 个分组丢失了。这时接收方只能对前两个分组发出确认。发送方无法知道后面三个分组的下落，而只好把后面的三个分组都再重传一次。这就叫作 Go-back-N（回退 N），表示需要再退回来重传已发送过的 N 个分组。可见当通信线路质量不好时，连续 ARQ 协议会带来负面的影响。

5.3.5 TCP 可靠传输的实现

首先介绍以字节为单位的滑动窗口。为了方便讲述可靠传输的原理，假定数据传输只在一个方向进行，即 A 发送数据，B 给出确认。这样的好处是使讨论限于两个窗口，即发送方 A 的发送窗口和接收方 B 的接收窗口。如果再考虑 B 也向 A 发送数据，那么还要增加 A 的接收窗口和 B 的发送窗口，这对讲述可靠传输的原理并没有多少帮助，反而会使问题更加复杂。

1. 以字节为单位的滑动窗口

TCP 的滑动窗口是以字节为单位的。为了便于说明，特意把后面图 5-15~图 5-18 中的字节编号都取得很小。现假定 A 收到了 B 发来的确认报文段，其中窗口是 20（B），而确认号是 31（这表明 B 期望收到的下一个序号是 31，而序号 30 为止的数据已经收到了）。根据这两个数据，A 就构造出自己的发送窗口，其位置如图 5-15 所示。

先讨论发送方 A 的发送窗口。发送窗口表示在没有收到 B 的确认的情况下，A 可以连续把窗口内的数据都发送出去。凡是已经发送过的数据，在未收到确认之前都必须暂时保留，以便在超时重传时使用。

发送窗口里面的序号表示允许发送的序号。显然，窗口越大，发送方就可以在收到对方确认之前连续发送越多的数据，因而可能获得越高的传输效率。但接收方必须来得及处理这些收到的数据。

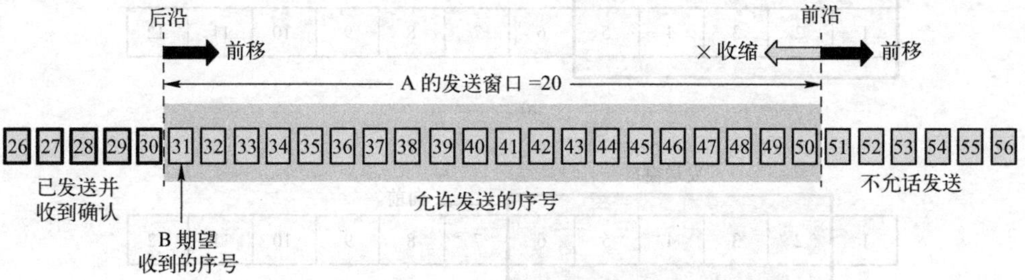

图 5-15 根据 B 给出的窗口值，A 构造出自己的发送窗口

发送窗口后沿的后面部分表示已发送且收到了确认。这些数据显然不需要再保留了。而发送窗口前沿的前面部分表示不允许发送的，因为接收方都没有为这部分数据保留临时存放的缓存空间。

发送窗口的位置由窗口前沿和后沿的位置共同确定。发送窗口后沿的变化情况有两种可能，即不动（没有收到新的确认）和前移（收到了新的确认）。发送窗口后沿不可能向后移动，因为不能撤销已收到的确认。发送窗口前沿通常是不断向前移动，但也有可能不动。这对应两种情况，一是没有收到新的确认，对方通知的窗口大小也不变；二是收到了新的确认但对方通知的窗口缩小了，使得发送窗口前沿正好不动。

发送窗口前沿也有可能向后收缩。这发生在对方通知的窗口缩小了。但 TCP 的标准强烈不赞成这样做。因为很可能发送方在收到这个通知以前已经发送了窗口中的许多数据，现在又要收缩窗口，不让发送这些数据，这样就会产生一些错误。

现在假定 A 发送了序号为 31~41 的数据。这时，发送窗口位置并未改变（见图 5-16），但发送窗口内靠后面有 11 B（灰色小方框）表示已发送但未收到确认。而发送窗口内靠前面的 9 B（42~50）是允许发送但尚未发送的。

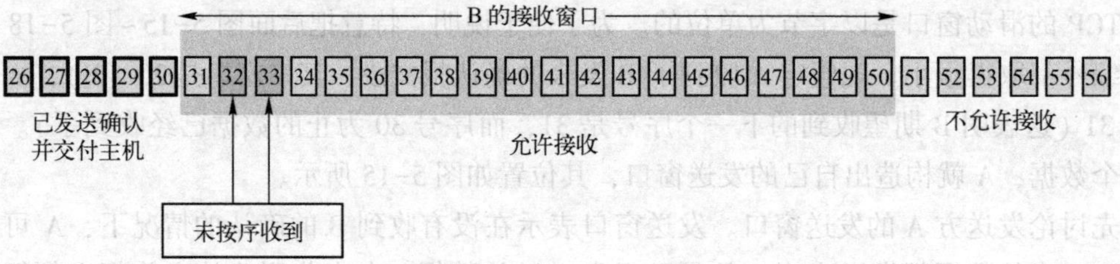

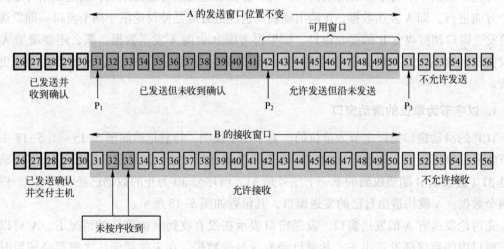

图 5-16 A 发送了 11 B 的数据

从以上所述可以看出，要描述一个发送窗口的状态需要三个指针，分别为 P_1，P_2和 P_3，（见图 5-16）。指针都指向字节的序号。这三个指针指向的几个部分的意义如下：

1）小于 P_1 的是已发送并已收到确认的部分，而大于 P_3 的是不允许发送的部分。

2）P_3-P_1 = A 的发送窗口（又称为通知窗口）。

3）P_2-P_1 = 已发送但尚未收到确认的字节数。

4）P_3-P_2 = 允许发送但尚未发送的字节数（又称为可用窗口或有效窗口）。

再看一下 B 的接收窗口。B 的接收窗口大小是 20。在接收窗口外面，到 30 号为止的数据已经发送过确认，并且已经交付给主机了。因此 B 可以不再保留这些数据。接收窗口内的序号（31~50）是允许接收的。在图 5-16 中，B 收到了序号为 32 和 33 的数据。这些数据没有按序到达，因为序号为 31 的数据没有收到（也许丢失了，也许滞留在网络中的某处）。请注意，B 只能对按序收到的数据中的最高序号给出确认，因此 B 发送的确认报文段中的确认号仍然是 31（即期望收到的序号），而不能是 32 或 33。

现在假定 B 收到了序号为 31 的数据，并把序号为 31~33 的数据交付给主机，然后 B 删除这些数据。接着把接收窗口向前移动 3 个序号（见图 5-17），同时给 A 发送确认，其中窗口值仍为 20，但确认号是 34。这表明 B 已经收到了到序号 33 为止的数据。我们注意到，B 还收到了序号为 37，38 和 40 的数据，但这些都没有按序到达，只能先暂存在接收窗口中。A 收到 B 的确认后，就可以把发送窗口向前滑动 3 个序号，但指针 P_2 不动。可以看出，现在 A 的可用窗口增大了，可发送的序号范围是 42~53。

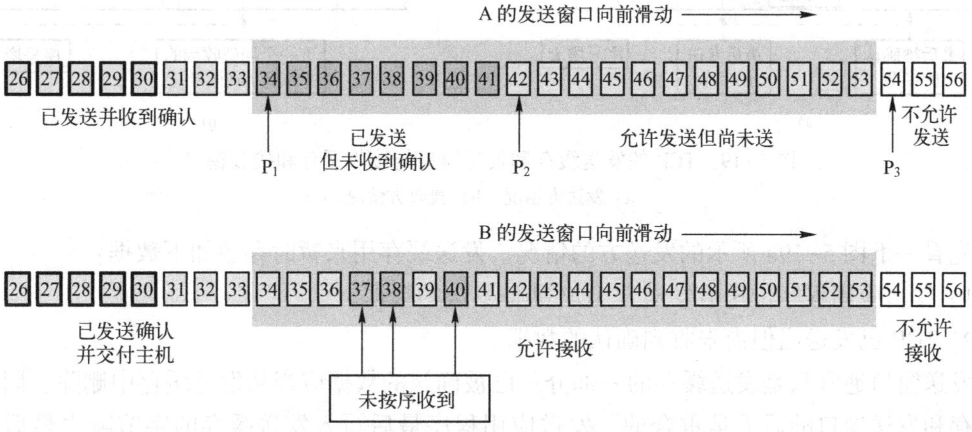

图 5-17 A 收到新的确认号，发送窗口向前滑动

A 在继续发送完序号 42~53 的数据后，指针 P_2 向前移动和 P_3 重合。发送窗口内的序号都已用完，但还没有再收到确认（见图 5-18）。由于 A 的发送窗口已满，可用窗口已减小到零，因此必须停止发送。请注意，存在下面这种可能性，就是发送窗口内所有的数据都已正确到达 B，B 也早已发出了确认。但不幸的是，所有这些确认都滞留在网络中。在没有收到 B 的确认时，A 不能猜测“或许 B 收到了吧”。为了保证可靠传输，A 只能认为 B 还没有收到这些数据。于是，A 在经过一段时间后（由超时计时器控制）就重传这部分数据，重新设置超时计时器，直到收到 B 的确认为止。如果 A 收到确认号落在发送窗口内，那么 A 就可以使发送窗口继续向前滑动，并发送新的数据。

TCP 是面向字节流的，发送方的应用进程把字节流写入 TCP 的发送缓存，接收方的应用进程从 TCP 的接收缓存中读取字节流。下面进一步讨论前面讲的窗口和缓存的关系。

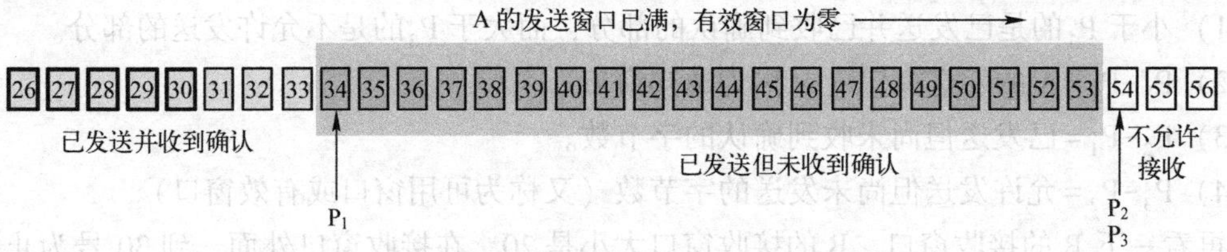

图 5-18 发送窗口内的序号都属于已发送但未被确认

图 5-19 画出了发送方维持的发送缓存和发送窗口，以及接收方维持的接收缓存和接收窗口。这里首先要明确两点。第一，缓存空间和序号空间都是有限的，并且都是循环使用的。最好是把它们画成圆环状的。但这里为了画图的方便，还是把它们画成长条状的，同时也不考虑循环使用缓存空间和序号空间的问题。第二，由于实际上缓存或窗口中的字节数非常大，因此无法在图中把一个个字节的位置标注清楚。这样，图中的一些指针也无法准确画成指向某一字节的位置。但这并不妨碍用这种表示来说明缓存和窗口的关系。

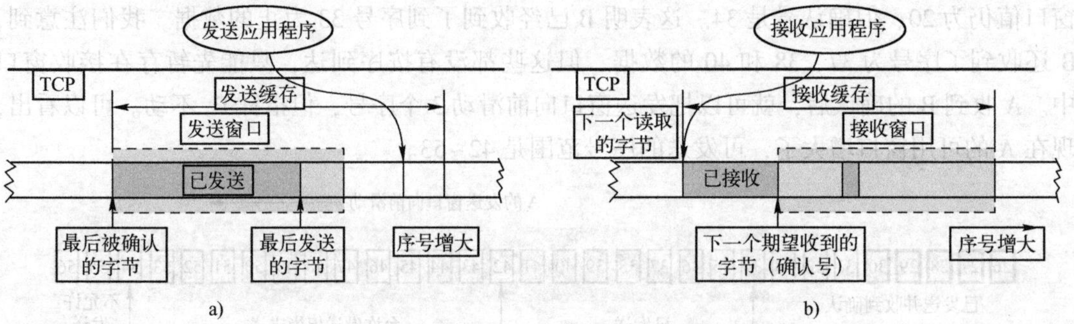

图 5-19 TCP 的发送缓存和发送窗口与接收缓存和接收窗口

a）发送方情况 b）接收方情况

先看一下图 5-19a 所示的发送方的情况。发送缓存用来暂时存放如下数据：

1）发送应用程序传送给发送方 TCP 准备发送的数据。

2）TCP 已发送出但尚未收到确认的数据。

发送窗口通常只是发送缓存的一部分。已被确认的数据应当从发送缓存中删除，因此发送缓存和发送窗口的后沿是重合的。发送应用程序最后写入发送缓存的字节减去最后被确认的字节，就是还保留在发送缓存中的被写入的字节数。发送应用程序必须控制写入缓存的速率，不能太快，否则发送缓存就会没有存放数据的空间。

再看一下图 5-19b 所示的接收方的情况。接收缓存用来暂时存放如下数据：

1）按序到达的、但尚未被接收应用程序读取的数据。

2）未按序到达的数据。

如果收到的分组被检测出有差错，则要丢弃。如果接收应用程序来不及读取收到的数据，接收缓存最终就会被填满，使接收窗口减小到零。反之，如果接收应用程序能够及时从接收缓存中读取收到的数据，接收窗口就可以增大，但最大不能超过接收缓存的大小。图 5-19b中还指出了下一个期望收到的字节号。这个字节号也就是接收方给发送方的报文段首部中的确认号。

根据以上讨论，还要再强调以下三点：

1）虽然 A 的发送窗口是根据 B 的接收窗口设置的，但在同一时刻，A 的发送窗口并不总是和 B 的接收窗口一样大。这是因为通过网络传送窗口值需要经历一定的时间滞后（这个时间还是不确定的）。另外，正如后面 5.7 节将要讲到的，发送方 A 还可能根据网络当时的拥塞情况适当减小自己的发送窗口数值。

2）对于不按序到达的数据应如何处理，TCP 标准并无明确规定。如果接收方把不按序到达的数据一律丢弃，那么接收窗口的管理将会比较简单，但这样做对网络资源的利用不利（因为发送方会重复传送较多的数据）。因此 TCP 通常对不按序到达的数据是先临时存放在接收窗口中，等到字节流中所缺少的字节收到后，再按序交付给上层的应用进程。

3）TCP 要求接收方必须有累积确认的功能，这样可以减小传输开销。接收方可以在合适的时候发送确认，也可以在自己有数据要发送时把确认信息顺便捎带上。但应注意两点，第一，接收方不应过分推迟发送确认，否则会导致发送方不必要的重传，这反而浪费了网络资源。TCP 标准规定，确认推迟的时间不应超过 0.5 s。若收到一连串具有最大长度的报文段，则必须每隔一个报文段就要发送一个确认。第二，捎带确认实际上并不经常发生，因为大多数应用程序不同时在两个方向上发送数据。

2. 超时重传时间的选择

上面已经讲到，TCP 的发送方在规定的时间内没有收到确认就要重传已发送的报文段。这种重传的概念是很简单的，但重传时间的选择却是 TCP 最复杂的问题之一。

由于 TCP 的下层是互联网环境，发送的报文段可能只经过一个高速率的局域网，也可能经过多个低速率的网络，并且每个 IP 数据报所选择的路由还可能不同。如果把超时重传时间设置得太短，就会引起很多报文段的不必要的重传，使网络负荷增大。但若把超时重传时间设置得过长，则又使网络的空闲时间增大，降低了传输效率。

那么，传输层的超时计时器的超时重传时间究竟应设置为多大呢？

TCP 采用了一种自适应算法，它记录一个报文段发出的时间，以及收到相应的确认的时间。这两个时间之差就是报文段的往返时间 RTT。TCP 保留了 RTT 的一个加权平均往返时间 RTTs（这又称为平滑的往返时间，S 表示 Smoothed。因为进行的是加权平均，因此得出的结果更加平滑）。每当第一次测量到 RTT 样本时，RTT_S值就取为所测量到的 RTT 样本值。但以后每测量到一个新的 RTT 样本，就按下式重新计算一次 RTT_S：

$$\text{新的 } RTT_S = (1-\alpha) \times (\text{旧的 } RTT_S) + \alpha \times (\text{新的 RTT 样本}) \tag{5-1}$$

式中，$0 < \alpha < 1$。

若 α 非常接近零，表示新的 RTT_S值和旧的 RTT_S值相比变化不大，而对新的 RTT 样本影响不大（RTT 值更新较慢）。若 α 接近 1，则表示新的 RTT_S值受新的 RTT 样本的影响较大（RTT 值更新较快）。RFC 2988 推荐的 α 值为 1/8，即 0.125。用这种方法得出的加权平均往返时间 RTT_S就比测量出的 RTT 值更加平滑。

显然，超时计时器设置的超时重传时间（Retransmission Time-Out，RTO）应略大于上面得出的加权平均往返时间 RTT_S。RFC 2988 建议使用下式计算 RTO：

$$RTO = RTT_S + 4 \times RTTD \tag{5-2}$$

而 RTT_D是 RTT 的偏差的加权平均值，它与 RTT_S和新的 RTT 样本之差有关。RFC 2988 建议这样计算 RTT_D。当第一次测量时，RTT_D值取为测量到的 RTT 样本值的一半。在以后的测量中，则使用下式计算加权平均的 RTT_D：

$$\text{新的 } RTT_D=(1-\beta)\times(\text{旧的 } RTT_D)+\beta\times(\text{新的 } RTT_S-\text{新的 RTT 样本}) \quad (5-3)$$

式中，β 是个小于 1 的系数，它的推荐值是 1/4，即 0.25。

上面所说的往返时间的测量，实现起来相当复杂。试看下面的例子。

如图 5-20 所示，发送出一个报文段，设定的重传时间到了，还没有收到确认。于是重传报文段。经过了一段时间后，收到了确认报文段。现在的问题是，如何判定此确认报文段是对先发送的报文段的确认，还是对后来重传的报文段的确认？由于重传的报文段和原来的报文段完全一样，因此源主机在收到确认后，就无法做出正确的判断，而正确的判断对确定加权平均 RTT_S的值影响很大。

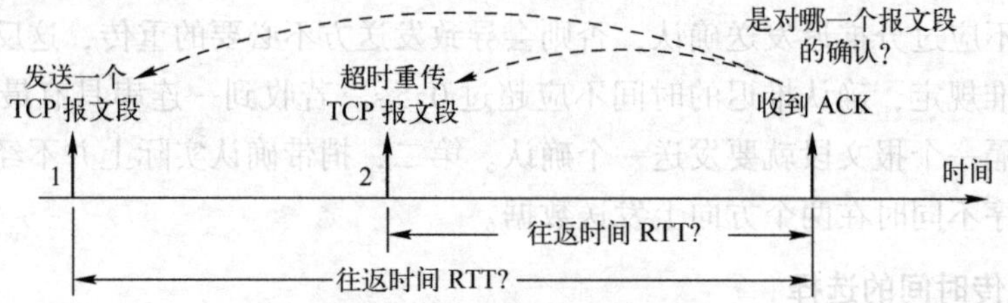

图 5-20 往返时间测量举例

若收到的确认是对重传报文的确认，却被源主机当成是对原来的报文段的确认，则这样计算出来的 RTT_S和超时重传时间 RTO 就会偏大。若后面再发送的报文段又是经过重传才收到确认报文段，则按此方法得出的超时重传时间 RTO 就越来越长。

同样，若收到的确认是对原来的报文段的确认，但被当成是对重传报文段的确认，则由此计算出的 RTT_S和 RTO 都会偏小。这就必然导致报文段过多地重传，这样就有可能使 RTO 越来越短。

根据以上所述，Kam 提出了一个算法，在计算加权平均 RTT_S时，只要报文段重传了，就不采用其往返时间样本。这样得出的加权平均 RTT_S和 RTO 就较准确。

但是，这又引起新的问题。例如报文段的时延突然增大了很多。因此在原来得出的重传时间内，不会收到确认报文段，于是就重传报文段，但根据 Kam 算法，不考虑重传的报文段的往返时间样本。这样，超时重传时间就无法更新。

因此要对 Kam 算法进行修正。方法是报文段每重传一次，就把超时重传时间 RTO 增大一些。典型的做法是取新的重传时间为 2 倍的旧的重传时间。当不再发生报文段的重传时，才根据上面给出的式（5-2）计算超时重传时间。实践证明，这种策略较为合理。

3. 选择确认 SACK

现在还有一个问题没有讨论。若收到的报文段无差错，只是未按序号，中间还缺少一些序号的数据，那么能否设法只传送缺少的数据而不重传已经正确到达接收方的数据？答案是可以的。选择确认就是一种可行的处理方法。

我们用一个例子来说明选择确认（Selective ACK）的工作原理。TCP 的接收方在接收对方发送过来的数据字节流的序号不连续，结果就形成了一些不连续的字节块（见图 5-21）。可以看出，序号 1~1000 收到了，但序号 1001~1500 没有收到。接下来的字节流又收到了，可是又缺少了 3001~3500。再后面从序号 4501 起又没有收到。也就是说，接收方收到了和前面的字节流不连续的两个字节块。如果这些字节的序号都在接收窗口之内，那么接收方就先收下这些数据，但要把这些信息准确地告诉发送方，使发送方不再重复发送这些已收到的数据。

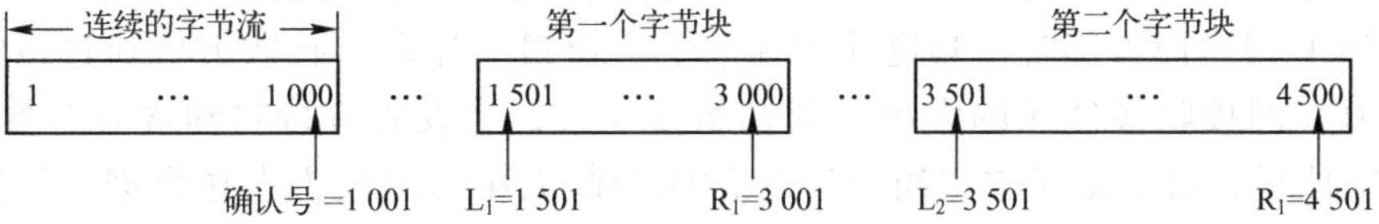

图 5-21　接收到的字节流序号不连续

从图 5-21 可看出，和前后字节不连续的每一个字节块都有两个边界，分别为左边界和右边界。因此在图中用四个指针标记这些边界。请注意，第一个字节块的左边界 $L_1=1501$，但右边界 $R_1=3001$ 而不是 3000。这就是说，左边界指出字节块的第一个字节的序号，但右边界减 1 才是字节块中的最后一个序号。同理，第二个字节块的左边界 $L_2=3501$，而右边界 $R_2=4501$。

我们知道，TCP 的首部没有哪个字段能够提供上述这些字节块的边界信息。RFC 2018 规定，如果要使用选择确认，那么在建立 TCP 连接时，就要在 TCP 首部的选项中加上“允许 SACK”的选项，而双方必须事先商定好。如果使用选择确认，那么原来首部中的“确认号字段”的用法仍然不变。只是以后在 TCP 报文段的首部中都增加了 SACK 选项，以便报告收到的不连续的字节块的边界。由于首部选项的长度最多只有 40 B，而指明一个边界就要用掉 4 B（因为序号有 32 位，需要使用 4 B 表示），因此在选项中最多只能指明 4 B 块的边界信息。这是因为 4 B 块共有 8 个边界，因而需要用 32 B 来描述。另外还需要两个字节。一个字节用来指明是 SACK 选项，另一个字节是指明这个选项要占用多少字节。如果要报告 5 个字节块的边界信息，那么至少需要 42 B。这就超过了选项长度的 40 B 的上限。RFC 2018 还对报告这些边界信息的格式都做出了非常明确的规定，这里从略。

然而，SACK 文档并没有指明发送方应当怎样响应 SACK。因此大多数的实现还是重传所有未被确认的数据块。

5.3.6　TCP 的流量控制

流量控制与拥塞控制是保证计算机网络正常工作的关键技术。流量控制是计算机网络上点到点的通信量的控制，目的是使接收结点的接收速率与发送结点的发送速率一致。当快速设备向慢速设备发送数据时，若不进行流量控制，可能因慢速设备来不及接收导致数据丢失。

拥塞控制是指网络性能（如吞吐率等）随着负载的增大而下降的现象。拥塞是指计算机网络的一种不良工作状态，当网络发生拥塞时。进入网络的数据流量大，而流出网络的数据流量少。发生网络拥塞的原因之一是网络中间结点（如路由器）的分组转发能力有限，使得中间结点接收的数据分组多而转发出去的少，输入的大部分数据分组暂存于结点的缓存区内，占用了大量的缓存资源，最终很可能导致缓存资源的枯竭；而缓存资源一旦枯竭，新进入网络的数据分组将被丢弃，被丢弃的数据分组又要导致重传，使得入网流量进一步增加，进而加剧了网络的拥塞程度，最终可能导致网络崩溃。显然，可以通过对网络的入网流量进行控制，使得入网流量与网络的分组转发能力相适应，进而达到控制网络拥塞的目的。而流量控制往往采用的是源抑制技术，即从产生数据流量的源端着手，控制发送方发送数据的速率，进而控制入网流量。实现源抑制技术的常用方法是通过接收方来控制发送方的数据发送速率。那么接收方如何能够控制发送方的数据发送速率呢？我们介绍 TCP 报文段首部时，知道其中有一个“窗口”字段，接收方就通过该字段将它的接收能力（即接收缓冲区的大小）通知给发送方，当发收方接收到含有有效“窗口”大小的报文段后，就根据其中“窗口”字段内容的大小给接收方发送数据。当接收方的接收能力发生变化时，它会及时调整其接收窗口的大小，并通知给发送方。由此可见，描述接收端接收能力的窗口大小是经常变化的，在通信过程中接收端根据自己资源的使用情况，动态地调整接收窗口的大小，并及时通知给发送方，以获得最佳的流量控制效果。

上面所介绍的窗口用来描述接收方的接收能力，通常称为接收窗口。同样，发送端也有一个窗口，用于表示它将要发送的数据，称为发送窗口，只有位于发送窗口内的数据才是允许发送的数据。显然，流量控制就是试图达到发送窗口和接收窗口的协调一致。

1. 滑动窗口机制

假设发送端要发送若干个 200 B 长的数据段，接收端的接收窗口大小为 800 B，并在建立连接时通知给了发送端，开始时发送端的发送窗口如图 5-22 所示。当发送端已发送了 4 个数据段（见图 5-23 的黑色背景部分），而且前两个数据段（1~200 和 201~400）已收到确认，后两个数据段（401~600 和 601~800）未收到确认，因为此时第 1 和第 2 数据段已被正确接收，所以接收端的接收窗口又空出两个数据段的存储空间，它可以额外接收另外两个数据段，这样，发送窗口也随之后移两个数据段，它还可以继续发送后续两个数据段（801~1000 和 1001~1200），而 1201 以后的数据段未位于当前发送窗口中，是不允许发送的，此时发送端的发送情况如图 5-23 所示。由图 5-22 和图 5-23 可以看出，随着数据的发送，发送窗口根据接收端的接收情况不断地向后滑动，逐渐将未发送的数据段移入发送窗口，并逐一发送给接收端，从而达到协调发送端和接收端数据发送和接收速率的目的。由上面的分析可见，发送窗口是不断向后滑动的，所以也称之为滑动窗口。

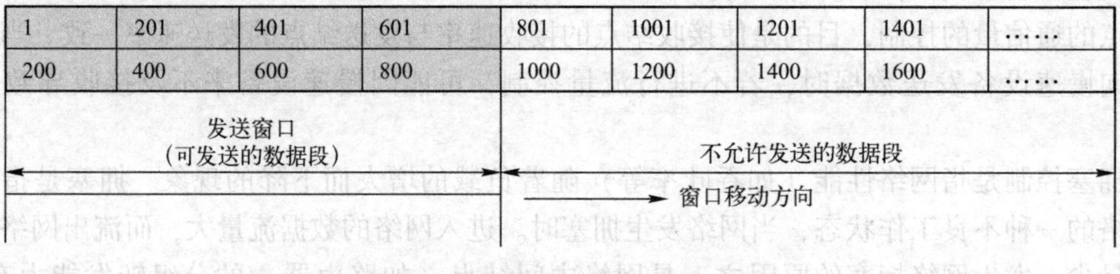

图 5-22　开始时发送端的发送窗口

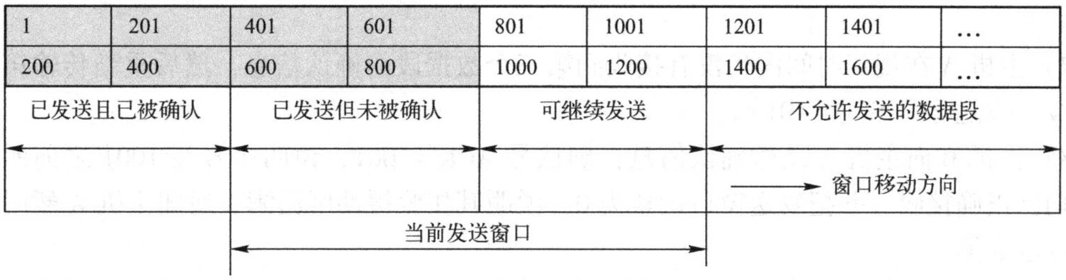

图 5-23 发送端发送情况

2. 流量控制方法

假设主机A向主机B发送数据，初始协商的窗口大小为800 B，每个报文段的大小为200 B，数据第一个字节的序号为1（SEQ=1），主机A和主机B使用滑动窗口机制的通信情况如图5-24所示。图中，SEQ为发送数据段的第一个字节的序号，WIN为接收窗口的大小，这两个值分别对应TCP报文段首部的“发送序号”和“窗口”字段。

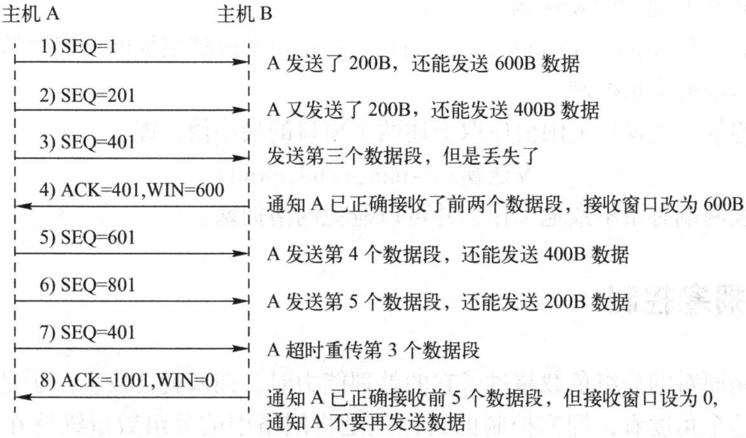

图 5-24 主机A和主机B使用滑动窗口机制的通信情况

图5-24描述的过程如下：

1）主机A向主机B发送第1个数据段（发送序号SEQ=1），主机A还能发送3个数据段。

2）主机A向主机B发送第2个数据段（发送序号SEQ=201），主机A还能发送2个数据段。

3）主机A向主机B发送第3个数据段（发送序号SEQ=401），但该数据段在传输过程中丢失。

4）主机B向主机A发送确认信息，确认号ACK=401，说明前两个数据段均已正确接收，下次应发送序号从401开始的数据，并把发送窗口调整为600，说明最多还能接收600 B，即三个数据段。

5）主机A向主机B发送第4个数据段（发送序号SEQ=601），主机A还能发送2个数据段。

6）主机A向主机B发送第5个数据段（发送序号SEQ=801），主机A还能发送1个数据段。

7）主机A在规定时间内仍没有接收到第三个数据段的确认信息，然后重新传输第三个数据段（发送序号SEQ=401）。

8）主机B向主机A发送确认信息，确认号ACK=1001，说明序号在1001之前的所有数据均已正确接收，并把发送窗口调整为0，说明其接收缓冲区已满，通知主机A暂时不要向它发送数据。

基于滑动窗口机制来实现流量控制的关键问题是如何确定滑动窗口的大小。当发送窗口过大，虽然可以同时发送多个数据分组段，但可能导致网络负荷过重，会引起报文段的延时增大，不能及时收到确认而增加重发报文的数量，进而导致网络拥塞。当发送窗口过小，非常不利于接收方对大容量数据的接收。在介绍发送窗口大小的确定方法之前，先定义以下两个概念。

1）通知窗口（receiver window，rwnd）。rwnd即接收窗口，是接收端根据其接收能力许诺的窗口值，是来自接收端的流量控制。接收端将通知窗口的值放在TCP报文首部的“窗口”字段中，传送并通知给发送端。

2）拥塞窗口（congestion window，cwnd）。cwnd是发送端根据网络拥塞情况得出的窗口值，是来自发送端的流量控制。

显然，理想的发送窗口上限值应取上述两个窗口的最小值，即

$$发送窗口=\min(rwnd,cwnd)$$

这样才能使收发两端有条不紊地工作，并可以避免网络拥塞。

5.4 TCP拥塞控制

当一个网络面对的分组负载超过了它的处理能力时，拥塞就会发生。于是路由器便丢弃了数据报。从这个角度看，拥塞控制的目标就是将网络中的分组数量维持在一定的水平之下；若网络中的分组数量超过这个水平，网络的性能就会急剧恶化。

Intenet的拥塞控制措施在网络层和传输层上都有，在网络层上路由器通过观察队列长度的变化（在一个已拥塞的网络中，队列长度在很长一段时间内按指数规律增长）来检测拥塞，并使用ICMP SOURCE QUENCH报文通知主机；在传输层上，TCP根据数据报的超时来判断网络中出现了拥塞，并自动降低传输速率。TCP的拥塞控制措施是最主要的，因为解除拥塞最根本的办法还是降低数据传输速率。

TCP一般使用超时来检测拥塞，因为端点通常不知道什么原因或什么地方发生了拥塞，对于端点来说，拥塞就是表现为超时。但是超时有两个原因，一是数据报传输出错被丢弃；二是拥塞的路由器把数据报丢弃。很难区分是哪种原因。将超时都归咎于拥塞是否合理，这要看具体的网络环境。在目前的固定网络中，由于大多数长距离的主干线都是光纤，误码率很低。由于传输错误造成分组丢失的情况相对较少，所以将超时作为拥塞的标志是合理的。但是在无线移动网络中，由于无线链路的误码率很高。传输容易出错，加之结点在切换链路的过程中也会丢失数据报，这时将超时作为拥塞的标志就不合理了。但TCP最初是针对固定网络来设计的，因此它考虑的是第一种情况。当将TCP应用于无线移动网络时，必须做一些修改才能使用。

5.4.1　理想的带宽分配

在讨论具体的拥塞算法之前，必须理解拥塞控制算法要达到的目标是什么。也就是说，必须说明一个好的拥塞控制算法在网络中的运行状态。拥塞控制算法的目标是避免拥塞，即为使用的网络传输层找到一种好的带宽分配方法。一个良好的带宽分配方法能带来良好的效能，因为它能利用所有的可用带宽却能避免拥塞，而且它对整个竞争的传输实体是公平的，并能快速跟踪流量需求的变化。

由此可见，理想的带宽分配算法必须满足以下三个条件：

1）网络的利用效率最大化。

2）多个传输实体在带宽竞争中的公平性。

3）在保证上述两个条件下，算法能快速收敛。

下面分别简要阐述。

1. 利用效率

为整个传输实体有效分配带宽应该利用所有可用的网络容量。假设存在一条 100 Mbit/s 的链路，有 5 个传输实体共同使用这条链路，理论上每个实体获得 20 Mbit/s，但实际上，要想获得良好的性能，它们获得的带宽应该小于 20 Mbit/s。原因是流量通常呈现突发性。图 5-25 描述了随着负载的增加，网络吞吐量的变化情况，以及随着负载的增加，网络延时的变化情况。

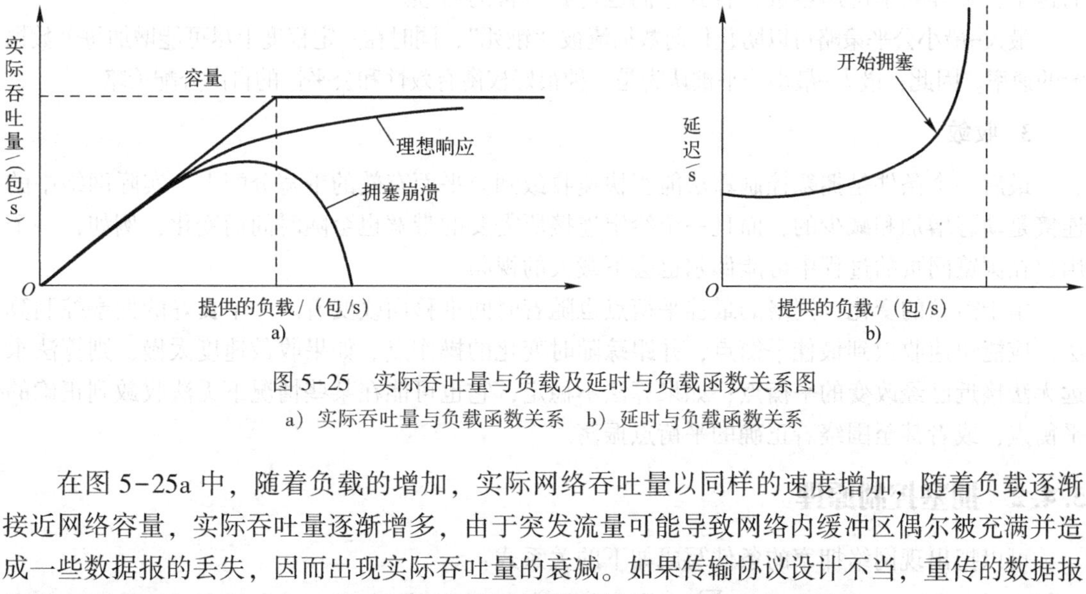

图 5-25　实际吞吐量与负载及延时与负载函数关系图

a）实际吞吐量与负载函数关系　b）延时与负载函数关系

在图 5-25a 中，随着负载的增加，实际网络吞吐量以同样的速度增加，随着负载逐渐接近网络容量，实际吞吐量逐渐增多，由于突发流量可能导致网络内缓冲区偶尔被充满并造成一些数据报的丢失，因而出现实际吞吐量的衰减。如果传输协议设计不当，重传的数据报依然会被延迟但还未丢弃，此时网络内数据报越积越多，最终拥塞崩溃。

在图 5-25b 中，给出了相应的延时（穿过整个网络的传播延时）变化情况。最初的延时是固定的，随着负载接近网络容量，延时逐步上升，开始上升速度比较慢，然后骤然上升。这也是因为突发流量在高负荷下被堆积起来的缘故。延时实际上不可能真正达到无穷，因为数据报在经历了路由器最大缓冲延时后会被丢弃。

由图 5-25 可以看出，实际吞吐量和延时的最佳平衡点在拥塞开始出现时，也即延时开始迅速攀升的那一个点，而这个点恰好低于网络容量。为了标识它，Kleinrock 提出了功率

的度量，即

$$功率=负载/延时$$

功率最初将随着负载的上升而上升，延时仍然很小并且基本保持不变；但随着延时快速增长，功率将达到最大，然后开始下降。达到最大功率时，也就是实际吞吐量和延时到达最佳平衡点时。

2. 公平性

公平性涉及在多个传输实体之间划分带宽的问题。通常情况下，网络无法为每个数据流或连接执行严格的带宽预留，而是让众多连接去竞争可用带宽，或将网络合并在一起共同分配带宽。例如，IETF 的区分服务就将流量分成两类，每个类中的连接竞争带宽的使用。IP 路由器通常让所有的连接竞争相同的带宽。在这种情况下，正是拥塞控制机制来为竞争的各个连接分配带宽。

公平的带宽分配一般采用由 Jaffe 提出的最大-最小公平策略（max-min fairness），它的思想是：如果分配给一个数据流的带宽在不减少分配给另一个数据流带宽的前提下无法得到进一步增长，那么就不给这个数据流更多的带宽。也就是说，不能在损害其他数据流带宽的前提下增加一个数据流的带宽。

最大-最小公平算法思想是：所有的数据流从速率零开始，然后缓慢增加速率。当任何一个数据流的速率遇到瓶颈，就停止该数据流的速率增加；所有其他的数据流继续增加各自的速率，平等共享可用容量，直到它们也达到各自的瓶颈。

最大-最小公平策略可以防止任何数据流被“饿死”，同时在一定程度上尽可能增加每个数据流的速率。因此，最大-最小公平被认为是一种很好权衡有效性和公平性的自由分配策略。

3. 收敛

最后一个条件是拥塞控制算法能否快速收敛到公平而有效的带宽分配上。实际网络中的连接是动态增加和减少的，而且一个给定连接所需要的带宽也会随时间而变化，例如，一个用户在浏览网页的过程中可能偶尔也会下载大的视频。

由于需求的变化，网络的最佳平衡点也随着时间推移而改变着。一个良好的拥塞控制算法，应能快速收敛到最佳平衡点，并跟踪随时变化的操作点。如果收敛速度太慢，则算法永远无法接近已经改变的平衡点；如果算法不稳定，它也可能在某些情况下无法收敛到正确的平衡点，或者甚至围绕着正确的平衡点振荡。

5.4.2 拥塞控制原理

可以把出现网络拥塞的条件写成如下的关系式：

$$\sum 对资源的需求 > 可用资源 \tag{5-4}$$

若网络中有许多资源同时呈现供应不足，网络的性能就要明显变坏，整个网络的吞吐量将随输入负荷的增大而下降。

拥塞常常趋于恶化。如果一个路由器没有足够的缓存空间，它就会丢弃一些新到的分组。但当分组被丢弃时，发送这一分组的源点就会重传这一分组，甚至可能还要重传多次。这样会引起更多的分组流入网络和被网络中的路由器丢弃。可见拥塞引起的重传并不会缓解网络的拥塞，反而会加剧网络的拥塞。

拥塞控制与流量控制的关系密切，它们之间也存在着一些差别。所谓拥塞控制就是防止过多的数据注入网络中，这样可以使网络中的路由器或链路不至过载。拥塞控制一个前提，就是网络能够承受现有的网络负荷。拥塞控制是一个全局性的过程，涉及所有的主机、路由器，以及与降低网络传输性能有关的所有因素。但 TCP 连接的端点只要迟迟不能收到对方的确认信息，就猜想在当前网络中的某处很可能发生了拥塞，但这时却无法知道拥塞到底发生在网络的何处，也无法知道发生拥塞的具体原因（是访问某个服务器的通信量过大？还是在某个地区出现自然灾害？）。

相反，流量控制往往指点对点通信量的控制，是个端到端的问题（接收端控制发送端）。流量控制所要做的就是抑制发送端发送数据的速率，以便使接收端来得及接收。

拥塞控制和流量控制之所以常常被弄混，是因为某些拥塞控制算法是向发送端发送控制报文，并告诉发送端，网络已出现拥塞，必须放慢发送速率。这点又和流量控制是很相似的。

从原理上讲，寻找拥塞控制的方案无非是寻找使式（5-4）不再成立的条件。这或者是增大网络的某些可用资源（如业务繁忙时增加一条链路，增大链路的带宽或使额外的通信量从另外的通路分流），或减少一些用户对某些资源的需求（如拒绝接受新的建立连接的请求或要求用户减轻其负荷，这属于降低服务质量）。但正如上面所讲过的，在采用某种措施时，还必须考虑到该措施所带来的其他影响。

实践证明，拥塞控制是很难设计的，因为它是一个动态的（而不是静态的）问题。当前网络正朝着高速化的方向发展，很容易出现缓存不够大而造成分组的丢失。但分组的丢失是网络发生拥塞的征兆而不是原因。在许多情况下，甚至正是拥塞控制机制本身成为引起网络性能恶化甚至发生死锁的原因。这点应特别引起重视。

有很多方法可用来监测网络的拥塞。主要的一些指标是由于缺少缓存空间而被丢弃的分组的百分数、平均队列长度、超时重传的分组数、平均分组延时、分组延时的标准差等等。上述这些指标的上升都标志着拥塞的增长。

一般在监测到拥塞发生时，要将拥塞发生的信息传送到产生分组的源站。当然，通知拥塞发生的分组同样会使网络更加拥塞。

另一种方法是在路由器转发的分组中保留一个比特或字段，用该比特或字段的值表示网络没有拥塞或产生了拥塞。也可以由一些主机或路由器周期性地发出探测分组，以询问拥塞是否发生。

此外，过于频繁地采取行动以缓和网络的拥塞，会使系统产生不稳定的振荡。但过于迟缓地采取行动又不具有任何实用价值。因此，要采用某种折中的方法。但选择正确的时间常数是相当困难的。

5.4.3 拥塞控制算法

为了在传输层进行拥塞控制，1999 年公布的互联网建议标准 RFC2581 定义了 4 种算法，即慢开始（slow-start）、拥塞避免（congestion avoidance）、快重传（fast retransmit）和快恢复（fast recovery）。接下来逐一介绍这些算法。

（1）慢开始算法

慢开始算法的原理是，当一个连接被建立起来的时候，如果发送方立即使用一个较大的发送窗口，把发送缓冲区中的全部数据字节都注入网络中，那么就有可能引起网络拥塞。经验证明，较好的方法是先试探一下，即由小到大逐渐增大发送方的拥塞窗口数值。通常在刚刚开始发送报文段时，将拥塞窗口初始化为该连接上当前使用的MSS。然后，它发送一个最大的报文段，如果该报文段在定时器超时之前被确认，则它将拥塞窗口增加一个MSS的字节数，从而使拥塞窗口变成两倍的MSS，然后发送两个报文段；如果这两个报文段中的每一个也都被确认了，则拥塞窗口再增加两个MSS，当拥塞窗口达到n倍MSS的时候，如果发送的n个报文段也都被及时确认的话，则拥塞窗口再增加n个MSS所对应的字节数。实际上，每一批被确认的报文段都会使拥塞窗口加倍。拥塞窗口一直呈指数增长，直至发生超时，或者达到接收窗口的大小。这里的意思是如果一定大小的突发数据，比如说1024、2048和4096B，都被正常地传送过去，但8192B的突发数据却发生了超时，则拥塞窗口就应该被设为4096B以避免拥塞。

以上是慢开始算法，可以发现它实际上一点也不慢。慢开始的“慢”，是指在发送方开始发送数据时设置cwnd很小，即起点低，以至于向网络中注入的分组数大大减少。这对控制网络拥塞是一个非常有力的措施。

实际中慢开始算法往往还未等到出现超时就已停止使用，而改用拥塞避免算法。因此TCP连接还需要设置另一个状态参数ssthresh，称之为慢开始门限。它的用法如下：

- 当cwnd<ssthresh时，使用上述的慢开始算法。
- 当cwnd>ssthresh时，停止使用慢开始算法而改用拥塞避免算法。
- 当cwnd=ssthresh时，使用慢开始算法，或者拥塞避免算法。

（2）拥塞避免算法

拥塞避免算法的原理是使发送方的拥塞窗口每经过一个往返时延RTT就增加一个MSS的大小（而不管在时间RTT内收到了几个ACK）。这样，cwdn将是按线性规律缓慢增长，比慢开始算法中的拥塞窗口的增长速率要缓慢得多。

无论在慢开始阶段还是在拥塞避免阶段，只要发送方发现网络出现拥塞（其根据就是没有按时收到ACK或是收到了重复的ACK），就要将ssthresh设置为出现拥塞时的发送窗口值的一半（但不能小于2个MSS）。这样设置的考虑是，既然出现了网络拥塞，就要减少向网络注入的分组数，然后将cwnd重新设置为一个MSS，并执行慢开始算法，这样做的目的是要迅速减少主机注入网络中的分组数，使得发生拥塞的路由器有足够的时间把队列中积压的分组处理完毕。

图5-26显示了一个具体的拥塞控制过程。描述如下：

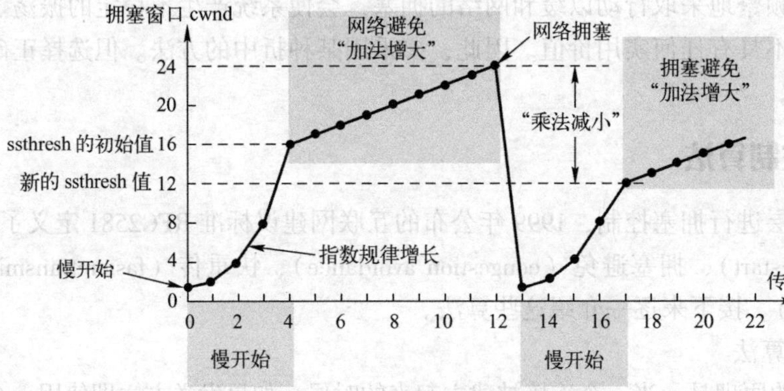

图5-26　慢开始和拥塞避免算法的实现举例

1）当 TCP 连接进行初始化时，将拥塞窗口置为 1 个 MSS。设慢开始门限的初始值为 16 个 MSS 长度。由于发送方的发送窗口不能超过 Min（rwnd，cwnd）。因此，假定接收方窗口足够大，开始时发送窗口的数值等于拥塞窗口的数值。

2）在开始执行慢开始算法时，cwnd 的初始值为 1 个 MSS，以后发送方每收到一个对新报文段的确认 ACK，就将发送方的拥塞窗口增加 1 个 MSS，然后进行下一次的输。因此，在开始阶段 cwnd 随着传输次数的增多按指数规律增长。当 cwnd 增长到 ssthresh 时，开始执行拥塞避免算法，进入第二阶段，拥塞窗口按线性规律增长。

3）假定当拥塞窗口的数值增长到 24 个 MSS 时，网络出现超时（表明网络拥塞了）。进入第三阶段。首先 ssthresh 值调整为 12 个 MSS（即出现拥塞时的发送窗口值的一半），并且拥塞窗口再重新设置为一个 MSS，并又开始执行慢开始算法；当 xwnd = 12 时改为执行拥塞避免算法。

需要注意的是，“拥塞避免”并非指完全能够避免拥塞，而是说在拥塞避免阶段将拥塞窗口控制为按线性增长，使网络不容易出现拥塞。

慢开始和拥塞避免算法是在 TCP 中最早使用的拥塞控制算法。但后来人们发现这种拥塞控制算法还需要改进，因为有时一条 TCP 连接会因为等待重传计时器的超时而空闲较长的时间。为此后来又增加了两个新的拥塞控制算法，这就是快重传和快恢复。

（3）快重传算法

快重传算法规定，发送方只要连续接收到 3 个重复的 ACK 即可断定有分组丢失了，就应立即重传丢失的报文段，而不必继续等待为该报文段设置的重传计时器的超时。下面结合一个例子来说明快重传算法的工作原理，如图 5-27 所示。

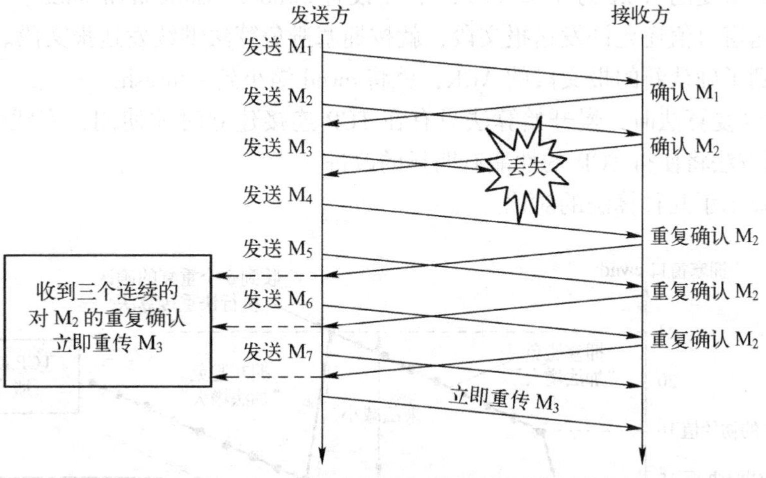

图 5-27 快重传算法工作原理的示意图

假定发送方 A 有 $M_1 \sim M_7$ 共 7 个报文段。接收方 B 每收到一个报文段都要立即发出相应序号加 1 的确认 ACK。

当接收方收到了 M_1 和 M_2 后，就发出确认 ACK_2 和 ACK_3。假定由于网络拥塞使 M_3 丢失了。接收方接下来收到下一个 M_4，发现其序号不对，但仍收下放在缓冲里，同时发出确认，不过发出的确认仍是 ACK_3。这里要注意了，这时不能发送 ACK_5，那样的话就表明接收方已

经收到了 M_3 和 M_4。发送方收到 ACK_3 的确认后，就知道 M_3 还没到达接收方，但还不确定 M_3 是因为网络拥塞而已经丢失，还是尚滞留在网络的某处，再经过一段时延后才能到达接收方。于是发送方继续发送 M_5 和 M_6。接收方收到了 M_5 和 M_6 后，也还是分别发出重复的确认 ACK_3。这样，发送方一共收到了接收方的 4 个 ACK_3，其中后 3 个都是重复的，于是根据快重传算法，发送方立即重传丢失的报文段 M_3，而不再继续等待为 M_3 设置的重传计时器的超时。

不难看出，快重传并非取消重传计时器，而是尽早重传丢失的报文段。

与快重传配合使用的还有快恢复算法。在早期还未使用快恢复算法的时候，发送方若发现网络出现拥塞，将拥塞窗口降低为一个 MSS 长度，然后执行慢开始算法。这样做的缺点是网络不能很快地恢复到正常工作状态。因此后来研究出了快恢复算法，较好地解决了这一问题。

(4) 快恢复算法

快恢复算法具体步骤如下：

1）当发送方收到连续 3 个重复的 ACK 时，则重新设置 ssthresh。这一点和慢开始算法是一样的。

2）与慢开始算法不同之处是拥塞窗口 cwnd 不是被设置成 1 个 MSS，而是设置为 ssthresh+3×MSS，这样做是因为如果发送方收到 3 个重复的 ACK，就表明有 3 个分组已经离开了网络，它们不会再消耗网络资源。这 3 个分组已经停留在接收方的缓存中（从接收方发送出 3 个重复的 ACK 就可知道）。可见，现在网络中并不是堆积了分组而是减少了 3 个分组，因此，将拥塞窗口扩大些并不会加剧网络的拥塞。

3）若收到重复的 ACK 为 n 个（$n>3$），则设置 cwnd 为 ssthresh+n×MSS。

4）若发送窗口值还允许发送报文段，就按拥塞避免算法继续发送报文段。

5）若收到了确认新的报文段的 ACK，就将 cwnd 缩小到 ssthresh。

在采用快恢复算法时，慢开始算法只有在 TCP 连接建立时才使用，实践证明，采用这样的流量控制方法将使得 TCP 的性能有明显的改进。

图 5-28 显示了几种算法的对比。

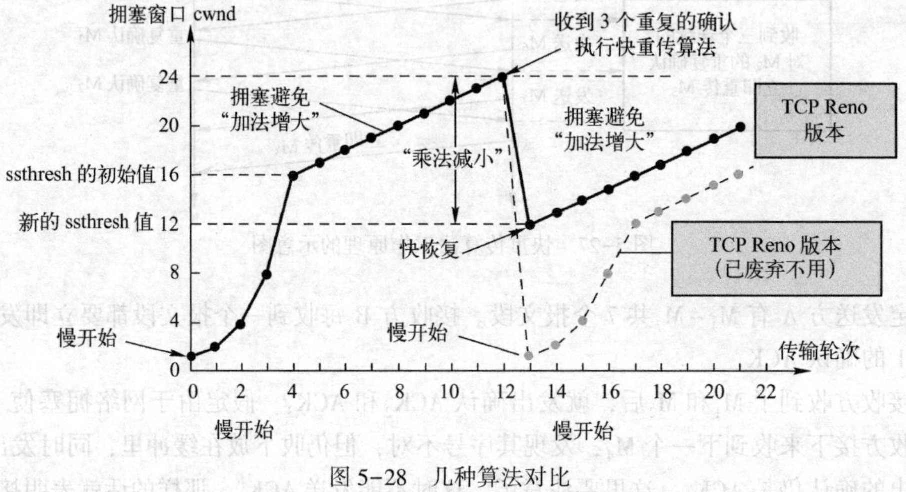

图 5-28 几种算法对比

5.5 TCP 连接管理

5.5.1 TCP 连接建立

尽管 TCP/IP 的网络层提供的是一种面向无连接的 IP 数据报服务，但传输层的 TCP 旨在向 TCP/IP 的应用层提供一种端到端的面向连接的可靠的数据流服务。TCP 常用于一次传输要交换大量报文的情形，如文件传输、远程登录等。

为了实现这种端到端的可靠传输，TCP 必须规定传输层的连接建立与拆除的方式、数据传输格式、确认的方式以及差错控制和流量控制机制等。与所有网络协议类似，TCP 将自己所需要实现的功能集中体现在了 TCP 的协议数据单元中。

TCP 是面向连接的协议，传输之前两端点之间要建立连接，传输结束则关闭这一连接。TCP 连接有如下特点：

- 两端点之间点对点的连接，不支持一点对多点的传输和广播。
- 全双工连接，支持双向传输，允许端点在任何时间发送数据，TCP 能够在两个方向上缓冲输入和输出的数据。
- 采用客户-服务器模式，主动发起连接请求的进程为客户，被动等待连接建立的进程为服务器。
- 连接的端点是用二元组（IP 地址，端口号）来标识，而一个连接则由本地和远程的一对端点，用一个四元组（本地 IP 地址，本地端口号，远程 IP 地址，远程端口号）来标识，它是唯一的。

TCP 使用三次握手（Three-way Handshake）的方式建立连接。三次握手的过程如图 5-29 所示，主机 A 的端口 1 和主机 B 的端口 2 建立连接，共交换了三次报文段。具体过程如下：

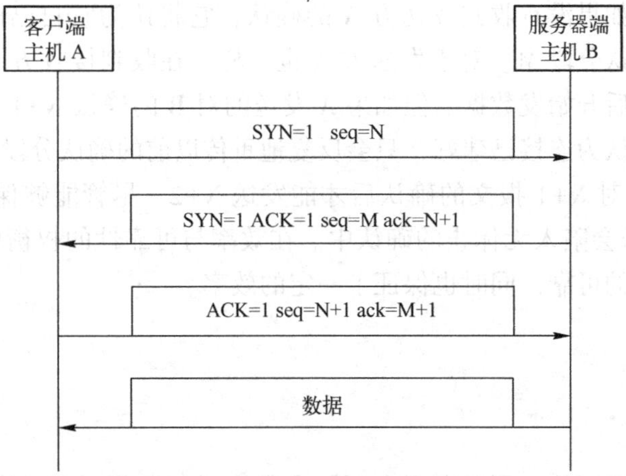

图 5-29 TCP 三次握手

1）主机 A 发起握手，目的端点为主机 B 的端口 2。

- 生成一个随机数作为它的初始发送序号 N。
- 发出一个同步报文段，SYN=1，发送序号 seq=N，ACK=0。

2）主机 B 监听到端口 2 上有连接请求，主机 B 响应，并继续同步过程。

- 生成一个随机数作为它的初始发送序列号 seq=M。
- 发出同步报文段并对主机 A 端口 1 的连接请求进行确认，SYN=1，发送序号 seq=M，ACK=1，确认序号 ack=N+1。

3）主机 A 确认 B 的同步报文段，建立连接过程结束。发出对主机 B 端口 2 的确认，ACK=1，确认序号 ack=M+1。

这样双方就建立了连接，数据就可以双向传输了。

三次握手时，前两个报文段不携带数据，而在第三次握手时主机 A 可以把数据（seq=N+1）放在握手的报文段中连同对主机 B 的确认信息（ACK=1，ack=M+1）一起发送出去。

在三次握手建立连接的过程中，双方 TCP 可以完成以下工作：

1）使每一方都明确知道对方存在，知道对方已准备就绪。

2）双方商定了初始传输序号。每个报文段包括了序号字段和确认序号字段，主机 A 把自己的初始发送序号 N 放到请求连接报文段中送给主机 B。B 收到后记下序号值 N，在对 A 的响应报文中，把自己的初始发送序号 M 写入序号字段，并把 N+1 写入确认序号字段，对 A 进行确认。在最后一次握手报文中，A 把 M+1 放在确认序号字段，表明期待从 M+1 序号起接收 B 的数据流。

3）双方还可以协商一些通信参数，如通告窗口大小、最大报文段长度 MSS 和窗口比例因子等。

下面讨论一下三次握手过程是如何保证连接的可靠性的。如果接收方 B 在收到发送方 A 的连接请求分段 N 后，发送确认分段 M 并等待数据。由于其使用的网络层 IP 不可靠，可能使得该确认信息丢失，这样会使得发送方 A 认为接收方没有确认，而事实是接收方正在等待发送方发送数据分段确认。为避免接收方的盲目等待，接收方 B 要收到发送方 A 对它的确认后才开始等待，如果没有收到发送方 A 的确认，它将认为它自己的确认丢失，因而将反复重传刚发过的确认分段 M。对于发送方 A 也一样，在收到接收方 B 的确认后立即对 B 的确认再做确认，然后开始发数据。但如果 A 发送的对 B 的确认 N+1 传递丢了，B 没有收到确认的确认，不会认为连接已建好，只会反复地重传以前的确认分段 M；如果要求发送方 A 必须收到接收方 B 对 N+1 报文的确认后才能发送 N+2，尽管能够保证连接的绝对可靠，但 A 与 B 的数据传送会陷入无休止的确认中。在效率与可靠性的权衡中使用三次握手策略来尽可能地保证连接的可靠，同时也保证了一定的效率。

5.5.2 连接释放

1. 正常连接释放

TCP 的连接是全双工的，可以在两个不同方向上进行数据的独立传输。当某一方（主机 A 或 B）的数据已发送完毕时，TCP 将单向地关闭这个连接。此后 TCP 就拒绝在该方向上传输数据。但在相反方向上，连接尚未关闭，主机 B 还可以继续发送数据，主机 A 继续接收并进行确认。这种状态称为半关闭状态。

TCP 使用四次报文段来关闭连接，如图 5-30 所示。具体过程如下：

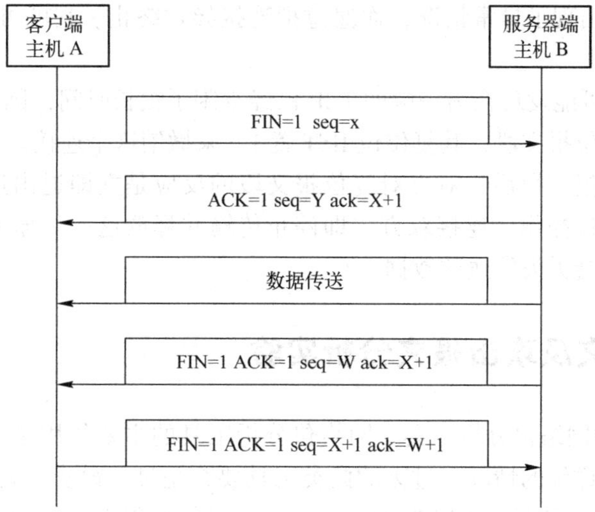

图 5-30 关闭 TCP 连接

1）主机 A 关闭 A 端口 1 到 B 端口 2 的连接。

- 应用程序发完数据，通知 TCP 关闭连接。
- TCP 收到对最后数据的确认后，发送一个 FIN 报文段，FIN=1，seq=X，X 为 A 发送数据的最后字节的序号加 1。虽然是关闭连接，报文段的交换中也要使用序号。

2）主机 B 响应。

- TCP 软件对 A 的 FIN 报文段进行确认，ACK=1，确认序号 ack=X+1，发送序列号 seq=Y。
- 通知本端的应用程序 A 方传输已结束。

此时，A 到 B 方向上的传输连接已关闭，TCP 拒绝在该方向上传输数据，但在相反方向上，连接尚未关闭，主机 B 还可以继续发送数据。连接处于半关闭状态。

3）主机 B 关闭 B 端口 2 到 A 端口 1 的连接。

- 应用程序发完数据，通知 TCP 关闭连接。
- TCP 收到对最后数据的确认后，发送一个 FIN 报文段，FIN=1，seq=W，W 为 B 发送数据的最后字节的序号加 1。ACK=1，ack=X+1。

4）主机 A 响应。

- TCP 软件对 B 的 FIN 报文段进行确认，ACK=1，确认序号 ack=W+1，发送序列号 seq=X+1。
- 通知本端的应用程序 B 方传输已结束。

2. 复位 TCP 连接

前面所讲述的是应用程序传输完数据之后关闭连接，这是正常情况下友好地（Gracefully）关闭连接。但有时也会出现异常情况不得不中途突然关闭连接。TCP 为这种异常的关闭操作提供了复位措施，即撤销当前连接。以下是发生复位的三种情况。

1）一端的 TCP 请求连接到并不存在的端口，另一端的 TCP 就可以发送一个复位报文段，其复位位 RST 置 1，来取消这个请求。

2）一端的 TCP 出现了异常情况，而愿意把连接异常终止。它就可以发送复位报文段，来关闭这个连接

3）一端的 TCP 可能发现在另一端的 TCP 已经空闲了很长时间，则它可以把这个连接撤销。它就可以发送复位报文段，其复位位 RST 置 1，来撤销这个连接。

发送方发送复位报文段后，对方对复位报文段的反应是立即退出连接。TCP 要通知应用程序出现了连接复位操作。连接双方立即停止传输并释放这一传输所占用的缓冲区等资源。异常的复位可能会丢失发送的数据。

5.6 传输层报文及攻击报文分析实验

Wireshark 是一种网络包分析工具。网络包分析工具的主要作用是尝试捕获网络包，并尝试显示包的尽可能详细的情况。过去的此类工具要么是过于昂贵，要么是属于某人私有。Wireshark 出现以后，这种现状得以改变。Wireshark 可能算得上是目前能使用得最好的开源网络分析软件。

Wireshark 主要用于解决以下问题：

- 网络管理员用来解决网络问题。
- 网络安全工程师用来检测安全隐患。
- 开发人员用来测试协议执行情况。
- 用来学习网络协议。

除了上面提到的，Wireshark 还可以用在其他许多场合。可以到 http://www.wireshark.org/download.html 下载最新版本的 Wireshark，并可在主页中获得相关帮助。

下面简要介绍 Wireshark 的使用方法。

Wireshark 启动界面如图 5-31 所示。

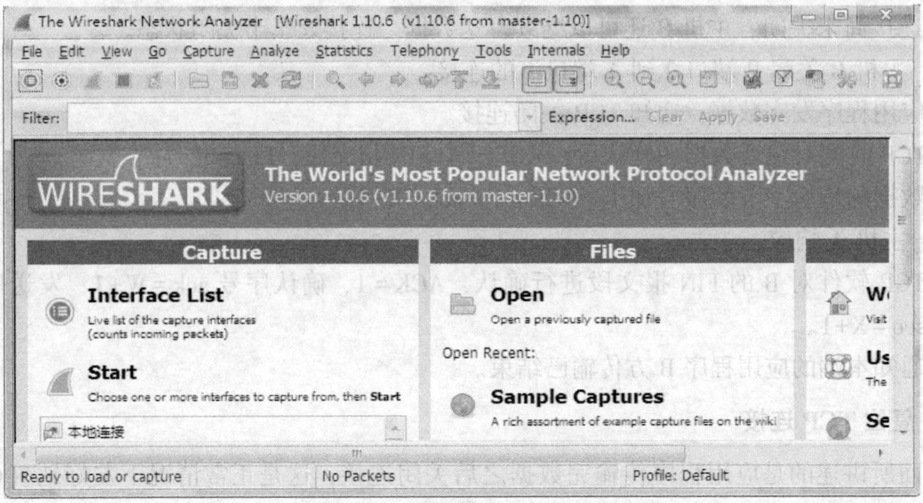

图 5-31 Wireshark 的启动界面

在工具栏中选择第一个按钮显示本地可用的网卡列表，打开捕捉接口对话框，如图 5-32 所示，选择一个可用的网卡，单击“start”按钮开始抓包。

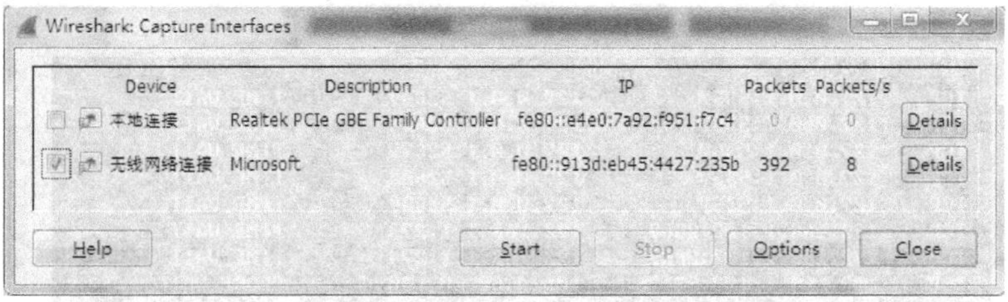

图 5-32　捕捉接口对话框

单击 “start” 按钮后，出现捕获过程窗口，如图 5-33 所示。此过程中，可以单击 “stop” 按钮停止抓包。

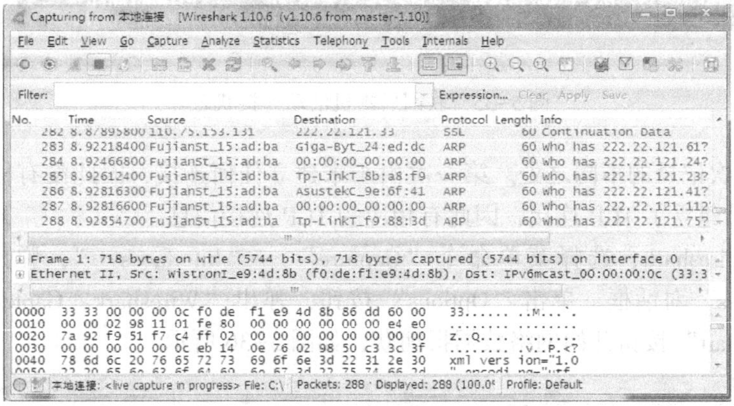

图 5-33　捕获过程窗口

双击抓包列表中的任一记录，即可打开分析窗口进行数据报分析了。

5.6.1　TCP/UDP 报文分析实验

1. 分析 TCP 报文

1）打开开始菜单，在 “运行” 中输入 “cmd”，打开 “命令提示符” 窗口，输入 “netstat -n”，按〈Enter〉键。如图 5-34 所示。

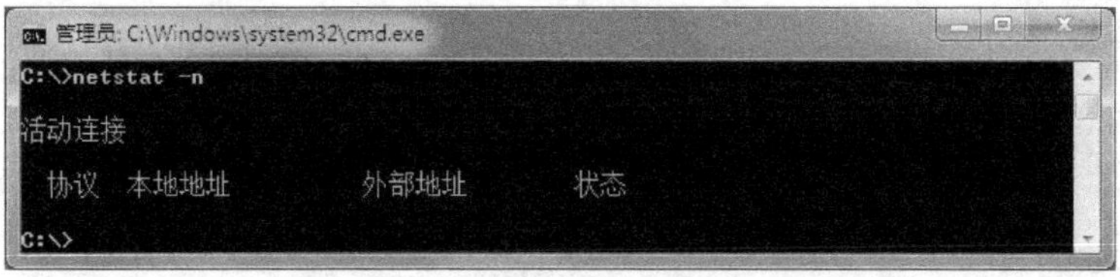

图 5-34　本机活动连接状态

2）观察 TCP 状态，记录本地地址、外部地址和状态。可以通过图 5-34 观察到，现在的 TCP 状态为空。

3）在浏览器地址栏中输入 “www. hpu. edu. cn”，在 “命令提示符” 窗口输入 “netstat -n” 按〈Enter〉键，得到如图 5-35 所示的活动连接状态。

4）观察 TCP 状态，记录本地地址、外部地址和状态。通过图 5-35 可以观察到，在 TCP 下，本地地址、外部地址、状态依次列于图中。

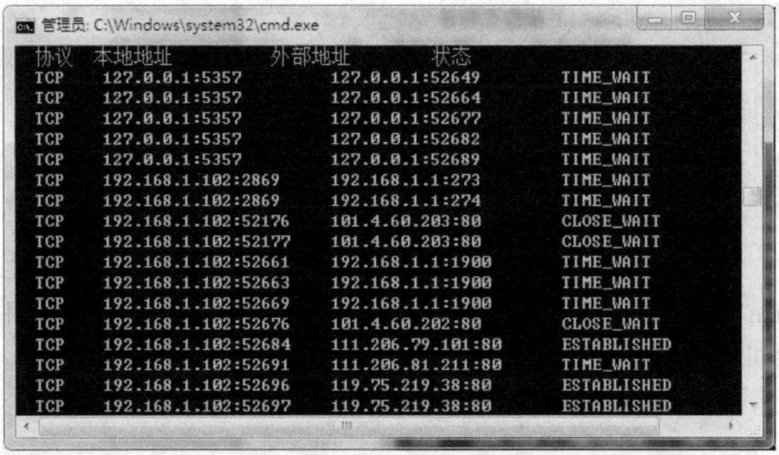

图 5-35 联网后本机活动连接状态

5）比较两次记录的不同之处。第一次由于未建立任何连接，因此没有任何 TCP 信息，而第二次则成功建立了 TCP 连接，因此有相应的 TCP 连接信息。

6）打开 Wireshark，选择菜单命令“Capture”→“Interfaces…”，弹出“Wireshark：Capture Interfaces”对话框。单击“Options”按钮，弹出“Wireshark：Capture Options”对话框。单击“Start”按钮开始网络数据报捕获，如图 5-36 所示。

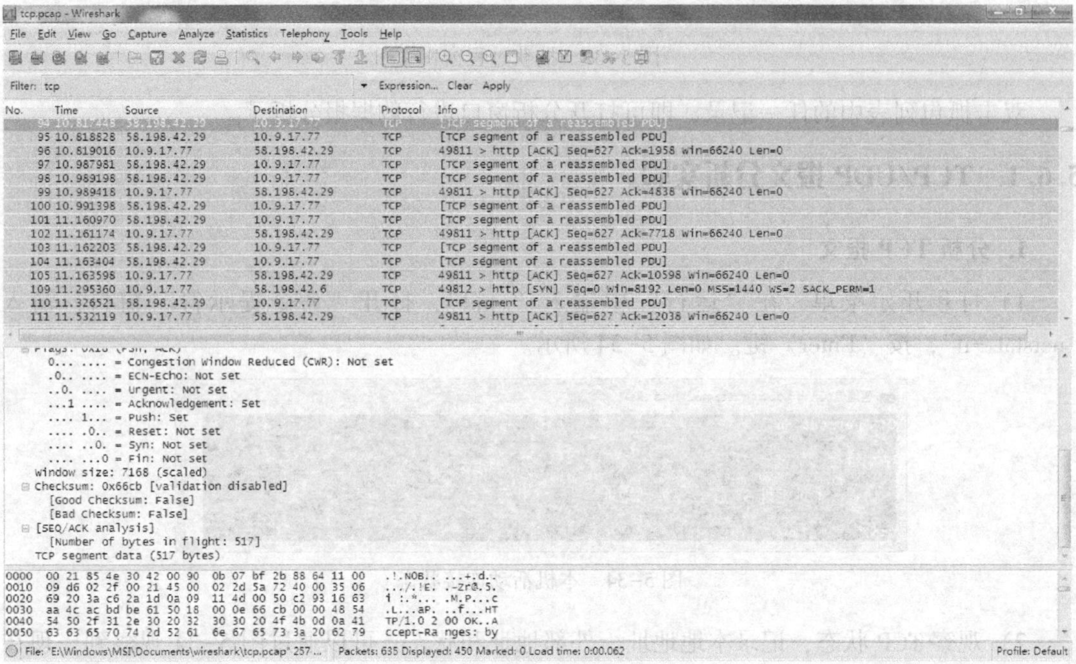

图 5-36 捕获网络数据报过程界面

7）单击“Stop”按钮，中断网络协议分析软件的捕获进程，主界面显示捕获到的 TCP 数据报。

下面对捕获的 TCP 数据报进行分析。在图 5-36 中选择协议类型为 TCP 的记录，双击打开，观察 TCP 报文结构。如图 5-37 所示。

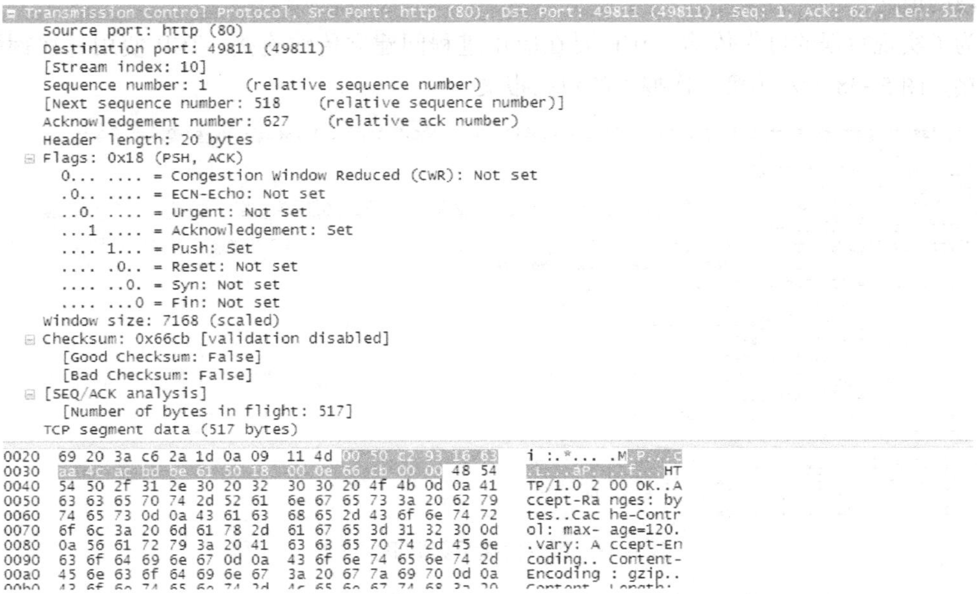
Transmission Control Protocol, Src Port: http (80), Dst Port: 49811 (49811), Seq: 1, Ack: 627, Len: 517
Source port: http (80)
Destination port: 49811 (49811)
[Stream index: 10]
Sequence number: 1 (relative sequence number)
[Next sequence number: 518 (relative sequence number)]
Acknowledgement number: 627 (relative ack number)
Header length: 20 bytes
Flags: 0x18 (PSH, ACK)
0... .... = Congestion Window Reduced (CWR): Not set
.0.. .... = ECN-Echo: Not set
..0. .... = Urgent: Not set
...1 .... = Acknowledgement: Set
.... 1... = Push: Set
.... .0.. = Reset: Not set
.... ..0. = Syn: Not set
....0 = Fin: Not set
Window size: 7168 (scaled)
Checksum: 0x66cb [validation disabled]
[Good Checksum: False]
[Bad Checksum: False]
[SEQ/ACK analysis]
[Number of bytes in flight: 517]
TCP segment data (517 bytes)
0020 69 20 3a c6 2a 1d 0a 09 11 4d 00 50 c2 93 16 63 i :.*... .M.P...c
0030 aa 4c ac bd be 61 50 18 00 0e 66 cb 00 00 48 54 .L...aP. ..f...HT
0040 54 50 2f 31 2e 30 20 32 30 30 20 4f 4b 0d 0a 41 TP/1.0 2 00 OK..A
0050 63 63 65 70 74 2d 52 61 6e 67 65 73 3a 20 62 79 ccept-Ra nges: by
0060 74 65 73 0d 0a 43 61 63 68 65 2d 43 6f 6e 74 72 tes..Cac he-Contr
0070 6f 6c 3a 20 6d 61 78 2d 61 67 65 3d 31 32 30 0d ol: max- age=120.
0080 0a 56 61 72 79 3a 20 41 63 63 65 70 74 2d 45 6e .Vary: A ccept-En
0090 63 6f 64 69 6e 67 0d 0a 43 6f 6e 74 65 6e 74 2d coding.. Content-
00a0 45 6e 63 6f 64 69 6e 67 3a 20 67 7a 69 70 0d 0a Encoding : gzip..

图 5-37 TCP 报文结构

由图 5-37 可以观察到该 TCP 报文协议包括：

① 源端口（2 B）为 http80（0050）。

② 目的端口（2 B）为 49811（c293）。

③ 序号（4 B）为 1（相对序号）。

④ 期望得到的下一分组序号为 518。

⑤ 确认号（4 B）。

⑥ 首部长度 20 B。

⑦ 标志（2 B）：0x18（推送，确认）。

- 数据偏移（4 bit）。
- 保留（4 bit）。
- 紧急 URG：0。
- 确认 ACK：1。
- 推送 PSH：1。
- 复位 RST：0。
- 同步 SYN：0。
- 终止 FIN：0。

⑧ 窗口（2 B）：7168。

⑨ 检验和：0x66cb。

⑩ 序号确认分析：正在网络中传输的序号 517。

⑪ TCP 数据报数据分组 517 B。

经过上述分析可知，捕获到的 TCP 数据报是符合 TCP 格式的。

8）从“会话分析”中找出此连接的三次握手的数据报，对此数据报进行分析。记录标志字段的值。

为了实现数据的可靠传输，TCP 要在应用进程间建立传输连接。TCP 使用三次握手建立连接。图 5-38 所示为第一次握手的数据报文。

```
⊟ Transmission Control Protocol, Src Port: 49811 (49811), Dst Port: http (80), Seq: 0, Len: 0
    Source port: 49811 (49811)
    Destination port: http (80)
    [Stream index: 10]
    Sequence number: 0    (relative sequence number)
    Header length: 32 bytes
  ⊟ Flags: 0x02 (SYN)
      0... .... = Congestion Window Reduced (CWR): Not set
      .0.. .... = ECN-Echo: Not set
      ..0. .... = Urgent: Not set
      ...0 .... = Acknowledgement: Not set
      .... 0... = Push: Not set
      .... .0.. = Reset: Not set
    ⊞ .... ..1. = Syn: Set
      .... ...0 = Fin: Not set
  ⊞ Checksum: 0xa361 [validation disabled]
  ⊞ Options: (12 bytes)

0010  09 d6 00 36 00 21 45 00  00 34 42 2f 40 00 80 06   ...6.!E. .4B/@...
0020  38 5c 0a 09 11 4d 3a c6  2a 1d c2 93 00 50 ac bd   8\...M:. *....P..
0030  bb ee 00 00 00 00 80 02  20 00 a3 61 00 00 02 04   ........ ..a....
0040  05 a0 01 03 03 02 01 01  04 02                     .......... ..
```

图 5-38 第一次握手数据报文参数

从图中可以看出，第一次握手 SYN＝1，Seq＝0（相对序号）。

建立连接前，服务器端首先被动打开其熟知的端口（上图为 80 端口），对端口进行监听。当客户端要和服务器建立连接时，发起一个主动打开端口的请求（临时端口）。然后进入三次握手过程。

第一次握手：由要建立连接的客户向服务器发出连接请求段，该段首部的同步标志 SYN 被置为 1，并在首部中填入本次连接的客户端的初始段序号 SEQ（SEQ＝acbdbbee，相对序号为 0）。

如图 5-39 所示为第二次握手数据报文参数。

```
⊟ Transmission Control Protocol, Src Port: http (80), Dst Port: 49811 (49811), Seq: 0, Ack: 1, Len: 0
    Source port: http (80)
    Destination port: 49811 (49811)
    [Stream index: 10]
    Sequence number: 0    (relative sequence number)
    Acknowledgement number: 1    (relative ack number)
    Header length: 28 bytes
  ⊟ Flags: 0x12 (SYN, ACK)
      0... .... = Congestion Window Reduced (CWR): Not set
      .0.. .... = ECN-Echo: Not set
      ..0. .... = Urgent: Not set
      ...1 .... = Acknowledgement: Set
      .... 0... = Push: Not set
      .... .0.. = Reset: Not set
    ⊞ .... ..1. = Syn: Set
      .... ...0 = Fin: Not set
    Window size: 5840
  ⊞ Checksum: 0x00be [validation disabled]
  ⊞ Options: (8 bytes)
  ⊞ [SEQ/ACK analysis]

0010  09 d6 00 32 00 21 45 00  00 30 00 00 40 00 35 06   ...2.!E. .0..@.5.
0020  c5 8f 3a c6 2a 1d 0a 09  11 4d 00 50 c2 93 16 63   ..:.*... .M.P...c
0030  aa 4b ac bd bb ef 70 12  16 d0 00 be 00 00 02 04   .K....p. ........
0040  05 b4 01 03 03 09                                  ......
```

图 5-39 第二次握手数据报文参数

从图中可以看出，第二次握手，SYN＝1，ACK＝1（相对确认序号），Seq＝0（相对序号）。

第二次握手：服务器收到请求后，发回连接确认（SYN+ACK），该段首部中的同步标志 SYN 被置为 1，表示认可连接，首部中的确认标志 ACK 被置为 1，表示对所接收段的确认，与 ACK 标志相配合的是准备接收的下一序号（ACK=acbdbbef），该段还给出了自己的初始序号（例如 SEQ=1663aa4b）。对请求段的确认完成了一个方向上的连接。

如图 5-40 所示为第三次握手时报文参数。

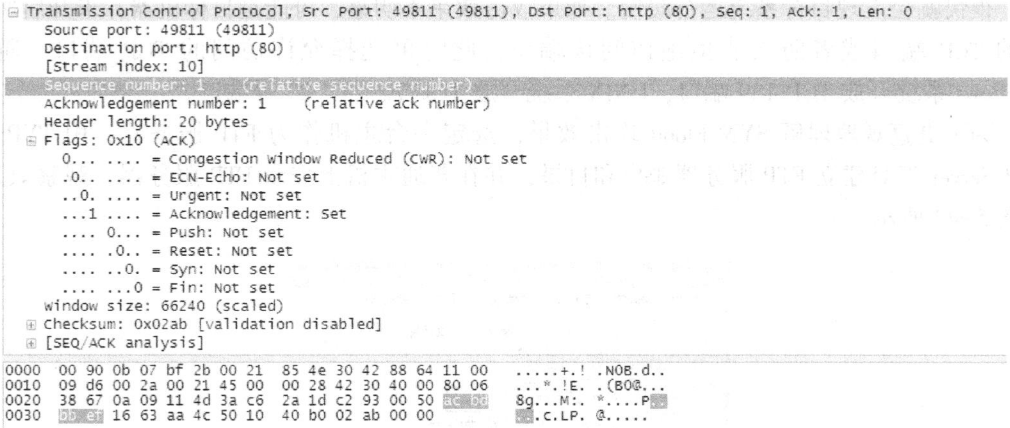

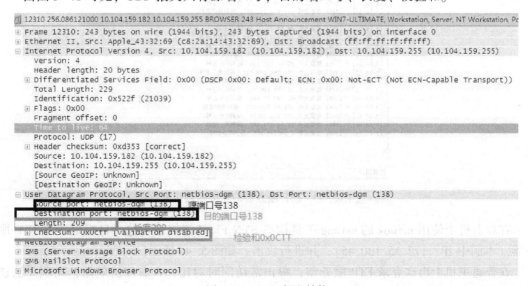

图 5-40 第三次握手数据报文参数

从图中可以看出，第三次握手 ACK=1（相对确认序号），Seq=0（相对序号）。

第三次握手：客户向服务器发出确认段，段首部中的确认标志 ACK 被置为 1，表示对所接收的段的确认，与 ACK 标志相配合的准备接收的下一序号被设置为收到的段序号加 1（ACK=1663aa4c）。完成了另一个方向上的连接。

2. 分析 UDP 报文

对捕获的 UDP 数据报进行分析，在图 5-36 中选择协议类型为 UDP 的记录，双击打开，观察 UDP 报文结构。如图 5-41 所示。

由图 5-41 可见，UDP 报文只有源端口号，目的端口号、长度、校验和。

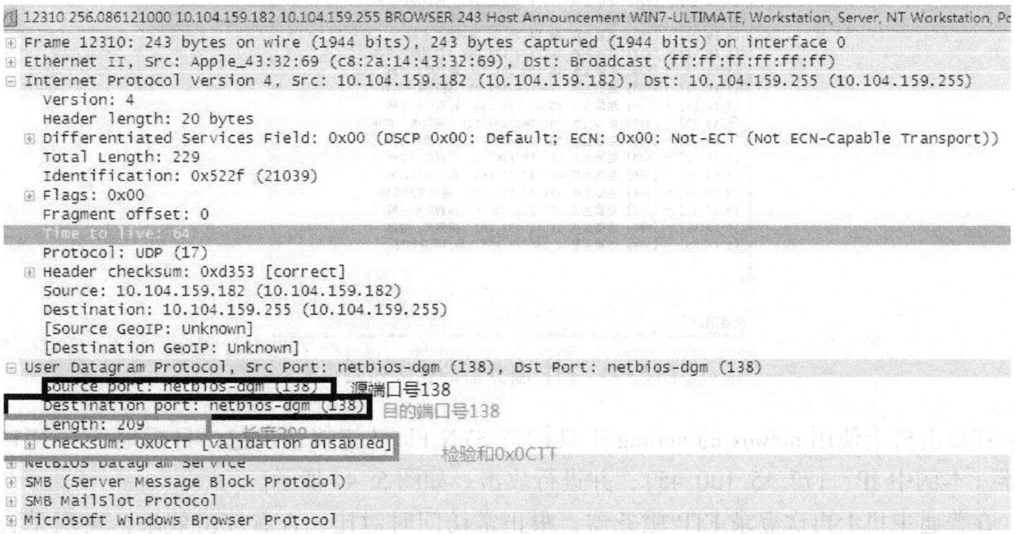

图 5-41 UDP 报文结构

5.6.2 TCP/UDP攻击报文分析实验

SYN攻击实现起来非常简单，互联网上有大量现成的SYN攻击工具。以Windows系统下的SYN工具netwox/netwag为例，运行该工具，填写目标机器地址和TCP端口，激活运行，很快就会发现目标系统运行缓慢。如果攻击效果不明显，可能是目标机器并未开启所填写的TCP端口或者防火墙拒绝访问该端口，此时可选择允许访问的TCP端口。通常Windows系统开放TCP 139端口，UNIX系统开放TCP 7、21、23等端口。

为了更直观地理解SYN Flood攻击效果，选定一台主机作为FTP服务器，用TYPSoft FTP Server工具建立FTP服务器账户和目录，并在普通主机上登录FTP服务器，观察效果。如图5-42所示。

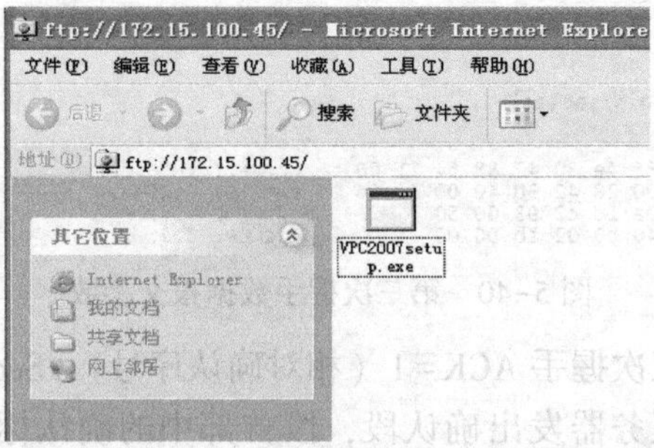

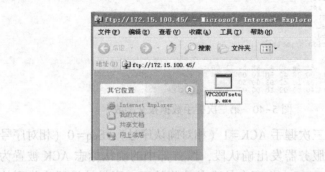

图5-42 客户机可以正常访问FTP服务器

通过TYPSoft可以看到当前连接到服务器上的IP地址及用户，如图5-43所示。

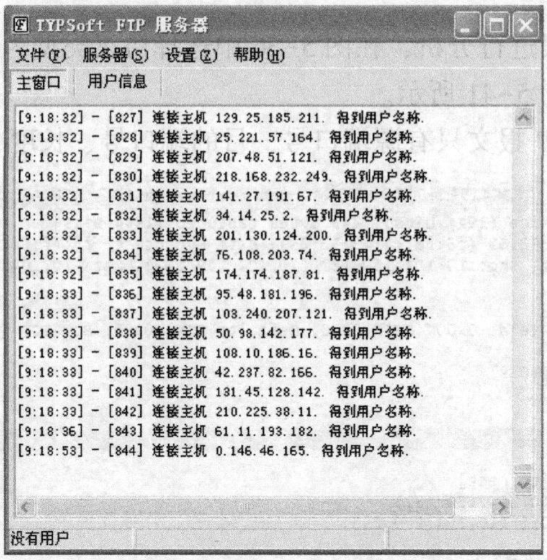

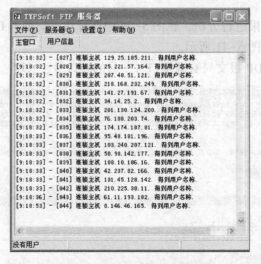

图5-43 FTP服务器的连接列表

在攻击机上使用netwox的netwag工具构造SYN Flood连接请求包，目标地址为FTP服务器（本例中IP：172.15.100.45），并进行攻击。如图5-44所示。

在普通主机上再次登录FTP服务器，跟正常访问时对比，查看攻击效果，发现无法访问。如图5-45所示。

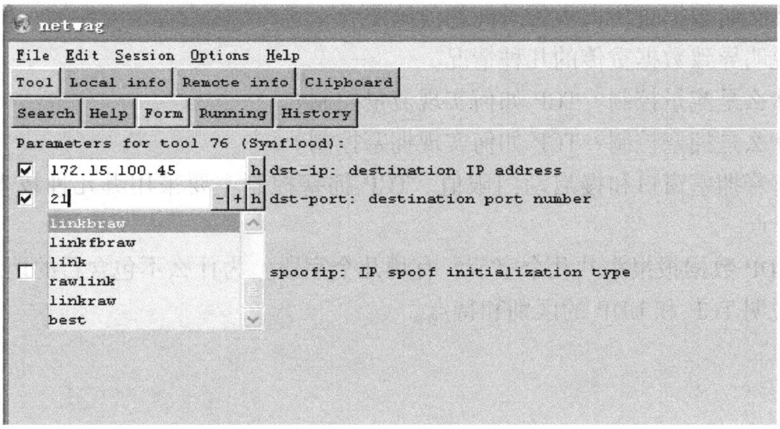

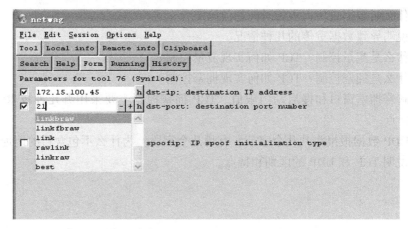

图 5-44　在 netwag 中设置 SYN Flood

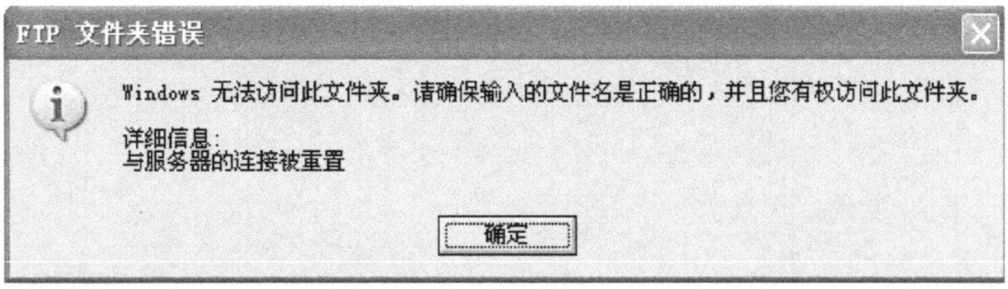

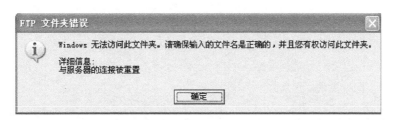

图 5-45　在进行 SYN Flood 攻击后，无法正常访问

此时在被攻击目标机上的命令行窗口中，用 netstat -n -p tcp 命令查看，会发现大量的半连接状态（SYN_RECEIVED 状态），表明这是一次 SYN 攻击。

5.7　习题

5-1　什么是端口，其作用是什么？

5-2　什么是熟知端口？说说常用的网络服务所用到的 TCP 和 UDP 熟知端口号。

5-3　说明 TCP 报文段首部中发送序号和确认序号等字段的含义和作用。

5-4　说明 TCP 建立连接的过程。

5-5　什么是 TCP 的数据流和报文段？TCP 对什么进行编号？TCP 采用什么确认方式？TCP 的确认序号是什么意思？

5-6　什么是 TCP 连接建立的三次握手？为什么需要三次握手？

5-7　TCP 传输服务的可靠性是如何保证的？

5-8　在 TCP 连接上，主机 A 向主机 B 传输 1100 B 的数据，双方 TCP 协商的 MSS 为 300 B，主机 B 通告的窗口 WIS 为 1200 B，又设主机 A 和 B 的初始序号 ISN 分别是 1000 和 2000，画出主机 A 和主机 B 建立连接→传输数据（A-B）→关闭连接的全过程示意图，图中标明重要的协议参数。

5-9　根据 TCP 的有限状态机，请仔细分析描述两个地点的主机分别使用主动和被动打开方式和使用三次握手的过程。

5-10　根据 TCP 状态的转换，请仔细研究两个主机同意关闭连接的状态转换过程。

5-11 什么叫数据重传？重传时间如何确定？

5-12 说明导致数据重传的几种情况。

5-13 什么是流量控制？TCP 如何实现流量控制？

5-14 什么是拥塞控制？TCP 如何实现拥塞控制？

5-15 解释拥塞窗口和慢启动门限值。TCP 拥塞控制主要采用哪几种技术？简要解释这些技术的特点。

5-16 UDP 数据报报头共几个字节？有哪几个字段？为什么不包含目的地址和源地址？

5-17 说明 TCP 和 UDP 的区别和特点。

第6章 应 用 层

在本书前面几章，已经介绍过计算机网络所提供的各层次的通信服务，但还没有涉及具体的应用程序如何利用这些服务进行自身需要的具体的通信过程，也就是应用层协议。本章将针对几种典型的应用，讨论它们实际使用的应用层协议。

关于应用层协议，这里有几个问题需要明确一下。

首先，在一般的语言环境中，谈到“应用层”这个概念，有可能表达的是OSI模型的应用层，也有可能表达的是TCP/IP模型的应用层。如前文所述，本书默认情况下使用的应用层概念是与TCP/IP模型的应用层保持一致的。在这种情况下，读者应该认识到我们使用的应用层概念覆盖了更多的内容，其含义远比OSI模型的应用层概念的含义丰富。读者在参考相关基础性资料时，有必要弄清楚文中的应用层对应的是哪个模型的语义。

其次，看一个协议是不是应用层协议，我们应该关注的是这个协议是否使用了传输层所提供的服务，而无须在意这个协议是为谁工作的。一个典型的例子是BGP协议，我们知道它是一个路由协议（routing protocol），其功能是跨自治系统（AS）交换路由信息，生成和修改主干网络由表。尽管它的任务是干预网络层的路由，但是BGP协议是利用TCP的179端口建立连接并交换数据的，因此它是一个应用层协议。

第三，应用层协议大多使用客户服务器方式进行通信。即使是对等通信，实际上也多是通过客户服务器方式具体实现的。需要明确的是，客户（client）和服务器（server）指的是通信过程中所涉及的两个应用进程，它们之间存在服务和被服务的关系。客户是主动发起服务请求的一方，而服务器是被动等待提供服务的一方。

本章内容从实际应用出发，先讨论初始化联网主机参数的动态主机配置协议（DHCP），然后介绍许多其他应用层协议都要依赖的域名系统（DNS），用户经常使用的万维网（WWW），电子邮件（E-Mail），通过因特网操作远程主机的协议，对多媒体信息传输的特殊性进行了讨论，最后一节的实验可以选做，以帮助读者更深入地理解协议原理和提高动手能力。应用层协议普遍具有更丰富的功能，本书篇幅有限，不能尽述，感兴趣的读者可以参考其他资料自学。

6.1 动态主机配置协议（DHCP）

6.1.1 DHCP简介

对于软件开发者而言，软件必须具有很好的可移植性，因此不能把所有的细节都在源代码中明确表达，必须在软件运行阶段通过合适的方式得到这些描述细节的参数。

协议软件也是这样，一份协议软件的可执行代码，必须能够在很多机器上正确运行。为了使协议软件能够区别不同的机器，就必须提供不同的运行参数，在协议软件运行初始化期间为每个参数赋值。这些给参数赋值的动作叫作配置（configuration），提供正确的配置是协议软件正常运行的前提。对于要连接到因特网的主机来说，必要的配置项目至少包括其接口的：

- IP 地址
- 子网掩码
- 默认路由器的 IP 地址
- 域名服务器的 IP 地址

这些配置信息通常存储在主机的本地磁盘上，在主机启动的过程中会读取这些配置参数，对相应的协议软件进行初始化。但这样做存在两个问题：第一，有些主机是没有本地磁盘的，因而无法保存这些配置参数；第二，需要经常移动的主机（例如便携计算机或移动电话）由于经常改变其网络位置，因而需要经常改变配置参数，不宜静态保存固定的参数。为了解决这两个问题，就需要通过网络自动进行协议配置。

历史上曾经使用过一种引导程序协议 BOOTP，但这个协议需要在服务器端为每台客户主机预先进行人工的协议配置，不适应网络规模较大或终端经常移动的情况，因而被淘汰了。目前广泛使用的是动态主机配置协议 DHCP（Dynamic Host Configuration Protocol），它提供了即插即用连网的机制，允许主机随时加入新的网络获取配置参数而无须手工干预。它可以为新加入的主机自动提供 IP 地址等参数供主机临时使用，其有效期称为租期。

DHCP 协议的现行规范定义于 1997 年的 RFC 文档 2131 和 2132，后来陆续做出了一些更新（如 RFC 3396，3442，3942，4361，4833，5494，6842），但这些文件都是补充，而没有取代 RFC2131 进行重新定义。

6.1.2 DHCP 的工作过程

DHCP 协议使用客户-服务器方式。DHCP 服务器软件根据自身保存的配置信息，了解自己可以为哪些子网服务。对于其服务的每个子网，建立数据库用以记录并维护可用地址池、预分配永久地址列表、排除地址列表、已占用地址列表，附加选项参数等数据，打开并监听 DHCPS（UDP 67）端口。

DHCP 客户在启动时会以广播的形式发送发现报文（DHCPDISCOVER），这个报文的内容由许多数据字段组成规范的格式，然后在传输层封装为 UDP 数据报，源端口为 DHCPC（UDP 68），目的端口为 DHCPS。在进行网络层封装时，由于该主机还没有可用的 IP 地址，因此源 IP 地址为全 0，即 0.0.0.0。此时客户主机还不知道 DHCP 服务器的 IP 地址，因此目标 IP 地址为表示本地广播的全 1 地址，即 255.255.255.255。这样发送的报文能够被本地子网（客户机所在的广播域）上全部主机接收，但是只有 DHCP 服务器会进行处理及响应。

DHCP 服务器接收了发现报文以后，会根据报文中携带的硬件地址（或新标准支持的客户标识）在数据库中查找该客户机的配置信息，如果该客户机是在租期内重复启动，那么在数据库中就能够找到上次分配给该客户机的配置数据，这时可以将查到的信息返回给客户机；如果该客户机是新加入网络的（或者租期已过），就需要从服务器的可用地址池中选取一个地址（可以是池中最小空闲地址，但不必须是，也可以随机选择）分配给该客户机。DHCP 服务器的这个回答叫作提供报文（DHCPOFFER），表示为客户机提供了 IP 地址等配置信息。

由于 DHCP 发现报文是本地广播的，而广播包一般不能通过路由器，所以其传播范围仅是本地子网，要确保 DHCP 服务器能够接收到发现报文，一种直接的解决方案是在每个子网都设置至少一台 DHCP 服务器，然而这样做既提高了成本，又不方便管理，所以一般不使用这样的方案。有效的替代方案是在每个子网上设置至少一个 DHCP 中继代理（relay agent）（通常由路由器额外运行的代理进程担任），它从自身配置里面了解到 DHCP 服务器的 IP 地址，当它收到 DHCP 客户机以广播形式发送的发现报文以后，就将自己的 IP 地址填写到合适的位置（中继地址 giaddr 字段），再以单播方式（这样就可以穿过路由器了）向 DHCP 服务器转发此修改过的发现报文，并等待其回复。收到 DHCP 服务器的提供报文以后，DHCP 中继代理再把这个提供报文转发给 DHCP 客户机。DHCP 中继代理机制如图 6-1 所示。

结合中继代理机制，如前文所述，每个 DHCP 服务器可以管理多个子网，通过中继地址可以识别发现报文是来自哪个子网的，从而为客户机查找相应子网的数据库，分配属于相应子网的地址和其他参数。

图 6-1　DHCP 中继代理机制

DHCP 客户机发出发现报文以后就会等待接收提供报文，当网络上存在多个 DHCP 服务器的情况下，DHCP 客户机可能收到多个服务器发出的提供报文。这时客户机需要选择一个提供报文（一般是首先收到的那个，但不必须是）给出的配置数据，同时告知其他服务器它们提供的数据没有被采用。因此客户机会生成并发送一个 DHCP 请求报文（DHCPREQUEST），该报文内部的数据指明了客户端拟采用的 DHCP 服务器地址。尽管这个时候客户机已经知道了服务器地址，也收到了服务器拟分配给它的地址数据，但是没有得到服务器确认之前还不能使用这个地址。请求报文的网络层封装仍然使用广播方式（仍然需要必要的中继转发）发送，以便同时通知其他 DHCP 服务器它们提供的数据没有被采用。

DHCP 服务器收到请求报文以后，将本次地址分配记入数据库（这个动作也称为绑定，BINDING），并发送 DHCP 确认报文（DHCPACK）给客户机（或必要的中继）。客户机收到确认报文以后才能使用得到的配置数据完成自身的协议配置过程。

由于 DHCP 协议分配的地址等参数是允许客户机临时使用的，因此 DHCP 服务器本身需要确定一个租期，该租期参数来自管理员的配置，是一个 32 bit 无符号整数，单位是秒。因此协议中合法的租期范围为从 1 秒到 136 年。

当一次地址分配的租期过半时，DHCP 客户机需要发送 DHCPREQUEST 向服务器请求更新租期，如获确认，则用原分配地址重新开始一个新的租期计时；如果得到服务器明确的否认报文（DHCPNAK），就必须停止使用原来分配的地址，重新申请分配地址。

如果在上述租期过半时因服务器暂时关机等原因没有及时得到 DHCPACK 确认，也没有得到 DHCPNAK，那么客户机也可以继续使用原来分配的地址。直到租期过了 87.5%时，客户机必须再次发送 DHCPREQUEST 请求更新租期，如果还是得不到确认回复，就必须立即停止使用原来分配的地址，重新由 DHCPDISCOVER 开始地址申请过程。

DHCP 客户机也可以随时发送 DHCPRELEASE 释放报文通知服务器放弃剩余租期，并停止使用原分配的地址。

值得指出的是，DHCP 协议除了分配 IP 地址等基本参数以外，还可以为客户机提供更多的其他参数，包括为无盘客户机提供远程启动地址与文件名等。另外为了支持用户身份认证等功能，对 DHCP 协议进行二次分配等扩展的实现也很常见。DHCP 工作过程见表 6-1。

表 6-1 DHCP 工作过程

发送端	接收端	报文	语义
客户机	广播	DHCPDISCOVER	谁能为我分配地址？
服务器	客户机（链路层）	DHCPOFFER	我可以分配这个地址给你
客户机	广播	DHCPREQUEST	我请求这个地址（同时拒绝其他分配）
服务器	客户机（链路层）	DHCPACK	好的，这个地址就分配给你，我记录了

6.1.3 DHCP 欺骗及泛洪攻击

DHCP 协议在设计阶段考虑到其应用环境一般是在一个或多个局域网内部，而建设和使用该网络的组织对网络具有充分的管辖权，因此没有更多地对协议的安全性做出设计，这就需要在实施 DHCP 协议的过程中，网络设计者和管理员要利用其他手段保障网络中 DHCP 协议的正确实现。本节简单介绍影响 DHCP 正确运行的常见原因、攻击手段和解决方法。

1. 非法设置的 DHCP 服务器对客户机进行协议欺骗

针对 DHCP 客户机，预期的目标是获取正确的网络参数，能够正常上网。如果同一个本地子网内部存在着有意（恶意设计）或无意（如不小心反接的家用路由器）设置的分配不同参数的 DHCP 服务器，就会影响客户机获取正确的网络参数。对于有意设置的这种第三方 DHCP 服务器，可以视作网络攻击行为，称为协议欺骗。对于一般的多个子网的网络来说，正常设置的合法 DHCP 服务器需要由 Relay Agent 对 DHCPDISCOVER 等报文进行单播转发才能提供服务，DHCP 客户机很有可能首先收到物理距离更“近”的非法 DHCP 服务器发出的提供报文，因而得到错误的网络参数。

如果该非法的 DHCP 服务器是无意中接错的家用路由器，那么错误分配的网络参数会导致客户机无法上网，一般并没有更恶劣的后果。一旦非法 DHCP 服务器是攻击者有意设置的，那么客户机会获取攻击者刻意构造的 IP 地址和默认路由器地址，从而把一些可能存在的敏感数据委托攻击者设置的“默认路由器”进行转发，使得攻击者得到这些敏感数据，并进一步利用这些数据，给用户造成更大损失。

为了预防上述后果，作为网络用户，首先要保证正确连接和使用家用路由器等具有 DHCP 服务器功能的设备，另外对于自己熟悉的区域内网络分配的地址等信息应该做到心中有数，养成连接上网络以后检查一下网络参数是否符合预期的习惯，对于陌生区域，不宜随意连接来历不明的网络，包括有线和无线连接。

作为网络管理员，应该根据网络设备的具体情况，在链路层网络设备上通过配置指定可信的 DHCP 服务器来自设备上的哪个接口，或者使用访问控制列表等手段禁用从下行接口进入的源端口为 67 的 UDP 数据报。

2. 运行在客户机上的恶意程序对 DHCP 服务器的泛洪攻击

如前文所述，DHCP 服务器需要为它所管理的每个子网记录地址池和使用情况，地址池容量的大小最终取决于子网的设计大小，但无论如何，地址池的容量是有限的。

存在一些恶意代码（如某些计算机病毒）的机器连接到某个子网以后，恶意代码检测到网络连接在数据链路层已连通的情况下，伪造大量的 DHCPDISCOVER 报文，并可能进一步按照 DHCP 客户机的状态和时序，冒充大量的 DHCP 客户机，试图使 DHCP 服务器过于繁忙从而无暇响应其他客户机的正常服务请求，并耗尽 DHCP 服务器的子网地址池使得本子网没有可分配地址。这就是 DHCP 泛洪攻击。

由于 DHCP 泛洪攻击在 DHCP 服务器看来与大量客户机连接到某个子网的现象是一致的，因此靠 DHCP 服务器本身很难识别和解决，只能从网络设备上解决问题，这就需要网络管理员或网管系统及时发现和干预。这种攻击的典型特征是三层网络设备上的 MAC 地址表迅速增大并远大于 ARP 表项数目，发现这个特征之后需要确认这些额外增长的 MAC 地址是否来自同一网络设备的同一接口，确认以后就可以及时隔离这些攻击流量并通知相关人员进行处理了。

6.2 DNS 系统

6.2.1 域名简介

我们知道，在因特网上是靠 IP 地址寻找主机的。而对于用户来说，记忆和使用由数字构成的 IP 地址是比较困难的，因此用户需要更“好记”的地址或名字来表示他们想要访问的主机。另外，为数量众多的小型机构服务的网站托管业务，需要利用一台主机（一个 IP 地址）架构多个网站，这时也需要另外的手段来区分同一个 IP 地址上的多个网站。

域名系统（Domain Name System）可以很好地解决上述问题。域名系统是因特网上的名字解析系统，该系统的运行基于分布式存储的名字数据库。

早在 ARPANET 时代，网络上的计算机数量非常有限，那时每台主机上都保存着一个叫作 hosts 的文件，文件中列出了所有主机的名字和 IP 地址的对应关系，每台主机都可以查询自己的 hosts 文件，从而把用户给出的名字转换为对应的 IP 地址。随着网络规模的扩张，同步更新所有主机上的 hosts 文件成为难以完成的任务。

为了解决这个难题，域名系统应运而生了。域名系统首先是一个联机服务的系统，因此不存在同步所有客户机的问题。另外，为了系统的健壮性和稳定性，没有采用单独的域名服务器的形式，而是设计了树状层次结构的命名方法和系统组成形式，把因特网上的域名解析数据以有限的冗余进行了分布式保存，并提供分布式的服务。由于冗余数据的存在，即使单个域名服务器出了故障，也不会发生灾难性后果。

在这样的系统架构下，从域名到 IP 地址的解析是由分布在因特网上的许多域名服务器程序协作完成的。为了保障工作效率，域名服务器程序通常在专门的机器上运行，习惯上我们把专门运行域名服务器程序的机器称为域名服务器。

当某个应用进程需要进行从名字到 IP 地址的解析时，它就会调用解析程序。解析程序中包含了 DNS 客户代码，可以把待解析的域名放入 DNS 请求报文中，以 UDP 协议进行封装以后发送给本地 DNS 服务器，本地域名服务器查找域名以后将结果放入 DNS 回答报文中回复给客户，应用进程由此得到目的主机的 IP 地址，即可开始通信。

值得说明的是，为了提高名字解析的效率，在 DNS 服务器和客户机上普遍采用了缓存机制，允许把刚刚解析过的数据（也可能附带一些相关数据）在本机进行缓存，这样在该域名或相关域名再次需要解析的时候直接由本机提供缓存的结果，大大地提高了名字解析的效率。

6.2.2 DNS 系统的组成

为了有效地管理和利用名字解析数据库，因特网上采用了层次树状结构的命名方法。使用这种命名方法，可以为因特网上的主机或路由器分配层次结构的名字，即域名（Domain Name）。其中，“域”（Domain）是名字空间中出于管理目的而划分出的子空间，域也可以被划分为子域，子域也可以被划分为子域的子域，这样就形成了顶级域、二级域、三级域等。

一个完整的域名如图 6-2 所示，包含了由点号（即小数点符号）分开的几个部分，分别表达主机名，主机从属的由低到高的各级域的名字，直至顶级域的名字。例如，域名 www. hpu. edu. cn 是河南理工大学的主页服务器的标准域名，其中的 cn 是顶级域名，edu 是从属于 cn 域的二级域名，hpu 是从属于 edu 域的三级域名，www 是从属于 hpu 域的主机名。如图 6-2 所示。

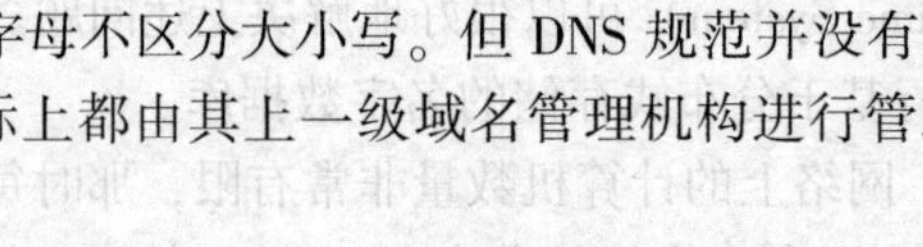

图 6-2 域名的层次结构

DNS 规定了完整的域名长度不能超过 255 个字符，域名中可以含有英文字母、数字字符或连字符“_”，其中英文字母不区分大小写。但 DNS 规范并没有规定一个域名能包含多少个下级域名。各级域名实际上都由其上一级域名管理机构进行管理，最高的顶级域名则由 ICANN 进行管理。

值得指出的是，域名是个逻辑概念，并不代表主机所在的物理地点。域名中的点和 IP 地址中的点并无对应关系，域名中不一定含有几个点号，而 IP 地址的点分十进制记法中一定包含三个点号。

域名中最右边的部分表示顶级域，所有的顶级域可以分为三类：

（1）通用顶级域：一般表示申请二级域的组织的性质或行业。常见的通用顶级域名有 7 个，分别是：

com（公司），net（网络服务机构），org（非营利组织），int（国际组织），edu（美国教育机构），gov（美国政府部门），mil（美国军事部门）。除了这些以外，还有一些通用顶级域名，这里就不再一一列举了。

（2）地域顶级域名：用来分配给国家或地区使用。例如：cn（中国），hk（中国香港），tw（中国台湾），us（美国），uk（英国），fr（法国）等等，其命名方案遵从 ISO3166 规定的代码。但由于因特网发源于美国，因此美国的主机经常直接使用通用顶级域，而不是美国顶级域。

（3）基础结构域名：这种顶级域名只有 1 个，即 arpa，用于反向域名解析，因此也被称为反向域名。

顶级域名下属的二级域名由各自的管理机构自行管理，因此并无一定之规。

我国的顶级域名 cn 下的二级域名由中国互联网网络信息中心 CNNIC 进行管理，按照相关的规定，除了设置有行业类别二级域名和行政区域二级域名以外，也允许单位和个人直接申请 cn 下的二级域名。

6.2.3 DNS 系统的工作原理

具体实现上述理论的是分布在整个因特网上的域名服务器。理论上，每一级域名都可以对应一台相应的域名服务器，但这样做会使得域名服务器的数量过多，从而降低整个系统的运行效率。因此 DNS 采用划分区的办法来解决这个问题。

DNS 所定义的“区”，是 DNS 服务器的管理范围，包含了一个域及其子域的全部或部分域名解析数据，通过将子域数据放在父域服务器所定义的区内，可以显著减少 DNS 服务器的数量，从而提高查询解析的效率。

互联网上的域名服务器也是按照层次进行配置和运行的。每台域名服务器负责管辖自己的区，也就是整个域名体系的一部分。根据域名服务器所起的作用的不同，可以分为四种类型。

（1）根域名服务器。即最高层次的域名服务器，是域名体系中最重要的服务器。所有的根域名服务器记录了所有的顶级域名服务器的 IP 地址和它们所管辖的域名。由于根域名服务器是 DNS 域名解析过程的出发点（缓存除外），所以它们本身的 IP 地址是不能通过 DNS 系统解析获得的，所有根域名服务器的 IP 地址是直接记录在所有执行解析任务的其他域名服务器的本地配置文件中的。在因特网上共有 13 个不同 IP 地址的根域名服务器，它们分别用一个英文字母命名，从 a 一直到 m（即前 13 个字母）。需要注意的是，它们并不是仅仅 13 台机器，事实上几乎每个根域名服务器都在因特网上拥有使用相同 IP 地址的多个镜像。这些镜像分布在世界各地，使得大部分用户都可以就近找到一个根域名服务器的镜像为其提供服务。

需要指出的是，一般情况下，根域名服务器并不能直接把待解析的域名转换为 IP 地址，它只能指出下一步需要查询的顶级域名服务器的地址。

（2）顶级域名服务器。这些服务器负责管理在该顶级域下注册的所有二级域名。当顶级域名服务器收到 DNS 查询请求时，它可能给出最后的结果，更多情况下，它给出的是下一步需要查询的权限域名服务器的地址。

（3）权限域名服务器。就是负责管理二级或二级以下域中划分的区的域名服务器。它们的 IP 地址需要登记到上级域名服务器的数据库中。当它收到 DNS 查询请求时，如果目标域名在它所管辖的区内，就给出最终的结果；如果待查询的域名不属于它所管辖的区，就给出下一步需要查询的权限域名服务器的地址。

(4) 本地域名服务器。本地域名服务器尽管也运行域名服务器进程，但是它们并不管理区域，它们本质上是作为附近客户的域名解析代理而存在的。它们接受客户主机的 DNS 查询请求，代替客户去联系根域名服务器、顶级域名服务器和权限域名服务器，执行域名解析过程，把结果返回给客户的同时，根据需要对查询结果进行一定时间的缓存，以便提高查询效率。一般来说，客户主机上对 IP 协议栈进行配置时需要提供的“DNS 服务器”地址应该是位于附近的本地域名服务器的地址。

为了提高域名服务器的可靠性，顶级和权限域名服务器会把自己管理的区的数据复制到几台辅助域名服务器上，这时这些提供数据的服务器本身被称为主域名服务器。这里的主和辅助是针对某个具体的区而言的，每个区都有一台主域名服务器和若干辅助域名服务器，当主域名服务器出现故障时，辅助域名服务器可以保障域名解析服务持续运行，不会中断。所有辅助域名服务器定期同步主域名服务器的数据，对数据的修改增删都只能在主域名服务器上完成，这样就保证了数据的一致性。

在实际的域名解析过程中，客户主机向本地域名服务器发起的查询一般是递归查询。所谓递归查询的意思是，如果提供服务的本地域名服务器不能立即提供查询结果，那么该本地域名服务器就以 DNS 客户的身份，向根域名服务器发起查询，而不是指示客户主机自己进行下一步查询。因此，递归查询得到的结果或者是要查询的 IP 地址，或者是报错，表示该域名无法查询。

本地域名服务器作为 DNS 客户对外发起的查询一般是迭代查询。迭代查询的特点是，当根域名服务器、顶级域名服务器和权限域名服务器接收到来自本地域名服务器的查询请求时，它们或者提供作为最终查询结果的 IP 地址，或者告诉本地域名服务器下一步该向哪个服务器进行查询，而不是代替它完成查询过程。本地域名服务器根据查询反馈，依次进行各级域名的查询，最终在负责管理待查域名所在区的权限域名服务器上得到作为解析结果的 IP 地址。

也可以进行递归与迭代相结合的查询，如图 6-3 所示。

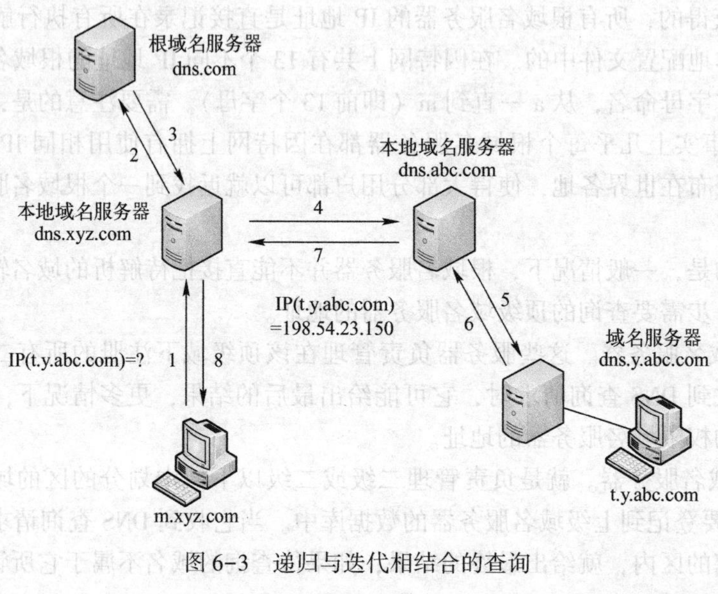

图 6-3 递归与迭代相结合的查询

6.2.4 DNS服务面临的安全问题及解决方案

DNS服务的主要安全问题有拒绝服务攻击和缓存中毒两种。

DNS服务器接收到超出常规几个数量级规模的攻击性查询请求时，会陷入繁忙状态而无暇顾及后续到来的正常的查询请求，从而停止提供地址解析服务，这就是拒绝服务攻击。与其他服务对于拒绝服务攻击的预防方式相似的是，可以通过网络入口处设置的入侵检测系统和防火墙设备来识别和过滤对于域名服务器的拒绝服务攻击的网络流量。

典型情况下，当一台服务器工作在本地域名服务器状态时，大量资源消耗在递归解析服务上面。由于在代替客户机对外执行解析过程的相对较长的时间内，本地域名服务器必须维持为客户机服务的“会话”状态，因此会占用较多的内存和套接字资源。而对于权限域名服务器来说，外界客户对本服务器所管理的区内数据的查询，几乎可以立即完成，因此不会长时间占用资源。这样看来，对DNS服务器自身来说，只要严格限制允许进行递归解析的客户机的范围，就可以很大程度上缓解拒绝服务攻击的危害。

在很多连接因特网的单位内部，都同时存在权限域名服务器和本地域名服务器。为了预防拒绝服务攻击的危害，应该尽量把两类服务器分别处理，不要用同一台机器兼任上述两个角色。对于权限域名服务器，应该禁用递归解析请求，避免更多占用资源的现象出现。对于本地域名服务器，应该把允许进行递归解析的客户机地址范围限制在本单位的局域网内部，这样就能很大程度上避免来自外界的过多的资源占用。

另一类通过DNS服务进行的攻击行为是DNS缓存中毒。

由于DNS服务的基础性和广泛性，为了尽可能提高服务效率，减轻根域名服务器的负载，在本地域名服务器中广泛采用了高速缓存技术，高速缓存用来临时存放最近完成的查询结果以及随查询结果带来的附加数据。允许查询结果携带附加数据的本意是附带上最后查询的权限域名服务器所记录的与查询域名相近的域名服务器的地址，以便在将来的查询中减少迭代层次，提高查询效率。

当附加数据这一特征被攻击者利用时，攻击者通过伪造IP地址或者篡改网络上传输的DNS查询结果数据报文，在附加数据部分，加入虚假数据。一旦本地域名服务器接收并缓存了这样的虚假数据，就会把这部分缓存中的虚假数据当作可信数据作为后续工作的依据，从而可能被引导至完全虚假的域名解析环境，产生更加严重的后果。这就是所谓缓存中毒。

防范缓存中毒，就是防范篡改网络数据。在DNS服务器上部署数字签名认证可以有效地防范对DNS报文的伪造和篡改，从而防范缓存中毒以及其他基于篡改数据的攻击。

6.3 万维网

6.3.1 万维网简介

万维网简称Web，它是个基于超链接的分布式信息库。正是因为20世纪90年代初，万维网的出现，使得基于IP协议的因特网从众多网络技术中脱颖而出，成为覆盖全球，面向公众的独一无二的互联网。

万维网的主要优点是易用性，不再需要用户键入交互命令，而只需鼠标简单的操作，极大地降低了访问网络的难度，加快了网络在终端用户层面的普及进程。另外，对终端用户来说，万维网是“按需使用”的，需要访问什么信息就访问什么信息，这不同于传统媒体，如报纸、广播和电视，用户不得不接受发行者编排好的内容和节目。这就使得万维网很快就进化为一种用户乐于接受和使用的信息传播媒体。

万维网基于客户-服务器结构，它的客户端一般被称为浏览器（Browser），用户可以在不同设备上运行各种浏览器程序来访问万维网。

用户访问万维网时，呈现在用户面前的是页面（Web Page），而页面是由文字、图像、视频、脚本和小程序等对象（Object）编排组成的，这些组成页面的对象（包括页面本身），都是来自万维网某处的在线（Online）资源，这些资源的位置和名字由统一资源定位符（URL，Universal Resource Locator）来表示。

例如，字符串

http://www.abc.com:8080/def/xyz.html

就是一个典型的URL。其中最前部的http：称为协议前缀，它指定了访问资源使用的应用层协议，除了最常见的http：（超文本传输协议）和https：（安全/加密的超文本传输协议）以外，还有ftp:、gopher:、rtsp:、mms:等多种应用层协议也可以使用URL来定位资源。接下来的两个连续的斜线字符表达的意思是它所引导的后面的内容是表示因特网主机的，可能是域名，也可能是IP地址。在上述例子中，www.abc.com是一个域名，用来确定资源所在的主机。域名或IP地址后面的：8080是一个TCP端口号，表明了该服务器上的Web服务程序在哪个端口提供服务。这个端口号允许被省略，省略的时候表示该服务使用协议默认端口，对于http来说，默认端口是80，对于https来说，默认端口是443。URL中剩余的部分表示资源在服务器上的存储路径，也就是资源所在的目录和文件名，其中使用斜线字符作为各级目录和文件名之间的分隔符。没有目录名的时候表示访问根目录，没有文件名的时候则由Web服务程序的配置决定提供默认文件还是提供该目录的文件列表。

HTTP客户端（一般是浏览器程序）负责解析URL，按照上述规则，确定应用层协议、服务器主机、服务端口号、资源路径和名字等，然后根据这些信息（若服务器主机是以域名形式提供的，还需要调用DNS客户将其解析为IP地址）构造请求报文，请求服务器为自己提供资源。

6.3.2 超文本传输协议（HTTP）

如上文所述，万维网服务器和客户机之间的数据传输过程是遵循超文本传输协议（http）的。该协议将特定的协议数据封装为http请求与响应报文，利用TCP承载，其传输过程中的数据可靠性由TCP协议负责保证，充分利用了TCP的特性。

HTTP客户首先建立到服务器指定端口的TCP连接，一旦连接建立，客户和服务器就可以通过该连接来双向传输数据了，客户通过该连接发送HTTP请求报文并接收HTTP响应报文，相应的服务器也通过该连接接收HTTP请求报文并发送HTTP响应报文。

值得注意的是，万维网服务器按照客户请求，向客户发送资源文件，但并不记录用户的状态。假如某个客户在短时间内重复请求了同一个资源，服务器并不会因为刚刚为用户提供过同一个资源而不做出反应，而是会重复发送用户请求的资源文件，就好像服务器已经忘记了刚才的事一样。万维网服务器的这个特征表明了HTTP是一个无状态（Stateless）协议。

当HTTP客户需要向同一个服务器请求多个资源文件时，应用程序设计者就需要决定使用持续连接还是非持续连接。持续连接的意思是传输完一个资源文件后并不关闭TCP连接，而是继续使用当前连接请求和提供其他资源文件。非持续连接则是传输完一个资源文件后立即关闭该TCP连接，并为下一个资源的请求和提供过程建立一个新的TCP连接。HTTP协议本身支持使用持续连接和非持续连接，默认情况下HTTP倾向于使用持续连接，但是HTTP客户和服务器也可以配置为使用非持续连接。

HTTP传输的报文有两种，即请求报文和响应报文，其结构如图6-4所示。下面简单介绍一下报文格式。

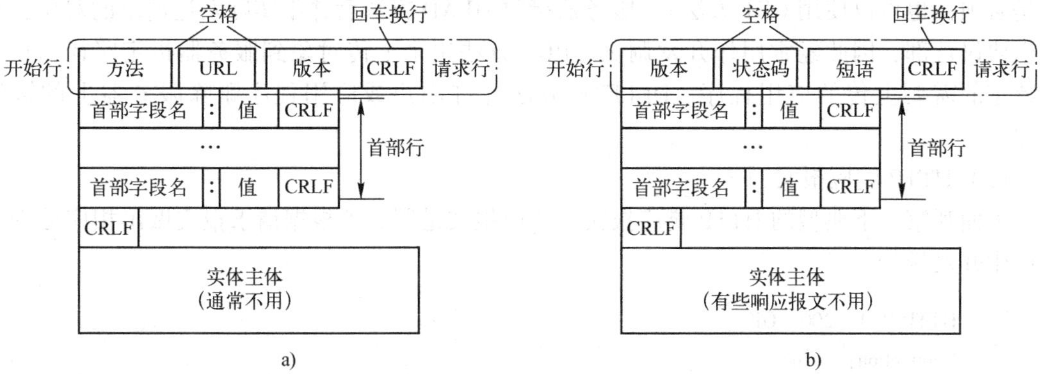

图6-4 HTTP报文结构

a）HTTP请求报文结构 b）HTTP响应报文结构

（1）HTTP请求报文

下面是6.3.1节中的URL使得浏览器产生的请求报文：

```
GET   /def/xyz.html   HTTP/1.1
Host: www.abc.com
Connection: Close
User-agent: Mozilla/5.0
Accept-language: en
```

通过分析这个简单的报文，可以知道若干重要的内容。首先，该报文内容由纯文本书写，这就保证了只要有一些基础知识就很容易读懂。其次，报文内容是分行的，每行末尾由回车换行字符结束，另外整个报文的末尾还要加上一组额外的回车换行字符，也就是保证最后一行是空行。尽管这个例子中的报文只有5行有内容，但是实际的请求报文有可能包含更多的行，或者只有一行。

请求报文的第一行叫作请求行，后续的行叫作首部行。请求行包括三个字段：方法字段、路径字段和版本字段。方法字段可能取几种不同的值，例如GET、POST、HEAD、PUT、DELETE。绝大部分的请求报文使用GET方法，当浏览器请求得到一个资源对象时，就可以使用GET方法。路径字段指明了请求的资源对象在服务器上的存储位置。版本字段明确了浏览器执行的协议版本，在本例中，是HTTP 1.1。

接下来分析一下首部行。首部行Host：www.abc.com指明了资源所在的主机。尽管到主机的 TCP 连接已经建立，似乎在这里指定主机有些多余。但是读者需要知道，在同一台服务器上有可能运行着多个不同的万维网站点，这称为 HTTP 虚拟主机，靠着这个首部行，服务器可以区分客户想要访问的是哪个主机名的 Web 站点，从而提供对应的站点资源。除此以外，高速缓存代理等服务也需要这个字段来保证正常工作。首部行 Connection：Close 是浏览器用来告知服务器不要使用持续连接，它要求服务器在发送完被请求的对象以后就关闭这个连接。User-agent：首部行用来表明用户代理，也就是浏览器的兼容性，这就允许服务器针对性地发送指定资源的对应不同浏览器的不同版本。本例最后一个首部行指定了浏览器首选的语言是英文。

用户在一个表单页面填写内容后，把这些内容提交给服务器时一般使用 POST 方法（但不是必须，也可以使用 GET 方法）。服务器接收 HEAD 方法后并不实际发送请求的对象，只发送协议首部，因此经常用作开发调试。PUT 方法用来上传对象到服务器指定路径，只用于特定的需要上传的应用程序。DELETE 方法允许用户或应用程序删除服务器上的资源对象。

（2）HTTP 响应报文

下面观察一下典型的 HTTP 响应报文，响应报文是服务器根据请求报文做出相应处理以后产生并发送的。

```
HTTP/1.1  200  OK
Connection:  Close
Date: Tue, 20 Jun 2017 11:33:02 GMT
Server: Apache/2.2.3 (CentOS)
Last-Modified: Mon, 19 Jun 2017 20:04:25 GMT
Content-Length: 7411
Content-Type: text/html

......
```

分析这个响应报文，它包括三个部分：一个状态行，6 个首部行，最后是实体部分（用省略号表示）。实体部分包含了被请求的资源对象的内容。状态行分 3 个字段：协议版本、状态码和状态信息字段。在本例中，服务器使用 HTTP 1.1 版本，并且一切正常。在这部分中，状态码是三位数字，表明了服务器针对本次请求的反应：

1xx 表示通知信息，如请求已收到正在进行处理。

2xx 表示成功，如一切正常或请求被允许。

3xx 表示重定向，如资源已经移动到新的位置。

4xx 表示客户产生了差错，如请求的资源不存在或无权限请求资源。

5xx 表示服务器差错，如配置错误或服务器失效。

下面了解一下首部行。服务器用 Connection：Close 首部行告诉客户，发送完当前报文将关闭 TCP 连接。Date：首部行表明服务器产生并发送该响应报文的时间。必须指出，这个时间不是资源对象创建或最后修改的时间，而是服务器从自身文件系统找到该对象，并用其内容生成响应报文的时间。Server：行指明服务器的软件类型，用于满足浏览器端相关兼容性等要求。Last-Modified：行表明资源对象创建或者最后修改的时间，这个信息对于缓存应用来说非常值得关注。Content-Length：首部行指出被发送的资源对象的字节数。Content-Type：首部行指出资源对象的格式，在本例中是 HTML 文本。

上文讨论了有限的几种 HTTP 请求报文和响应报文的首部行，实际上 HTTP 规范定义了很多首部行，万维网浏览器和服务器根据自身版本、配置和使用环境的差异，选择合适的首部行用来生成请求或响应报文。

上文已经说过，HTTP 协议本身是无状态的，这有利于简化服务器软件的设计，提高服务器的工作效率。但是随着时代的发展，万维网用户经常不满足于简单的信息浏览，而是需要使用万维网作为载体建立新的应用来完成某种事务。这就要求 Web 服务器具有跟踪用户状态的能力。例如在网络购物网站上，用户希望把选购的物品放入“购物车”以便统一结算，这时就需要服务器对用户状态进行跟踪，保证把用户后续购买的物品放进同一“购物车”才能正确完成任务。要做到这点，可以使用 Cookie 来识别和跟踪用户的访问（由于 Cookie 一词用在这个场合的情况下并没有公认的标准汉语名称，因此我们直接使用它的原文）。

Cookie 是这样干预网站工作的。当某个用户开始访问某个使用 Cookie 的网站时，网站在后台记录并在响应报文中添加 Set-cookie 首部行，该首部行以字符串的形式赋予用户一个“识别码”，用户浏览器收到这个响应以后，就会记录该网站和它给出的识别码，并在后续对该网站的访问请求报文中添加 Cookie 首部行，给出识别码。这样网站就可以据此判断一系列的访问请求均来自同一个用户，并正确处理相关数据。

6.3.3 超文本标记语言及万维网文档

上文讨论了万维网数据在网络上传输的规范，那么怎样保证一个页面在不同的客户端上面都能以合适的方式显示呢？这就必须解决页面格式的标准化问题。超文本标记语言 HTML（HyperText Markup Language）就是这个问题的解决方案。

HTML 定义了许多用尖括号标记的用于排版的命令，即“标签”（tag）。例如，标签<P>表示一个新的段落开始，标签</P>表示一个段落的结束。把各种表示格式或控制的标签嵌入到万维网页面中，就构成了 HTML 文档。HTML 文档是用 ASCII 码表示的纯文本文档，因此它可以用各种文本编辑器建立或编辑。在浏览器中打开 HTML 文档时，浏览器负责解析标签并按照标签指定的格式显示其他内容，如果浏览器发现了不支持的标签，它就忽略这个标签。

在万维网页面中需要显示图像等非文本对象时，需要用相应的标签引用资源对象的 URL，这些资源对象以另外的（区别于页面文件）文件的形式保存在服务器上。

HTML 还规定了链接的表达方式。每个链接都有自己的起点和终点。链接的起点表明了页面中的什么地方能够引出一个链接。一般来说，链接的起点是页面上的文字或者图片。链接的终点就是链接的目标，它可以是本页面上的不同位置，本网站上的其他页面，或者其他网站上的页面。

像这样遵循 HTML 格式，以文件的形式保存在万维网服务器上的文档属于静态文档，静态文档并不适合表示频繁变化的内容。要更灵活地表达经常变化的内容就需要动态的表达方式。按照动态内容实现地点来分类，可以分为服务器端脚本和客户端动态内容。

由于服务器最终发送给客户的响应报文必须在实体部分以符合 HTML 规范的形式进行表达，而并没有规定这部分内容是怎么来的，这就为服务器端动态生成文档内容留下了余地。服务器程序在处理客户请求的时候，除了按照URL读取指定位置上的静态文件以外，还可以调用另外的程序用来临时生成符合HTML规范的信息流，并且把这个信息流与必要的静态内容进行拼接，用动态拼接出来的内容生成响应报文发送给客户。在这个过程中被万维网服务器软件调用的程序就叫作服务器端脚本。服务器端脚本可以是某种解释执行的程序，也可以是编译生成的机器代码，只要程序产生符合HTML规范格式的输出即可。这里用来定义万维网服务器软件和服务器端脚本之间数据接口规范的是通用网关接口CGI（Common Gateway Interface）。

在客户端产生动态效果的手段包括HTML本身的动态扩展、客户端脚本和基于浏览器运行的小程序。有关万维网页面设计和动态内容的实现，都不是本课程讨论的内容，各有专门的课程和书籍资料，感兴趣的读者可自学。

对于已知的万维网网站或页面，用户可以直接在浏览器中输入URL来实现访问，而对于不知道所需信息保存在什么站点的情况，就需要搜索引擎（Search Engine）来进行搜索。搜索引擎大体上可以分成两大类，即全文检索搜索引擎和分类目录搜索引擎。

全文检索搜索引擎是利用自动化的搜索软件（一般称为蜘蛛，Spider）到万维网站点上采集信息，按照特定算法提炼关键词，整理后记录在数据库中。用户在搜索时需要输入关键词，根据关键词在索引数据库中进行查询，就可以得到一批相关的页面的URL，用户可以选择访问。建立这种索引数据库网站，必须经常对已建立的数据库进行更新，以保证数据库能够表现互联网上的最新变化。最著名的全文检索搜索引擎是谷歌（www.google.com），最著名的中文全文检索搜索引擎是百度（www.baidu.com）。

分类目录搜索引擎并不自动采集万维网网站信息，而是由大量网站的管理者向搜索引擎提交网站信息，包括关键词和网站描述等。搜索引擎网站审核后将信息分类记入数据库，供用户查询。

6.3.4 以HTTP为载体的网络攻击与防范

对万维网服务器的攻击行为大体上可分为对操作系统的攻击和对应用系统的攻击。以HTTP协议为载体，利用万维网服务器软件或数据库系统软件与操作系统的互信关系，向服务器发送精心构造的表单数据，造成缓冲区溢出，或者生成畸形的数据库访问指令，最终获取服务器主机操作系统的管理员权限，达到非法使用主机资源的目的，这样的攻击都可以归类为对操作系统的攻击。

为了防范对操作系统的攻击，基本要求是运行万维网服务器软件或数据库系统软件的用户要与操作系统管理员用户分开，精心限制用户权限，不能因为怕麻烦就以管理员身份运行应用系统软件。及时跟踪软件供应商的安全报告，及时下载安装软件系统补丁。

使用上述同类手段，攻击Web平台应用系统，以达到非法获取或篡改应用系统数据的目的，这样的攻击可归类为对应用系统的攻击。

由于应用系统上一般会自行实现用户管理与权限系统，并无统一的模型，因此需要具体问题具体分析。一般情况下这些内容与底层操作系统无关，但可能与数据库系统有关。所以防范此类攻击的基本原则是对网站代码进行规范，确保每个接受表单数据的页面或脚本都实现对非法表单数据的检测和过滤，不能用未经检查确认其合法性的表单数据直接构造数据库访问等脚本命令。另外对数据库的访问要仔细划分权限，确保最小权限原则，决不能统一使用高权限用户甚至系统管理员用户直接访问应用系统数据库。

6.4 电子邮件

电子邮件（E-Mail）是因特网上使用率较高的一种应用，用于在网络上实现与信件邮寄相似的功能，电子邮件的传输过程能够高效地完成，投递到收件人的邮箱以后，又不会像电话和即时通信工具一样打扰用户的正常工作，而是由用户自己决定何时读取，因而具有其他通信方式所不能替代的优点。

6.4.1 电子邮件的发展与概述

20 世纪 60 年代，随着分组交换技术的出现与发展，电子邮件的早期形式也很快诞生了。这时的网络技术还有较多缺点，成本也比较高，因此最终没有能够成为实际上的标准协议。

现代意义上的电子邮件是 1982 年问世的，RFC821 和 RFC822 确立了因特网（当时还叫做 ARPANET）邮件标准，其中 RFC822 定义了电子邮件需要遵循的格式，而 RFC821 定义了简单邮件传输协议 SMTP。这个时期的电子邮件标准只考虑了传送英文文本，另外由于通信成本和网络带宽等问题，电子邮件对于每个字符只传送 7 位二进制编码，也就是可打印的 7 位基本 ASCII 码。

为了扩展电子邮件的用途，1993 年又提出了通用因特网邮件扩充 MIME（Multipurpose Internet Mail Extensions）。MIME 扩展了邮件首部，允许说明邮件的数据类型，如文本、声音、图像、视频等，多种类型的数据可以同时在邮件中传送，这就极大扩展了电子邮件的使用范围，使得电子邮件可以适应多媒体通信的需求。

2001 年，经过多次修订的电子邮件标准形成了新的文档 RFC2821 和 RFC2822，从而取代了原有的 RFC821 和 RFC822。

一个现代意义上的电子邮件系统应该由用户代理、邮件服务器、邮件传输协议和邮件读取协议组成。

用户代理是用户与电子邮件系统的接口，为用户提供一个友好的界面来操作和处理邮件。常见的用户代理是运行在用户计算机上的一个软件，或者基于 Web 的一套应用。用户代理至少应该具有这样一些功能：

（1）创建邮件。提供一个编辑界面，允许用户编辑新邮件，并对用户通讯录进行管理，负责把用户建立的邮件转换为标准规定的格式。

（2）显示邮件。对于接收到的邮件，能够将其内容（包括多媒体内容）方便地显示出来。

（3）邮件处理。除了提供发送和接收邮件的按钮以外，还应该支持转发、删除、转存、打印等处理功能。

（4）通信接口。即利用发送和接收邮件的网络协议，联系邮件服务器，对邮件内容在网络上执行传输动作。

邮件服务器是因特网上一些 24 小时运行的主机，它们一般具有足够的存储容量和处理能力，主要功能是发送和接收邮件，并且负责向发件人报告邮件传送的结果。邮件服务器为了实现不同的目的需要实现两种不同的协议。一种用于用户向服务器发送邮件或者邮件服务器之间互相发送邮件，如 SMTP 协议。另一种协议用于用户从邮件服务器读取别人发给自己的邮件，如 POP3 协议。

两种协议采用两种设计原则。一种是“推”，SMTP 客户总是把自己待发送的邮件“推送”给 SMTP 服务器。另一种是“拉”，POP3 客户就是在访问 POP3 服务器的时候把存储在服务器上的邮件“拉”回自己的计算机。

实际的电子邮件由信封和内容两部分组成。信封是一些控制信息的集合，一般包括收件人地址，发件人信息，邮件经过哪些服务器转发过，邮件内容用什么格式表达等。其中最重要的部分是收件人的邮件地址，典型的邮件地址如下：

xyz@ hpu. edu. cn

是一个由符号@分开成两部分的字符串。前一部分是收件人的邮箱名，或者叫作用户名；后一部分是邮件服务器的域名。这就要求，在特定的邮件服务器上，一个用户名应该与其他用户名有所区别，是唯一的。这样才能保证整个邮件地址在因特网上的唯一性，保证邮件在因特网范围内正确投递。

6.4.2 简单邮件传输协议

简单邮件传输协议 SMTP 使用客户服务器方式，发送邮件的一方是 SMTP 客户，接收邮件的一方是 SMTP 服务器。

SMTP 规定了一系列标准的命令与应答信息。每条命令由 4 个字母组成，每种应答信息由 3 位数字的代码表达，也可以后面附上简单的说明性文字。下面介绍几个主要的命令和应答信息。

1. 建立连接

当一个 SMTP 客户（可能是用户代理程序，也可能是邮件服务器上的客户程序）有发送邮件的需要时，就试图与邮件接收方服务器的 25 号 TCP 端口建立 TCP 连接，这个连接一旦建立起来，接收方 SMTP 服务器就要发出“220 Service ready”。然后 SMTP 客户向 SMTP 服务器发送 HELLO 命令，并附加发送方的主机名。SMTP 服务器若有能力接收邮件，就回答“250 OK”表示已经准备好接收。如果 SMTP 服务器由于某种原因不能接收邮件，就回复“421 Service not available”来拒绝对方的发送。

2. 邮件传送

SMTP 服务器准备好以后，SMTP 客户就发送 MAIL 命令，后面附加上发件人的邮件地址。若 SMTP 服务器同意接收邮件，就回复“250 OK”。否则就回复一个出错代码指出原因，如 451（处理时出错），452（存储空间不够），500（命令无法识别）等。

接到 250 回复以后 SMTP 客户会发送一个或多个 RCPT 命令，这取决于邮件要发给一个还是多个收件人，每个收件人对应一个 RCPT 命令，后面附加收件人邮件地址。对于每个 RCPT 命令，SMTP 服务器都要产生回复，“250 OK”表示该收件人邮箱正常，可以接收；“550 No such user”表示不存在此邮箱。

接下来客户发送的是 DATA 命令，表示要开始传送邮件内容了。SMTP 服务器的回复是

“354 Start mail input; end with <CRLF>. <CRLF>”，这里<CRLF>表示回车换行的意思，一个单独行上只有一个英文句号表明邮件内容的结束。SMTP 收到这个结束行以后回复“250 OK”或差错代码。

3. 连接释放

邮件发送完毕，SMTP 客户应发送 QUIT 命令，SMTP 服务器回复“221（服务关闭）”，然后双方拆除 TCP 连接。

以上交互过程由用户代理和邮件服务器完成，一般情况下用户是看不见这个过程的。

电子邮件收发过程如图 6-5 所示。

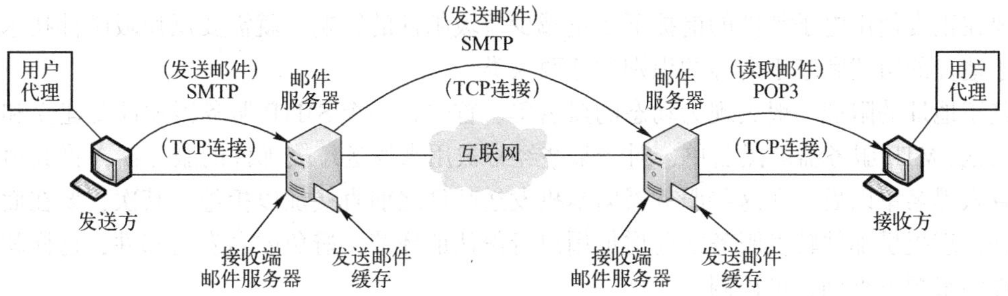

图 6-5 电子邮件收发过程

6.4.3 邮件接收协议与用户邮件代理

邮件接收协议就是用来读取用户接收到的邮件的协议，常见的有两个，即 POP3（邮局协议第 3 版）和 IMAP（网际报文存取协议）。

邮局协议（POP）是一个非常简单的邮件读取协议，它的客户端运行在用户自己的计算机上，一般内置于用户代理软件中。用户发起邮件读取动作以后，POP 客户端建立到服务器的 TCP 连接，进行用户身份认证（通过用户名和口令），通过认证后读取用户邮箱，把邮箱中的邮件传输到用户自己的计算机上显示和处理。

传统的 POP 协议在用户读取过邮箱中的邮件之后，就把该邮件从邮箱中删除，以节约服务器的存储空间。这样一来在某些情况下就不够方便，因此在第三版（POP3）中进行了一些功能扩充，允许用户在读取邮件时仍然在用户邮箱中保留该邮件，仅仅标记一下该邮件已经读取过。

另一个常见的邮件读取协议是网际报文存取协议 IMAP，它相对 POP3 来说复杂得多。IMAP 客户在访问服务器时，也需要经过身份认证，但身份认证的方式更加灵活。通过认证以后的用户首先看到所有新收到的邮件首部，用户需要查看某个邮件的内容时，该邮件才传输到用户的计算机上，用户没有删除某个邮件时，该邮件就一直保存在邮箱里。

IMAP 最大的好处是用户可以在不同的地点使用不同的计算机随时查看和处理自己的邮件，这在很大程度上方便了用户的使用。但这样一来，从另一个方面看，用户处理邮件时需要一直保持在线状态，也可能造成额外的花销。

用户处理邮件使用的用户代理常见的也有两大类。一类是运行在用户计算机上的本地软件，例如 Outlook 或 Foxmail；另一类是以 Web 应用的形式运行在 Web 服务器上的网页式的用户代理。与接收邮件用的协议的风格类似，用户使用本地软件作为用户代理时，需要在自己的计算机上安装软件并规划用于未来存储下载的邮件的空间，但不必在阅读处理邮件时保持在线状态。而基于 Web 的邮件用户代理对于用户计算机来说，只需要使用浏览器，不必额外安装软件，也不必保留存储空间用于邮件，但是需要用户使用的时候保持在线状态。

6.4.4 垃圾邮件与反垃圾邮件技术

电子邮件给用户提供了方便的同时，由于其发送成本低，也经常遭到滥用。电子邮件滥用的主要表现形式是用户非自愿地收到大量广告信息、违法的宣传信息甚至携带计算机病毒的邮件，这就是垃圾邮件。用户邮箱收到大量垃圾邮件，不但占用了邮箱有限的存储空间，也严重影响用户阅读处理邮件的效率，进一步地，可能由于其内容的非法特征造成更多的不良后果。

要在正常使用电子邮件的前提下尽量减少垃圾邮件的影响，就需要反垃圾邮件技术。包括基于地址的阻截和基于内容的识别过滤两大类。

基于地址的阻截一般表现为动态的黑名单。首先，一个 SMTP 服务器软件要建立和维护关于其他 SMTP 服务器的黑名单，对于某些经常被用来发送垃圾邮件的服务器，将其地址和域名置入黑名单以后，在这些服务器向本机发送邮件之前直接加以拒绝。其次，要在面向用户邮件代理提供邮件转发服务之前增加用户身份认证环节，避免匿名发送邮件，这样就能保证邮件的来源可查询、可控制。

基于邮件内容的识别过滤则需要在 SMTP 服务器上安装垃圾邮件识别软件，在 SMTP 服务器收到一个邮件，把它转发出去或投递进入用户邮箱之前，对邮件内容进行解码、扫描、评估，根据评估结果识别为垃圾邮件的，不予转发或投递。这里的评估算法，即根据邮件内容判定其是否垃圾邮件的算法，仍然处于发展中，有待于进一步的研究开发。

值得说明的是，在用户邮件代理上，也存在黑名单等反垃圾邮件措施，其实施原理一般是对黑名单中的发件人地址所发出的邮件，在下载或进一步处理之前就从邮箱中删除。

6.5 简单网络管理协议（SNMP）

6.5.1 概述

网络管理是保证计算机网络正常运行的重要措施。虽然网络管理还没有精确定义，但它的内容可以归纳为：对硬件、软件和人力的使用、综合与协调，以便对网络资源进行监视、测试、配置、分析、评价和控制，这样就能以合理的价格满足网络的使用需求，如实时运行性能、服务质量等。

ISO 在 OSI 网络管理标准的框架 ISO7498-4 中提出了系统管理的五项功能域，它们基本上覆盖了网络管理的范围。这五个方面的功能是：

（1）故障管理（Fault Management）：网络故障的检测、报警、隔离和恢复。

（2）配置管理（Configuration Management）：对被管理网络设备的硬、软件参数设置及调整。

（3）计费管理（Accounting Management）：记录用户使用网络资源的情况和网费。

（4）性能管理（Performance Management）：监测和统计被管理网络设备的运行特性、网络吞吐量、响应时间等，以保障网络的可靠通信。

(5) 安全管理（Security Management）：保证网络不被攻击和非授权用户使用。

网络管理并不是指对网络进行行政上的管理，而是利用网络管理协议，使用标准的网络管理工具来实现。

SNMP 是目前最常用的环境管理协议，它被设计成与协议无关，所以可以在 IP，IPX，AppleTalk，OSI 以及其他用到的传输协议上使用。SNMP 是一系列协议组和规范，提供了一种从网络上的设备中收集网络管理信息的方法。SNMP 也为设备向网络管理工作站报告问题和错误提供了一种方法。几乎所有的网络设备生产厂家都实现了对 SNMP 的支持。

一个 SNMP 网络管理系统如图 6-6 所示。SNMP 网络管理系统包含两类设备：网络管理站和被管理的网络设备。通常网络管理站是网络上的一台计算机，被管理网络设备有多种，如服务器、工作站、路由器、交换机、集线器、打印机等。管理站一般提供图形化的人机界面，网络管理员通过管理站对网络中的各个设备进行管理，查看和设置被管理网络设备的运行状态。

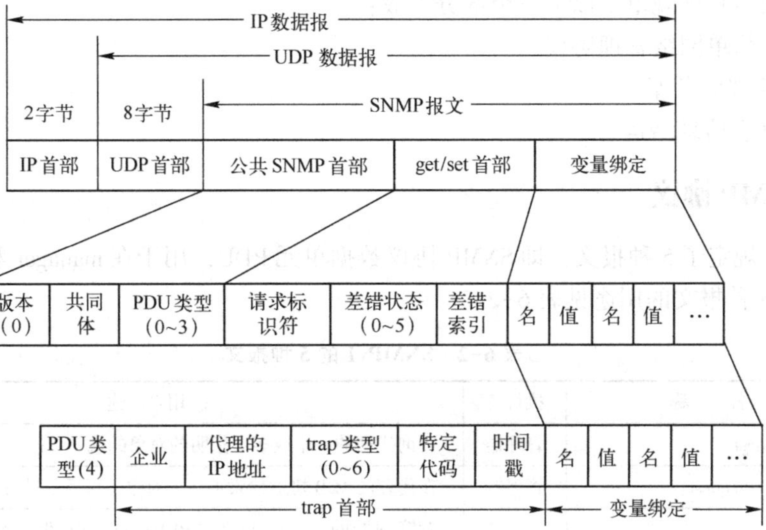

图 6-6　SNMP 网络管理系统

网络管理站和被管理网络设备应该运行必要的网管软件，管理站运行的软件是管理器（manager）；被管理的网络设备运行的软件称为管理代理，简称 agent。系统中没有运行代理的网络设备是不能被管理的。

管理器和代理之间的通信协议是 SNMP 协议，运行于传输层的 UDP 之上。SNMP 定义了管理器和代理交换的报文及其格式。SNMP 包含一组简单的命令，用于管理检索和设置被管理设备中的管理信息，代理响应来自管理器的 SNMP 请求，完成相应的操作。此外，代理也可以主动为管理器提供重要的实时性的管理信息。这样管理站就可以实现对网络资源的监视和设置。

SNMP 网络管理系统详细地规定了各种被管理的网络设备应该提供的管理信息及其格式。每种设备以及它们运行的软件都有一些管理信息来描述其运行状态，比如配置和性能等，它们在 SNMP 系统中称为被管理对象（managed object），简称对象。网络中的被管理对象都放在一个称为管理信息库（Management Information Base，MIB）的数据结构中。MIB 是树型的数据结构，每个被管理对象都放在树上一个唯一的位置，只有 MIB 中的对象才是 SNMP 所能管理的。

RFC 文档定义的 MIB 是所有可能的被管理对象的结构化的集合，但并不是一个物理的数据库，可以看成是虚拟的信息存储（virtual information store）[RFC1156]。可以把它想象成图书馆的图书索引系统，管理器和代理要通过 MIB 来访问和交换管理信息。代理的 MIB 只需包含本地的被管理对象，管理器的 MIB 则要包含它管理的所有网络设备的被管理对象。另外，管理站还需要一个管理数据库，维护其管理的数据，它是一个物理的数据库。

被管理设备是多种多样的，为了管理不同厂商制造的种类繁多的设备信息，用一种标准的、与制造商无关的方式来定义 MIB 中的被管理对象是十分必要的。管理信息结构（Structure of Management Information，SMI）[RFC 1155，Internet 标准] 规定如何定义被管理对象。SMI 标准指明，MIB 中的被管理对象必须由 ISO 抽象语法记法 1（Abstract Syntax Notation One，ASN.1）[ISO8824，ISO8825] 来定义。

SNMP 网络管理规范由以下三个部分组成：

- SNMP 简单网络管理协议
- MIB 管理信息库
- SMI 管理信息结构

6.5.2 SNMP 协议

SNMPv1 规定了 5 种报文，即 SNMP 协议数据单元 PDU，用于在 manager 和 agent 之间交换信息。这 5 种报文的用途见表 6-2。

表 6-2 SNMPv1 的 5 种报文

类型	名　称	执行者	用　途
0	get-request	管理器	查询代理的一个或多个指明的对象的值
1	get-next-request	管理器	在代理的 MIB 树上检索下一个对象，可反复进行
2	get-response	代理	对管理器的 get/set 报文（PDU1、1、3）做出响应，并提供差错码、差错状态等信息
3	set-request	管理器	设置代理的一个或多个指明的对象的值
4	trap	代理	向管理进程报告发生的事件

实际上，SNMP 的操作只有两种基本的管理功能，即：

- “读”操作，用 get 报文来检测各被管对象的状况。
- “写”操作，用 set 报文来改变各被管对象的状况。

SNMP 的基本功能通过轮询（polling）操作来实现。SNMP 管理器向被管理设备周期性地发送轮询信息。通过指明代理的一个或多个 MIB 对象，查询或设置它们的数值。轮询可使系统相对简单，而且能限制网络上的管理信息的通信量。但轮询管理协议不够灵活，所能管理的设备数目不能太多，轮询系统的开销也比较大。这种方式是客户/服务器模式，注意，这里的管理器是客户，而代理是服务器。

SNMP 不是完全的轮询协议，同时它也采用 trap 机制。当代理进程捕捉到较严重的事件时，随即主动向管理进程报告发生的事件，而不需要等到管理器轮询它的时候才报告。trap

即陷阱，意思是它能捕捉“事件”。trap 是基于中断的，有更好的实时性。

SNMP 使用传输层的 UDP 协议，代理用熟知端口 161 来接收 get 或 set 报文，管理器用熟知端口 162 来接收 trap 报文。因为 UDP 是无连接的不可靠协议，所以 SNMP 提供的是不可靠的服务，可能发生管理进程和代理进程之间丢失 UDP 数据报的情况，因此其上层软件应该有超时重传的措施。

图 6-7 列出了 SNMP 的报文格式。一个 SNMP 报文由三部分组成：公共 SNMP 首部、get/set 首部或 trap 首部、变量绑定（variable-binding）。

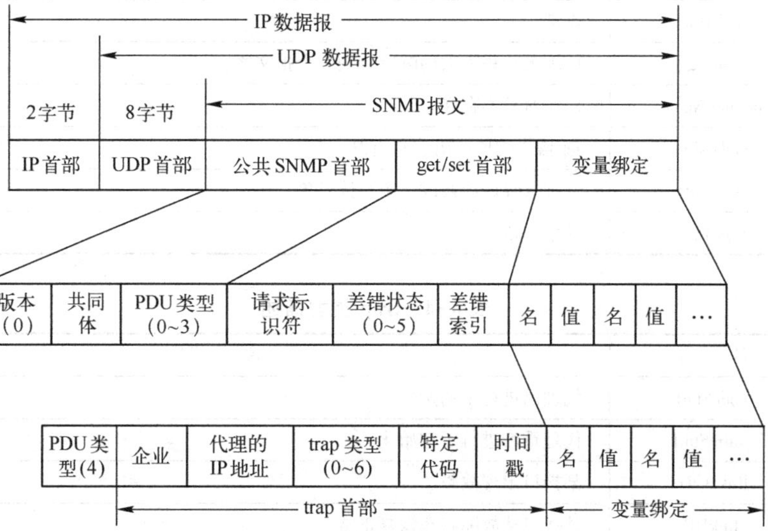

图 6-7 SNMPv1 的报文格式

1. 公共 SNMP 首部

公共 SNMP 首部有三个字段：

1）版本：版本号减 1，对于 SNMP（即 SNMPv1）则应为“0”，SNMPv2 应为“1”。

2）共同体（community）：为一个字符串，作为管理进程和代理进程之间的明文口令，默认值是“public”。

3）PDU 类型：0~4 中的一个数字，详见表 6-2。

2. get/set 首部或 trap 首部

（1）get/set 首部

1）请求标识符（request ID）：这是由管理进程设置的一个整数值。代理进程在发送 get-response 报文时也要返回此请求标识符。管理进程可同时向许多代理发出 get 报文，这些报文都使用 UDP 传送，先发送的有可能后到达。设置了请求标识符可使管理进程能够识别返回的响应报文对应哪一个请求报文。

2）差错状态（error status）：由代理进程响应时填入 0~5 中的一个表示差错状态的数字，其含义见表 6-3。

3）差错索引（error index）：当出现 noSuchName、badValue 或 readOnly 的差错时，由代理进程在回答时设置的一个整数，它指明有差错的对象在列表中的偏移。

（2）trap 首部

1）企业（enterprise）：填入 trap 报文的网络设备的对象标识符。此对象标识符肯定是对象命名树上的 enterprise 结点 {1.3.6.1.4.1} 下属的某个结点。

2）代理的 IP 地址：填入代理的 IP 地址。

3）trap 类型：如表 6-4 所示中的 7 种。

表 6-3 差错状态描述

差错状态	名　字	说　明
0	noError	正常
1	tooBig	代理无法将太大的响应装到一个报文之中
2	noSuchName	操作对象不存在
3	badValue	set 操作的值或语法有错误
4	readOnly	管理进程试图修改一个只读对象
5	genErr	其他差错

表 6-4 trap 类型描述

trap 类型	名　字	说　明
0	codeStart	代理已进行了初始化
1	warmStart	代理重新进行了初始化
2	linkDown	某接口出现故障
3	linkUP	某接口从故障状态恢复正常
4	authenticationFailure	从管理进程接收到一个包含无效共同体的报文
5	egpNeighborLoss	一个相邻 EGP 路由器出现故障
6	enterpriseSpecific	代理自定义的事件，要用后面的“特定代码”来说明

当使用上述类型 2、3、5 时，报文的第一个变量应标识相应的接口。

4）特定代码（specific-code）：指明代理自定义的时间（若 trap 类型为 6），否则为 0。

5）时间戳（timestamp）：指明自代理进程初始化到 trap 报告的事件发生所经历的时间，单位为 10 ms。例如时间戳为 1908 表明在代理初始化后 1908 ms 发生了该时间。

（3）变量绑定（variable-bindings）

指明一个或多个变量名和对应的值。在 get 或 get-next 报文中，只需对象名，变量的值应忽略。

6.5.3 管理信息结构（SMI）

SMI 标准指明，MIB 中的被管理对象必须由 ISO 的抽象语法记法 1 来定义。

被管理对象包含了对象类型（subject type）和实例（instance），实例是某类对象的特定的实际例子，有具体的取值。例如，对象类型 ifMtu 表示接口的最大传输单元 MTU，它的一个实例可能是某特定的网络接口的 MTU 1500B。每个对象类型有其名称（name）、语法（syntax）和编码（encoding）。

1. 名称

名称用于标识被管理对象，用对象标识符（object identifier）唯一的命名，它不是随意分配的，而是由授权机构进行管理和分配的。

ASN. 1 采用分级结构的命名体系，类似于 DNS 中的域名命名树。分级结构的命名体系中，从根结点开始被分成若干级，同级的结点即同一父结点下的每个子结点，都用一个不同的整数编号。这样，根据结点在树上的位置，整数编号自高到低逐级向下用小数点连接排列，就构成一个整数序列，能够唯一地标识各个结点，称为对象标识符。

每个结点有一个文字名，称为对象描述符（object descriptor），用小写的字符串表示，便于阅读和记忆。将表示对象标识符的整数序列中的整数编号换成对应的对象描述符，就得到一个小数点连接的文字名，它与对象标识符对应，也可以唯一地表示一个结点。

对象标识符空间构成一个对象命名树（object naming tree）。每个可能的对象都可以放到树上一个唯一的位置。对象命名树构成了全世界范围内一个全局性的可管理的结构化的对象标识符空间。实际上，对象命名树包含的对象不限于网络管理中使用的变量，MIB 对象集合只是其中的子树（subtree）。

图 6-8 就是对象命名树的一个部分。树根并没有命名，它有 3 个子结点（descendant），即 ccitt(0)、iso(1)和 joint-iso-ccitt(2)，分别由最有影响的标准化组织 CCITT（ITU-T）、ISO 和它们的联合体进行管理。ISO 为其他国家或国际化标准化组织分配了子结点 org(3)，美国国家标准化技术研究所（NIST）被授权使用，美国国防部在其下分配了子结点 dod(6)，Internet 体系结构委员会（IAB）在 dod(6)分配了一个子结点 internet(1)，对象描述符是 internet，对象标识符是 1. 3. 6. 1，对应 iso. org. dod. internet。

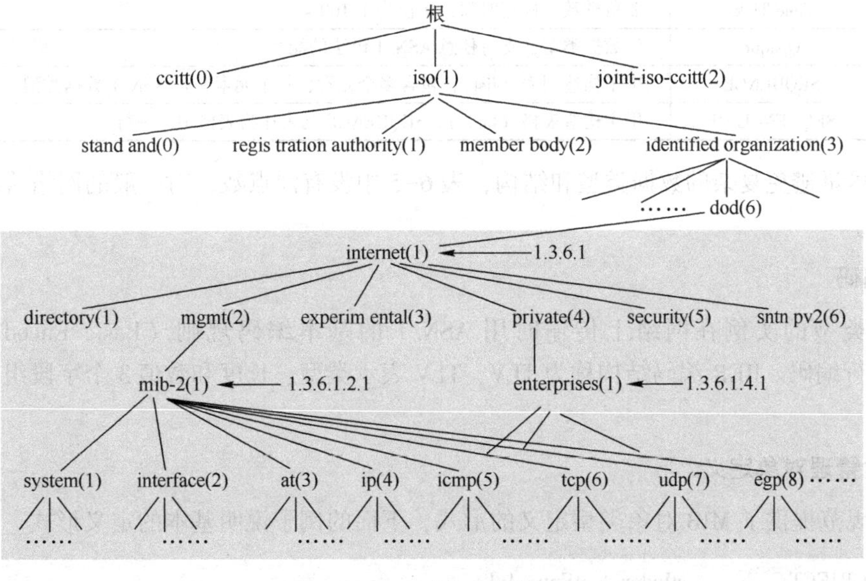

图 6-8　MIB 对象命名树示例

如图 6-8 所示，结点 mib 的标识符是 1. 3. 6. 1. 2. 1，它下面的子树是 MIB 被管理对象。1991 年 MIB 的新版本 MIB-Ⅱ问世，最初定义的结点 mib 改为 mib-2。

上文所列举的 ifMtu 是 MIB 被管理对象的一个例子，其编号是 4，记为 ifMtu(4)，它的父结点是 ifEntry(1)，ifEntry 的父结点是 ifTable(2)，ifTable 的父结点是 interface(2)，interface 的父结点是 mib-2。所以，ifMtu 的对象标识符是：

1.3.6.1.2.1.2.2.1.4(iso.org.dod.internet.mgmt.mib-2.interface.ifTable.ifEntry.ifMtu)

2. 语法

语法用来定义对象类型的数据类型。例如，一个给定对象类型的数据类型可能是一个整数（INTEGER）或一个字符串（OCTET STRING）。不是所有的 ASN.1 的数据类型都用于 SNMP 管理。RFC 1155 中规定的有 3 类，即基础类（primitive type）、定义类（defined type）和构造器类（constructor type）。表 6-5 列出了关于它们的简要说明。

表 6-5 SMI 指定的数据类型

类型	数据类型	说明
基础类	INTEGER	32 bit 整数，大小为 $-2^{31} \sim 2^{31}-1$
	OCTET STRING	可变长度字符串
	OBJECT IDENTIFIER	给对象指定的标识符，标识符是一系列的非负整数
	NULL	占位符
定义类	Network Address	允许使用各类型格式化的网络地址，目前只支持 Internet 协议
	IpAddress	32 bit IP 地址结构
	Counter	32 bit 计量器，非负整数，大小为 $0 \sim 2^{32}-1$，以 2^{32} 为模单调递增，一旦超出最大值，从 0 开始重新计数
	Gauge	32 bit 计量器，非负整数，大小为 $0 \sim 2^{32}-1$，可增可减，达到最大值再增加时值不变
	Time Ticks	非负整数，标记时间，单位为 1/100 s
	Qpaque	伪数据类型，支持任意 ASN.1 语法的能力
构造器类	SEQUENCE	用于构造列表（list），包含多个元素，每个元素又是 ASN.1 数据类型
	SEQUENCE OF	用于构造表格（table），SEQUENCE 列表作为表格中的一行

SMI 尽量避免复杂的数据类型和结构，表 6-5 中没有浮点数，对一般的网络管理需求已经够用了。

3. 编码

对象类型的实例在网络上传输时用 ASN.1 的基本编码规则（Basic Encoding Rule，BER）进行编码。BER 编码结构称为 TLV，TLV 表示类型、长度和数值 3 个字段组成对象的编码。

4. 被管理对象定义

SMI 规范提供了 MIB 对象类型定义的形式，下面的例子说明基本的定义形式。

```
OBJECT:       atIndex { atEntry 1 }
Syntax:       INTEGER
Definition:   "The interface number for the physical address"
Access:       read-write
Status:       mandatory
```

定义从 OBJECT 参数开始，其中，atIndex 是定义的对象的描述符，atEntry 是它的父结点，1 是它在同一级结点中的编号；参数 Syntax 定义对象的数据类型，可以是表 6-6 中的数据类型；参数 Access 定义对象的访问权限，可以是 read-only、read-write、write-only 和 not-accessible 等；参数 Status 指出本对象是强制的（mandatory）、可选的（optional）或是作废的（obsolete）；参数 Definition 用文本给出对象的语义，指出 atIndex 表示一个物理地址对应的接口号。

下面再举几个相关的例子。前两个是与上述 atIndex 同级的两个对象的定义，分别是网络接口的物理地址 atPhysAddress 和网络地址 atNetAddress，然后用 SEQUENCE 将这 3 个对象组成一个列表 atEntry，表示了物理地址和网络地址转换的对应关系，最后用 SEQUENCE OF 汇聚 atEntry，定义了一个地址转换表 atTable。其中的符号“::=”表示“定义为”。

```
OBJECT:          atPhyAddress { atEntry 2 }
Syntax:          OCTET STRING
Definition:      "The media-dependent physical address"
Access:          read-write
Status           mandatory
OBJECT:          atNetAddress { atEntry 3 }
Syntax:          Network Address
Definition:      "The network address corresponding to the media-dependent physical address"
Access:          read-write
Status           Mandatory
OBJECT:          atEntry { atTable 1 }
Syntax:          AtEntry::= SEQUENCE{
                   atIndex
                   INTEGER
                   atPhysAddress
                   OCTET STRING
                   atNetAddress
                   Network Address
                 }
Definition:      "An entry in the address translation table"
Access:          read-write
Status           Mandatory
OBJECT:          atTable { at 1 }
Syntax:          SEQUENCE OF atEntry
Definition:      "The address translation table"
Access:          read-write
Status:          mandatory
```

SMI 标准还使用宏（macro）等其他形式定义 MIB 中的对象。

6.5.4 管理信息库（MIB）

管理信息库（Management Information Base，MIB）包含了所有可能的被管理对象。SMI

规定 MIB 中的对象必须由国际标准化组织提出的 ASN.1 标准来定义。上文讲到，ASN.1 对象标识符空间构成一棵对象命名树，MIB 对象在它的子树上。

图 6-8 示例的对象命名树上，在结点 internet(1.3.6.1)下有以下 4 个子结点：

directory(1)：为使用 ISO 目录而保留。

mgmt(2)：用于 IAB 批准文档中定义的对象。

experimental(3)：用于 Internet 实验中使用的对象。

private(4)：用于 Internet 实验中使用的对象。

结点 mib(1)/mib-2(1)在 mgmt(2)下，标识符是 1.3.6.1.2.1，以前缀 1.3.6.1.2.1 开头的子树上的结点包含了标准的 MIB 被管理对象。

最初的结点 mib 将其所管理的 MIB 对象分为 8 类，见表 6-6。mib-2 所包含的对象增加了 transmission 和 snmp 两类，有 10 类。8/10 个类别下的 MIB 对象又分为若干个级，直到叶结点。每个类别都包含多个被管理对象，此处不再一一列举。表 6-7 给出了各类别下一些被管理对象的例子。

表 6-6 MIB 对象类别

类别	标号	说明
system	(1)	主机或路由器的操作系统
interface	(2)	网络接口
at	(3)	地址转换（例如 ARP 映射）
ip	(4)	IP 软件
icmp	(5)	ICMP 软件
tcp	(6)	TCP 软件
udp	(7)	UDP 软件
egp	(8)	EGP 软件

表 6-7 MIB 对象举例

MIB 对象	所属类别	意义
SysUpTime	system	距上次重启动的时间
ifNumber	interface	网络接口数目
ifMtu	interface	接口的最大传输单元（MTU）
ipDefaultTTL	ip	IP 寿命字段中使用的值
ipInReceives	ip	接收到的数据报数目
ipForwDatagrams	ip	转发的数据报数目
ipOutNoRoutes	ip	选路失败的数目
ipFragOKs	ip	分片的数据报数目
ipRoutingTable	ip	IP 路由表
tcpRtoMin	tcp	TCP 允许的最小重传时间
tcpMaxConn	tcp	允许的最大 TCP 连接数目
tcpInSegs	tcp	已接收的 TCP 报文段数目
udpInErrors	udp	已收到的有错误的 UDP 数据报数目
egpInMsgs	egp	已收到的 EGP 报文数目

结点 experimental(3)下的子树用于 Internet 实验中使用的对象，实验成功的对象也可以移至 mib 下，称为标准的 MIB 被管理对象。

结点 private(4)下的子树用于定义专有的管理对象，给各厂商预留了空间。各厂商可以针对自己生成的产品，在 1.3.6.1.4.1（iso. org. dod. internet. private. enterprise）企业标识符下自定义专有的 MIB 对象，扩展标准的 MIB。网络管理软件可以支持企业专有的 MIB。

1.3.6.1.4.1 企业标识符下的结点数已超过 3000 个，世界上任何公司、学校等用电子邮件发至 iana-mib@ isi. edu 申请，就可获得一个结点标识符。例如，在企业之下，IBM、Cisco、HP、Microsoft 的编号分别是 2、9、11、311。Microsoft 的 DHCP 标识符是 1.3.6.1.4.1.311.1.3。

6.6 基于因特网的远程主机操作及控制协议

一般情况下用户对计算机的操作是通过键盘、鼠标等输入设备，直接将输入信息送给计算机，然后从直接连接在计算机上的显示器等输出设备上得到反馈。那么当计算机不在用户身边时，用户需要怎样操作计算机呢？

对计算机操作系统用户界面来说，一般分为基于字符的用户界面和基于图形的用户界面两大类，这两大类用户界面都支持通过网络进行远程访问。

6.6.1 字符界面的远程主机操作协议

要通过网络访问远程计算机的命令行界面，就需要利用 TCP 连接双向传递命令行界面的输入输出字符流，常用来完成这类任务的是 TELNET 和 SSH 两个协议。由于 Windows 操作系统的命令行界面并不是其主流操作方式，因此这两个协议经常使用的场合是操作 Linux/UNIX 系统的计算机或者命令行界面的网络设备。

TELNET 和 SSH 两个协议都是基于客户服务器结构的，从用户角度看，它们的客户端软件外观上没有什么区别，都是一个字符模式的窗口。凡是用户键入的字符流（也包含一些控制字符，例如回车换行）都被客户端软件接收后通过 TCP 连接发送到服务器。服务器把这个 TCP 连接抽象为一个控制终端，因此把接收到的字符流都当作命令行来解读，服务器执行这些命令，并把由此产生的输出字符流通过该 TCP 连接发送到客户端，客户端负责把这些内容在用户面前显示出来，供用户观察或阅读。

这两个协议最大的区别在于，TELNET 协议在网络上以明文形式直接传输字符流，而 SSH 协议在把字符流放到网络上之前对字符流进行加密，因此网络上传输的是密文，防止通过网络嗅探造成泄密，进一步提高了信息安全性。当然，SSH 协议作为一种安全通信手段还衍生了其他一些用途，这里不做详述，感兴趣的读者可以自行上网了解相关知识。

除了传输环节的加密特性，这两个协议在使用时的体验很相似。它们的服务器端运行时，会加载运行一个命令行接口的操作系统 shell（对于 Linux 系统，就是 sh、csh、bash 或类似的东西；对于 Windows 系统，就是 CMD. EXE 或者 PowerShell. EXE）并且将它的标准输入（stdin）和标准输出（stdout）重定向到网络上的 TCP 连接，供客户访问。

它们的客户端软件形式多样，主要分为用命令行调用的基于字符的客户端和自带窗口界面的客户端两大类。

在常见的 Windows 系统下，往往内置了命令行下的 TELNET 客户端，也就是 TELNET. EXE 应用程序，使用时需要在一个命令提示符环境下键入：

telnet <服务器端 IP 地址或域名>

该命令执行以后，会建立一个从本机到服务器的 23 号 TCP 端口的连接，按照提示验证过用户名和口令以后就会得到服务器端转向来的命令提示符，用户就可以在这里输入服务器端操作系统的命令，交给服务器执行，并以字符流的形式得到服务器端的执行结果。用户在使用这种方式的客户端时，需要明确注意当前命令环境是本地操作系统命令提示符，还是 TELNET 客户端的内置命令提示符，或者是远程服务器操作系统的命令提示符。在不同的提示符下，执行命令的主体是不同的，可执行的命令集也是截然不同的。以 Windows 系统内置的 TELNET 客户端为例，首先作为准备工作运行一个命令提示符环境，这往往是通过鼠标在菜单上单击来完成的，命令提示符环境的初始提示符一般类似于：

C:\Windows\System32>

这时的命令执行主体是本地计算机上的 CMD. EXE，可以使用本地计算机支持的所有命令。当用户在这个环境下执行了 telnet 命令以后，提示符变成：

Telnet>

这时的命令执行主体是 TELNET. EXE，可以执行它所支持的有限的几个命令。如果在这个环境下执行：

OPEN 192. 168. 0. 100

或者在 CMD 的提示符下直接执行：

telnet 192. 168. 0. 100

都会由本地计算机上的 TELNET. EXE 发起一个到目标服务器 192. 168. 0. 100 的 TCP 连接。如果目标服务器接受该连接请求，那接下来就会向用户请求用户账号名和用户口令（无回显状态），验证正确以后进入服务器端 shell 界面：

Login：tony
Password：

[tony@ Server ~]

这时用户就是在以账号 tony 的身份在使用远程服务器上的 shell 在执行命令了。要退出这种状态需要在远程执行 shell 认可的退出命令，常见的形式可能是 logout 或者 exit 命令。

Windows 环境下常用的窗口环境的客户端软件有 PuTTY（图 6-9）或 SecureCRT 等，这些软件一般都可以同时支持 TELNET 客户端模式和 SSH 客户端模式。并且在软件窗口上带有方便辅助操作功能的可视化工具栏，允许用户使用鼠标来辅助进行一些操作。

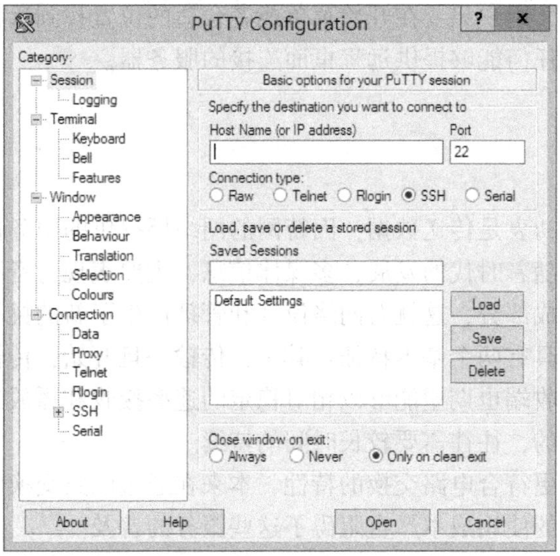

图 6-9　PuTTY 建立连接配置界面

6.6.2　Windows 远程桌面协议

由于操作系统的用户界面中，图形用户界面（GUI）已经成为主流。在这种情况下，对计算机的远程访问也应该以图形界面的方式完成，因此 Windows 系列操作系统提供了远程桌面协议（RDP）作为以图形用户界面方式远程访问计算机的手段。

从服务器端看，Windows 2000 以后的 Windows 系列操作系统中，均有不同版本的 RDP 协议的软件实现，并表现为两种不同的模式。其一是用于管理目的的远程桌面连接服务，支持少量几个并发的远程桌面请求，允许系统管理员使用这种方式对服务器进行管理操作，如图 6-10 所示。其二是额外安装的 Windows 终端服务，允许较多数量的并发连接访问本机桌面，可以用于瘦客户机或移动电话等设备上虚拟桌面环境的实现。

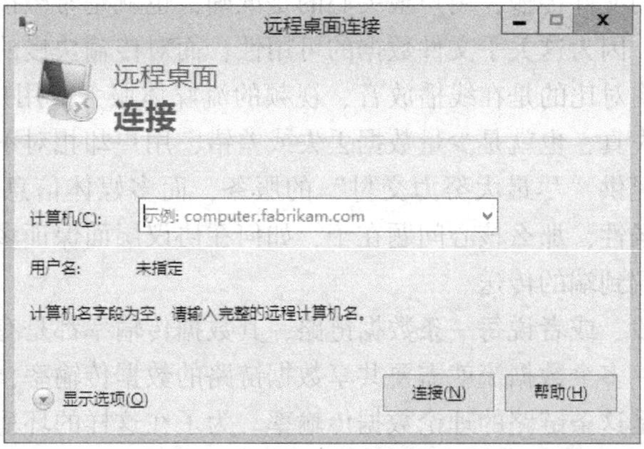

图 6-10　远程桌面连接客户端

按照服务器端配置的不同，用户可以使用专门的 RDP 客户端软件或者浏览器来访问远程桌面。对于基于 Windows 系统的客户机来说，现代的 Windows 系统都已经内置了用于远程桌面访问的客户端软件，用户只要在开始菜单或者合适的位置找到远程桌面连接客户端软件并运行它，就可以访问任何能够提供远程桌面连接的服务器。

6.7 多媒体服务

计算机网络的设计初衷是传送数据，因特网的网络层提供的服务都是为了传送数据信息而设计和优化的。然而随着时代的发展，多媒体信息，主要表现为音频和视频信息，成为网络流量中不可忽视的组成部分，这就对网络设计和管理产生了新的挑战。

多媒体信息的传输具有两个基本特征：其一，传输一旦开始，传输速率基本稳定在一个平均值附近，因而，接收端也期望能够以相对稳定的速率接收和播放这些信息；其二，多媒体数据的传输并非突发的，往往需要较长时间的持续。

上述两个特征其实更符合电路交换的特性，本来在通过电路交换的公用电话网中得到了较好的实现，然而高昂的使用成本严重阻碍了这些服务的普及。

为了在基于分组的计算机网络上实现多媒体信息的令人满意的传送，人们针对不同应用采取了多种措施来保证上述特征一的实现。例如，可以采用比音视频传送带宽需求大得多的网络信道，来尽可能减少并行在信道上的突发的数据传输对多媒体信息传送的影响；可以在接入网环境下使用流量控制设备调整和限制非多媒体应用对网络带宽的占用率；可以研发更高效的数据压缩技术来降低多媒体信息传送的带宽需求，等等。本节主要从网络协议角度讨论相关问题的解决方案。

6.7.1 多媒体传输的服务质量与差异化服务

服务质量是服务性能的总效果，此效果决定了用户对服务的满意程度。因此简单地说，服务质量就是能够满足用户预期的网络服务的若干性能指标。

对于具体的应用，描述服务质量的指标可能包括响应时间、吞吐量、分组丢失率、连接建立时间、故障检测时间等。不同的应用，用户关心的指标类型和数值有着较大的区别。对于传统的面向计算机的文件传输，用户最关心的是准确，也就是希望接收到的数据和发送端发送的数据精确一致，因为这关乎文件数据的可用性，而对传输快慢的关心则放在相对次要的位置。与此形成鲜明对比的是在线播放音、视频的流媒体服务，用户更加关注其流畅性，对于一些不太严重的失真，也就是少量数据丢失或差错，用户却相对不是很在意。

由于因特网只能提供“尽最大努力交付”的服务，而多媒体信息传送又需要保障数据流在整个网络上的流畅性，那么核心问题在于，如何在协议层面保证多媒体信息分组能够以均匀的传输速率进行端到端的传送。

实际网络的每一段，或者说每一条数据链路，其数据传输率都是有限的。当同时需要传输的数据流有很多时，多个数据流就需要共享数据链路的数据传输率，它们各自的数据传输率的总和的上限，就是这条链路的理论数据传输率。为了在这样的环境中保障多媒体数据流的数据传输率的稳定，就需要沿途的路由器在基本的因特网络由的基础上，额外实现面向数据流的调度和管制。

所谓调度，就是指分组在路由器的缓冲区内排队的算法。

如果不考虑特殊的调度，那么路由器的默认排队算法是先入先出（FIFO）队列。当队列已满时，新到达的分组就只能被丢弃。先入先出并不考虑数据流的概念，对到达分组一视同仁，并不区分哪个分组是时间敏感并需要优先处理的，因此不能适应时间敏感的多媒体信息分组的服务质量要求。

为了保证一些分组优先传送的需求，可以考虑按优先级排队，也就是建立两个队列：高优先级队列和低优先级队列。路由器接收一个分组以后使用分类程序对其优先级进行分类，然后使其进入相应优先级的队列。队列的出口端由调度程序监视和控制，当高优先级队列有分组需要发送时，调度程序总是优先处理高优先级队列中的分组。

简单地按照优先级分类排队会带来一个问题，当高优先级队列中有分组需要传送时，低优先级队列就总是处于等待状态，这看起来很不公平。公平排队（FQ）算法希望解决公平问题，它要求按顺序循环处理每个队列，轮流发送每个队列的一个分组。然而这样一来，较长的分组就要占用较多的服务时间，这对短的分组显得不公平。

加权公平排队（WFQ）算法为每个优先级不同的队列分配不同的服务时间片，优先级高的队列得到的服务时间片就会更长一些，这样它就有机会传送更多的数据，无论是传送较长的分组，还是传送更多的较小分组。

对于单独的每一个数据流，需要考虑的问题则是依据其平均速率、峰值速率和突发长度来进行管制。其具体实现手段是著名的漏桶模型。

漏桶是一种抽象的机制。在漏桶中可以放入若干令牌，但数量不能超过桶的容量。只要令牌的数量不足以充满漏桶，那么新的令牌就会以每秒 r 个的恒定速率注入漏桶，直到其充满为止。而每个分组准备进入排队队列之前都需要从漏桶中获取一个令牌，如果分组传送得过快以至于漏桶被取空，那么就需要等下一个令牌生成并进入漏桶，才能给下一个分组分配令牌。

可以证明，漏桶机制和 WFQ 算法的结合可以有效控制队列中的最大时延。

6.7.2 多播与任播在多媒体传输中的应用

随着时代的进步，网络用户的多媒体通信需求日益增长，多媒体信息的传输由于其持续性，往往需要较长时间占用信道带宽资源。更多的通信需求就需要更大的信道带宽资源。对于已经建设好的网络，其信道带宽容量是固定的，在这种情况下，有必要考虑如何在不影响使用的前提下节约信道带宽资源。

对于交互式多媒体通信，例如视频电话，其传输的多媒体信息分组都是独特的，基本没有相同的。然而对于直播式的多媒体通信，例如通过网络转播电视节目的音视频，服务器给每个收看节目的客户端都要发送相同的数据分组，这时就可以考虑通过削减相同数据分组来减轻服务器和网络的负担了。

因特网上的多播组用 D 类 IP 地址来标识，一个多播组可以由分布在因特网上的许多主机组成，它们组成多播组的目的是基本同步地接收相同的数据分组。一个目的地址是 D 类 IP 地址的分组，将会在多播路由器的帮助下转发给所有加入了该多播组的主机。

运行在多播环境下的流媒体直播服务器，只要将节目数据分组发送出去一份，就可以让全网的多播组成员主机接收到相同的节目，同时保证在相关的每一段数据链路上都不必发送重复内容的分组，这样就极大地降低了服务器和网络的负载，或者说在同样的服务器和网络上就可以承载更多的节目播放数据流。

另外一方面，同样是为了提高性能，许多因特网内容提供商使用地理意义上广泛分布的缓存服务器来就近为用户提供多媒体信息，用户在使用这些服务时，一般会被特意配置的域名服务将用户的访问请求引导至离用户较近的缓存服务器，而这种域名服务的配置往往需要人工干预。因而对网络拓扑变化的响应效率不高。

IPv6 的任播服务负责将用户的请求发送给一组主机，但只交付给路由意义上最近的一台。这个特性属于网络层协议，无须人为干预，因此能够表现出很高的效率。

6.7.3 P2P 流媒体

对等网络（Peer-to-Peer，P2P）也称为对等连接，是一种新的通信模式，每个参与者具有同等的能力，可以发起一个通信会话，在通信时并不区分哪一个是服务请求方还是服务提供方。两个参与者都运行了对等连接软件（P2P 软件，如百度云盘、迅雷下载等)，就可以进行平等的、对等的连接通信，这时双方都可以对等地下载对方已经存储在硬盘上中的共享文档。这就是 P2P 文件分发技术，采用的就是对等体系结构。

对于客户机/服务器体系结构，它要求总是打开的基础设施服务器。相反，使用 P2P 体系结构，对总是打开的基础设施服务器有最小的（或者没有）依赖，任意间断连接的主机对都称为对等方，各个对等方直接通信。对等方并不为服务提供商所有，而是为用户控制的设备。

1. P2P 流媒体技术简介

P2P 技术是一种基于对等网络的新兴技术。与传统客户/服务器模式不同，P2P 技术的最大意义在于其不依赖于中心结点而依靠网络边缘结点自组织与对等协作实现资源发现和共享，从而拥有自组织、可扩展性好、容错性强以及负载均衡等优点。现在 P2P 软件在互联网上得到了广泛的应用，其实常用的 QQ、MSN、Skype 等网络聊天工具都是采用 P2P 技术实现的。除了网络聊天工具，P2P 在软件下载和共享影视、音乐等方面的应用软件也很多，如 MySee 视频直播、PPTV 在线影视等均属于 P2P 软件。基于 P2P 的特性，它主要可以用来进行流媒体通信。

P2P 流媒体系统按照其播放方式可分为直播系统和点播系统，以及日趋流行的既可以提供直播服务又可以提供点播服务的 P2P 流媒体系统。

在流媒体直播服务中，用户只能按照节目列表收看当前正在播放的节目。在直播领域，交互性较少，技术实现相对简单，因此 P2P 技术在直播服务中发展迅速。2004 年，香港科技大学开发的 Cool Streaming 原型系统将高可扩展和高可靠性的网状多播协议应用在 P2P 直播系统当中，被誉为流媒体直播方面的里程碑，后期出现的 PPLive 和 PPStream 等系统都沿用了其网状多播模式。

P2P 直播是最能体现 P2P 价值的服务，用户观看同一个节目，内容相同，因此可以充分利用 P2P 的传递能力，理论上，在上/下行带宽对等的基础上，在线用户数可以无限扩展。

在 P2P 流媒体点播服务中，用户可以选择节目列表中的任意节目观看。在点播领域，P2P 技术的发展速度相对缓慢，一方面是因为点播当中的高度交互性实现的复杂程度较高，另一方面是节目源版权因素对 P2P 点播技术的阻碍。目前，P2P 的点播技术主要朝着适用于点播的应用层传输协议技术、底层编码技术以及数字版权技术等方面发展。

与 P2P 流媒体直播不同，P2P 流媒体点播终端必须拥有硬盘，其成本高于直播终端。目前 P2P 点播系统还需在技术上进一步探索，期望大规模分布式数字版权保护（DRM）系统的研究，以及底层编码技术的发展能为 P2P 点播系统的实施铺平道路。

由于 P2P 流媒体系统中结点存在不稳定性，P2P 流媒体系统需要解决如下几个关键技术：文件定位、结点选择、容错以及安全机制等。

（1）文件定位技术

流媒体服务实时性强，快速准确的文件定位是流媒体系统要解决的基本问题之一。在 P2P 流媒体系统中，新加入的客户在覆盖网络中以 P2P 的文件查找方式，找到可提供所需媒体内容的结点并建立连接，接受这些结点提供的媒体内容。

（2）结点的选择

在一个典型的 P2P 覆盖网络中，网络中的结点来自不同自治域，结点可以在任意时间自由地加入或离开覆盖网络，导致覆盖网络具有很大的动态性和不可控性。因此，如何在服务会话初始时，确定一个相对稳定的可提供一定服务质量（QoS）保证的服务结点或结点集合是 P2P 流媒体系统迫切需要解决的问题。

（3）容错机制

由于 P2P 流媒体系统中结点的动态性，正在提供服务的结点可能会离开系统，传输链路也可能因拥塞而失效。为了保证接受服务的连续性，必须采取一些容错机制使系统的服务能力不受影响或尽快恢复。

（4）安全机制

网络安全是 P2P 流媒体系统的基本要求，必须通过安全领域的身份识别认证、授权、数据完整性、保密性和不可否认性等技术，对 P2P 信息进行安全控制。

2. P2P 文件分发

（1）P2P 体系结构的扩展性

下面通过一个具体的应用来研究 P2P，这个应用是从单一服务器向大量主机（对等方）分发大文件。

在客户机/服务器文件分发中，服务器必须向每个客户机发送该文件的一个副本，这同时给服务器造成了极大的负担，并且消耗了大量的服务器带宽。在 P2P 文件分发中，每个对等方（即对应客户机/服务器体系结构中的客户机）都能够重新分发其所有的该文件的任何部分，从而协助服务器进行分发。

首先假设文件的长度为 F，服务器上传的速率为 U，下载速率为 D，而客户机有 N 台，每台的上传速率为 $u_i(i=1,2,\cdots,N)$，每台的下载速率为 $d_i(i=1、2\cdots N)$。

由于每一次文件的分发都涉及服务器上传文件和客户机（或对等方）下载文件。在下面的讨论中，假设 F，U，D，u_i，d_i 均不变，而 N，即对等方数量却是可变的。

首先，对于客户机/服务器体系结构，服务器上传 N 个文件（因为有 N 个客户，每个客户一个文件的副本）所需要的时间至少为 $N \cdot F/U$。而下载速率最小（用 d_{min} 表示）的对等方不可能在 F/d_{min} 秒内获得该文件的所有 F 比特，所以使用客户机/服务器体系结构分发文件所需的时间为：

$$D_{cs}=\max\left\{\frac{NF}{u_s},\frac{F}{d_{min}}\right\}$$

即所需要的最小时间由下载文件最长时间和上传文件中的较大者决定，其实这也是很自然的事，因为分发时间，要不就是服务器上传这 N 个文件用时多，要不就是对等方下载这 N 个文件用时多。然而，可以看到 NF/U 会随着 N 的增大而线性增大，而 F/d_{min} 却是个常数。也就是说当 N 达到一定的程度时，它必然大于 F/d_{min}，也就变成是 Dcs 的值，即 $Dcs=NF/U$。

然而，对于 P2P 体系结构，其中每个对等方都能够帮助服务器来分发文件。也就是说，当一个对等方接收到文件数据时，它可以利用自己的上传能力重新将数据分发给其他对等方。

在分发的开始，只有服务器拥有文件。为了使对等方得到该文件，服务器必须经其接入链路至少发送一次该文件。因此最小分发时间至少是 F/U。因为在 P2P 体系结构中，服务器发送一次文件就可能不用再次发送了，因为其他对等方可以从拥有该文件的对等方中获得。

与客户机/服务器体系结构相同，下载速率最小的对等方不可能在 F/d_{min} 秒之内获得文件 F 的所有比特。因此最小的分发时间也可能是 F/d_{min}。

最后，系统的总上传能力等于服务器的上传速率加上每个对等方的上传速率，即 $U_{total}=U+u_1+u_2\cdots+u_N$。系统必须向 N 个对等方都交付（上传）F 比特，因此总的交付为 NF 比特。所以最小分发时间至少是 $NF/(U+u_1+u_2\cdots+u_N)$。

综上所述，使用 P2P 体系结构分发文件所需要的时间为

$$D_{p2p}=\max\left\{\frac{F}{u_s},\frac{F}{d_{min}},\frac{NF}{u_s+\sum_{i=1}^{N}u_i}\right\}$$

即最小分发时间由服务器上传的时间、对等方下载的最长时间和所有对等方上传下载的时间来决定。同样，因为 F/U，F/d_{min} 都是常数，所以当 N 达到一定值后，$NF/(U+u_1+u_2\cdots+u_N)$ 就会大于前面的两者，成为分发文件所需要的时间，即 $Dp2p=NF/(U+u_1+u_2\cdots+u_N)$。从表达式中可以看到，当 N 的值增大时，由于对等方的数量也能加了，所以 $U+u_1+u_2\cdots+u_N$ 的值也会随之增大，所以函数并不像客户机/服务器体系结构中的函数那样，分发时间会线性地增加，它的曲线与对数函数（如 $\log_2 N$）的曲线相似。所以当 N 的值较大时，P2P 体系结构分发文件所需要时间远比客户机/服务器体系结构的小。

图 6-11 比较了客户机/服务器和 P2P 体系结构的最小分发时间，其中假定所有的对等方具有相同的上传速率 u。

（2）用于文件分发的流行 P2P 协议——BitTorrent

前面用数学的方法说明了基于客户机/服务器体系结构和基于 P2P 体系结构的文件分发所需时间的差别，下面来说一下，这个 P2P 文件分发是如何实现的。

BitTorrent 是一种用于文件分发的流行 P2P 协议。在 BitTorrent 中，把参与一个特定文件分发的所有对等方的集合称为一个洪流（torrent）。在一个洪流中，对等方都下载等长度的文件块，块长度通常为 256 KB。当一个对等方开始加入一个洪流时，它没有文件块。随着时间的推移，它将累积越来越多的文件块。当它下载文件块时，也为其他对等方上传了多个文件块。对等方一旦获得了整个文件，它可以（自私地）离开洪流，或（大公无私地）留

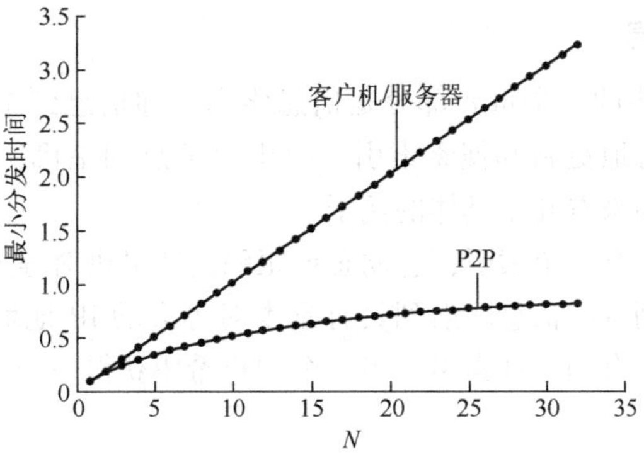

图 6-11 最小分发时间比较

在洪流中继续向其他对等方上传文件块。同时，任何对等方可以在任何时候（即使它还没有获得整个文件）离开洪流，以后也可以重新加入洪流。

这里有两个问题：1）主机或设备加入一个洪流中时如何知道它有哪些对等方，即它如何知道它要向哪些主机请求所需要的文件？2）在下载文件时，如何确定所需要的文件块是哪一块？换句话说就是，文件由很多块组成，而下载时并不按文件原有的顺序下载，那么如何确定还需要下载哪些块来让这个文件变得完整？

首先回答第一个问题，每个洪流具有一个基础设施结点，称为追踪器。当一个对等方加入洪流时，它向追踪器注册，并周期性地通知追踪器它仍在洪流中。一个特定的洪流可能在任意时刻拥有数以百计或千计的对等方。当一个新的对等方 A 加入洪流时，追踪器随机地从参与对等方集合中选择一些对等方，并将这些对等方的 IP 地址发送给 A，A 持有对等方的这张列表，试图与该列表上的对等方创建并行的 TCP 连接，与 A 成功地创建 TCP 连接的对等方称为“邻近对等方”。随着时间的推移，其中的一些对待方可能离开，而另一些对等方可能试图与 A 创建 TCP 连接，就像 A 之前所做的那样。这样用户就可以知道要下载的文件所在洪流中有哪些对等方。

再来回答第二个问题，在任何时刻，每个对等方都具有某文件块的子集，且不同的对等方具有不同的文件块子集。A 周期性询问每个邻近对等方所具有的块列表并获得其邻居的块列表，因此 A 将对它当前还没有的块发出请求。同时由于在洪流中的每一个对等方既下载又上传，所以 A 还应决定它请求的块应该发送给它的哪些邻居。通常在请求块的过程中，使用一种叫最稀罕优先的技术，即根据 A 没有的块从它的邻居中确定最稀罕的块（即那些在它的邻居中副本数量最少的那些块），并优先请求这些最稀罕的块。这样做的目的也很明显，就是让每个块在洪流中的副本数量大致相等，这样同时也能提高总的下载速率，因为下载不会卡在某个文件块的下载中。

在 P2P 文件共享中，免费搭车是一个常见的问题，这是指对等方从文件共享系统中下载文件而不上传文件。BitTorrent 的对换算法有效地消除了这种免费搭车的问题。因为 A 为了能在一段较长的时间内以较快的速率从 B 下载比特，就必须同时以一种较快的速率向 B 上载比特。BitTorrent 还具有很多其他有趣的机制，包括管道、随机优先选择、残局模型和反怠慢。

3. P2P 区域搜索信息

许多P2P应用程序中的一个重要部分是信息索引，即信息到主机位置的映射。在这些应用程序中，对等方动态地更新和搜索索引。由于“信息到主机位置的映射”这一说法听起来有点抽象，所以下面来看几个具体的例子。

P2P文件共享系统中有一个索引，它动态地跟踪这些可供对等方共享的文件。该索引维护了一个记录，将有关副本的信息映射到具有副本对等方的IP地址。当一个对等方加入系统时，它通知系统它所拥有的文件索引。当一个用户希望获得一个文件时，他搜索索引以定位该文件的副本的位置。

注意P2P文件分发与P2P文件共享还是有一定的区别的，P2P的文件共享有可能发生在不同的时段，例如，现在收到的文件，1 h后才需上传。P2P的文件共享也有可能发生在不同的文件，例如，需要下载A文件，却为其他用户提供B文件。而P2P的文件分发更多是针对单一文件，在下载的同一时间为其他用户提供上传服务，这是一个协同处理的过程。

下面讨论在对等区域中组织和搜索索引的三种方法。为了具体起见，假设在P2P文件共享系统中搜索一个文件。

（1）集中式索引

由一台大型服务器（或服务器场）来提供索引服务。当用户启动P2P文件共享应用程序时，该应用程序将它的IP地址以及可供共享的文件名称通知索引服务器。索引服务器收集可共享的对象，建立集中式的动态数据库（对象名称到IP地址的映射）。

它有如下的缺点：

- 单点故障。
- 性能瓶颈。
- 可靠性差。

这种索引方式的特点是：文件传输是分散的（P2P的），但定位内容的过程是高度集中的（客户机/服务器）。

Napster是第一家大规模部署P2P文件共享应用程序的商业公司，作为2000年最流行的P2P应用，其中央服务器承受了巨大通信量问题的考验。

还有一个问题就是侵权，即P2P文件共享系统允许用户免费获取受版权保护的文件。当一个P2P文件内容共享公司有一台集中式索引服务器时，法律程序将迫使该索引服务器不得不关闭。

（2）查询洪泛

与集中式索引对立的方法是查询洪泛。查询洪泛采用完全分布式的方法，索引全面地分布在对等方的区域中，对等方形成了一个抽象的逻辑网络，称为覆盖网络。当A要定位索引（例如abc）时，它向它的所有邻居发送一条查询报文（包含关键字abc）。A的所有邻居向它们的所有邻居转发该报文，这些邻居又接着向它们的所有邻居转发该报文等。如果其中一个对等方与索引（abc）匹配，则返回一个查询命中报文。

但是这种简单的方法却有一个致命的缺点，就是它会产生大量的流量。一个解决办法就是采用范围受限查询洪泛。设置一个计数值，对等方向其邻居转发请求之前就将对等方的计数字段减1，当一个对等方的计数字段为0时，停止查询。

显然，这种范围受限查询洪泛减少了查询流量。然而，它也减少了对等方的数量。因此，即使希望查找的内容在对等方区域的某个地方，也可能无法定位到它。

（3）层次覆盖

层次覆盖设计（hierarchical overlay design）该方法结合了集中式索引和查询洪泛的优点，与查询洪泛相似，层次覆盖设计并不使用专用的服务器来跟踪和索引文件。不同的是在层次覆盖中并非所有的对等方都是平等的。它的示意图如图 6-12 所示。

超级对等方（组长对等方）维护着一个索引，该索引包括了其子对等方（普通对等方）正在共享的所有文件的标识符、有关文件的元数据和保持这些文件的子对等方的 IP 地址。而超级对等方通常也只是一个普通的对等方。超级对等方之间相互建立 TCP 连接，从而形成一个覆盖网络，超级对等方可以向其信任的超级对等方转发查询，但是仅对超级对等方使用范围受限查询洪泛。

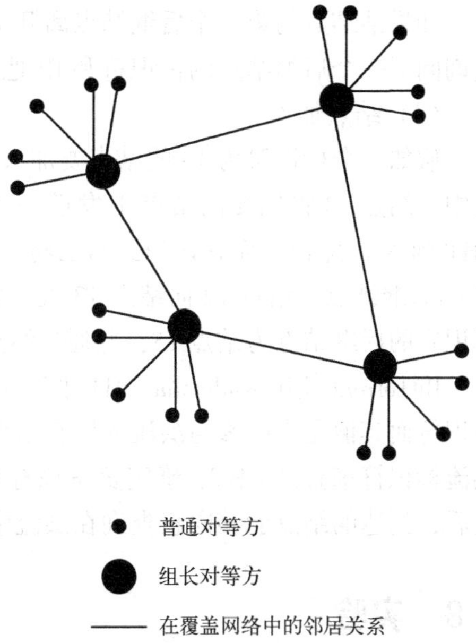

图 6-12 层次覆盖设计结构

当某对等方进行索引时，它向其超级对等方发送带有关键词的查询。超级对等方则用其具有相关文件的子对等方的 IP 地址进行响应，该超级对等方还可能向一个或多个相邻的超级对等方转发该查询。如果某相邻对等方收到了这样一个请求，它也会用具有匹配文件的子对等方的 IP 地址进行响应。

与受限查询洪泛设计相比，层次覆盖设计允许数量多得多的对等方检查匹配，而不会产生过量的查询流量。

4. 分布式散列表（DHT）

分布式散列表（Distributed Hash Table，DHT）是一种分布式数据库，其为每一个结点（对等方）分配一个 n 比特标识符，标识符是 $0\sim2^n$ 范围内的整数。

通过散列函数把每个键映射成标识符范围内的一个整数。

（1）存储

存储键值对时，如果初始键的散列值等于某个结点的标识符，则将该键存在这个结点，否则存在最邻近右继结点。

若初始键的散列值大于所有结点的标识符，则使用模 2^n 规则，在具有最小标识符的结点存储键值对。

（2）查询

为了查询键值对，可以把结点组成环形 DHT。

结点组成抽象逻辑网，在覆盖网络中的链路不是物理链路，而仅是结点对之间的虚拟联络（该网存在于由物理链路、路由器和主机组成的“底层”计算机网络之上）。

假如每个结点只知道直接后继和直接前驱，为了找到负责的键，在最差的情况下 DHT 中的所有 N 个结点将必须绕环转发该报文，在平均情况下需要发送 $N/2$ 条报文。

因此可以该环形覆盖网络为基础，增加捷径，使每个结点不仅联系它的直接后继和直接前驱，而且联系分布在环上的少量捷径结点，当某结点接收到一条查询一个键的报文时，它向最接近该键的邻居（后继邻居或捷径邻居之一）转发该报文。

（3）结点离开

每个结点都知道自己的第一个后继结点和第二个后继结点的标识符和 IP 地址，并周期性地要求它们证明自己还活着（例如发送 ping 并要求回应）

如果某结点的第一个后继结点离开了，它可以直接把第二个后继结点改成第一个，再向其询问下一个后继结点的标识符和 IP 地址。

（4）结点加入

假如一个标识符为 13 的结点要加入该 DHT，在加入时，它仅知道结点 1 存在于该 DHT 之中。结点 13 将先要向结点 1 发送一条报文，问它的前驱和后继是什么。该报文将通过 DHT 到达结点 12，而它认识到自己将是 13 的前驱结点，并且它的当前后继结点 15 将成为 13 的后继结点。结点 12 向结点 13 发送它的前驱和后继信息。结点 13 此时能够加入 DHT，标识它的后继结点为结点 15，并通知结点 12 将其直接后继改为 13。

BitTorrent 使用 Kademlia DHT 来产生一个分布式跟踪器。在 BitTorrent 中，其键是洪流标识符而其值是当前参与洪流的所有结点的 IP 地址，一个新到达的 BitTorrent 结点通过用某洪流标识符来查询 DHT，确定负责该标识符（即在洪流中跟踪结点）的结点。在找到该结点后，到达的结点能够向它查询在洪流中的其他结点列表。

6.8 实验

6.8.1 DNS 服务器配置与管理

实验目的与要求：掌握分别在 Packet Tracer（PT）模拟器和 Windows Server 2008 下的 DNS 的安装和配置方法，加深对 DNS 工作原理和过程的理解。

实验环境：一台装有 Windows Server 2008 操作系统的主机，一台客户端测试 PC，一台交换机。服务器、交换机和 PC 通过双绞线进行网络连接。

实验内容：在装有 Windows Server 2008 的主机上配置 DNS 服务器，用客户端 PC 上 ping 配置好的 DNS 服务器以检测配置的正确性。实验拓扑图如图 6-13 所示，各主机 IP 地址等信息配置如表 6-8 所示。

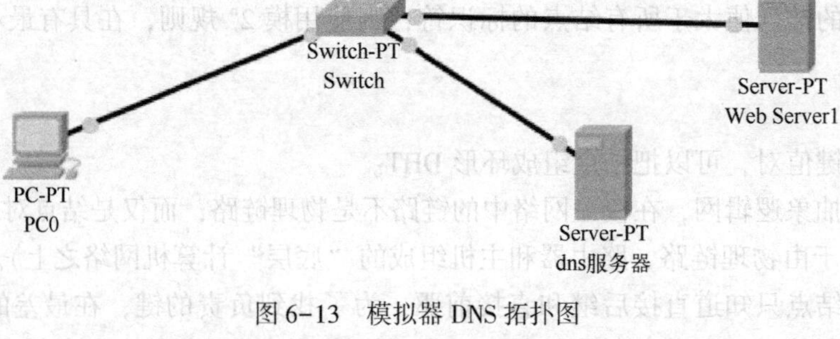

图 6-13 模拟器 DNS 拓扑图

表6-8　各主机IP地址等信息配置表

主　　机	IP地址	DNS地址	子网掩码
PC0	192.168.1.2	192.168.1.100	255.255.255.0
Web Server	192.168.1.50	192.168.1.100	255.255.255.0
DNS服务器	192.168.1.100	192.168.1.100	255.255.255.0

DNS服务器实验的配置步骤和测试如下。

1. 在PT模拟器下的配置步骤和测试

在PT中画出如图6-13所示的网络拓扑后，依次进行如下配置。

（1）DNS服务器的配置

选择“DNS服务→Service→DNS”，开启“DNS Server”功能，在DNS Cache中加入主机域名www.myserver.com和相应的IP地址，如图6-14所示。

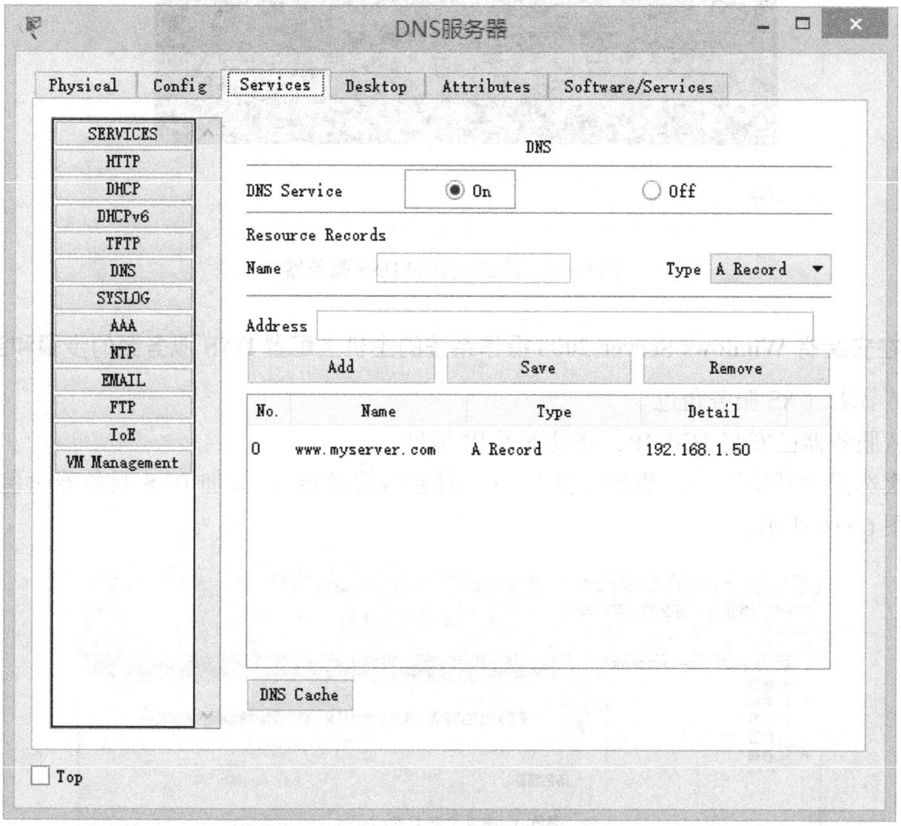

图6-14　DNS服务器的配置

（2）测试配置的DNS服务器

测试配置的DNS服务器可通过ping命令来进行。通过ping该服务器管理的域名www.myserver.com，结合DNS返回的显示结果，判断DNS服务器是否能够将该域名解析为正确的192.168.1.50。如果DNS服务器配置正确，同时主机192.168.1.50可以正确地收发报文，则其结果如图6-15所示。

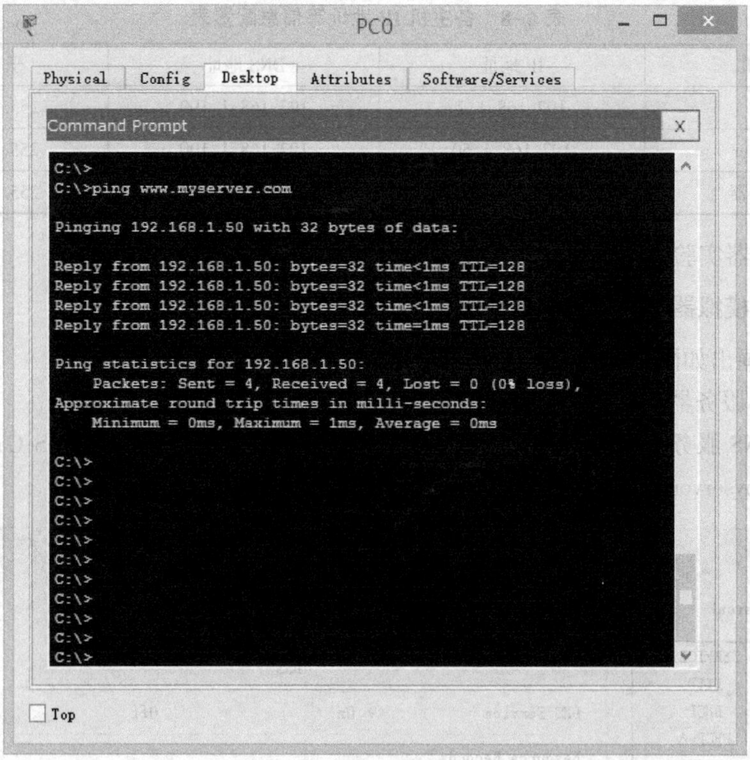

图 6-15　测试配置的 DNS 服务器

2. 在安装有 Windows Server 2008 操作系统的主机上配置 DNS 服务器的步骤和测试

(1) 添加 DNS 服务角色

确认服务器已安装 TCP/IP，并设置了 IP 地址。

依次选择“开始”→“管理工具”→“服务器管理器”，添加 DNS 服务器角色，并安装。如图 6-16 所示。

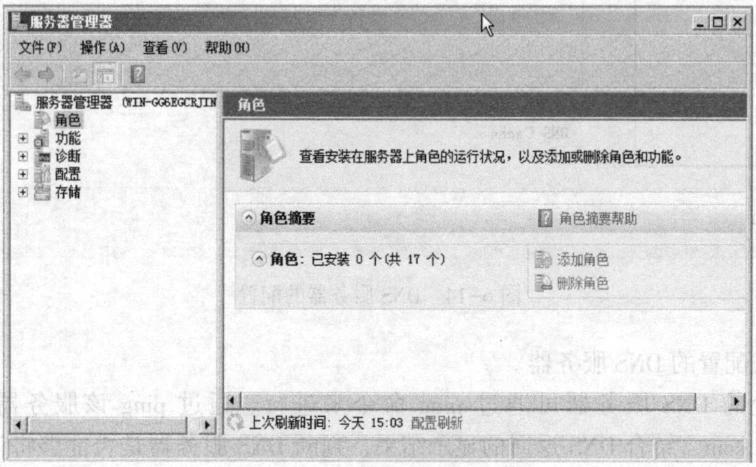

图 6-16　添加 DNS 服务角色

在弹出的对话框中选择“DNS 服务器”，如图 6-17 所示。

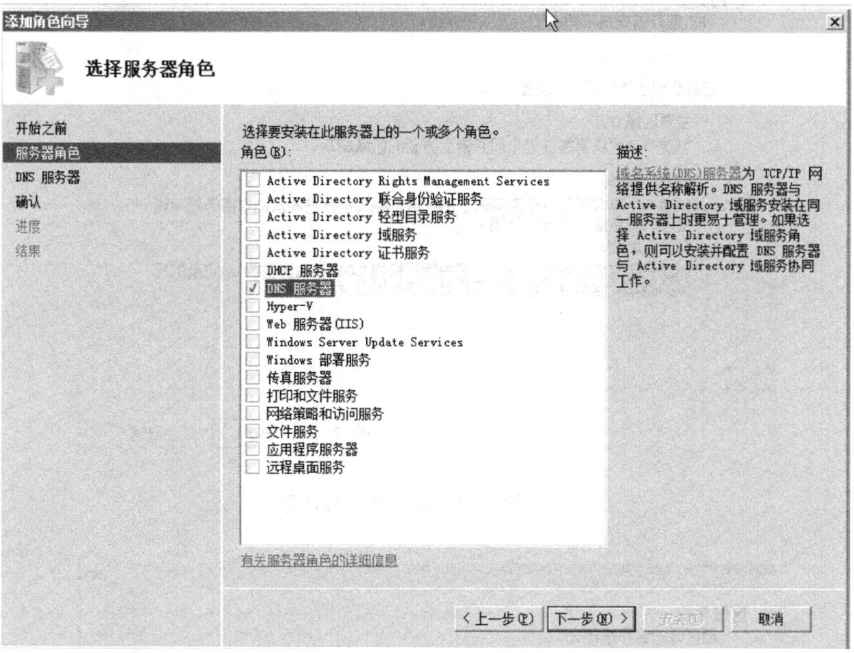

图 6-17 选择 DNS 服务器

(2) 创建正向查找区域

步骤一，依次选择“开始”→“管理工具”→“DNS”菜单项，启动“DNS 控制台”窗口。如图 6-18 所示。

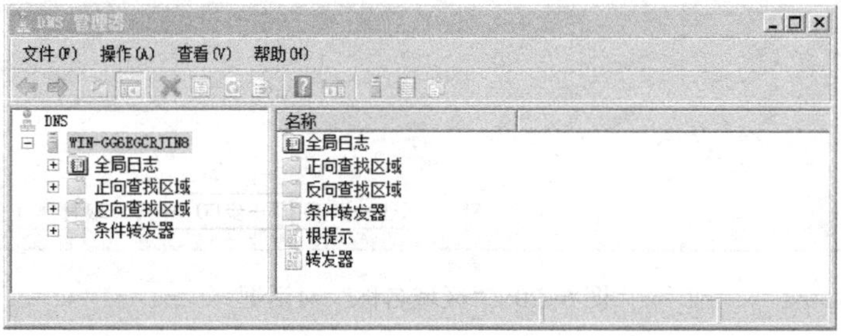

图 6-18 DNS 控制台窗口

步骤二，选取要创建区域的 DNS 服务器，在 DNS 控制台窗口右击“正向查找区域”选项，在弹出的快捷菜单中，单击“新建区域”菜单项，出现“新建区域向导”对话框，单击“下一步”按钮，打开如图 6-19 所示的“区域类型”对话框。

步骤三，在出现的对话框中选择要建立的区域类型，这里选择“主要区域”，单击“下一步”。

步骤四，出现图 6-20 所示的“区域名称”对话框时，输入区域名，例如：myserver.com，然后单击“下一步”，文本框中会自动显示默认的区域文件名。如果不接受默认的名字，也可以键入不同的名称，否则单击“完成”按钮，完成“正向区域”的创建。

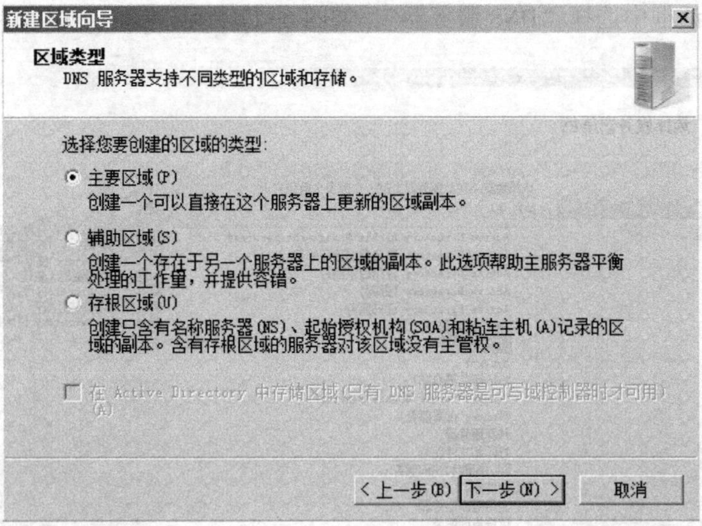

图 6-19 “区域类型”对话框

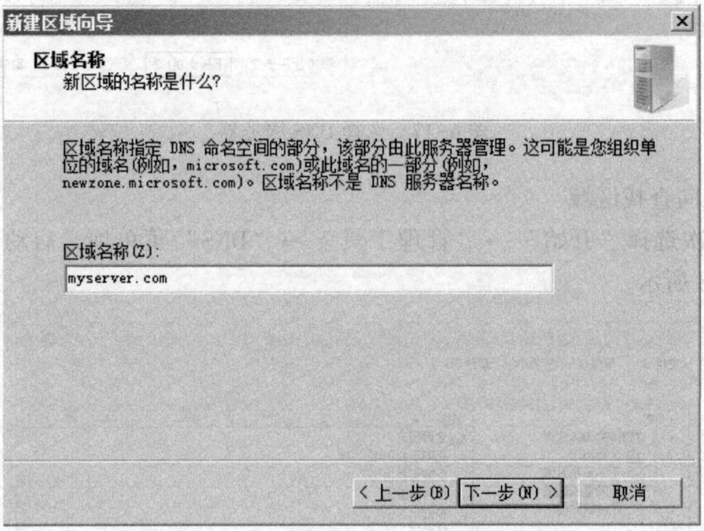

图 6-20 “区域名称”对话框

(3) 为正向区域添加主机

在“DNS”管理控制台中选择刚建好的“正向搜索区域”下的“myserver.com”。然后在右面框内空白处右键单击，选择“新建主机”，如图 6-21 所示。

(4) 创建反向区域

步骤一，打开 DNS 管理窗口。

步骤二，选取要创建区域的 DNS 服务器，右键单击“反向搜索区域”，选择“新建区域”，如图 6-22 所示，出现“新建区域向导”对话框时，单击“下一步”按钮。

步骤三，在出现的对话框中选择要建立的区域类型，这里选择“标准主要区域”，单击“下一步”按钮。

步骤四，选择“IPv4 反向查找区域”，出现图 6-22 所示对话框时，直接在“网络 ID”

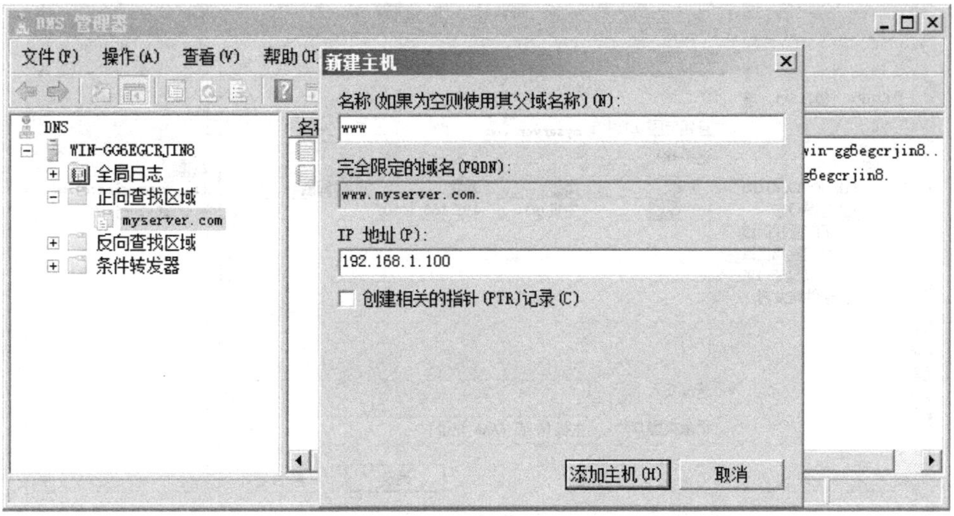

图 6-21 “新建主机”对话框

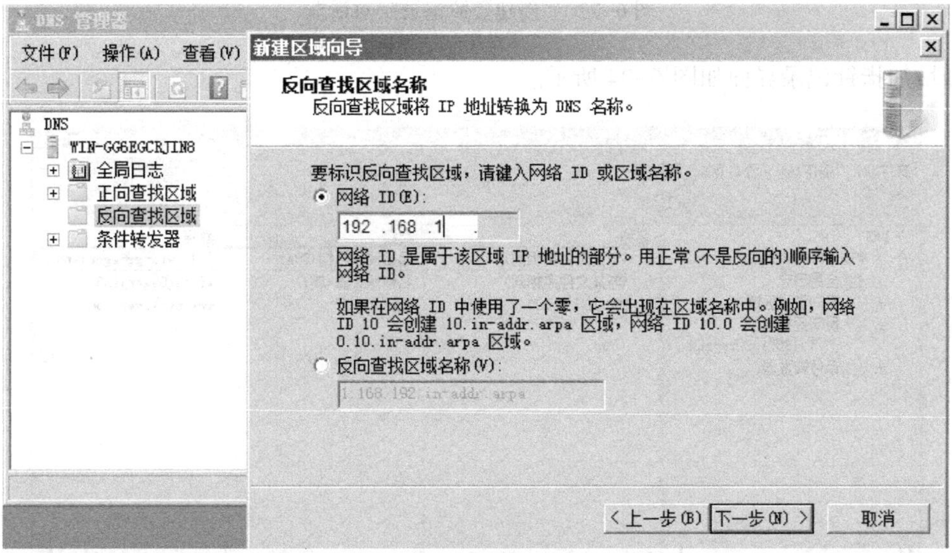

图 6-22 “新建区域向导”对话框

处输入此区域支持的网络 ID。

步骤五，单击“下一步”，文本框中会自动显示默认的区域文件名。如果不接受默认的名字，也可以键入不同的名称，单击“下一步”完成。

(5) 增加指针记录

在设置反向搜索区域后，还必须增加指针记录，即建立 IP 地址与 DNS 名称之间的搜索关系，只有这样才能提供用户反向查询功能。

步骤一，选中要添加主机记录的反向查找区域，右键单击，选择“新建指针”。

步骤二，出现如图 6-23 所示“新建资源记录”对话框，分别输入主机 IP 地址和主机的名称。

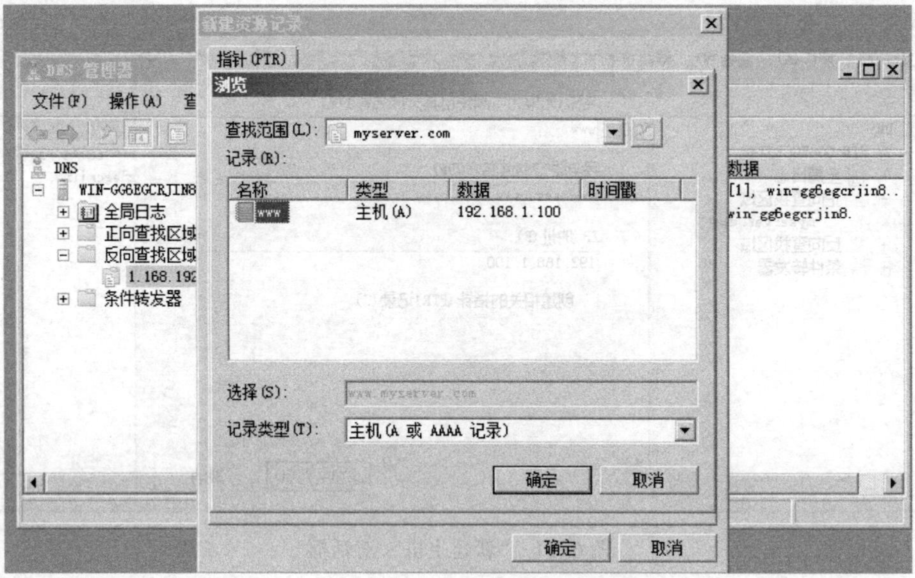

图 6-23 “新建资源记录”对话框

新增加指针记录界面如图 6-24 所示。

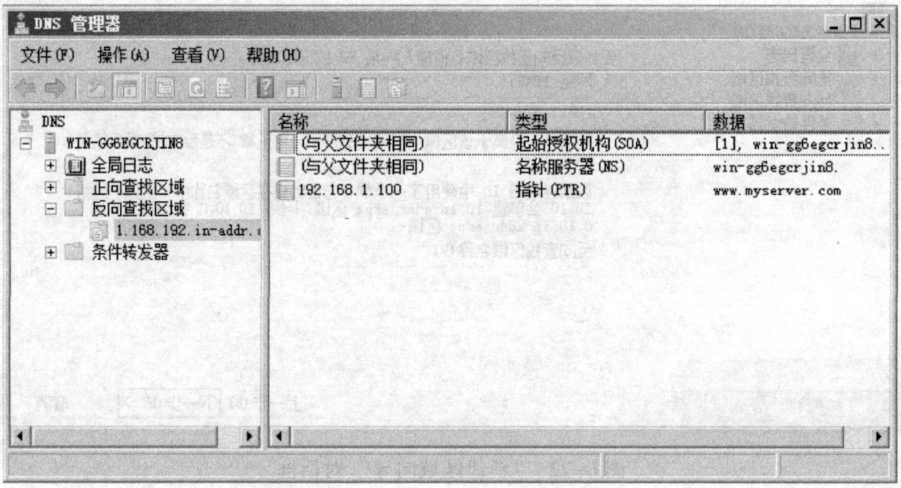

图 6-24 新增加指针记录界面

(6) 测试配置的 DNS 服务器

参看 6.8.1 节。

6.8.2 DHCP 服务器配置与管理实例

实验目的与要求：了解 TCP/IP 网络中 IP 地址的分配和管理方式，熟悉 DHCP 的工作原理和 DHCP 中 IP 地址的租用方式。分别掌握在 PT 模拟器下和 Windows Server2008 下的 DHCP 服务器的安装和基本配置方法。

实验环境：一台装有 Windows Server 2008 操作系统的主机配置为 DHCP 服务器，一台客户端测试 PC，一台交换机。服务器、交换机和 PC 通过双绞线进行网络连接。

实验内容：利用一台交换机将客户端 PC 和 DHCP 服务器连接在一起组建一个局域网。DHCP 服务器设置静态 IP 地址 192.168.1.2/24，子网掩码 255.255.255.0，DNS 为 192.168.1.100，为客户端提供 192.168.1.10 ~ 192.168.1.60 地址段中的 IP 地址。实验拓扑图如图 6-25 所示。

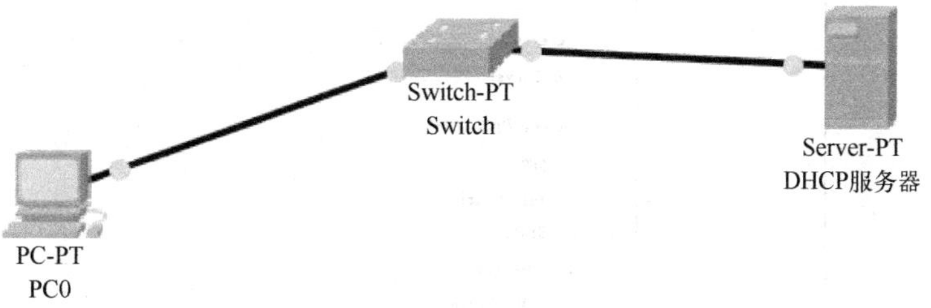

图 6-25 模拟器 DHCP 拓扑图

DHCP 服务器实验的配置步骤和测试如下。

1. 在 PT 模拟器下的配置步骤和测试

（1）DHCP 服务器配置。

为 DHCP 服务器设置静态 IP 地址、子网掩码以及网段范围、最大用户数等。如图 6-26 所示。

（2）测试

在配置 DHCP 服务器后，首先设置该局域网中的客户机，选择自动获取 DHCP 方式，如图 6-27 所示。如成功，说明实验完成。

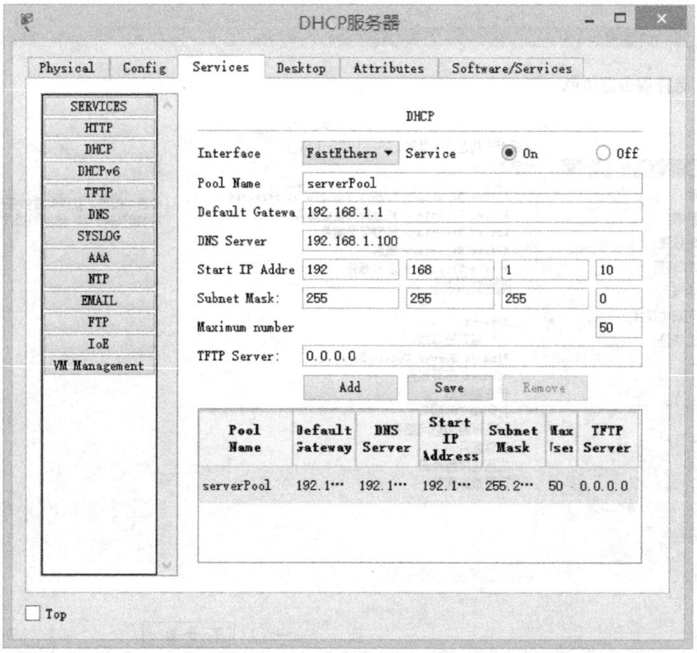

图 6-26 配置 DHCP 服务器

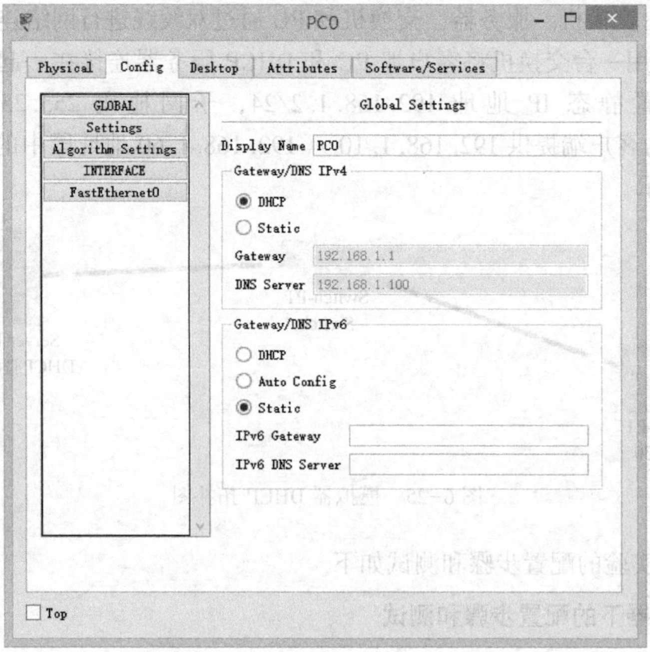

图 6-27 选择自动获取 DHCP 方式

2. 在安装有 Windows Server 2008 操作系统的主机上配置和测试 DHCP 服务器

（1）在安装 DHCP 前，先确认已配置静态 IP 地址，DNS 域等。

（2）在服务器上添加 DHCP 服务器角色

步骤一，选择“管理工具”，点击“服务器管理器”，添加角色。如图 6-28 所示。

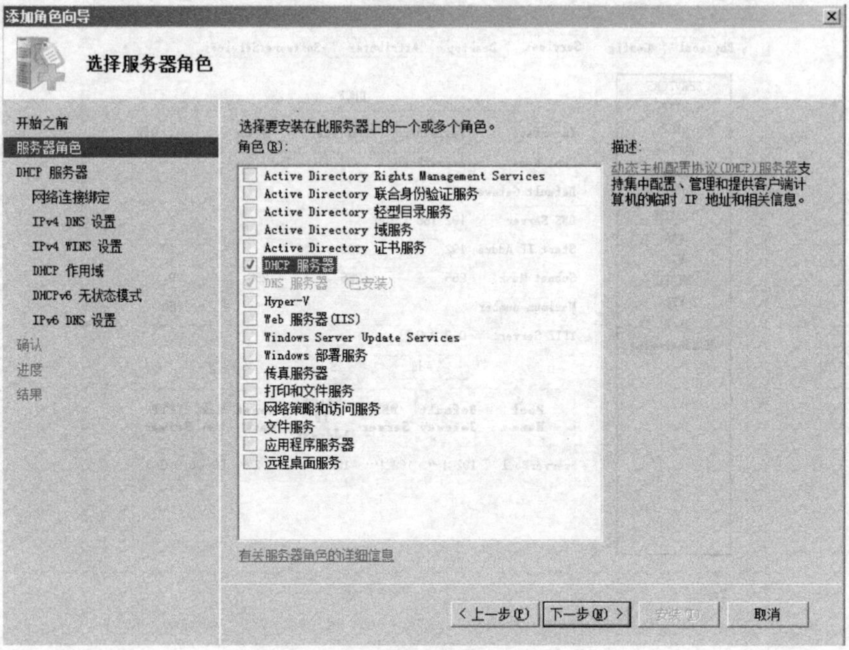

图 6-28 添加 DHCP 服务器角色

步骤二，选择角色为 DHCP 服务器，点击“下一步”按钮，然后再点击“下一步”按钮。

步骤三，在“选择网络连接绑定”对话框中绑定到实验所需的 IP 地址，如图 6-29 所示。单击“下一步”按钮。

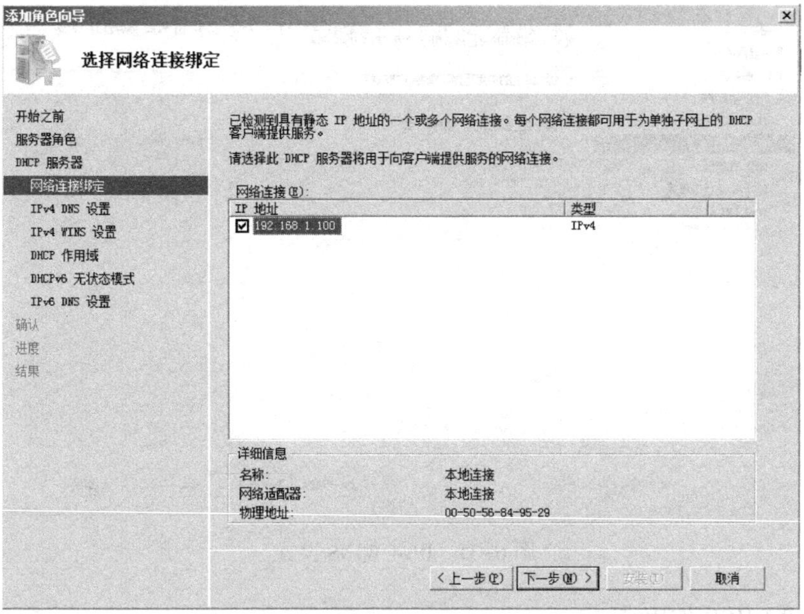

图 6-29 “选择网络连接绑定”对话框

弹出“指定 IPv4 DNS 服务器设置”对话框，如图 6-30 所示。

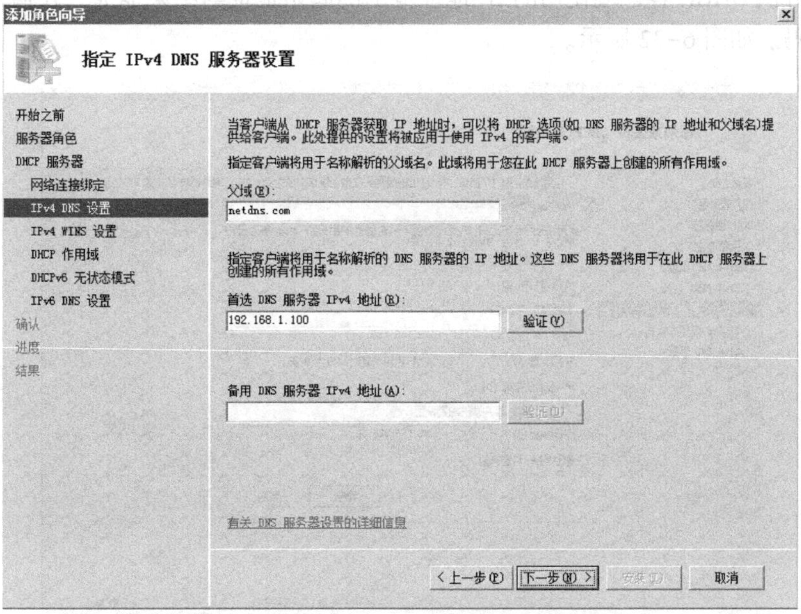

图 6-30 “指定 IPv4 DNS 服务器设置”对话框

步骤四，在“指定 IPv4 DNS 服务器设置”对话框中设置提供给客户端计算机的 DNS 服务器的 IP 地址。选择不需要 WINS。如图 6-31 所示。单击“下一步”按钮。

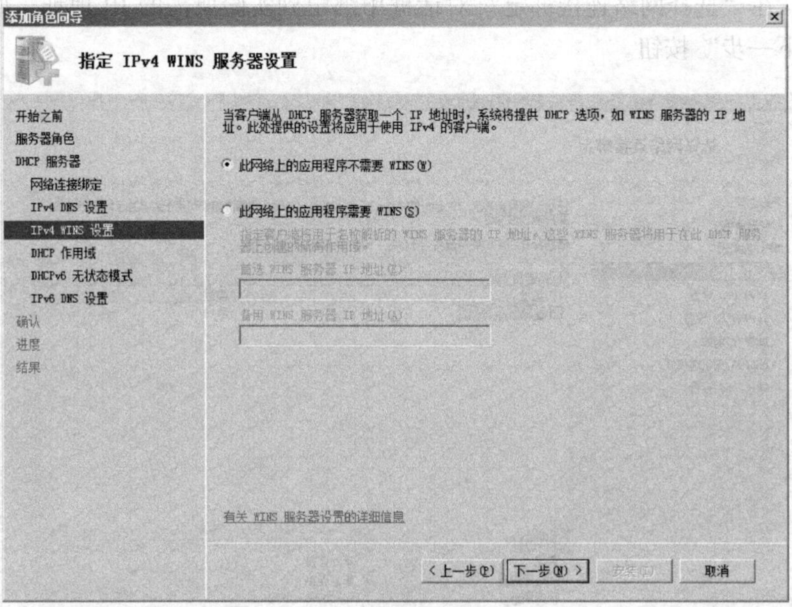

图 6-31 IPv4 WINS 设置

（3）创建 DHCP 作用域

步骤一，打开管理工具→DHCP，开始配置 DHCP 作用域。

步骤二，右键单击作用域，点击属性，配置分发的 IP 地址范围。在“IP 地址范围”对话框中输入可供 DHCP 客户端使用的 IP 地址范围的起始地址与结束地址，并输入这些 IP 地址的子网掩码。如图 6-32 所示。

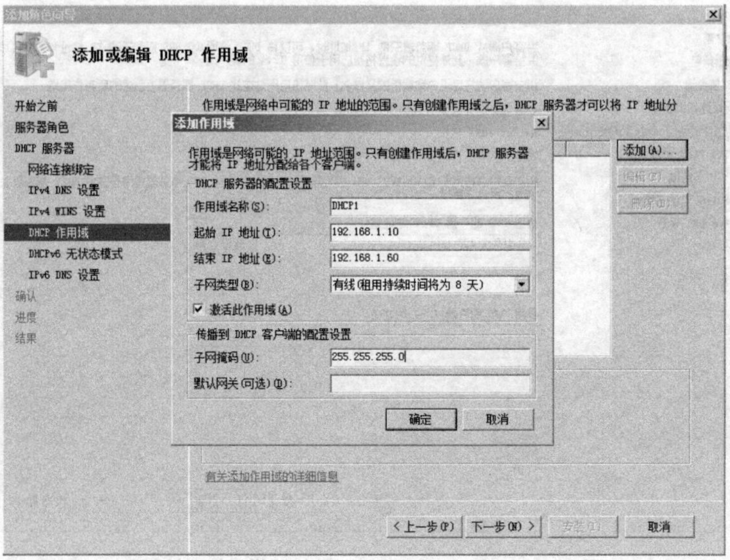

图 6-32 “IP 地址范围”对话框

步骤三，右键单击地址池，在“添加排除”对话框中新建排除范围。输入在IP地址范围内不想提供给DHCP客户端使用的IP地址。如果网络上有非DHCP客户端，必须把已分配的IP地址从DHCP服务器的IP地址段中排除。

步骤四，配置租约期限。在“租约期限”对话框中，设置IP地址的租用期限，系统默认为8天，用户可根据实际情况来重新选择。

（4）测试

在配置DHCP服务器之后，首先设置该局域网中的客户机自动获取IP地址、自动获取DNS服务器地址，然后在客户机上命令提示符窗口执行ipconfig/all命令，正常获取IP地址则测试成功。

6.9 习题

6-1 互联网的域名结构是怎么样的？它与目前的电话网的号码结构有何异同之处？

6-2 域名系统的主要功能是什么？域名系统中的本地域名服务器、根域名服务器、顶级域名服务器以及权限域名权服务器有何区别？

6-3 举例说明域名转换的过程。域名服务器中的高速缓存的作用是什么？

6-4 设想有一天整个互联网的DNS都瘫痪了（这种情况不大会出现），试问还可以给朋友发送电子邮件吗？

6-5 解释以下名词。各英文缩写词的原文是什么？WWW，URL，HTTP，HTML，CGI，浏览器，超链接，超文本，超媒体，网页，活动文档，搜索引擎。

6-6 假定一个超链接从一个万维网文档链接到另一个万维网文档时，由于万维网文档上出现了差错而使得超链接指向一个无效的计算机名字。这时浏览器将向用户报告什么？

6-7 假定要从已知的URL获得一个万维网文档。若该万维网服务器的IP地址开始时并不知道。试问除HTTP外，还需要什么应用层协议和传输层协议？

6-8 你所使用的浏览器的高速缓存有多大？请进行一个试验，访问几个万维网文档，然后将你的计算机与网络断开，然后再回到你刚才访问过的文档。你的浏览器的高速缓存能够存放多少个网页？

6-9 什么是动态网页？试举出万维网使用动态网页的一些例子。

6-10 浏览器同时打开多个TCP连接进行浏览时有哪些优缺点？请说明理由。

6-11 当使用鼠标打开一个WWW文档时，若该文档除了有文本外，还有一个本地.gif图像和两个远地.gif图像。试问需要使用哪个应用程序，以及需要建立几次UDP连接和几次TCP连接？

6-12 假定你在浏览器上单击一个URL，但是这个URL的IP地址以前并没有缓存在本地主机上。因此需要用DNS自动查找和解析。假定要解析到所有要找到的URL IP地址共经过n个DNS服务器，所经过的时间分别为RTT_1，RTT_2，…，RTT_n。假定从要找的网页上只需读取一个很小的图片（即忽略这个小图片的传输时间）。从本地主机到这个网页的往返时间是RTT_w。试问从单击这个URL开始，一直到本地主机的屏幕上出现所读取的小图片，一共要经过多少时间？

6-13 在上题中，假定同一台服务器的 HTML 文件中又链接了三个非常小的对象。若忽略这些对象的发送时间，试计算客户单击读取这些对象所需的时间。(1) 没有并行 TCP 连接的非持续 HTTP；(2) 使用并行 TCP 连接的非持续 HTTP；(3) 流水线方式的持续 HTTP。

6-14 一个万维网网站有 1000 万个网页，平均每个网页有 10 个超链接。读取一个网页平均要 100 ms。问要检索整个网站所需的最少时间是多少？

6-15 搜索引擎可分为哪两种类型？各有什么特点？

6-16 试述电子邮件的最主要的组成部分。用户代理（UA）的作用是什么？没有 UA 行不行？

6-17 电子邮件的信封和内容在邮件的传送过程中起什么作用？和用户的关系如何？

6-18 电子邮件的地址格式是怎样的？请说明各部分的意思。

6-19 试简述 SMTP 通信的三个阶段的过程。

6-20 试述邮局协议（POP）的工作过程。在电子邮件中，为什么需要使用 POP 和 SMTP 这两个协议？IMAP 与 POP 有何区别？

6-21 电子邮件系统需要将人们的电子邮件地址编成目录以便查找。要建立这种目录应将人名划分为几个标准部分（例如姓、名）。若要形成一个国际标准，那么必须解决哪些问题？

6-22 电子邮件系统使用 TCP 传送邮件。为什么有时会遇到邮件发送失败的情况？为什么有时对方会收不到我们发送的邮件？

6-23 基于万维网的电子邮件系统有什么特点？在传送邮件时使用什么协议？

6-24 DHCP 用在什么情况下？当一台计算机第一次运行引导程序时，系统中有没有该主机的 IP 地址、子网掩码或某个域名服务器的 IP 地址？

6-25 音频/视频数据和普通的文件数据都有哪些主要的区别？这些区别对音频/视频数据在互联网上传送所用的协议有哪些影响？

6-26 目前有哪几种方案改造互联网使其能够适合传送音频/视频数据？

6-27 流式实况音频/视频和交互式音频/视频都有何区别？

6-28 媒体播放器和媒体服务器的功能是什么？请用例子说明。媒体服务器为什么又称为流式服务器？

6-29 实时流式协议（RTSP）的功能是什么？为什么说它是个带外协议？

6-30 狭义的 IP 电话和广义的 IP 电话都有哪些区别？IP 电话都有哪几种连接方式？

6-31 IP 电话的通话质量与哪些因素有关？影响 IP 电话话音质量的主要因素有哪些？为什么 IP 电话的通话质量是不确定的？

第7章　网络安全

随着网络应用的快速发展，人们正突破时空的约束，享受高速网络所带来的工作和生活上的便利。然而，网络作为一把锋利的双刃剑，它在为科学研究、经济建设、商业活动和日常生活提供便利的同时，也为网络犯罪、计算机病毒提供了生存环境。

作为一个开放的网络，Internet 对任何一个具有网络连接和 ISP 账号的人都是开放的，它本身并没有能力保证网络上所传输的信息的安全性，因此 Internet 是不安全的。近年来，随着计算机和网络技术的广泛应用，计算机及网络系统被攻击与破坏的事件不胜枚举。目前，计算机及网络系统安全问题已经引起了世界各国的高度重视，各国不惜投入大量的人力、物力和财力来保障计算机及网络系统的安全。

7.1　网络安全概述

7.1.1　网络安全定义

一般意义上讲，安全就是指客观上不存在威胁，主观上不存在恐惧，或者说没有危险和不出事故，不受威胁。就计算机网络系统来说，其安全问题也是如此，就是要保证整个计算机网络系统的硬件、软件及其系统中的数据，不受偶然的或者恶意的破坏、更改、泄露，系统连续、可靠、安全地运行，保证网络服务不中断。由于现代信息系统都是建立在网络基础之上的，网络安全本质上是网络上的信息安全。从广义上讲，凡是涉及网络上信息的保密性、完整性、可用性、可靠性和可控性等相关的理论和技术都是网络安全研究的领域。因此，网络安全包括网络系统运行的安全、系统信息的安全保护、系统信息传播后的安全和系统信息内容的安全等各方面的内容，即网络安全是对信息系统的安全运行、运行在信息系统中的信息的安全保护（包括信息的保密性、完整性、可用性、可靠性和可控性保护等）、系统信息传播后的安全和系统信息内容的安全的统称。

（1）信息系统的安全运行

网络系统运行的安全是信息系统提供有效服务（即可用性）的前提，主要是保证信息处理和传输系统的安全，本质上是保护系统的合法操作和正常运行。主要涉及计算机系统机房环境的保护，法律、政策的保护，计算机结构设计上的安全可靠的运行，计算机操作系统和应用软件的安全，电磁信息泄露的防护等，它侧重于保证系统正常的运行，避免因系统的崩溃和损坏而对系统存储、处理和传输的信息造成破坏和损失，避免因电磁泄露产生信息泄露、干扰他人（或受他人干扰）。

（2）网络系统的安全保护

网络系统信息的安全保护主要是确保数据信息的保密性和完整性等，包括用口令鉴别、用户存取权限控制、数据存取权限、方式控制、安全审计、安全问题跟踪、计算机病毒防治、数据加密等。

(3) 信息传播安全

网络上的信息传播安全，即信息传播后的安全侧重于防止非法、有害信息的传播和控制传播后的后果；避免公用通信网络上大量自由传输信息的失控，本质上是维护道德、法律或国家利益。

(4) 网络系统信息内容的安全

网络系统信息内容的安全侧重于网络信息的保密性、真实性和完整性；避免攻击者利用系统的安全漏洞进行窃听、冒充和诈骗等有损用户的行为，本质上是保护用户的利益和隐私。

7.1.2 网络安全所面临的主要威胁

目前，网络上的病毒在全球范围内仍在不断扩散，网络黑客攻击事件与日俱增；随着网络应用技术的不断更新与发展，黑客攻击技术与网络病毒日趋融合，成为目前网络攻击发展的趋势。近年来，随着网络攻击工具的日益先进，攻击者需要的技能日趋下降，网络受到攻击的可能性也越来越大。因此，在开放自由的 Internet 环境中，没有绝对安全的网络信息系统，网络安全隐患无处不在，有的网络系统甚至是不堪一击的。

众所周知，Internet 在推动社会发展的同时，也面临着日益严重的安全问题。目前，网络安全威胁主要来自物理风险、网络风险、系统风险、信息风险、应用风险、管理风险和其他风险等。这些风险主要来自计算机病毒、系统内部和外部的攻击、信息存储安全、信息传输安全、信息访问安全等。

1) 物理风险。主要涉及设备的防盗及防毁、线路老化及人为破坏（包括被动物咬断）、网络设备自身故障、停电导致网络设备无法正常工作、机房电磁辐射等。

2) 网络风险。主要涉及网络系统的安全拓扑、安全路由等。

3) 系统风险。主要涉及自主版权的操作系统、操作系统是否安装最新补丁或者修正程序、安全数据库、系统配置安全、系统运行中的服务安全等。

4) 信息风险。主要涉及信息存储安全、信息传输安全、信息访问安全等。

5) 应用风险。主要涉及身份鉴别、访问授权、机密性、完整性、不可否认性、可用性等。

6) 管理风险。主要涉及是否制定了健全完善的信息安全制度、是否成立了专门的机构来规范和管理信息安全等。

7) 其他风险。主要涉及计算机病毒、网络黑客攻击、误操作导致数据被删除及修改、其他没有想到的风险等。

网络所面临的威胁概括起来主要有以下几种：

- 截获（interception），攻击者从网络上窃听他人的通信内容。
- 中断（interruption），攻击者有意中断他人在网络上的通信。
- 篡改（modification），攻击者故意篡改网络上传送的报文。
- 伪造（fabrication），攻击者伪造信息在网络上传送。

上述四种威胁可划分为两大类，即被动攻击和主动攻击，如图 7-1 所示。在上述情况中，截获信息的攻击称为被动攻击，中断、篡改和伪造信息的攻击称为主动攻击。

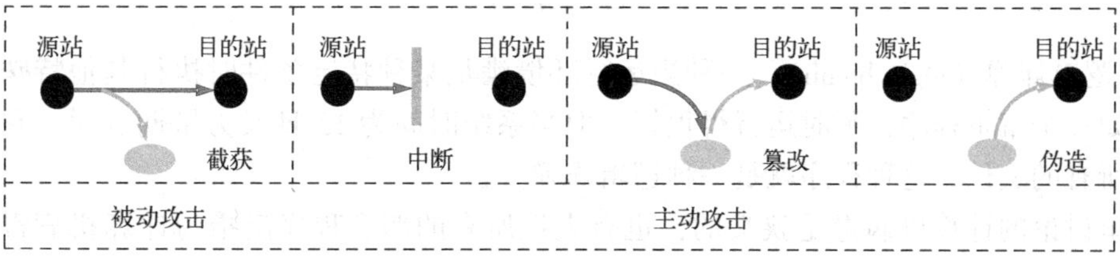

图 7-1　对网络的被动攻击和主动攻击

在被动攻击中，攻击者只是观察和分析某一个 PDU（Protocol Data Unit，协议数据单元）。这里使用 PDU 这一名词是考虑到所涉及的可能是不同的层次）而不干扰信息流。即使这些数据对攻击者来说是不易理解的，他也可通过观察 PDU 的协议控制信息部分，了解正在通信的协议实体的地址和身份，研究 PDU 的长度和传输的频度，以便了解所交换的数据的某种性质。这种被动攻击又称为流量分析（traffic analysis）。

主动攻击是指攻击者对某个连接中通过的 PDU 进行各种处理。如有选择地更改、删除、延时这些 PDU（当然也包括记录和复制它们），还可在稍后的时间将以前录下的 PDU 插入这个连接（即重放攻击）。甚至还可将合成的或伪造的 PDU 送入一个连接中去。

所有主动攻击都是上述几种方法的某种组合。但从类型上看，主动攻击又可进一步划分为三种。

1）更改报文流。包括对通过连接的 PDU 的真实性、完整性和有序性的攻击。

2）拒绝服务。指攻击者向互联网上的服务器不停地发送大量数据包，使互联网或服务器无法提供正常服务。在 2000 年 2 月 7 日至 9 日美国几个著名网站遭黑客袭击，使这些网站的服务器一直处于“忙”的状态，因而无法向发出请求的客户提供服务。这种攻击被称为拒绝服务（Denial of Service，DoS）。若从互联网上的成百上千的网站集中攻击一个网站，则称为分布式拒绝服务（Distributed Denial of Service，DDoS）。有时也把这种攻击称为网络带宽攻击或连通性攻击。

3）伪造连接初始化。攻击者重放以前已被记录的合法连接初始化序列，或者伪造身份而企图建立连接。

对于主动攻击，可以采取适当措施加以检测。但对于被动攻击，通常却是检测不出来的。对付被动攻击可采用各种数据加密技术，而对付主动攻击，则需将加密技术与适当的鉴别技术相结合。

还有一种特殊的主动攻击就是恶意程序（rogue program）的攻击。恶意程序种类繁多，对网络安全威胁较大的主要有以下几种：

1）计算机病毒（computer virus），一种会“传染”其他程序的程序，“传染”是通过修改其他程序来把自身或其变种复制进去完成的。

2）计算机蠕虫（computer worm），一种通过网络的通信功能将自身从一个结点发送到另一个结点并自动运行的程序。

3）特洛伊木马（Trojan horse），一种程序，它执行的功能并非所声称的功能而是某种恶意的功能。如一个编译程序除了执行编译任务以外，还把用户的源程序偷偷地复制下来，这种编译程序就是一种特洛伊木马。计算机病毒有时也以特洛伊木马的形式出现。

4）逻辑炸弹（logic bomb），一种当运行环境满足某种特定条件时执行其他特殊功能的程序。如一个编辑程序，平时运行得很好，但当系统时间为13日又为星期五时，它会删去系统中所有的文件，这种程序就是一种逻辑炸弹。

这里讨论的计算机病毒是狭义的，也有人把所有的恶意程序泛指为计算机病毒。例如2009年4月，一个17岁的高中生（Michael Mooney，其黑客名为Mikeyy）在Twitter上传播一种流行蠕虫病毒，导致该公司不得不至少删除了可继续传播病毒的190个失密账户、10000个感染的Tweets用户。

7.1.3 计算机网络安全的内容

计算机网络安全主要有以下一些内容。

1. 保密性

为用户提供安全可靠的保密通信是计算机网络安全最为重要的内容。尽管计算机网络安全不仅仅局限于保密性，但不能提供保密性的网络肯定是不安全的。网络的保密性机制除了为用户提供保密通信以外，也是许多其他安全机制的基础。例如，访问控制中登录口令的设 计、安全通信协议的设计以及数字签名的设计等，都离不开密码机制。

2. 安全协议的设计

人们一直希望能设计出一种安全的计算机网络，但不幸的是，网络的安全性是不可判定的。目前在安全协议的设计方面，主要是针对具体的攻击（如假冒）设计安全的通信协议。但如何保证所设计出的协议是安全的？这可以使用两种方法。一种是用形式化方法来证明，另一种是用经验来分析协议的安全性。形式化证明的方法是人们所希望的，但一般意义上的协议安全性也是不可判定的，只能针对某种特定类型的攻击来讨论其安全性。对复杂的通信协议的安全性，形式化证明比较困难，所以主要采用人工分析的方法来找漏洞。对于简单的协议，可通过限制敌手的操作（即假定敌手不会进行某种攻击）来对一些特定情况进行形式化的证明，当然，这种方法有很大的局限性。

3. 访问控制

访问控制（access control）也叫作存取控制或接入控制。必须对接入网络的权限加以控制，并规定每个用户的接入权限。由于网络是个非常复杂的系统，其访问控制机制比操作系统的访问控制机制更复杂（尽管网络的访问控制机制是建立在操作系统的访问控制机制之上），尤其在更高级别安全的多级安全（multilevel security）情况下更是如此。

所有上述计算机网络安全的内容都与密码技术紧密相关。如在保密通信中，要用加密算法来对消息进行加密，以对抗可能的窃听；安全协议中的一个重要内容就是要论证协议所采用的加密算法的强度；在访问控制系统的设计中，也要用到加密技术。

一般的数据加密模型如图7-2所示。用户A向B发送明文X，通过加密算法E运算后，得出密文Y。密文Y通过加密算法D运算后，得出明文X。

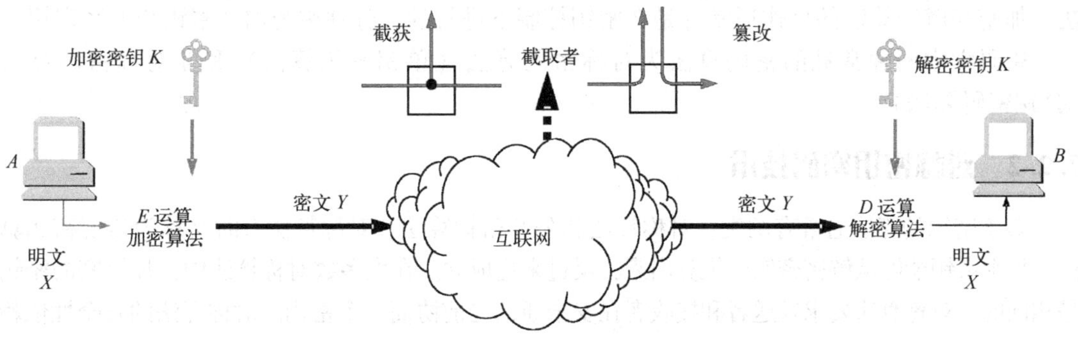

图 7-2　数据加密模型

7.1.4　网络系统安全目标

由前所述，网络系统普遍存在这样或那样的漏洞及弱点。当前，不论是 Internet，还是 Intranet 或其他专用网，都必须关注安全问题，以保护本组织的信息资源不受外来侵害。因此，为确保网络系统的安全，任何组织所属的网络系统在构建及实施时，必须根据网络系统的实际情况提出所要达到的安全目标；同时还需结合网络系统的实际情况制订切实有效的安全策略，以达到预期的安全目标。网络系统的安全目标与所属组织的安全利益目标是完全一致的，集中体现为系统保护和信息保护两大目标。系统保护是指保护所属组织的安全运行和职能，以实现系统的可靠性、完整性、可用性和提供服务的连续性；信息保护是指保护所属组织的敏感信息和系统运行时有关信息的机密性、完整性、可用性、可控性和不可否认性等。一般来说，一个组织所属的网络系统往往都有其最低安全目标。当前，网络系统的最低安全目标是基于网络系统运行的可靠性、完整性、可用性及信息的机密性、完整性、可用性和可控性，主要着眼于各种安全威胁实施后网络系统的所属组织的社会政治、经济风险的大小；而社会政治、经济风险的大小与网络系统所属组织级别和信息涉密等级直接相关。同时，由于网络系统与所属组织的决策、运行、管理的一体化特性，使得信息系统的资源和效率保护对于所属组织来说更加重要。

7.2　密码学

密码学是一门古老而深奥的学科，对一般人来说是非常陌生的。长期以来，只在很小的范围内应用，如军事、外交、情报等部门。计算机密码学是研究计算机信息加密、解密及其变换的科学，是数学和计算机的交叉学科，也是一门新兴的学科。随着计算机网络和计算机通信技术的发展，计算机密码学得到前所未有的重视并迅速发展起来。

7.2.1　密码学的基本概念

密码学，是保护明文的秘密以防止攻击者获知的科学。密码分析学是在不知道密钥（key）的情况下识别出明文的科学。明文，是指需要采用密码技术进行保护的消息。密文，是指用密码技术处理“明文”后的结果，通常称为加密消息。将明文变换成密文的过程称作加密（encryption）。其逆过程，即由密文恢复出原明文的过程称作解密（decryption）。加密过程所使用的一组操作运算规则称作加密算法。解密时使用的一组运算规则称作解密算法。加密和解密算法的操作通常都是在密钥控制下进行的，分别称为加密密钥和解密密钥。

密码学中两种常见的密码算法为对称密码算法（单钥密码算法）和非对称密码算法（公钥密码算法）。

7.2.2 对称密钥密码技术

基于密钥的算法通常有两类：对称算法和公开密钥算法。对称算法有时又称为传统密钥算法，加密密钥能够从解密密钥中推算出来，反过来也成立。在大多数对称算法中，加解密的密钥是相同的。对称算法要求发送者和接收者在安全通信之前协商一个密钥。对称算法的安全性依赖于密钥，泄露密钥就意味着任何人都能对消息进行加解密。对称算法的加密和解密表示为

$$E_K(M)=C \tag{7-1}$$

$$D_K(C)=M \tag{7-2}$$

对称算法可分为两类：序列算法和分组算法。一次只对明文中的单个比特或者字节进行运算的算法称为序列算法或序列密码。

美国国家标准局从1973年开始研究除国防部以外的其他部门的计算机系统的数据加密标准（Data Encryption Standard，DES），并于1973年5月15日和1974年8月27日先后两次向公众发出了征求加密算法的公告。加密算法要达到的目的有以下4点：

1）提供高质量的数据保护，防止数据未经授权的泄露和未被察觉的修改。

2）具有相当高的复杂性，使得破译的开销超过可能获得的利益，同时又要便于理解和掌握。

3）DES密码体制的安全性应该不依赖于算法的保密，其安全性仅以加密密钥的保密为基础。

4）实现经济，运行有效，并且适用于多种完全不同的应用。

DES是一种分组密码。在加密前，先对整个明文进行分组。每一个组为64位长的二进制数据。然后对每一个64位二进制数据进行加密处理，产生一组64位密文数据。最后将各组密文串接起来，即得出整个密文。使用的密钥为64位（实际密钥长度为56位，有8位用于奇偶校验）。DES的保密性仅取决于对密钥的保密，而算法是公开的。目前较为严重的问题是DES的密钥长度。56位长的密钥意味着共有2^{56}种可能的密钥，也就是说，共约有7.2×10^{16}种密钥。假设一台计算机每微秒可执行一次DES加密，同时假定平均只需搜索密钥空间的一半即可找到密钥，那么破译DES要超过1000年。

但现在已经设计出来搜索DES密钥的专用芯片。例如在1999年有一批在互联网上合作的人借助于一台不到25万美元的专用计算机，在略大于22 h的时间内就破译了56位密钥的DES。若用价格为100万美元或1000万美元的计算机，则预期的搜索时间分别为3.5 h或21 min。

在DES之后出现了国际数据加密算法（International Data Encryption Algorithm，IDEA），使用128位密钥，因而更不容易被攻破。计算指出，当密钥长度为128位时，若每微秒可搜索一百万次，则破译IDEA密码需要花费5.4×10^{18}年。这显然是比较安全的。

对称算法可分为两类。一次只对明文中的单个位（有时对字节）运算的算法称为序列算法或序列密码。另一类算法是对明文的一组位进行运算，这些位组称为分组，相应的算法称为分组算法或分组密码。现代计算机密码算法的典型分组长度为64位，这个长度大到足以防止分析破译，但又小到足以方便作用。

这种算法具有如下的特性：

$$D_K(E_K(M))=M$$

一个对称密码系统（也称密码体制）由五个部分组成。用数学符号描述为S={M, C,K, E, D}，如图7-3所示。其中：

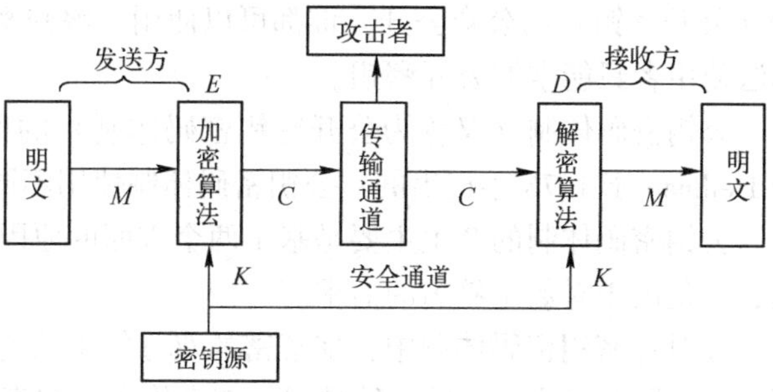

图7-3 对称密码系统模型

1）明文空间M，是全体明文的集合。

2）密文空间C，表示全体密文的集合。

3）密钥空间K，表示全体密钥的集合，包括加密密钥和解密密钥。

4）加密算法E，表示由明文到密文的变换。

5）解密算法D，表示由密文到明文的变换。

对称密码技术的优点在于效率高（加/解密速度能达到数十兆/秒或更快），算法简单，系统开销小，适合加密大量数据。

尽管对称密码技术有一些很好的特性，但它也存在着明显的缺陷，包括：

1）进行安全通信前需要以安全方式进行密钥交换。这一步骤，在某种情况下是可行的，但在某些情况下会非常困难，甚至无法实现。

2）规模复杂。举例来说，A与B两人之间的密钥必须不同于A和C两人之间的密钥，否则给B的消息的安全性就会受到威胁。在有1000个用户的团体中，A需要保持至少999个密钥（更确切地说是1000个，如果需要留一个密钥给自己加密数据的话）。对于该团体中的其他用户，此种情况同样存在。这样，这个团体一共需要将近50万个不同的密钥。推而广之，n个用户的团体需要$n^2/2$个不同的密钥。

通过应用基于对称密码的中心服务结构，上述问题有所缓解。在整个体系中，任何一个用户与中心服务器（通常称作密钥分配中心）共享一个密钥。因而，需要存储的密钥数量基本上和团体的人数差不多，而且中心服务器也可以为以前互相不认识的用户充当“介绍人”。但是，这个与安全密切相关的中心服务器必须随时都是在线的，因为只要服务器掉线，用户间的通信将不可能进行。这就意味着中心服务器是整个通信成败的关键和受攻击的焦点，也意味着它还是一个庞大组织通信服务的“瓶颈”。

7.2.3 公钥密码技术

公开密钥算法中，加密的密钥和解密的密钥不同，而且解密密钥不能根据加密密钥计算出来，或者至少在可以计算的时间内不能计算出来。

之所以称为公开密钥算法，是因为加密密钥能够公开，即陌生人能用加密密钥加密信息，但只有用相应的解密密钥才能解密信息。加密密钥称为公开密钥（简称公钥），解密密钥称为私人密钥（简称私钥）。

公开密钥K_1加密表示为$E_{K1}(M)=C$。公开密钥和私人密钥是不同的，用相应的私人密钥K_2解密可表示为$D_{K2}(C)=M$。

非对称密码体制也叫公钥加密技术，该技术就是针对私钥密码体制的缺陷而提出来的。在公钥加密系统中，加密和解密是相对独立的，加密和解密会使用两把不同的密钥，加密密钥（公开密钥）向公众公开，谁都可以使用，解密密钥（秘密密钥）只有解密人自己知道，非法使用者只能掌握公开密钥。

公钥密码体制（又称为公开密钥密码体制）的概念是由 Stanford 大学的研究人员 Diffie 与 Heilman 于 1976 年提出的。公钥密码体制使用不同的加密密钥与解密密钥。

公钥密码体制的产生主要是基于两个方面的原因，一是对称密钥密码体制的密钥分配问题，二是出于对数字签名的需求。

在对称密钥密码体制中，加解密的双方使用的是相同的密钥。这个秘钥通过两种方法实现，一种是事先约定，另一种是用信使来传送。在高度自动化的大型计算机网络中，用信使来传送密钥显然是不合适的。如果事先约定密钥，就会给密钥的管理和更换都带来极大的不便。若使用高度安全的密钥分配中心（Key Distribution Center，KDC），也会使得网络成本增加。

对数字签名的强烈需要也是产生公钥密码体制的一个原因。在许多应用中，人们需要对纯数字的电子信息进行签名，表明该信息确实是某个特定的人产生的。

公钥密码体制提出不久，人们就找到了三种公钥密码体制。目前最著名的是由三位美国科学家 Rivest、Shamir 和 Adleman 于 1976 年提出并在 1978 年正式发表的 RSA 体制，它是基于数论中的大数分解问题的体制。

在公钥密码体制中，加密密钥 PK（public key，即公钥）是向公众公开的，而解密密钥（secret key，即私钥或秘钥）则是需要保密的。加密算法 E 和解密算法 D 也都是公开的。

公钥密码体制的加密和解密过程中，密钥对产生器产生接收者 B 的一对密钥：加密密钥 PK_B 和解密密钥 SK_B。发送者 A 所用的加密密钥 PK_B 就是接收者 B 的公钥，它向公众公开。而 B 所用的解密密钥 SK_B 是接收者 B 的私钥，对其他人都保密。

发送者 A 用 B 的公钥 PK_B 通过 E 运算对明文 X 加密，得出密文 Y，发送给 B。

$$Y=E_{PK_B}(X) \tag{7-3}$$

B 用自己的私钥 SK_B 通过 D 运算进行解密，恢复出明文，即：

$$D_{SK_B}(Y)=D_{SK_B}(E_{PK_B}(X))=X \tag{7-4}$$

虽在计算机上可以容易地产生成正确的 PK_B 和 SK_B。但从已知的 PK_B 实际上不可能推导出 SK_B，即 PK_B 到 SK_B 是“计算上不可能的”。

虽然公钥可用来加密，但不能用来解密，即：

$$D_{PK_B}(E_{PK_B}(X))\neq X \tag{7-5}$$

先后对 X 进行 D 运算和 E 运算或进行 E 运算和 D 运算，结果都是一样的：

$$E_{PK_B}(D_{SK_B}(X))=D_{SK_B}(E_{PK_B}(X))=X \tag{7-6}$$

图 7-4 给出了用公钥密码体制进行加密的过程。任何加密方法的安全性取决于密钥的长度，以及攻破密文所需的计算量，而不是简单地取决于加密的体制（公钥密码体制或传统加密体制）。此外，公钥密码体制并没有使传统密码体制变得陈旧，因为目前公钥加密算法的开销较大，在可见的将来还看不出来要放弃传统的加密方法。

公钥密码体制的算法中最著名的代表是 RSA 系统，此外还有背包密码、McEliece 密码、Diffe_Hellman、Rabin、零知识证明、椭圆曲线、El Gamal 算法等。

公钥密码体制的优点在于，第一，在多人之间进行保密信息传输所需的密钥组和数量很

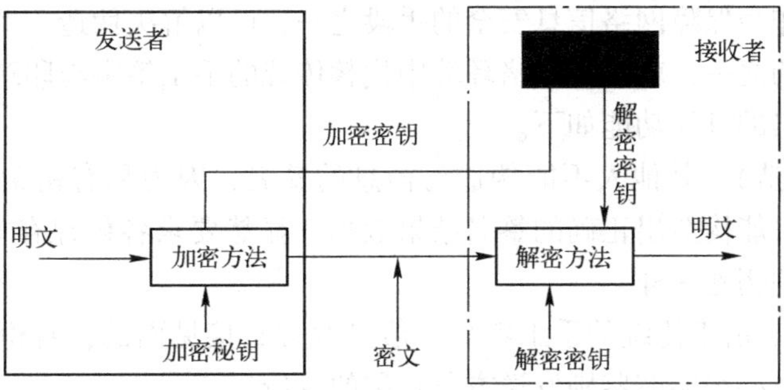

图 7-4　公钥密码体制加密过程

小。第二，密钥的发布不成问题。第三，公开密钥系统可实现数字签名。缺点为公开密钥加密比私有密钥加密在加密/解密时的速度慢。

7.3　数字签名

数字签名的全过程分两大部分，即签名与验证。左侧为签名，右侧为验证过程。发送方将原文用散列算法求得数字摘要，用签名私钥对数字摘要加密得到数字签名，发送方将原文与数字签名一起发送给接收方；接收方验证签名，用发送方公钥解密数字签名，得出数字摘要；接收方将原文采用同样散列算法得到一个新的数字摘要，将两个数字摘要进行比较，如果二者匹配，说明经数字签名的电子文件传输成功。数字签名必须保证能够实现以下三点功能：

1）接收者能够核实发送者对报文的签名。也就是说，接收者能够确信该报文的确是发送者发送的。其他人无法伪造对报文的签名。这就叫作报文鉴别。

2）接收者确信所收到的数据和发送者发送的完全一样而没有被篡改过。这就叫作报文的完整性。

3）发送者事后不能抵赖对报文的签名。这就叫作不可否认。基本原理是将原文用对称密钥加密传输，而将对称密钥用收方公钥加密发送给对方。收方收到电子信封，用自己的私钥解密信封，取出对称密钥解密得到原文。

1. 数字签名的原理

数字签名的详细过程如下：

1）被发送文件用 SHA 编码加密产生 128 位的数字摘要。

2）发送方用自己的私用密钥对摘要再加密，这就形成了数字签名。

3）将原文和加密的摘要同时传给对方。

4）对方用发送方的公共密钥对摘要解密，同时对收到的文件用 SHA 编码加密产生又一摘要。

5）将解密后的摘要和收到的文件在接收方重新加密产生的摘要对比。如果两者一致，则说明传送过程中信息完好。否则表示信息被破坏或篡改过。

2. 数字签名的作用

网络的安全，主要是网络信息安全，需要采取相应的安全技术措施，提供适合的安全服务。数字签名机制作为保障网络信息安全的手段之一，可以解决伪造、抵赖、冒充和篡改问题。数字签名的目的之一，就是在网络环境中代替传统的手工签字与印章，起到抵御网络攻击的作用。数字签名的具体功能如下。

1）防冒充（伪造）。其他人不能伪造对消息的签名，因为私有密钥只有签名者自己知道，所以其他人不可能构造出正确的签名结果数据。显然要求各位保存好自己的私有密钥，好像保存自己家门的钥匙一样。

2）可鉴别身份。由于传统的手工签名一般是双方直接见面的，身份自可一清二楚；在网络环境中，接收方必须能够鉴别发送方所宣称的身份。

3）防篡改（防破坏信息的完整性）。传统的手工签字，假如要签署一本200页的合同，是仅仅在合同末尾签名呢还是对每一页都要签名？对方会不会偷换其中几页？这些都是问题所在。而数字签名，如前所述，签名与原有文件已经形成了一个整体，不可能篡改，从而保证了数据的完整性。

4）防重放。如在日常生活中，A向B借了钱，同时写了一张借条给B。当A还钱的时候，肯定要向B索回他写的借条撕毁，不然，恐怕B会拿着借条要求A再次还钱。在数字签名中，如果采用了对签名报文添加流水号、时戳等技术，可以防止重放问题。

5）防抵赖。如前所述，数字签名可以鉴别身份，不可能冒充伪造，那么，只要保存好签名的报文，就好似保存好了手工签署的合同文本，也就是保留了证据，签名者就无法抵赖。以上是签名者不能抵赖，那如果接收者确已收到对方的签名报文，却抵赖没有收到呢？要预防接收者的抵赖，在数字签名体制中，要求接收者返回一个自己签名的表示收到的报文给对方，或者引入第三方机制。如此操作，双方均不可抵赖。

6）机密性（保密性）。有了机密性保证，截收攻击也就失效了。手工签字的文件（如合同文本）是不具备保密性的，文件一旦丢失，文件信息就极可能泄露。数字签名可以加密要签名的消息。当然，签名的报文如果不要求机密性，也可以不用加密。

7.3.1 公开密钥签名

数字签名在公钥密码体制下是很容易获得的一种服务，但在对称密码体制下很难获得。数字签名从根本上说是依靠密钥对的概念。发送方必须拥有一个只有自己知道的私钥，这样当他签名一些数据时，这些数据唯一而又明确地和他联系在一起，同时，应该有一个或更多实体都知道的公钥，以便大家验证，并确认签名是发送方的。因此，可以把数字签名操作看作在数据上的私钥操作。整个签名操作就是一个两步过程：

1）签名者通过散列函数把数据变成固定大小。

2）签名者把散列后的结果用于私钥操作。

验证操作也是一个类似的两步过程：

1）验证者通过散列函数把数据变成固定大小。

2）验证者检查散列后的结果，即传输来的签名，假如传输来的签名用公钥解密后的结果和验证者计算的散列结果匹配，签名就被验证，否则，验证失败。

从而，数字签名不仅提供了数据起源认证服务，还有数据完整性及不可否认性的服务。

现在已有多种实现数字签名的方法。但采用公钥算法要比采用对称密钥算法更容易实现。下面就来介绍这种数字签名方法。

为了进行签名，A 用其私钥 SK_A 对报文 X 进行 D 运算，如图 7-5 所示。D 运算本来叫作解密运算。因为 D 运算只是得到了某种不可读的密文。在图 7-5 中，我们写上的是“D 运算”而不是“解密运算”就是为了避免产生这种误解。A 把经过 D 运算得到的密文传送给 B。B 为了核实签名，用 A 的公钥进行 E 运算，还原出明文 X。任何人用 A 的公钥进行 E 运算后都可以得出 A 发送的明文。可见图 7-5 中的 D 运算和 E 运算都不是为了解密和加密，而是为了进行签名和核实签名。

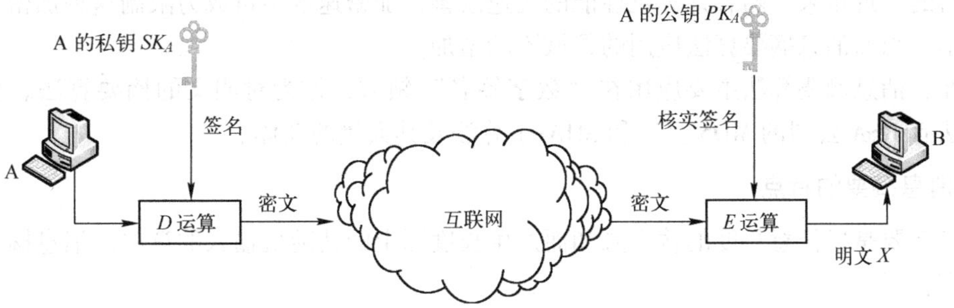

图 7-5　公钥数字签名

下面讨论一下数字签名为什么具有上述的三点功能。

因为除 A 外没有人持有 A 的私钥 SK_A，所以除 A 外没有人能产生密文。这样，B 就相信报文 X 是 A 签名发送的。这就是报文鉴别的功能。同理，其他人如果篡改过报文，但无法得到 A 的私钥 SK_A 来对 X 进行加密。B 对篡改过的报文进行解密后，将会得出不可读的明文，就知道收到的报文被篡改过。这样就保证报文完整性的功能。若 A 否认曾发送报文给 B，B 可把 X 及密文出示给进行公证的第三方。第三方很容易用 PK_A 证实 A 确实发送 X 给 B。这就是不可否认的功能。这里的关键是没有其他人能够持有 A 的私钥 SK_A。

但上述过程仅对报文进行了签名。对报文 X 本身却未保密。因为截获到密文并知道发送者身份的任何人，通过查阅手册即可获得发送者的公钥 PK_A，因而能知道报文的内容。若采用图 7-6 所示的方法，则可同时实现秘密通信和数字签名。图中 SK_A 和 SK_B 分别为 A 和 B 的私钥，而 PK_A 和 PK_B 分别为 A 和 B 的公钥。

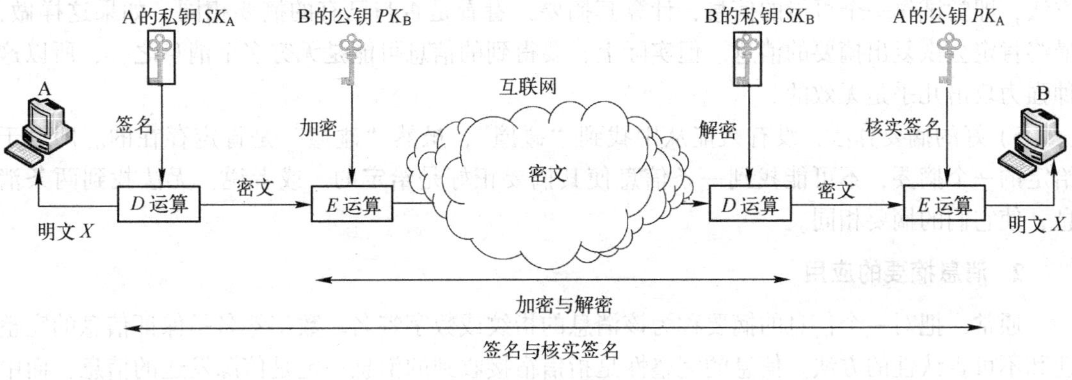

图 7-6　具有保密性的数字签名

7.3.2 消息摘要

消息摘要算法的主要特征是加密过程不需要密钥，并且经过加密的数据无法解密，只有输入相同的明文数据经过相同的消息摘要算法才能得到相同的密文。消息摘要算法不存在密钥的管理与分发问题，适合分布式网络上使用。由于其加密计算的工作量相当可观，所以以前的这种算法通常只用于数据量有限的情况下的加密，例如计算机的口令就是用不可逆加密算法加密的。近年来，随着计算机性能的飞速改善，加密速度不再成为限制这种加密技术发展的桎梏，因而消息摘要算法应用的领域不断增加。

现在，消息摘要算法主要应用在“数字签名”领域，作为对明文的摘要算法。著名的摘要算法有 RSA 公司的 MD5 算法和 SHA-1 算法及其大量的变体。

1. 消息摘要的特点

消息摘要是把任意长度的输入融和而产生长度固定的伪随机输入的算法。消息摘要的主要特点有：

1）无论输入的消息有多长，计算出来的消息摘要的长度总是固定的。例如应用 MD5 算法摘要的消息长 128 位，用 SHA-1 算法摘要的消息最终有 160 位的输出，SHA-1 的变体可以产生 192 位和 256 位的消息摘要。一般认为，摘要的最终输出越长，该摘要算法就越安全。

2）消息摘要看起来是“随机的”。这些位看上去是胡乱地杂凑在一起的，可以用大量的输入来检验其输出是否相同。通常，不同的输入会有不同的输出，而且输出的摘要消息可以通过随机性检验。但是，一个摘要并不是真正随机的，因为用相同的算法对相同的消息求两次摘要，其结果必然相同；而若是真正随机的，则无论如何都是无法重现的。因此消息摘要是“伪随机的”。

3）通常，只要输入的消息不同，对其进行摘要以后产生的摘要消息也必不相同；但相同的输入必会产生相同的输出。这正是好的消息摘要算法所具有的性质，即输入改变了，输出也就改变了；两条相似的消息的摘要却不相近，甚至会大相径庭。

4）消息摘要函数是无陷门的单向函数，即只能进行正向的信息摘要，而无法从摘要中恢复出任何消息，甚至根本就找不到任何与原信息相关的信息。当然，可以采用强力攻击的方法，即尝试每一个可能的信息，计算其摘要，看看是否与已有的摘要相同，如果这样做，最终肯定会恢复出摘要的消息。但实际上，要得到的信息可能是无穷多个消息之一，所以这种强力攻击几乎是无效的。

5）好的摘要算法，没有人能从中找到“碰撞”，虽然“碰撞”是肯定存在的。即对于给定的一个摘要，不可能找到一条信息使其摘要正好是给定的。或者说，无法找到两条消息，使它们的摘要相同。

2. 消息摘要的应用

通常，把对一个信息的摘要称为该消息的指纹或数字签名。数字签名是保证信息的完整性和不可否认性的方法。信息的完整性是指信宿接收到的消息一定是信源发送的信息，而中间绝无任何更改。信息的不可否认性是指信源不能否认曾经发送过的信息。其实，通过数字签名还能实现对信源的身份识别（认证），即确定信源是否是信宿定的通信伙伴。数字签名应该具有唯一性，即不同的消息的签名是不一样的；同时还应具有不可伪造性，即不可能找到另一个消息，使其签名与已有的消息的签名一样；还应具有不可逆性，即无法根据签名还原被签名的消息的任何信息。这些特征恰恰都是消息摘要算法的特征，所以消息摘要算法适合作为数字签名算法。

(1) 数字签名

数字签名方案是一种以电子形式存储消息签名的方法。一个完整的数字签名方案应该由两部分组成：签名算法和验证算法。一般来说，任何一个公钥密码体制都可以单独地作为一种数字签名方案使用。如 RSA 作为数字签名方案使用时，可以定义为：这种签名实际上就是用信源的私钥加密消息，加密后的消息即成了签体；而用对应的公钥进行验证，若公钥解密后的消息与原来的消息相同，则消息是完整的，否则消息不完整。它正好和公钥密码用于消息保密是相反的过程。因为只有信源才拥有自己的私钥，别人无法重新加密源消息，所以即使有人截获且更改了源消息，也无法重新生成签体，因为只有用信源的私钥才能形成正确的签体。同样信宿只要验证用信源的公钥解密的消息是否与明文消息相同，就可以知道消息是否被更改过，而且可以认证消息是否是来自定的信源，还可以使信源不能否认曾发送的消息。所以这样可以完成数字签名的功能。

但这种方案过于单纯，它仅可以保证消息的完整性，而无法确保消息的保密性。而且这种方案要对所有的消息进行加密操作，这在消息的长度比较大时，效率是非常低的，主要原因在于公钥体制的加解密过程的低效性。所以这种方案一般不可取。

(2) 摘要算法

几乎所有的数字签名方案都要和快速高效的摘要算法（散列函数）一起使用，当公钥算法与摘要算法结合起来使用时，便构成了一种有效的数字签名方案。

这个过程是：首先用摘要算法对消息进行摘要，然后再把摘要值用信源的私钥加密；接收方先把接收的明文用同样的摘要算法摘要，形成“准签体”，然后再把准签体与用信源的公钥解密出的“签体”进行比较，如果相同就认为消息是完整的，否则消息不完整。

这种方法使公钥加密只对消息摘要进行操作，因为一种摘要算法的摘要消息长度是固定的，而且都比较“短”（相对于消息而言），正好符合公钥加密的要求。这样效率得到了提高，而其安全性也并未因为使用摘要算法而减弱。

7.4 网络安全检测技术

网络安全检测技术主要包括实时安全监控技术和安全扫描技术。实时安全监控技术通过硬件或软件实时检查网络数据流并将其与系统入侵特征数据库的数据比较，一旦发现有被攻击的迹象，立即根据用户所定义的动作做出反应。这些动作可以是切断网络连接，也可以是通知防火墙系统调整访问控制策略，将入侵的数据报过滤掉。安全扫描技术（包括网络远程安全扫描、防火墙系统扫描、Web 网站扫描和系统安全扫描等技术）可以对局域网络、Web 站点、主机操作系统以及防火墙系统的安全漏洞进行扫描，及时发现漏洞并予以修复，从而降低系统的安全风险。

网络安全检测技术基于自适应安全管理模式。该管理模式认为任何一个网络都不可能安全防范其潜在的安全风险。它有两个特点：一是动态性和自适应性，这可通过网络安全扫描软件的升级及网络安全监控中的入侵特征库的更新来实现；二是应用层次的广泛性，可用于操作系统、网络层和应用层等各个层次网络安全漏洞的检测。

很多早期的网络安全扫描软件是针对远程网络安全扫描。这些扫描软件能检测并分析远程主机的安全漏洞。事实上，由于这些软件能够远程检测安全漏洞，因而也恰好是网络攻击者进行攻击的有效工具。网络攻击者利用这些扫描软件对目标主机进行扫描，检测可以利用的安全性弱点，通过一次扫描得到的信息将是进一步攻击的基础。这也说明安全检测技术对于实现网络安全的重要性。网络管理员可以利用扫描软件，及时发现网络漏洞并在网络攻击者扫描和利用之前予以修补，从而提高网络的安全性。

利用网络安全检测技术可以实现网络安全检测和实时攻击识别，但它只能作为网络安全的一个重要的安全组件，还应该结合防火墙组成一个完整的网络安全解决方案。

7.4.1 杀毒软件

杀毒软件，也称反病毒软件或防毒软件，是用于消除计算机病毒、特洛伊木马和恶意软件等威胁计算机的一类软件。杀毒软件通常集成监控识别、病毒扫描清除和自动升级等功能，有的杀毒软件还带有数据恢复等功能，是计算机防御系统（包含杀毒软件、防火墙、入侵预防系统等）的重要组成部分。

1. 杀毒软件的原理

杀毒软件的任务是实时监控和扫描磁盘。部分杀毒软件通过在系统中添加驱动程序的方式进驻系统，并且随操作系统启动。部分杀毒软件还具有防火墙功能。

杀毒软件的实时监控方式因软件而异。有的杀毒软件，是通过在内存里划分一部分空间，将计算机里流过内存的数据与杀毒软件自身所带的病毒库（包含病毒定义）的特征码比较，以判断是否为病毒。另一些杀毒软件则在所划分到的内存空间里面，虚拟执行系统或用户提交的程序，根据其行为或结果做出判断。

而扫描磁盘的方式，则和上面提到的实时监控的第一种工作方式一样，只是在这里，杀毒软件会将磁盘上所有的文件（或者用户自定义的扫描范围内的文件）做一次检查。另外，杀毒软件的设计还涉及很多其他方面的技术。

2. 杀毒软件技术

杀毒软件有多种技术，下面一一介绍。

1）脱壳技术。脱壳技术是一种十分常用的技术，可以对压缩文件、加壳文件、加花文件、封装类文件进行分析。

2）自我保护技术。自我保护技术基本在各个杀毒软件中均含有，可以防止病毒结束杀毒软件进程或篡改杀毒软件文件。进程的自我保护有两种，分别为单进程自我保护和多进程自我保护。

3）修复技术。修复技术是对被病毒损坏的文件进行修复的技术，如病毒破坏了系统文件，杀毒软件可以修复或下载对应文件进行修复。没有这种技术的杀毒软件往往在删除被感染的系统文件后会导致计算机崩溃，无法启动。

4）实时升级技术。这项技术最早由金山毒霸提出，每一次连接互联网，反病毒软件都自动连接升级服务器查询升级信息，如需要则进行升级。但是目前有更先进的云查杀技术，实时访问云数据中心进行判断，用户无须频繁升级病毒库即可防御最新病毒。

5）主动防御技术。主动防御技术是通过动态仿真反病毒专家系统对各种程序动作的自动监视，自动分析程序动作之间的逻辑关系，综合应用病毒识别规则知识，实现自动判定病毒，达到主动防御的目的。

6）启发技术。常规杀毒方法是出现新病毒后由杀毒软件公司的反病毒专家从病毒样本中提取病毒特征，通过定期升级的形式下发到各用户计算机里以达到查杀效果，但是这种方法费时费力。于是有了启发技术，在原有的特征值识别技术基础上，根据反病毒样本分析专家总结的分析可疑程序样本经验（已植入反病毒程序），在没有符合特征值比对时，根据反编译后程序代码所调用的 Win32 API 函数情况（特征组合、出现频率等）判断程序的具体目的是否为病毒、恶意软件，符合判断条件即报警提示用户发现可疑程序，达到防御未知病毒、恶意软件的目的。解决了单一通过特征值比对存在的缺陷。

7）虚拟机技术。采用人工智能（AI）算法，具备“自学习、自进化”能力，无须频繁升级特征库，就能免疫大部分的加壳和变种病毒，不但查杀能力领先，而且从根本上攻克了前两代杀毒引擎“不升级病毒库就杀不了新病毒”的技术难题，在海量病毒样本数据中归纳出一套智能算法，自己来发现和学习病毒变化规律。它无须频繁更新特征库，也无须分析病毒静态特征、无须分析病毒行为。

3. 杀毒软件的改进

智能识别未知病毒，从而更好地发现未知病毒；发现病毒后能够快速、彻底清除病毒；增强自我保护功能，即使大部分反病毒软件都有自我保护功能，依然有病毒能够屏蔽它们的进程，致使其瘫痪而无法保护电脑。更低的系统资源占用，很多杀毒软件都需要大量的系统资源如内存资源、CPU 资源，虽然保证了系统的安全，但是却降低了系统速度。

4. 数据保护

许多杀毒软件在病毒查杀过程中存在着文件误杀、数据破坏的问题。如何实现系统杀毒与数据保护并存是现有杀毒技术需要改进的方面之一。有一种产品通过桌面虚拟化技术实现了上述目标，具体思路是：安装该产品后会生成现有主机操作系统的全新虚拟镜像，该镜像具有？真实 Windows 操作系统完全一致的功能。桌面虚拟化技术能够分担 Windows 压力，通过该技术可以实现运行过程中垃圾文件为零的目标，同时生成的虚拟环境与主机操作系统完全隔离，这种隔离的效果很好地保护了主机不被病毒感染，并减少了系统被破坏的概率，因此只需要在主机安装好杀毒软件就可以实现系统杀毒与数据保护并存。具有类似功能的产品有：虚拟系统、Prayaya 迅影 V3、ceedo、macpac 等。

5. 云安全

“云安全”（Cloud Security）是网络时代信息安全的最新体现，它融合了并行处理、网格计算、未知病毒行为判断等新兴技术和概念，通过网状的大量客户端对网络中软件行为的异常进行监测，获取互联网中木马、恶意程序的最新信息，推送到服务器端进行自动分析和处理，再把病毒和木马的解决方案分发到每一个客户端。

传统杀毒软件将无法有效地处理日益增多的恶意程序。来自互联网的主要威胁正在由计算机病毒转向恶意程序及木马，在这样的情况下，采用特征库判别法显然已经过时。云安全技术应用后，识别和查杀病毒不再仅仅依靠本地硬盘中的病毒库，而是依靠庞大的网络服务，实时进行采集、分析以及处理。整个互联网就是一个巨大的“杀毒软件”，参与者越多，每个参与者就越安全，整个互联网就会更安全。

6. 几种常见的杀毒软件

(1) 百度杀毒

百度杀毒是百度公司与计算机反病毒专家卡巴斯基合作出品的全新免费杀毒软件，集合了百度强大的云端计算、海量数据学习能力与卡巴斯基反病毒引擎专业能力，一改杀毒软件卡机臃肿的形象，竭力为用户提供轻巧不卡机的产品体验。第一款百度杀毒软件版本为百度杀毒软件2013，是一款专业杀毒和极速云安全软件，支持Windows XP/Vista/7，而且永久免费。百度杀毒之前面向泰国市场推出英语版本，2013年4月18日，百度杀毒软件中文版正式发布。2013年6月18日，百度免费杀毒软件正式版发布。

(2) 360杀毒软件

360杀毒是永久免费、性能超强的杀毒软件。360杀毒采用领先的五个引擎：常规反病毒引擎BitDefender+修复引擎+360云引擎+360QVM人工智能引擎+小红伞本地内核。强力杀毒，全面保护计算机安全，使计算机拥有完善的病毒防护体系。360杀毒轻巧快速、查杀能力超强、具有可信程序数据库，防止误杀，依托360安全中心的可信程序数据库，实时校验。最新版本特有全面防御U盘病毒功能，彻底剿灭各种借助U盘传播的病毒，第一时间阻止病毒从U盘运行，切断病毒传播链。现可查杀660多万种病毒。

360杀毒采用领先的病毒查杀引擎及云安全技术，不但能查杀数百万种已知病毒，还能有效防御最新病毒的入侵。360杀毒病毒库每小时升级，让您及时拥有最新的病毒清除能力。360杀毒有优化的系统设计，对系统运行速度的影响极小，独有的“游戏模式”还会在您玩游戏时自动采用免打扰方式运行，让您拥有更流畅的游戏乐趣。360杀毒和360安全卫士配合使用，是安全上网的“黄金组合”。

(3) 金山毒霸

金山公司推出的电脑安全产品，监控、杀毒全面可靠，占用系统资源较少。其软件的组合版功能强大（金山毒霸2011、金山网盾、金山卫士），集杀毒、监控、防木马、防漏洞为一体，是一款具有市场竞争力的杀毒软件。金山毒霸2011是首款应用“可信云查杀”的杀毒软件，颠覆了金山毒霸20年传统技术，全面优于主动防御及初级云安全等传统方法，采用本地正常文件白名单快速匹配技术，配合金山可信云端体系，实现了安全性、检出率与速度的全面提高。

(4) 瑞星杀毒软件

瑞星杀毒软件的监控能力是十分强大的，但同时占用系统资源较大。瑞星采用第八代杀毒引擎，能够快速、彻底查杀各种病毒。另外，瑞星2009的网页监控更是疏而不漏，这是使用云安全的结果。拥有后台查杀（在不影响用户工作的情况下进行病毒的处理）、断点续杀（智能记录上次查杀完成文件，针对未查杀的文件进行查杀）、异步杀毒处理（在用户选择病毒处理的过程中，不中断查杀进度，提高查杀效率）、空闲时段查杀（利用用户系统空闲时间进行病毒扫描）、嵌入式查杀（可以保护MSN等即时通信软件，并在MSN传输文件时进行传输文件的扫描）、开机查杀（在系统启动初期进行文件扫描，以处理随系统启动的病毒）等功能。并有木马入侵拦截和木马行为防御功能，和基于病毒行为的防护功能，可以阻止未知病毒的破坏。还可以对计算机进行体检，帮助用户发现安全隐患。并有多种工作模式的选择，家庭模式为用户自动处理安全问题，专业模式下用户拥有对安全事件的处理权。缺点是卸载后注册表残留一些信息。

（5）江民杀毒软件

江民杀毒软件是一款老牌的杀毒软件。它具有良好的监控系统，独特的主动防御功能使不少病毒望而却步。建议与江民防火墙配套使用。江民的监控效果非常出色，而且其占用资源不是很大，是一款不错的杀毒软件。

7.4.2 防火墙

防火墙技术是建立在现代通信网络技术和信息安全技术基础上的应用性安全技术，这种技术越来越多地应用于专用网络与公用网络的互联环境中。防火墙就是一个位于计算机和其所连接的网络之间的软硬件体系，从计算机流入流出的所有网络信息均要经此防火墙的检测和过滤。

1. 防火墙的概念

“防火墙”是一种形象的说法，其实它是指设置在不同网络或网络安全区域之间的计算机硬件和软件的组合，用于增强内部网络和 Internet 之间的访问控制。它是不同网络或网络安全区域之间信息的唯一出入口，能根据网络的安全策略控制出入网络的信息流，本身具有较强的抵抗能力，是提供信息安全服务，实现网络和信息安全的基础设施。在逻辑上，防火墙是一个分离器，也是一个分析器，能有效地监控内网和互联网之间的任何活动，保证了内网的安全。

防火墙具有以下优点：

1）广泛的服务支持。通过将动态的、应用层的过滤能力和认证相结合，可实现 WWW、HTTP 和 FTP 服务等。

2）能保护易受攻击的服务。防火墙能过滤不安全的服务，只有预先允许的服务才能通过防火墙。

3）对私有数据的加密支持。防火墙能保证通过 Internet 进行虚拟私人网络活动和商务网络活动不受破坏。

4）控制对特殊站点的访问。防火墙能控制对特殊站点的访问。如有些主机能被外部网络访问，而有些则要被保护起来。防火墙能很好地实现这一访问需求。

5）对网络存取访问进行记录和统计。如果所有对 Internet 的访问都经过防火墙，那么防火墙就能记录下这些访问，并能提供网络使用情况的统计数据。当发生可疑行动时，防火墙会提出警告，并提供网络是否受到监测和攻击的详细情况。

2. 防火墙的关键技术

（1）报文过滤技术

报文过滤技术是一种简单、有效的安全控制技术，报文过滤型产品是防火墙的初级产品，其技术依据是网络中的分包传输技术。防火墙通过读取数据报中的地址信息，例如源地址、目的地址，端口号和协议类型等来判断这些报文是否来自可信任的安全站点。只有满足过滤条件的数据报才被转发到相应的目的地，其余数据报则被丢弃，其工作原理如图 7-7 所示。报文过滤技术具有数据报过滤对用户透明、一个过滤路由器能协助保护整个网络、过滤路由器速度快、效率高等优点。

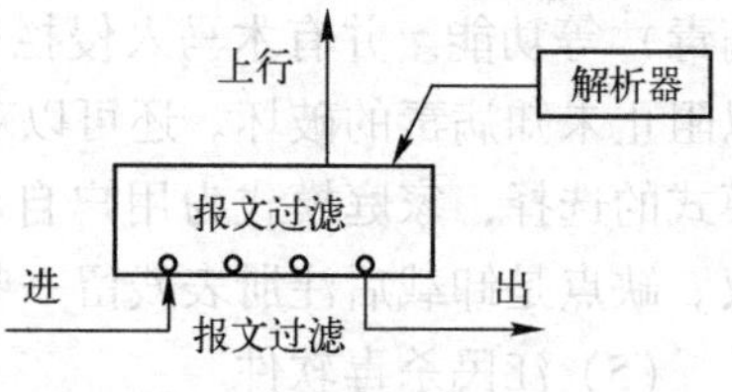

图 7-7 报文过滤防火墙工作原理

报文过滤技术的缺点为配置访问控制列表比较复杂，要求网络管理员对网络安全必须有深入的了解且其性能随访问控制列表长度的增加而呈指数下降；没有跟踪记录能力，不能从日志记录中发现黑客的攻击记录；不能在用户级别上进行过滤，即不能鉴别不同的用户和防止 IP 地址盗用；只检查地址和端口，对通过网络应用链路层协议实现的威胁无防范能力；无法抵御数据驱动型攻击不能理解特定服务的上下文环境和数据。

(2) 代理服务器技术

代理服务器（Proxy Server）在网络应用层提供授权检查，并且在内部用户与外部主机进行信息交换时起到中间转发作用。当内部客户机要使用外部服务器的数据时会向其发出访问请求，代理服务器接收到该请求后会检查其是否符合规定，如果规则允许，代理服务器会修改数据报中的 IP 地址，然后发送给外部服务器。此时会认为是代理服务器发送访问请求；同样外部服务器返回的数据报会经过代理服务器的检测。得到允许后转发给发送请求的客户机。代理服务器运行在两个网络之间，对于客户机来说像是一台真的服务器，对于外界的服务器来说它又是一台客户机。由于每个内外网络之间的连接都要经过代理服务器的介入和转换，因此没有给内外网络的计算机以任何直接会话的机会，从而确保内部网络安全。代理防火墙网络结构示意图如图 7-8 所示。

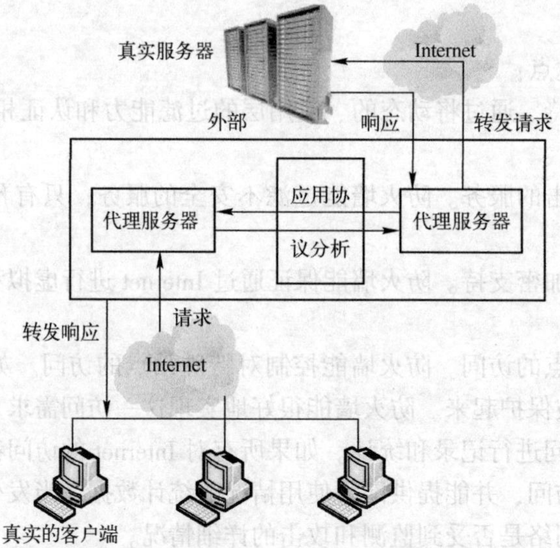

图 7-8 代理防火墙网络结构示意图

代理服务器的优点是安全性好，能有效隔离内外网的直接通信，实施较强的数据流监控、过滤和日志功能。但是它也存在一些缺陷。首先它会使访问速度变慢，因为进出网络的每次通信都必须经过代理，而代理服务都要消耗一定的时间。其次，对于每一种应用服务都必须为其设计一个专门的代理软件模块来进行安全控制，而且，并不是所有的互联网应用软件都可以使用代理服务。

3. 新一代防火墙技术及其应用

新一代防火墙克服了传统防火墙的缺陷，能对网络进行更全面、更细致的保护。新一代防火墙不仅覆盖了传统报文过滤防火墙的全部功能，而且在对抗 IP 欺骗、ICMP、ARP 等攻击手段方面有显著优势，使防火墙的安全性提高到了新的高度。

（1）新一代防火墙类型

1）分布式防火墙：针对传统防火墙的缺陷，提出了分布式防火墙的概念。分布式防火墙是指驻留在网络中的主机如服务器或桌面机内，对主机系统自身提供安全防护的软件产品。传统的防火墙是网络中的单一设备，它的管理是局部的。而对分布式防火墙来说，每个防火墙作为安全监测机制可以根据安全性的不同需求布置在网络中任何需要的位置，但总体安全策略又是统一策划和管理的。分布式防火墙主要应用于企业网络的服务器主机，用于堵住内部网络的漏洞，避免来自企业内部的安全性，与网络拓扑无关，支持移动计算模式。

2）嵌入式防火墙：嵌入式防火墙是内嵌于路由器或交换机的防火墙产品。嵌入式防火墙是某些路由器的标准配置。用户也可以购买防火墙模块，安装到已有的路由器或交换机中。嵌入式防火墙为弥补并改善各类安全能力不足的边缘防火墙、入侵检测系统以及网络代理程序而设计，它确保内网与外网具有以下功能：不管局域网的拓扑结构如何变更，防护措施都能延伸到网络边缘为网络提供保护；基于硬件、能够防范入侵的安全特性能独立于主机操作系统与其他安全性程序运行，甚至在安全性较差的宽带链路上都能实现安全移动与远程接入等功能。嵌入式防火墙安全性解决方案能够为在家访问公司局域网的远程办公用户提供保护，帮助企业确保网络最薄弱和未保护领域的安全，如笔记本电脑和 PC；实行几种管理的嵌入式客户机方案，并实现跨越企业边缘防火墙的可靠网络连接，为企业和政府站点提供高级别的安全性。

3）智能防火墙：智能防火墙是利用统计、记忆、概率和决策等智能方法对数据进行识别，并达到访问控制的目的。由于这些方法多是人工智能科学采用的方法，因此被称为智能防火墙。智能防火墙成功地解决了普遍存在的拒绝服务攻击（DDoS）的问题、病毒传播问题和高级应用入侵问题，代表着防火墙的主流发展方向。新一代智能防火墙自身的安全较传统的防火墙有很大的提高，在特权最小化、系统最小化、内核安全、系统加固、系统优化和网络性能最大化方面，与传统防火墙相比有质的飞跃。智能防火墙在保护网络和站点免受黑客的攻击，阻断病毒的恶意传播，有效监控和管理内部局域网、保护必需的应用安全，提供强大的身份认证授权和审计管理等方面，有广泛的应用价值。

（2）防火墙的体系结构发展趋势

随着网络应用的增加，对网络带宽提出了更高的要求。这意味着防火墙要能够以非常高的速率处理数据。另外，在以后几年里，多媒体应用将会越来越普遍，它要求数据穿过防火墙所带来的延迟要足够小。为了满足这种需要，一些防火墙制造商开发了基于 ASIC 的防火墙和基于网络处理器的防火墙。从执行速度的角度看来，基于网络处理器的防火墙也是基于软件的解决方案，它在很大程度上依赖于软件的性能，但是由于这类防火墙中有一些专门用于处理数据层面任务的引擎，从而减轻了 CPU 的负担，该类防火墙的性能要比传统防火墙的性能好许多。

与基于ASIC的纯硬件防火墙相比，基于网络处理器的防火墙具有软件色彩，因而更加具有灵活性。基于ASIC的防火墙使用专门的硬件处理网络数据流，比起前两种类型的防火墙具有更好的性能。但是纯硬件的ASIC防火墙缺乏可编程性，这就使得它缺乏灵活性，从而跟不上防火墙功能的快速发展。理想的解决方案是增加ASIC芯片的可编程性，使其与软件更好地配合。这样的防火墙就可以同时满足灵活性和运行性能的要求。

(3) 防火墙的系统管理发展趋势

防火墙的系统管理也有一些发展趋势，主要体现在以下几个方面：

1）首先是集中式管理，分布式和分层的安全结构是将来的趋势。集中式管理可以降低管理成本，并保证在大型网络中安全策略的一致性，快速响应和快速防御也要求采用集中式管理系统。

2）强大的审计功能和自动日志分析功能。这两点的应用可以更早地发现潜在的威胁并预防攻击的发生。日志功能还可以使管理员有效地发现系统中存在的安全漏洞，及时地调整安全策略等。不过具有这种功能的防火墙通常是比较高级的。

3）网络安全产品的系统化。随着网络安全技术的发展，现在有一种提法，叫作“建立以防火墙为核心的网络安全体系”。通过建立一个以防火墙为核心的安全体系，就可以为内部网络系统部署多道安全防线，各种安全技术各司其职，从各方面防御外来入侵。如现在的IDS设备就能很好地与防火墙配合。一般情况下，为了确保系统的通信性能不受安全设备的影响，IDS设备不能像防火墙一样置于网络入口处，只能置于旁路位置。而在实际使用中，IDS的任务往往不仅在于检测，很多时候在IDS发现入侵行为以后，也需要IDS本身及时遏止入侵。显然，要让处于旁路侦听的IDS完成这个任务比较困难，同时主链路又不能串接太多类似设备。在这种情况下，如果防火墙能和IDS、病毒检测等相关安全产品联合起来，充分发挥各自的长处，共同建立一个有效的安全防范体系，那么系统网络的安全性就能明显提升。

7.4.3 入侵检测系统

入侵检测是防火墙的合理补充，可帮助系统对付网络攻击并扩展系统管理员的安全管理能力，提高信息安全基础结构的完整性。

1. 入侵检测的概念

入侵检测是从计算机网络系统中的若干关键点收集并分析信息，查看网络或系统中是否有违反安全策略的行为和遭到袭击迹象的一种机制。入侵检测被认为是防火墙之后的第二道安全闸门，在不影响网络性能的情况下能对网络进行监测，从而提供对内部攻击、外部攻击和误操作的实时保护。这些都通过它执行以下任务来实现：

1）监视、分析用户及系统活动。

2）审计系统构造和弱点。

3）识别反映已知进攻的活动模式并向相关人士报警。

4）统计分析异常行为模式。

5）评估重要系统和数据文件的完整性。

6）审计跟踪管理操作系统，并识别用户违反安全策略的行为。

对一个成功的入侵检测系统来讲，它不但可使系统管理员及时了解网络系统的任何变更，还能给网络安全策略的制定提供指南。更为重要的是，它应该管理、配置简单，从而使非专业人员可非常容易地获得网络安全信息。而且，入侵检测的规模还可根据网络威胁、系统构造和安全需求的改变而改变。入侵检测系统在发现入侵后，会及时做出响应，包括切断网络连接、记录事件和报警等。

2. 入侵检测系统的系统模型

入侵检测系统一般由4个组件组成（见图7-9），分别为事件产生器（Event generator）、事件分析器（Event analyzer）、响应控制单元（Response and control unit）和事件数据库（Event database）。事件产生器的作用是从整个计算环境中获得事件，并向系统的其他部分提供事件信息。事件分析器是对得到的数据信息进行分析，并产生分析结果。响应单元则是对分析结果做出反应，它可能与其他设备如防火墙联动，切断连接或改变文件属性。当然，也可能只是简单的报警。事件数据库是对存放各种中间和最终数据的地方的统称，它可以是复杂的数据库，也可以是简单的文本文件。实际上图7-9中还有两个功能模块没有画出，一是决定事件分析方法的知识库，它可从事件分析器之中独立出来；二是决定对分析结果如何响应的分析策略模块。

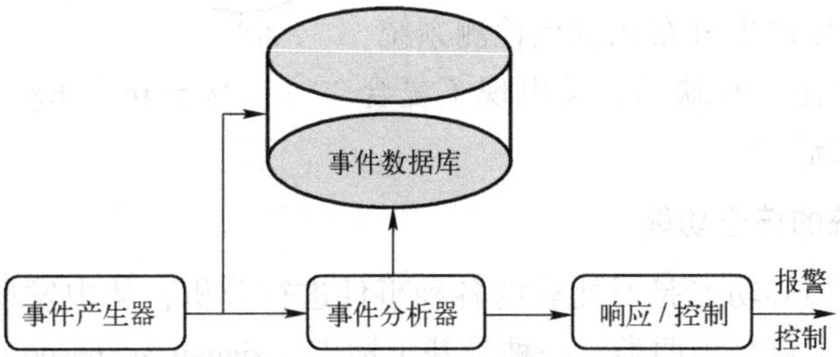

图7-9 入侵检测系统结构

3. 入侵检测系统的类型

入侵检测系统可分为主机型和网络型两种。

（1）主机型

主机型入侵检测系统就是以系统日志、应用程序日志等作为数据源，当然也可以通过其他手段（如监督系统调用）从所在的主机收集信息进行系统分析。主机型入侵检测系统主要保护的是本系统，这种检测系统常常运行在被监测的系统之上，监测主机操作系统上正在运行的进程是否合法。通常对主机的入侵检测会设置在被重点检测的主机上，从而对本主机的系统审计日志、网络实时连接等信息做出智能化的分析与判断。如果发展可疑情况，则入侵检测系统就会有针对性的采用措施。基于主机的入侵检测系统可以具体实现以下功能：对用户的操作系统及其所做的所有行为进行全程监控；持续评估系统、应用以及数据的完整性，并进行主动维护；创建全新的安全监控策略，实时更新；对未经授权的行为进行检测，并发出报警，同时也可以执行预设好的响应措施；将所有日志收集起来并加以保护，留作后用。基于主机的入侵检测系统对主机的保护很全面、细致，但要在网络中全面部署成本太高。并且基于主机的入侵检测系统工作时要占用被保护主机的处理资源，所以会降低被保护主机的性能。

(2) 网络型

网络型的入侵检测系统有基于硬件的，也有基于软件的，不过二者的工作流程是相同的。它们将网络接口的模式设置为混杂模式，以便对全部流经该网段的数据进行实时监控，将其做出分析，再和数据库中预定义的具备攻击特征的数据报做出比较，从而将有害的攻击数据报识别出来，做出响应，并记录日志。

基于网络的入侵检测，要在每个网段中部署多个入侵检测代理，按照网络结构的不同，其代理的连接形式也各不相同。如果网段的连接方式为总线式的集线器，则把代理与集线器中的某个端口相连即可。如果为交换式以太网交换机，因为交换机无法共享媒介，只采用一个代理对整个子网进行监听的办法是无法实现的，因此可以利用交换机核心芯片中用于调试的端口，将入侵检测系统与该端口相连。或者把它放在数据流的关键出入口，就可以获取几乎全部的关键数据。如图 7-10 所示。

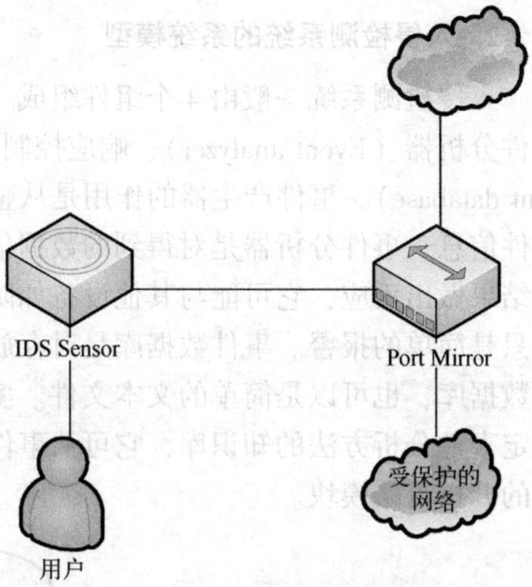

图 7-10 网络型入侵检测系统

当然，随着网络检测技术的发展，现在主机型入侵检测系统已经发展出分布式主机检测系统，由于主机检测系统存在一些缺陷，又出现了复合型分布式入侵检测系统。

4. 入侵检测系统的核心功能

入侵检测系统的核心功能是对捕获的各种事件进行分析，从中发现违反安全策略的行为。入侵检测从技术上可分为两类，一种是基于标志（signature-based）的检测，另一种是基于异常情况（anomaly- based）的检测。基于标志的检测技术首先要定义违背安全策略的事件的特征，如网络数据报的某些报头信息，检测这些信息的特征是否与收集到的特征数据库中的标准信息特征匹配，此方法类似于杀毒软件。而基于异常情况的检测技术的思路则是定义一组“正常”情况的系统数值，如 CPU 利用率、内存利用率、文件校验和等，然后将系统运行时的数值与所定义的“正常”数值相比较，做出是否受攻击的判断。这种检测方式的核心在于如何定义所谓的“正常”信息。两种检测技术的方法、所得出的结论通常会有很大的差异。基于异常情况的检测技术的核心是维护一个知识库。对于已知的攻击，它可详细、准确地报告出攻击类型，但对未知攻击却力不从心，而且知识库面临不断更新的问题。基于异常情况的检测技术也无法准确判别攻击手法，但它却可以判别更广泛、甚至未发觉的攻击。

5. 入侵检测系统信息的收集与分析

入侵检测系统最重要的是信息收集与信息分析两个部分。信息收集包括收集系统、网络、数据及用户活动的状态和行为。这需要在计算机网络系统中的若干关键结点（不同网段和不同主机）收集信息，除了尽可能扩大检测范围外，就是对来自不同源的信息进行特征分析之后的比较。

入侵检测的性能很大程度上依赖于收集信息的可靠性和正确性，因此，有必要选用所知道的精确软件来报告这些信息。因为黑客经常替换软件以搞混和移走这些信息，如替换被调用的子程序、记录文件和其他工具。黑客对系统的修改可能使系统功能失常并看起来跟正常的一样。如 UNIX 系统的 ps 指令可以被替换为一个不显示入侵过程的指令，或者是编辑器被替换成一个读取不同于指定文件的文件。这需要保证用来检测网络系统的软件的完整性，特别是入侵检测系统软件本身应具有相当强的坚固性，防止被篡改而收集到错误的信息。入侵检测的信息利用一般来自如下 3 个方面：

1）日志文件信息。日志中包含发生在系统和网络上的不寻常和不期望活动的证据，这些证据可以指出有人正在入侵或已成功入侵了系统。通过查看日志文件，能够发现成功的入侵或入侵企图，并很快地启动相应的应急响应程序。日志文件中记录了各种行为类型，每种类型又包含不同的信息，如记录“用户活动”类型的日志，就包含登录、用户 ID 改变、用户对文件的访问、授权和认证信息等内容。很显然对用户活动来讲，不正常的或不期望的行为就是重复登录失败、登录到不期望的位置以及非授权的企图访问重要文件等。

2）网络环境文件信息。目录和文件中非正常的改变（包括修改、创建和删除），特别是那些正常情况下限制的访问，很可能就是一种入侵产生的指示和信号。黑客经常替换、修改和破坏他们获得访问权的系统上的文件，同时为了隐藏系统中他们的表现及活动痕迹，会尽力替换系统程序或修改系统日志文件。

3）程序行为信息。网络系统上的程序执行一般包括操作系统、网络服务、用户启动的程序和特定目的的应用，如 Web 服务器。每个在系统上执行的程序由一个到多个进程来实现。一个进程的执行行为由它运行时执行的操作来表现，操作执行的方式不同，它利用的系统资源也就不同。操作包括计算、文件传输、设备和其他进程，以及与网络间的其他进程的通信。

6. 入侵检测系统信息的分析

对收集到的有关系统、网络、数据及用户活动的状态和行为等信息，一般可通过 3 种技术手段进行分析，分别为模式匹配、统计分析和完整性分析。其中前两种方法用于实时的入侵检测，而完整性分析则用于事后分析。

（1）模式匹配

模式匹配就是将收集到的信息与已知的网络入侵和系统已有模式数据库进行比较，从而发现违背安全策略的行为。该过程可以是很简单的（如通过字符串匹配以寻找一个简单的条目或指令），也可以是很复杂的（如利用正则表达式来表示安全状态的变化）。一般来讲，一种进攻模式可以用一个过程（如执行一条指令）或一个输出（如获得权限）来表示。该方法的一大优点是只需收集相关的数据集合，显著减少系统负担，且技术已相当成熟。它与病毒防火墙采用的方法一样，检测准确率和效率都相当高。但是，该方法需要不断地升级以应对不断出现的黑客攻击，不能检测出从未出现过的黑客攻击。

（2）统计分析

统计分析方法的过程如下：首先给系统对象（如用户、文件、目录和设备等）创建一个统计描述，统计正常使用时的一些测量属性（如访问次数、操作失败次数和延时等）。测量属性的平均值将被用来与网络、系统的行为进行比较，任何观察值在正常范围之外时，就认为有入侵发生。例如，本来都默认用 GUEST 账号登录的，突然用 ADMINI 账号登录。这样做的优点是可检测到未知的入侵和更为复杂的入侵，缺点是误报、漏报率比较高，且不适应用户正常行为的突然改变。具体的统计分析方法如基于专家系统的、基于模型推理的和基于神经网络的分析方法，都正处于研究和迅速发展之中。

(3) 完整性分析

完整性分析主要关注某个文件或对象是否被更改，这包括文件和目录的内容及属性。它在发现被更改的、被木马化的应用程序方面特别有效。完整性分析利用强有力的消息摘要函数，它能识别哪怕是微小的变化。其优点是不管模式匹配方法和统计分析方法能否发现入侵，只要是导致了文件或其他对象的任何改变，它都能够发现。缺点是一般以批处理方式实现，用于事后分析而不用于实时响应。尽管如此，完整性检测方法仍然是网络安全产品的必要手段之一。例如，可以在某一天的某个特定时间内开启完整性分析模块，对网络系统进行全面的扫描检查。

7. 常见的入侵检测工具

入侵检测系统分为软件与硬件设备两种类型。常见的软件入侵检测系统有 Snort、ISS Real Secure、Cisco Secure IDS、NFR 等。由于软件型 IDS 在通用平台上运行，存在安全隐患，现在专业环境下通常会采用硬件设备的 IDS，因为不同厂家都有自己的系统平台，安全性相对要高些。

8. 入侵检测系统发展趋势

入侵检查系统的发展趋势可概括为以下几点。

(1) 对分析技术加以改进。采用当前的分析技术和模型，会产生大量的误报和漏报，难以确定真正的入侵行为。采用协议分析和行为分析等新的分析技术后，可极大地提高检测效率和准确性，从而对真正的攻击做出反应。协议分析是目前最先进的检测技术，通过对数据报进行结构化协议分析来识别入侵企图和行为，这种技术比模式匹配检测效率更高，并能对一些未知的攻击特征进行识别，具有一定的免疫功能；行为分析技术不仅简单分析单次攻击事件，还根据前后发生的事件确定是否有攻击发生、攻击行为是否生效。

(2) 增进对大流量网络的处理能力。随着网络流量的不断增大，对获得的数据进行实时分析的难度加大，这导致对入侵检测系统的要求越来越高。入侵检测产品能否高效处理网络中的数据是衡量入侵检测产品的重要依据。

(3) 向高度可集成性发展，集成网络监控和网络管理的相关功能。入侵检测可以检测网络中的数据报，当发现某台设备出现问题时，可立即对该设备进行相应的管理。未来入侵检测系统将会结合其他网络管理软件，形成入侵检测、网络管理、网络监控三位一体的工具。

7.4.4 入侵防御系统

1. 入侵防御系统概述

入侵防御系统（Intrusion Prevention System，IPS）是指不但能检测入侵的发生，而且能够通过一定的响应方式，实时地终止入侵行为的发生和发展，实时地保护信息系统不受实质性攻击的一种智能化的安全体系。它是目前网络安全技术领域中正在兴起的一项技术。

IPS 是一种主动的、积极的入侵防范、阻止系统，其设计旨在预先对入侵活动和攻击性网络流量进行检测和拦截，避免其造成任何损失，而不是简单地在恶意流量传送时或传送后才发出警报。它部署在网络的进出口处，当它检测到攻击企图后，会自动丢掉攻击包或采取措施将攻击源阻断。

入侵防御系统虽然在某些方面和入侵检测系统、防火墙有相似之处，但它是一种将审计和访问控制相融合的全新安全技术。入侵防御系统针对防御的特殊要求在检测方法和检测策略上进行调整，在误报和漏报特性上进行平衡。

入侵防御概念提出的时间不长，目前在这方面的研究还处于探索阶段。国际上已有部分网络安全设备厂商陆续提出了一些借鉴入侵防御系统概念而设计的安防系统。比较有代表性的有 Juniper 公司的 IDP 系统，ISS 的 Proventa 系统等。从技术的同源性上来看，这些系统以在线方式接入网络时就是一台 IPS，而以旁路方式接入网络时就是一台 IDS。但是 IPS 绝不仅仅是增加了主动阻断的功能，而是在性能和数据报的分析能力方面都比 IDS 有了质的提升。

2. 入侵防御系统架构

入侵防御系统采用 In-line 工作模式（串联模式），所有接收到的数据报都要经过入侵防御系统，检查之后决定是否放行，或执行缓存、抛弃策略，发生攻击时及时发出报警，并将网络攻击事件及所采用的措施和结果进行记录。系统结构如图 7-11 所示。

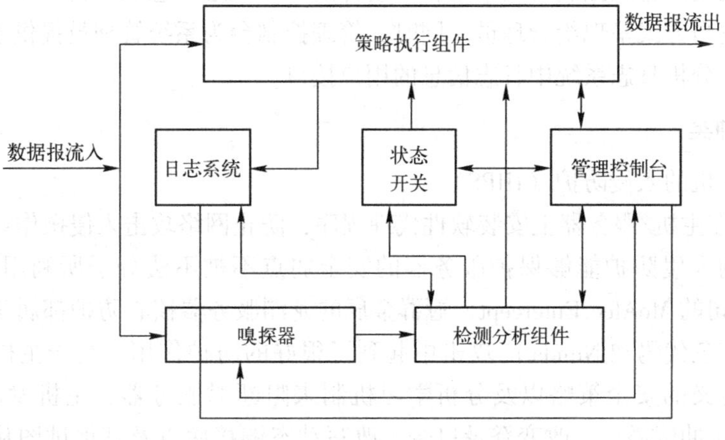

图 7-11　入侵防御系统结构

入侵防御系统主要由嗅探器、检测分析组件、策略执行组件、状态开关、日志系统和管理控制台组成。下面分别介绍。

1）嗅探器。数据报到达入侵防御系统后同时被策略执行组件和嗅探器两个模块接收处理。嗅探器收到数据报后，将数据报协议类型进行解析，依据协议类型开辟缓冲区，保存接收后的数据报，并提高检测分析组件进行分析处理。

2）检测分析组件。该组件接收来自嗅探器的数据报，从中检测攻击事件的发生。通过特征匹配、流量分析、协议分析、会话重构等技术结合日志系统中的历史记录分析攻击类型和特征。将经过分析得到的系统防御策略提交给策略执行组件执行相应防御动作，并将攻击数据报信息、攻击事件分析结果及响应策略提交至日志系统保存，将报警信息提交到管理控制台。

3）策略执行组件。策略执行组件是入侵防御系统中负责执行分级保护策略，对抗攻击的核心部分。所有接收到的数据报都要通过策略执行组件进行转发。策略执行组件中主要通过简单的地址端口过滤、特征值匹配、会话阻断、流量控制，以及一些针对蠕虫病毒和拒绝服务攻击的特殊模块构成。攻击发生时，策略执行组件将按照本组件内的策略集合检测分析组件提供的防御策略进行防御。防御策略执行过程将在日志系统中进行记录。

4）日志系统。日志系统负责对整个 IPS 系统的工作过程进行数据收集、记录、统计分析和存储管理。工作在高速网络环境下的 IPS 系统会产生海量的系统日志、数据报采样日志、报警日志、攻击数据日志、防御执行日志等数据信息。IPS 系统采用集中方式，由日志系统统一管理各类日志数据信息。日志系统由日志数据库、数据库管理系统和海量数据统计分析组成。数据信息的来源是检测分析组件和策略执行组件。管理控制台和检测分析组件是日志系统的使用者，根据需要通过数据库管理系统和海量数据统计分析系统提取数据。

5）状态开关。分布式拒绝服务攻击是一类以淹没攻击为特点的攻击方式，其防御方法比较特殊。状态开关是专门为防御分布式拒绝服务攻击而设计的功能组件。状态开关负责接收来自检测分析组件的状态转换指令，并驱动策略执行组件转换工作状态，对分布式拒绝服务攻击进行有效防御。

6）管理控制台。管理控制台是系统中重要的人机交互接口，负责对 IPS 各组件进行配置管理和运行控制。管理控制台收集来自各组件的工作状态信息和来自检测分析组件的报警信息，并且以适当方式呈现给管理员。同时，管理控制台为系统管理员提供手工调整系统防御策略和查询、分析日志系统中日志信息的用户接口。

3. IPS 的种类

（1）基于主机的入侵防护（HIPS）

HIPS 通过在主机/服务器上安装软件代理程序，防止网络攻击入侵操作系统以及应用程序。基于主机的入侵防护能够保护服务器的安全弱点不被不法分子所利用。Cisco 公司的 Okena、NAI 公司的 McAfee Entercept、冠群金辰的龙渊服务器核心防护都属于这类产品。因此它们在防范红色代码和 Nimda 的攻击中起到了很好的防护作用。基于主机的入侵防护技术可以根据自定义的安全策略以及分析学习机制来阻断对服务器、主机发起的恶意入侵。HIPS 可以阻断缓冲区溢出、改变登录口令、改写动态链接库以及其他试图从操作系统夺取控制权的入侵行为，整体提升主机的安全水平。

在技术上 HIPS 采用独特的服务器保护途径，利用由报文过滤、状态报文检测和实时入侵检测组成分层防护体系。这种体系能够在提供合理吞吐率的前提下，最大限度地保护服务器的敏感内容。既可以以软件形式嵌入到应用程序对操作系统的调用当中，通过拦截针对操作系统的可疑调用提供对主机的安全防护，也可以以更改操作系统内核程序的方式提供比操作系统更加严谨的安全控制机制。

由于 HIPS 工作在受保护的主机/服务器上，不但能够利用特征和行为规则检测阻止诸如缓冲区溢出之类的已知攻击，还能够防范未知攻击，防止针对 Web 页面、应用和资源的未授权的任何非法访问。HIPS 与具体的主机/服务器操作系统平台紧密相关，不同的平台需要不同的软件代理程序。

（2）基于网络的入侵防护（NIPS）

NIPS 通过检测流经的网络流量，提供对网络系统的安全保护。由于它采用在线连接方式，所以一旦辨识出入侵行为，就可以去除整个网络会话而不仅仅是复位会话。同样由于实时在线 NIPS 需要具备很高的性能以避免成为网络的瓶颈，因此 NIPS 通常被设计成类似于交换机的网络设备，提供线速吞吐速率以及多个网络端口。

NIPS 必须基于特定的硬件平台才能实现千兆级网络流量的深度数据报检测和阻断功能。这种特定的硬件平台通常可以分为三类，一类是网络处理器（网络芯片）；一类是专用 FPGA 编程芯片；第三类是专用的 ASIC 芯片。

在技术上 NIPS 吸取了目前 NIDS 所有的成熟技术，包括特征匹配、协议分析和异常检测。特征匹配是最广泛应用的技术，具有准确率高、速度快的特点。基于状态的特征匹配不但要检测攻击行为的特征，还要检查当前网络的会话状态，避免受到欺骗攻击。

协议分析是一种较新的入侵检测技术，充分利用网络协议的高度有序性并结合高速数据报捕捉和协议分析来快速检测某种攻击特征。协议分析正在逐渐进入成熟应用阶段，能够理解不同协议的工作原理，以此分析这些协议的数据报来寻找可疑或不正常的访问行为。协议分析不仅基于协议标准（如 RFC），还基于协议的具体实现。这是因为很多协议的实现偏离了协议标准。通过协议分析（IPS）能够针对插入（Insertion）与规避（Evasion）攻击进行检测。由于异常检测的误报率比较高，所以 NIPS 不将其作为主要技术。

（3）应用入侵防护（AIP）

NIPS 产品有一个特例即应用入侵防护（Application Intrusion Prevention，AIP）。它把基于主机的入侵防护扩展成为位于应用服务器之前的网络设备。AIP 被设计成一种高性能的设备，配置在应用数据的网络链路上以确保用户遵守设定好的安全策略，从而保护服务器的安全。NIPS 工作在网络上，直接对数据报进行检测和阻断，与具体的主机/服务器操作系统平台无关。

NIPS 的实时检测与阻断功能很有可能出现在未来的交换机上。随着处理器性能的提高，每一层次的交换机都有可能集成入侵防护功能。

4. IPS 技术特征

IPS 技术具有如下特征。

1）嵌入式运行：只有以嵌入模式运行的 IPS 设备才能够实现实时的安全防护，实时阻拦所有可疑的数据报，并对该数据流的剩余部分进行拦截。

2）深入分析和控制：IPS 必须具有深入分析能力以确定哪些恶意流量已经被拦截，并根据攻击类型、策略等来确定哪些流量应该被拦截。

3）入侵特征库：高质量的入侵特征库是 IPS 高效运行的必要条件，IPS 还应该定期升级入侵特征库并快速应用到所有传感器。

4）高效处理能力：IPS 必须具有高效处理数据报的能力，以使对整个网络性能的影响保持在最低水平。

5. IPS 面临的挑战

IPS 技术需要面对很多挑战，主要有三点，一是单点故障，二是性能瓶颈，三是误报和漏报。设计要求 IPS 必须以嵌入模式工作在网络中，而这就可能造成瓶颈问题或单点故障。如果 IDS 出现故障，最坏的情况也就是造成某些攻击无法被检测到，而嵌入式的 IPS 设备出现问题，就会严重影响网络的正常运转。如果 IPS 出现故障而关闭，用户就会面对一个由

IPS造成的拒绝服务问题，所有客户都将无法访问企业网络提供的应用。

即使IPS设备不出现故障，它仍然是一个潜在的网络瓶颈，不仅会增加滞后时间，而且会降低网络的效率，IPS必须与数千兆或者更大容量的网络流量保持同步，尤其是当加载了数量庞大的检测特征库时，设计不够完善的IPS嵌入式设备无法支持这种响应速度。绝大多数高端IPS产品供应商都通过使用自定义硬件（FPGA、网络处理器和ASIC芯片）来提高IPS的运行效率。

误报率和漏报率也需要IPS认真面对。在繁忙的网络当中，如果以每秒需要处理十条警报信息来计算，IPS每小时至少需要处理36000条警报，一天就是864000条。一旦生成了警报，最基本的要求就是IPS能够对警报进行有效处理。如果入侵特征编写得不是十分完善，那么“误报”就有了可乘之机，导致合法流量也有可能被意外拦截。对于实时在线的IPS来说，一旦拦截了“攻击性”数据报，就会对来自可疑攻击者的所有数据流进行拦截。如果触发了误报警报的流量恰好是某个客户订单的一部分，其结果可想而知，这个客户的整个会话就会被关闭，而且此后该客户所有重新连接到企业网络的合法访问都会被“尽职尽责”的IPS拦截。

7.5 习题

7-1 什么是计算机网络安全？建立网络安全保护措施的目的是什么？

7-2 网络安全所面临的主要威胁有哪些？

7-3 什么是数据加密技术？主要目的是什么？

7-4 什么是DES？其原理是什么？

7-5 什么是公开秘钥体制？其最具代表性的是什么？

7-6 什么是防火墙？它有哪些优缺点？

7-7 什么是入侵检测？

7-8 什么是入侵防御系统？

参 考 文 献

[1] 王裕明. 计算机网络理论与应用 [M]. 北京：清华大学出版社，2011.
[2] 满昌勇，崔学鹏，徐明. 计算机网络基础 [M]. 北京：清华大学出版社，2010.
[3] 特南鲍姆，韦瑟罗尔. 计算机网络 [M]. 严伟，潘爱民，译. 5 版. 北京：清华大学出版社，2012.
[4] 刘桂江，王琦进. 计算机网络 [M]. 合肥：安徽大学出版社，2008.
[5] 郭银景，孙红雨，段锦，等. 计算机网络 [M]. 北京：北京大学出版社，2007.
[6] 谢希仁. 计算机网络 [M]. 5 版. 北京：电子工业出版社，2008.
[7] 徐雅斌，周维真，施运梅. 计算机网络 [M]. 西安：西安交通大学出版社，2011.
[8] 赵锦蓉. Internet 原理与技术 [M]. 北京：清华大学出版社，2001.
[9] Andrew S Tanenbaum. 计算机网络 [M]. 潘爱民，译. 4 版. 北京：清华大学出版社，2004.
[10] 谢希仁. 计算机网络 [M]. 4 版. 北京：电子工业出版社，2003.
[11] 徐恪，吴建平. 高等计算机网络 [M]. 北京：机械工业出版社，2003.
[12] 苏全树. 高性能计算机网络技术 [M]. 北京：电子工业出版社，1996.
[13] 刘衍珩，康辉，魏达，等. 计算机网络 [M]. 2 版. 北京：科学出版社，2007.
[14] 张曾科，阳宪惠. 计算机网络 [M]. 北京：清华大学出版社，2006.
[15] 谢希仁，谢钧. 计算机网络教程 [M]. 3 版. 北京：人民邮电出版社，2012.
[16] 吴功宜. 计算机网络 [M]. 2 版. 北京：清华大学出版社，2007.
[17] 吴国新，吉逸. 计算机网络 [M]. 北京：高等教育出版社，2003.
[18] 何怀文，肖涛，傅瑜. 计算机网络实验教程 [M]. 北京：清华大学出版社，2013.
[19] 申普兵，刘红燕. 计算机网络与通信 [M]. 北京：人民邮电出版社，2012.
[20] 徐恪. 高级计算机网络 [M]. 北京：清华大学出版社，2012.
[21] 刘功庆. 现代计算机网络技术 [M]. 北京：中国水利水电出版社，2012.
[22] 陈鸣，常强林，岳振军. 计算机网络实验教程从原理到实践 [M]. 北京：机械工业出版社，2007.
[23] Greenlaw R，Hepp E. 因特网和万维网的基本原理与技术 [M]. 郭振波，译. 北京：清华大学出版社，2001.
[24] Stevens W Richard. TCP/IP 详解 卷 3：TCP 事务协议、HTTP、NNTP 和 UNIX 域协议 [M]. 胡谷雨，吴礼发，译. 北京：机械工业出版社，2002.
[25] 吴国勇，邱学刚，万燕仔. 网络视频流媒体技术与应用 [M]. 北京：北京邮电大学出版社，2001.
[26] 肖磊. 流媒体技术与应用完全手册 [M]. 重庆：重庆大学出版社，2003.
[27] Ralf Steinmetz，Klaus Wehrle. P2P 系统及其应用 [M]. 王玲芳，陈焱，译. 北京：机械工业出版社，2008.
[28] 蔡康. P2P 对等网络原理与应用 [M]. 北京：科学出版社，2011.
[29] 谢希仁. 计算机网络 [M]. 3 版. 大连：大连理工大学出版社，2003.
[30] 伍孝金. 计算机网络 [M]. 北京：清华大学出版社，2007.
[31] 金志刚. 计算机网络 [M]. 西安：西安电子科技大学出版社，2009.